彩图 5　常温下贮藏 3 个月的转 ACC 合成酶基因番茄

彩图 6　香蕉冷害

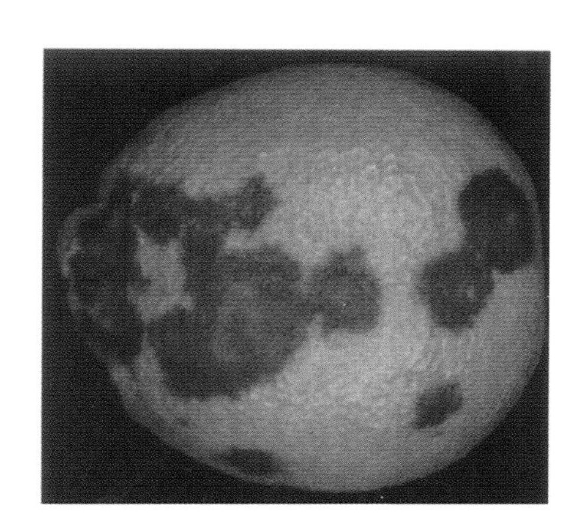

彩图 7　柑橘冷害

彩图 8　猕猴桃冻害

彩图 9　茄子冻害

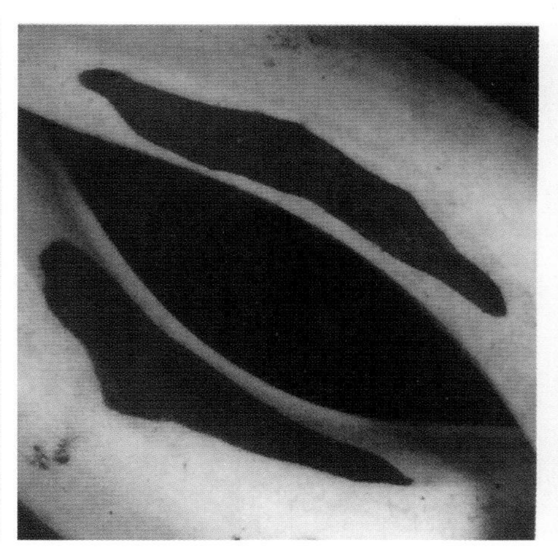

彩图 10　香蕉黑斑病

彩图 11　苹果褐心

彩图 12　草莓高 CO_2 伤害

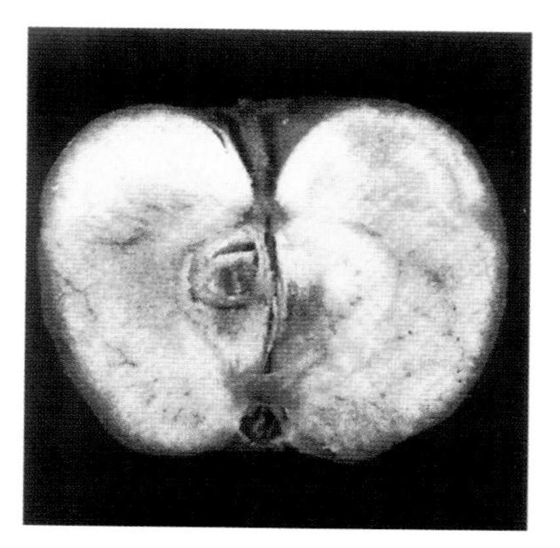

彩图 13　苹果内部崩溃

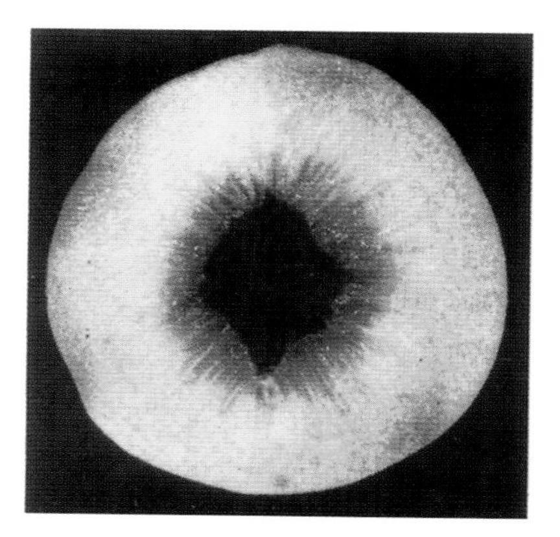

彩图 14　桃果肉褐变

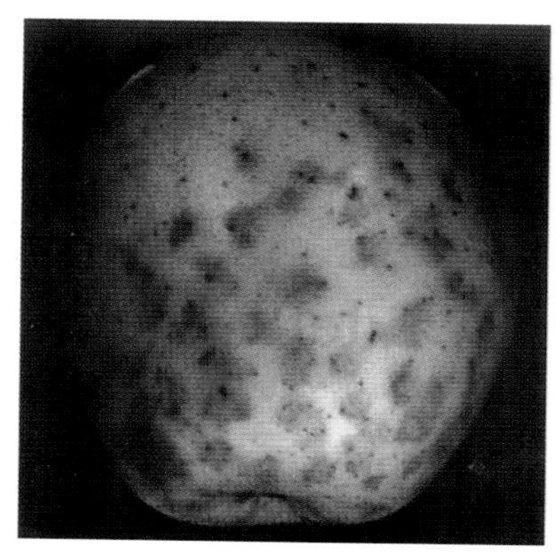

彩图 15　苹果苦痘病

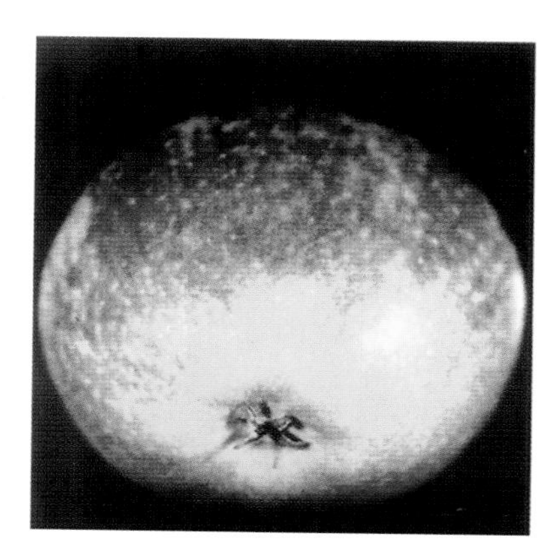

彩图 16　苹果虎皮病

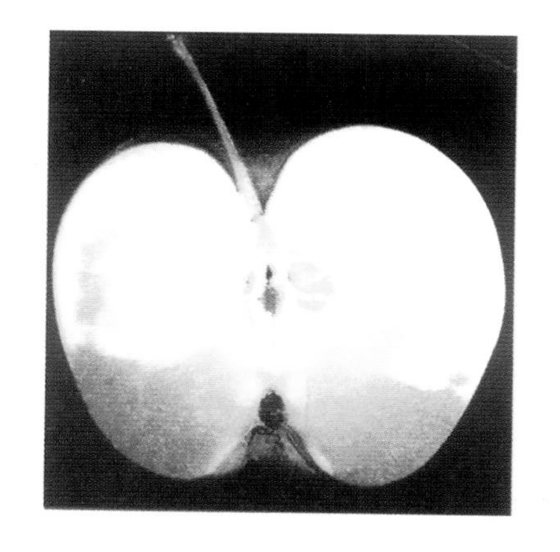

彩图 17　苹果水心病

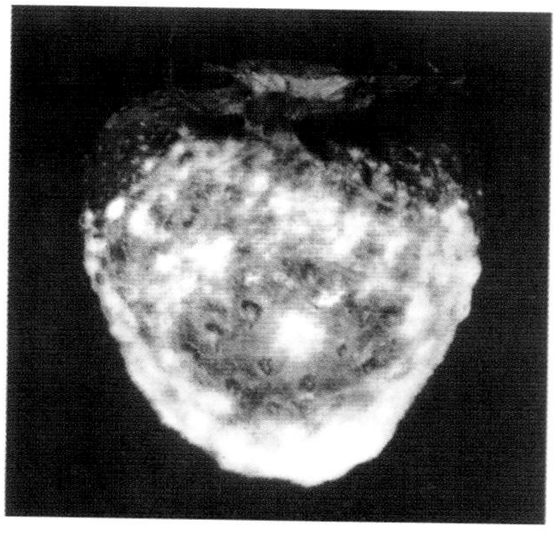

彩图 18　草莓疫病

彩图 19　荔枝霜疫霉病

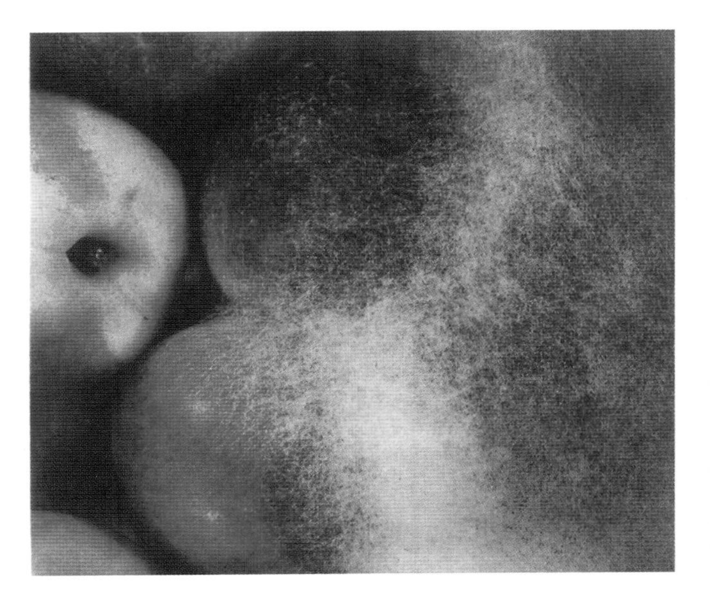

彩图 20　油桃软腐病

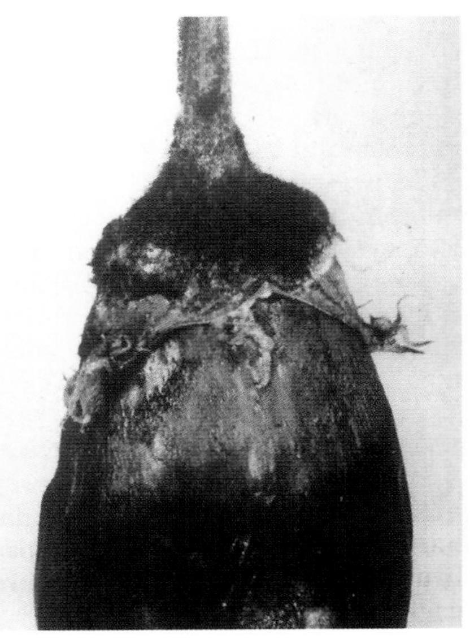

彩图 21　茄子软腐病

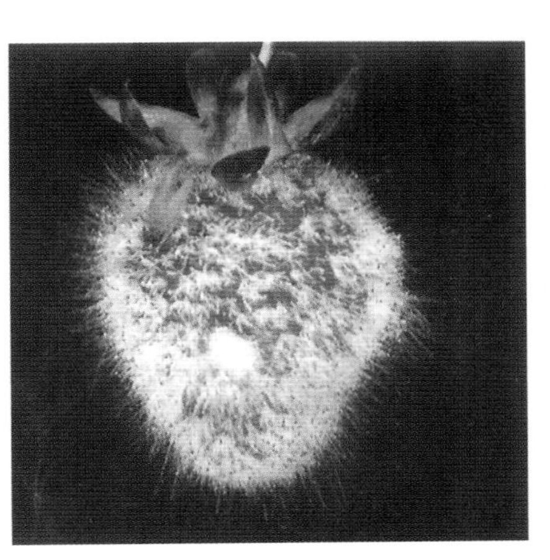

彩图 22　草莓毛霉病

彩图 23　黄瓜白霉病

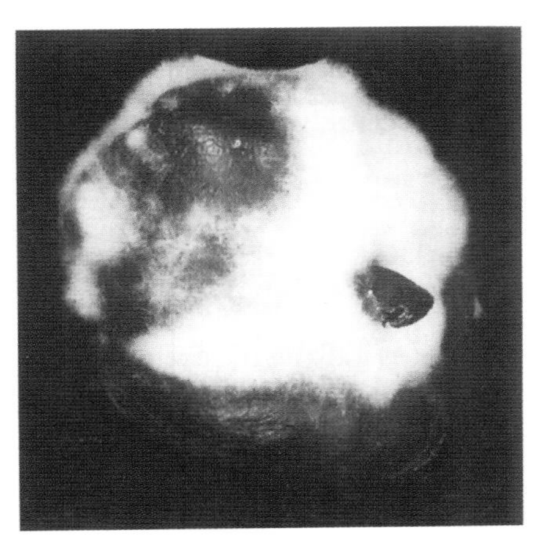

彩图 24　辣椒白霉病

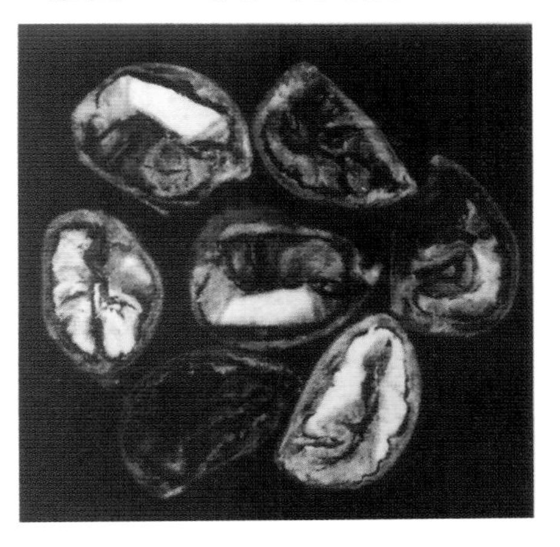

彩图 25　板栗黑腐病

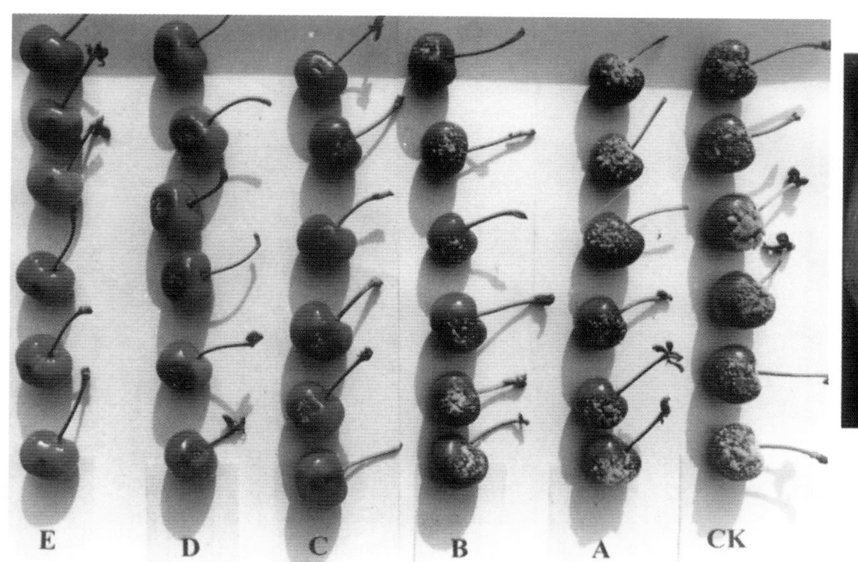

彩图 26　樱桃褐腐病

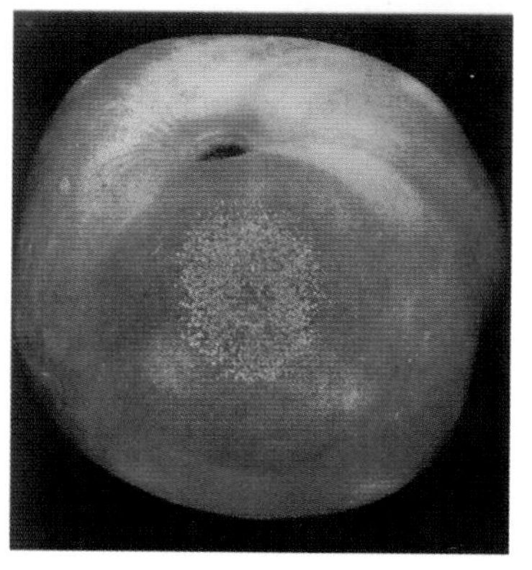

彩图 27　油桃褐腐病

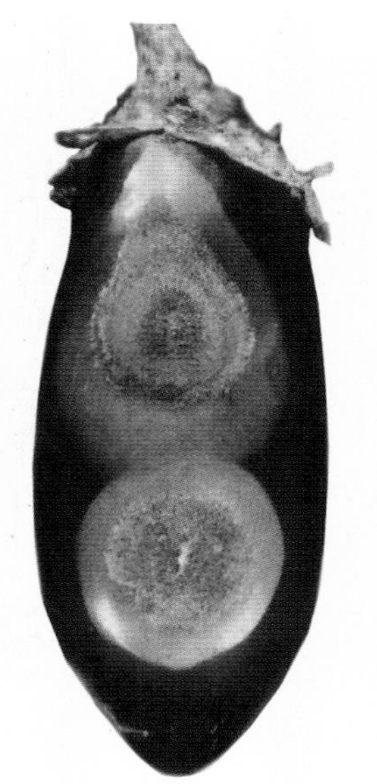

彩图 28　茄子黑腐病

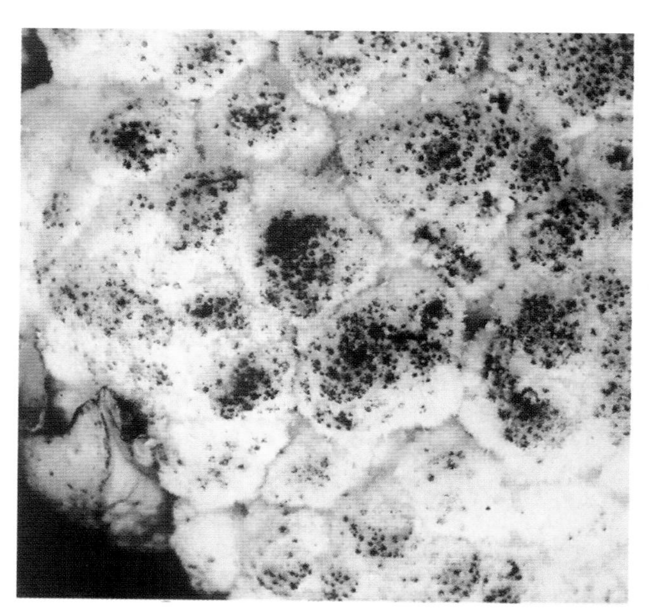

彩图 29　花椰菜黑点病

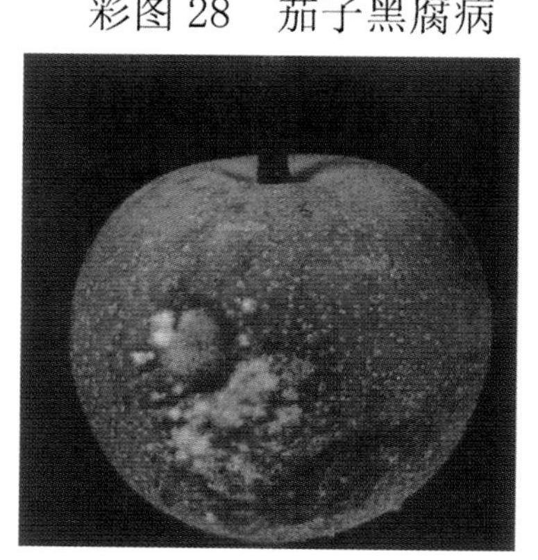

彩图 30　梨灰霉病

彩图 31　草莓灰霉病

彩图 32　杧果炭疽病

普通高等教育“十一五”国家级规划教材

面 向 21 世 纪 课 程 教 材
Textbook Series for 21st Century

普通高等教育“十四五”规划教材

园艺产品贮藏加工学

贮 藏 篇

第3版

罗云波　生吉萍　主　编
陈昆松　傅达奇　副主编

中国农业大学出版社
·北京·

内容简介

本教材系统地介绍了园艺产品贮藏的基本理论，通过大量案例阐述贮藏保鲜实用技术，力求体现园艺学科发展的特点，在内容和形式上有所创新，并采用二维码技术对重要知识点进行扩充。全书分为7章，包括园艺产品采后生物学基础、园艺产品采后生物技术、影响园艺产品贮藏的因素、园艺产品采后处理与运销、园艺产品采后病害及其防治、园艺产品贮藏方式与管理、园艺产品贮藏案例。本书既可作为高等院校的教材，也可以作为相关专业科技人员的参考书。

图书在版编目(CIP)数据

园艺产品贮藏加工学. 贮藏篇 / 罗云波，生吉萍主编. --3版. --北京：中国农业大学出版社，2022.5(2023.11重印)

ISBN 978-7-5655-2740-1

Ⅰ. ①园… Ⅱ. ①罗…②生… Ⅲ. ①园艺作物-贮藏-高等学校-教材 Ⅳ. ①S609

中国版本图书馆CIP数据核字(2022)第037600号

书　名　园艺产品贮藏加工学(贮藏篇)　第3版
作　者　罗云波　生吉萍　主编

策划编辑	张秀环	**责任编辑**	张秀环　魏　巍
封面设计	郑　川		
出版发行	中国农业大学出版社		
社　　址	北京市海淀区圆明园西路2号	**邮政编码**	100193
电　　话	发行部 010-62733489,1190		读者服务部 010-62732336
	编辑部 010-62732617,2618		出　版　部 010-62733440
网　　址	http://www.caupress.cn	**E-mail**	cbsszs@cau.edu.cn
经　　销	新华书店		
印　　刷	北京时代华都印刷有限公司		
版　　次	2022年5月第3版　2023年11月第2次印刷		
规　　格	185 mm×260 mm　16开本　15.25印张　381千字　彩插3		
定　　价	52.00元		

图书如有质量问题本社发行部负责调换

普通高等学校食品类专业系列教材

编审指导委员会委员

（按姓氏拼音排序）

第3版编审人员

主　编　罗云波（中国农业大学）

　　　　生吉萍（中国人民大学）

副主编　陈昆松（浙江大学）

　　　　傅达奇（中国农业大学）

编　者　（按姓氏拼音排序）

　　　　陈昆松（浙江大学）

　　　　傅达奇（中国农业大学）

　　　　寇莉萍（西北农林科技大学）

　　　　李正国（重庆大学）

　　　　刘兴华（西北农林科技大学）

　　　　罗云波（中国农业大学）

　　　　生吉萍（中国人民大学）

　　　　田世平（中国科学院植物研究所）

　　　　魏宝东（沈阳农业大学）

　　　　郁志芳（南京农业大学）

　　　　赵九洲（青岛农业大学）

主　审　毕　阳（甘肃农业大学）

第2版编审人员

主　编　罗云波(中国农业大学)
　　　　生吉萍(中国人民大学)

副主编　陈昆松(浙江大学)
　　　　蒲　彪(四川农业大学)

编　者　(按姓氏拼音排序)
　　　　陈昆松(浙江大学)
　　　　寇莉萍(西北农林科技大学)
　　　　李正国(西南大学)
　　　　刘兴华(西北农林科技大学)
　　　　罗云波(中国农业大学)
　　　　蒲　彪(四川农业大学)
　　　　生吉萍(中国人民大学)
　　　　田世平(中国科学院植物研究所)
　　　　郁志芳(南京农业大学)
　　　　赵九洲(青岛农业大学)

主　审　周山涛(中国农业大学)

第1版编审人员

主　编　罗云波（中国农业大学）
　　　　蔡同一（中国农业大学）

副主编　生吉萍（中国农业大学）
　　　　陈昆松（浙江大学）
　　　　蒲　彪（四川农业大学）

编　者　（按姓氏拼音排序）
　　　　陈昆松（浙江大学）
　　　　李正国（西南农业大学）
　　　　刘兴华（西北农林科技大学）
　　　　罗云波（中国农业大学）
　　　　生吉萍（中国农业大学）
　　　　田世平（中国科学院植物研究所）
　　　　郁志芳（南京农业大学）
　　　　赵九洲（莱阳农学院）

主　审　周山涛（中国农业大学）

出版说明
（代总序）

岁月如梭，食品科学与工程类专业系列教材自启动建设工作至现在的第4版或第5版出版发行，已经近20年了。160余万册的发行量，表明了这套教材是受到广泛欢迎的，质量是过硬的，是与我国食品专业类高等教育相适宜的，可以说这套教材是在全国食品类专业高等教育中使用最广泛的系列教材。

这套教材成为经典，作为总策划，我感触颇多，翻阅这套教材的每一科目、每一章节，浮现眼前的是众多著作者们汇集一堂倾心交流、悉心研讨、伏案编写的景象。正是大家的高度共识和对食品科学类专业高等教育的高度责任感，铸就了系列教材今天的成就。借再一次撰写出版说明（代总序）的机会，站在新的视角，我又一次对系列教材的编写过程、编写理念以及教材特点做梳理和总结，希望有助于广大读者对教材有更深入的了解，有助于全体编者共勉，在今后的修订中进一步提高。

一、优秀教材的形成除著作者广泛的参与、充分的研讨、高度的共识外，更需要思想的碰撞、智慧的凝聚以及科研与教学的厚积薄发。

20年前，全国40余所大专院校、科研院所，300多位一线专家教授，覆盖生物、工程、医学、农学等领域，齐心协力组建出一支代表国内食品科学最高水平的教材编写队伍。著作者们呕心沥血，在教材中倾注平生所学，那字里行间，既有学术思想的精粹凝结，也不乏治学精神的光华闪现，诚所谓学问人生，经年积成，食品世界，大家风范。这精心的创作，与敷衍的粘贴，其间距离，何止云泥！

二、优秀教材以学生为中心，擅于与学生互动，注重对学生能力的培养，绝不自说自话，更不任凭主观想象。

注重以学生为中心，就是彻底摒弃传统填鸭式的教学方法。著作者们谨记"授人以鱼不如授人以渔"，在传授食品科学知识的同时，更启发食品科学人才获取知识和创造知识的思维与灵感，于润物细无声中，尽显思想驰骋，彰耀科学精神。在写作风格上，也注重学生的参与性和互动性，接地气，说实话，"有里有面"，深入浅出，有料有趣。

三、优秀教材与时俱进,既推陈出新,又勇于创新,绝不墨守成规,也不亦步亦趋,更不原地不动。

首版再版以至四版五版,均是在充分收集和尊重一线任课教师和学生意见的基础上,对新增教材进行科学论证和整体规划。每一次工作量都不小,几乎覆盖食品学科专业的所有骨干课程和主要选修课程,但每一次修订都不敢有丝毫懈怠,内容的新颖性,教学的有效性,齐头并进,一样都不能少。具体而言,此次修订,不仅增添了食品科学与工程最新发展,又以相当篇幅强调食品工艺的具体实践。每本教材,既相对独立又相互衔接互为补充,构建起系统、完整、实用的课程体系,为食品科学与工程类专业教学更好服务。

四、优秀教材是著作者和编辑密切合作的结果,著作者的智慧与辛劳需要编辑专业知识和奉献精神的融入得以再升华。

同为他人作嫁衣裳,教材的著作者和编辑,都一样的忙忙碌碌,飞针走线,编织美好与绚丽。这套教材的编辑们站在出版前沿,以其炉火纯青的编辑技能,辅以最新最好的出版传播方式,保证了这套教材的出版质量和形式上的生动活泼。编辑们的高超水准和辛勤努力,赋予了此套教材蓬勃旺盛的生命力。而这生命力之源就是广大院校师生的认可和欢迎。

第1版食品科学与工程类专业系列教材出版于2002年,涵盖食品学科15个科目,全部入选"面向21世纪课程教材"。

第2版出版于2009年,涵盖食品学科29个科目。

第3版(其中《食品工程原理》为第4版)500多人次80多所院校参加编写,2016年出版。此次增加了《食品生物化学》《食品工厂设计》等品种,涵盖食品学科30多个科目。

需要特别指出的是,这其中,除2002年出版的第1版15部教材全部被审批为"面向21世纪课程教材"外,《食品生物技术导论》《食品营养学》《食品工程原理》《粮油加工学》《食品试验设计与统计分析》等为"十五"或"十一五"国家级规划教材。第2版或第3版教材中,《食品生物技术导论》《食品安全导论》《食品营养学》《食品工程原理》4部为"十二五"普通高等教育本科国家级规划教材,《食品化学》《食品化学综合实验》《食品安全导论》等多个科目为原农业部"十二五"或农业农村部"十三五"规划教材。

本次第4版(或第5版)修订,参与编写的院校和人员有了新的增加,在比较完善的科目基础上与时俱进做了调整,有的教材根据读者对象层次以及不同的特色做了不同版本,舍去了个别不再适合新形势下课程设置的教材品种,对有些教材的题目做了更新，使其与课程设置更加契合。

在此基础上，为了更好满足新形势下教学需求，此次修订对教材的新形态建设提出了更高的要求，出版社教学服务平台“中农De学堂”将为食品科学与工程类专业系列教材的新形态建设提供全方位服务和支持。此次修订按照教育部新近印发的《普通高等学校教材管理办法》的有关要求，对教材的政治方向和价值导向以及教材内容的科学性、先进性和适用性等提出了明确且具针对性的编写修订要求，以进一步提高教材质量。同时为贯彻《高等学校课程思政建设指导纲要》文件精神，落实立德树人根本任务，明确提出每一种教材在坚持食品科学学科专业背景的基础上结合本教材内容特点努力强化思政教育功能，将思政教育理念、思政教育元素有机融入教材，在课程思政教育润物细无声的较高层次要求中努力做出各自的探索，为全面高水平课程思政建设积累经验。

教材之于教学，既是教学的基本材料，为教学服务，同时教材对教学又具有巨大的推动作用，发挥着其他材料和方式难以替代的作用。教改成果的物化、教学经验的集成体现、先进教学理念的传播等都是教材得天独厚的优势。教材建设既成就了教材，也推动着教育教学改革和发展。教材建设使命光荣，任重道远。让我们一起努力吧！

罗云波

2021年1月

第3版前言

本教材是普通高等教育“十一五”国家级规划教材，也是教育部“面向21世纪”教学内容和课程体系改革04-13项目的研究成果。近20年来，本教材得到了兄弟院校广大师生的厚爱和好评，多次印刷，销量较好。本次编写，将“贮藏篇”与“加工篇”分别进行修订。“贮藏篇”着重阐述园艺产品贮藏的基本理论和该领域国内外的最新研究进展，通过更新大量的案例，介绍贮藏保鲜实用技术，力求体现园艺学科发展的特点，在内容和形式上有所创新。

“贮藏篇”分为7章，阐述了园艺产品采后生物学基础、园艺产品采后生物技术、影响园艺产品贮藏的因素、园艺产品采后处理与运销、园艺产品采后病害及其防治、园艺产品贮藏方式与管理、园艺产品贮藏案例。其中，陈昆松、生吉萍编写第1章，生吉萍、罗云波、陈昆松编写第2章，刘兴华、寇莉萍编写第3章，李正国编写第4章，田世平编写第5章，郁志芳编写第6章，第7章的第1节、第2节由以上作者分工编写，第3节由赵九洲编写，新增的贮藏实例由魏宝东编写。本书由罗云波、傅达奇负责全书的整体修订和统稿工作。

本书从实用目的出发，既有最新贮藏理论和应用技术，又涉及贮藏加工中具体的生产实际问题，结合园艺产品贮藏物流新趋势，努力做到理论和实践有机联系。同时，本书图文并茂，简明易懂，既可作为教材，又可作为从事园艺产品贮藏和物流相关工作人员的参考书。另外，本书在修订过程中添加了数字资源，读者通过手机扫描或登录“中农De学堂”可以延伸阅读，大大扩展了知识范围。随着贮藏新理论和新技术的发展，本教材重新修订以期符合读者的需求。党的二十大报告提出全面推进乡村振兴战略。发展乡村特色产业是拓宽农民增收致富渠道，园艺产品的采后贮藏与物流损失是造成农民增产不增收的主要原因，本教材将为园艺产品贮藏保鲜提供系统的理论和保鲜技术支持，为进一步减少园艺产品采后损失，增加农民收入做出贡献。

本书由全国多所院校共同参与编写，汇集了东南西北中各方的力量，它是集体智慧的结晶。为将最新的研究成果引入本教材，编者更新内容，最终进行汇集整理，形成了该新版教材。

在编写审稿过程中，承蒙毕阳教授审阅全稿以及中国农业大学出版社的大力协助，在此表示真诚的感谢。由于涉及果品、蔬菜、观赏植物，知识面广，内容丰富，编者又各居异地，书中疏漏和不妥之处在所难免，衷心期待诸位同仁和读者的指正。

罗云波

2023年10月于北京

第 2 版前言

本教材是普通高等教育“十一五”国家级规划教材，也是教育部“面向 21 世纪”教学内容和课程体系改革 04-13 项目的研究成果。本次编写，将“贮藏篇”与“加工篇”分别进行修订。“贮藏篇”着重阐述园艺产品贮藏的基本理论和该领域国内外的最新研究进展，通过大量的案例，介绍贮藏保鲜实用技术，力求体现园艺学科发展的特点，在内容和形式上有所创新。

“贮藏篇”分为 7 章，阐述了园艺产品的采后生理、采后生物技术、影响贮藏的因子、采后处理与运销、采后病害及防治、采后贮藏方式和管理、贮藏案例等。其中，陈昆松、生吉萍编写第 1 章，生吉萍、罗云波、陈昆松编写第 2 章，刘兴华、寇莉萍编写第 3 章，李正国编写第 4 章，田世平编写第 5 章，郁志芳编写第 6 章，第 7 章的第 1 节、第 2 节由以上作者分工编写，第 3 节由赵九洲编写。本篇由生吉萍、蒲彪负责统稿工作，本书主编罗云波、生吉萍负责“贮藏篇”和“加工篇”的整体统稿工作。

本书从实用目的出发，既有最新理论和技术，又涉及贮藏加工中最具体的生产实际问题，努力做到理论和实践有机联系为一体。同时，本书图文并茂，简明易懂，既可作为教材，又可作为从事相关工作者的参考书。近 10 年来，本教材得到了兄弟院校广大师生的厚爱和好评，多次印刷，销量较好。

本书由全国多所院校共同参与编写，汇集了东南西北中各方的力量，是集体智慧的结晶。为将最新的研究成果引入本教材，编者们分别更新内容，最终进行汇集整理，形成了该新版教材。

在编写审稿过程中，承蒙周山涛教授的悉心指导和中国农业大学出版社的大力协助。由于涉及果品、蔬菜、观赏植物，知识面广，内容丰富，编者又各居异地，书中疏漏和不妥之处在所难免，衷心期待诸位同仁和读者的指正。

罗云波　生吉萍

2010 年 3 月于北京

第1版前言

本教材是教育部“面向21世纪”教学内容和课程体系改革04-13项目的研究成果，根据“面向21世纪课程教材”的编写要求，着重阐述园艺产品贮藏加工的基本理论和该领域国内外的最新研究进展，通过大量的案例，介绍贮藏加工中实用技术，力求体现园艺学科发展的特点，在内容和形式上有所创新。

本教材分为“贮藏篇”和“加工篇”。“贮藏篇”分为7章，阐述了园艺产品的采后生理、采后生物技术、影响贮藏的因子、采后处理与运销、采后病害及防治、采后贮藏方式和管理、贮藏案例等。“加工篇”分为10章，分别阐述了果蔬保藏原理与预处理、罐藏、制汁、速冻、干制、糖制、腌制、果酒与果醋酿造、其他果蔬制品的生产技术和果蔬加工案例。

“贮藏篇”中，陈昆松、生吉萍编写第1章，罗云波、生吉萍、陈昆松编写第2章，刘兴华编写第3章，李正国编写第4章，田世平编写第5章，郁志芳编写第6章，第7章的第1节、第2节由以上作者分工编写，第3节由赵九洲编写。本篇由生吉萍负责统稿工作。

“加工篇”中，蔡同一、蒲彪编写第1章，叶兴乾编写第2章，倪元颖编写第3章，胡卓炎编写第4章，王清章编写第5章，张宝善编写第6章，蒲彪编写第7章，孟宪军编写第8章，第9章第1节、第3节由叶兴乾编写，第2节由王清章编写，第4节、第6节由蒲彪编写，第5节由孟宪军编写，第7节由胡卓炎编写，叶兴乾、孟宪军和王清章编写第10章的案例。本篇由蒲彪负责统稿工作。本书主编罗云波负责“贮藏篇”和“加工篇”的整体统稿工作。

本书从实用目的出发，既有最新理论和技术，又涉及贮藏加工中最具体的生产实际问题，努力做到理论和实践有机联系为一体。同时，本书图文并茂，简明易懂，既可作为教材，又可作为从事相关工作者的参考书。

本书由全国多所院校共同参与编写，汇集了东南西北各方的力量，是集体智慧的结晶。在编写审稿过程中，承蒙周山涛教授的悉心指导和中国农业大学出版社的大力协助。由于涉及果品、蔬菜、观赏植物，知识面广，内容丰富，作者又各居异地，书中疏漏和不妥之处在所难免，衷心期待诸位同仁和读者的指正。

罗云波　生吉萍

2001年5月于北京

目　录

第1章

园艺产品采后生物学基础

本章学习目的与要求

1. 掌握园艺产品采后生物学的有关概念。
2. 了解园艺产品采后生物学的基本理论。
3. 理解园艺产品采后生理变化的相关过程。

1.1 呼吸作用

呼吸(respiration)是生命的基本特征。在呼吸过程中,呼吸底物在一系列酶的作用下,逐渐分解成简单的物质,最终形成 CO_2 和 H_2O,同时释放出能量,这是一种异化作用(dissimilation)。但呼吸并非一单纯的异化过程,因为一些呼吸作用的中间产物和所释放的能量又参与一些重要物质的合成过程,呼吸过程的中间代谢产物在物质代谢中起着重要的枢纽作用。

采后园艺产品是一个活的有机体,其生命代谢活动仍在有序地进行。组织的呼吸作用是提供其各种代谢活动所需能量的基本保证。采后园艺产品的呼吸作用与采后品质变化、成熟衰老进程、贮藏期、货架期、采后生理性病害、采后处理和贮藏技术等有着密切的关系。

1.1.1 呼吸作用的概念

呼吸作用(respiration),是指活细胞经过某些代谢途径使有机物质分解,并释放出能量的过程。呼吸作用是采后园艺产品生命活动的重要环节,它不仅提供采后组织生命活动所需的能量,而且是采后各种有机物相互转化的中枢。园艺产品采后呼吸的主要底物是有机物质,如糖、有机酸和脂肪等。

根据呼吸过程是否有 O_2 的参与,可以将呼吸作用分为有氧呼吸和无氧呼吸两大类。

有氧呼吸(aerobic respiration),是指活细胞在 O_2 的参与下,把某些有机物彻底氧化分解,形成 CO_2 和 H_2O,同时释放出能量的过程。通常所说的呼吸作用就是指有氧呼吸。以葡萄糖作为呼吸底物为例,有氧呼吸可以简单表示为:

$$C_6H_{12}O_6 + 6O_2 \longrightarrow 6CO_2 + 6H_2O + \text{能量}$$

在呼吸过程中,有相当一部分能量以热能的形式释放,使贮藏环境温度提高,并有 CO_2 积累。因此,在园艺产品采后贮藏过程中要加以注意。

无氧呼吸(anaerobic respiration),一般指在无氧条件下,呼吸底物经活细胞降解为不彻底的氧化产物,同时释放出少量能量的过程。无氧呼吸可以产生乙醇,也可产生乳酸。以葡萄糖作为呼吸底物为例,其反应为:

$$C_6H_{12}O_6 \longrightarrow 2C_2H_5OH + 2CO_2 + \text{能量}$$

$$C_6H_{12}O_6 \longrightarrow 2CH_3CHOHCOOH + \text{能量}$$

无氧呼吸的特征是不利用 O_2,底物氧化降解不彻底,仍以有机物的形式存在,因而释放的能量比有氧呼吸的少。园艺产品采后贮藏过程中,尤其是气调贮藏时,如果贮藏环境通气性不良,或控制的 O_2 过低,均易发生无氧呼吸,使产品品质劣变。

根据果蔬采后呼吸强度的变化曲线,呼吸作用又可以分为呼吸跃变型和非呼吸跃变型两种类型。

呼吸跃变型(respiration climacteric),其特征是在园艺产品采后初期,其呼吸强度渐趋下降,而后迅速上升,并出现高峰,随后迅速下降。通常达到呼吸跃变高峰时,园艺产品的鲜食品质最佳,呼吸高峰过后,食用品质迅速下降。这类产品呼吸跃变过程伴随有乙烯跃变的出现。

不同种类或品种出现呼吸跃变的时间和呼吸峰值差异甚大，一般而言，呼吸跃变峰值出现的早晚与贮藏特性密切相关。呼吸跃变型果实包括：苹果、梨、香蕉、鳄梨等（图1-1）。呼吸跃变型蔬菜包括：番茄、芹菜等。呼吸跃变型花卉包括：香石竹、满天星、香豌豆、月季、唐菖蒲、风铃草、金鱼草、蝴蝶兰、紫罗兰等。

非呼吸跃变型(non-respiration climacteric)，是指采后组织成熟衰老过程中的呼吸强度变化平缓，随着果蔬的衰老，呼吸强度呈下降趋势，不形成呼吸高峰。这类园艺产品称为非呼吸跃变型园艺产品。非呼吸跃变型果实包括：柠檬、菠萝、草莓、葡萄、樱桃等（图1-2）。非呼吸跃变型蔬菜包括：黄瓜、茄子、辣椒等。非呼吸跃变型花卉包括：菊花、石刁柏、千日红等。

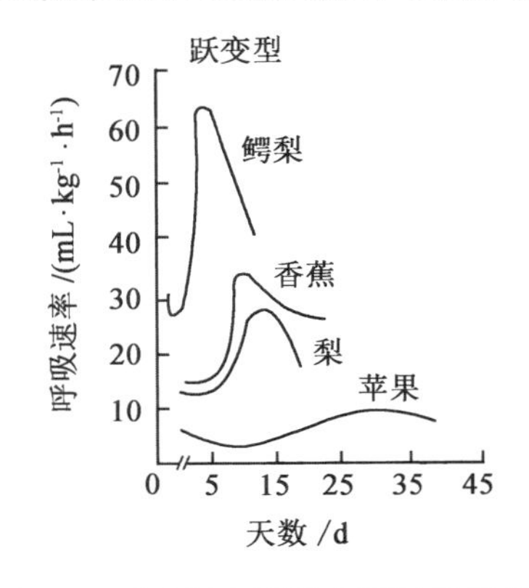

图1-1 呼吸跃变型果实呼吸强度曲线
（黄国辉，2009）

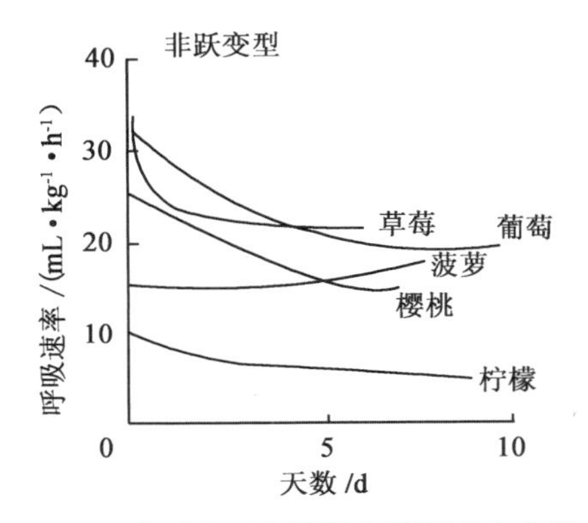

图1-2 非呼吸跃变型果实呼吸强度曲线
（黄国辉，2009）

1.1.2 呼吸强度与呼吸系数

呼吸强度(respiration rate)，是用来衡量呼吸作用强弱的一个指标，又称呼吸速率，以单位质量植物组织在单位时间内呼吸作用的 O_2 消耗量或 CO_2 释放量表示。

生物在呼吸作用中释放出的 CO_2 与消耗的 O_2 在体量上的比值，即 V_{CO_2}/V_{O_2}，称为呼吸商(respiratory quotient, RQ)。由于植物组织可以用不同基质进行呼吸，不同基质的呼吸商不同，以葡萄糖为呼吸基质时，呼吸商为1.0；若以苹果酸为基质时，呼吸商为2.3；以脂肪酸为基质时，其呼吸商小于1.0(约为0.7)。

可见，呼吸商越小，消耗氧的量越大，因此，该物质氧化时所释放的能量也越多。同时，可以从呼吸商的大小来判断可能的呼吸底物。

1.1.3 呼吸温度系数、呼吸热和呼吸高峰

呼吸温度系数(Q_{10})，指在生理温度范围内，当环境温度每升高或降低10 ℃时，植物体呼吸速率的相对变化。采后园艺产品呼吸强度增加或减少的倍数以 Q_{10} 表示。不同的种类、品种，在相同温度范围内的 Q_{10} 具有差异；同一园艺产品，在不同的温度范围内 Q_{10} 也不同，通常是在较低的温度范围内的 Q_{10} 大于较高温度范围内的 Q_{10}（表1-1，表1-2）。

表 1-1　几种园艺产品在相同温度范围内的 Q_{10}

种类	温度/℃	Q_{10}
香蕉	5～15	2.4
苹果	5～15	2.5
菠菜	10～24	2.6
辣椒	10～24	3.2

表 1-2　几种园艺产品在不同温度范围的 Q_{10}

种类	品种	Q_{10}	
		0～10 ℃	11～21 ℃
草莓	哈瓦多 17	3.45	2.10
桃	加尔曼	3.05	2.95
	阿尔巴特	4.10	3.15
柠檬	尤力克	3.95	1.70
葡萄柚	佛罗里达实生种	3.35	2.00

引自:Haller 等,1931。

采后园艺产品进行呼吸作用的过程中,消耗的呼吸底物,一部分用于合成能量(ATP)供组织生命活动所用,另一部分则以热量的形式释放出来,这一部分的热量称为呼吸热(respiration heat)。贮藏过程中,果实、蔬菜和花卉释放的呼吸热会增加贮藏环境的温度,促进果蔬产品的失水和微生物的生长。因此,在进行库房设计计算制冷量时,需计入这部分热量。

呼吸跃变型园艺产品采后成熟衰老进程中,在果实、蔬菜、花卉进入完熟期或衰老期时,其呼吸强度出现骤然升高,随后趋于下降,呈现一明显的峰形变化,这个峰即为呼吸高峰(respiration peak)。呼吸高峰过后,组织很快进入衰老。

1.1.4　影响呼吸强度的因素

降低采后园艺产品的呼吸强度,是延长贮藏期和货架期的有效途径。影响呼吸强度的因素很多,概括起来主要有以下几个。

1.1.4.1　种类和品种

不同种类和品种的园艺产品的呼吸强度相差很大,这是由遗传特性决定的。一般来说,热带、亚热带植物果实的呼吸强度比温带植物果实的呼吸强度大,高温季节采收的产品比低温季节采收的大。就种类而言,浆果的呼吸强度较大,柑橘类和仁果类果实的较小;蔬菜中叶菜类呼吸强度最大,果菜类次之,根菜类最小。在花卉中,月季、香石竹、菊花的呼吸强度从大到小,而表现出的贮藏寿命则依次延长。

1.1.4.2　发育阶段与成熟度

一般而言,生长发育过程的植物组织、器官的生理活动很旺盛,呼吸代谢也很强。因此,不同发育阶段的果实、蔬菜和花卉的呼吸强度差异很大。如生长期采收的叶菜类蔬菜,因为此时营养生长旺盛，各种生理代谢非常活跃，呼吸强度也很大。

不同采收成熟度的瓜果，呼吸强度也有较大差异。以嫩果供食的瓜果，其呼吸强度也大，而成熟瓜果的呼吸强度较小。

番茄果实发育过程的呼吸变化如图 1-3 所示。

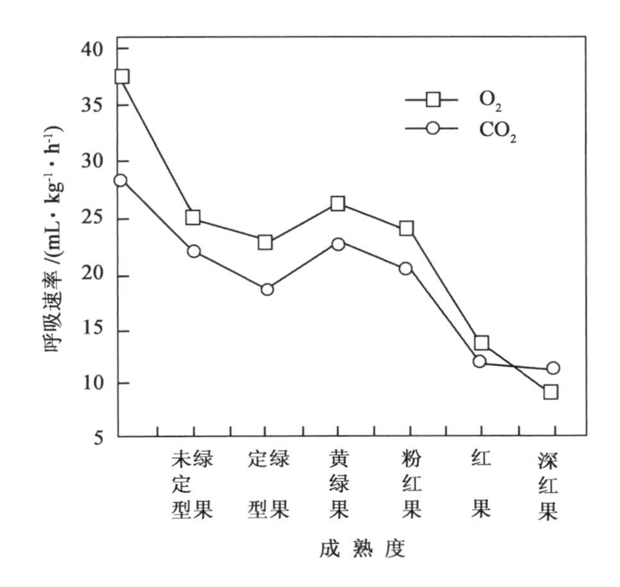

图 1-3　番茄果实发育过程的呼吸强度变化

1.1.4.3　温度

与所有的生物活动过程一样，采后园艺产品贮藏环境的温度会影响其呼吸强度。在一定的温度范围内，呼吸强度与温度成正相关关系(图 1-4)。适宜的低温，可以显著降低产品的呼吸强度，并推迟呼吸跃变型园艺产品的呼吸高峰的出现，甚至不表现呼吸跃变。

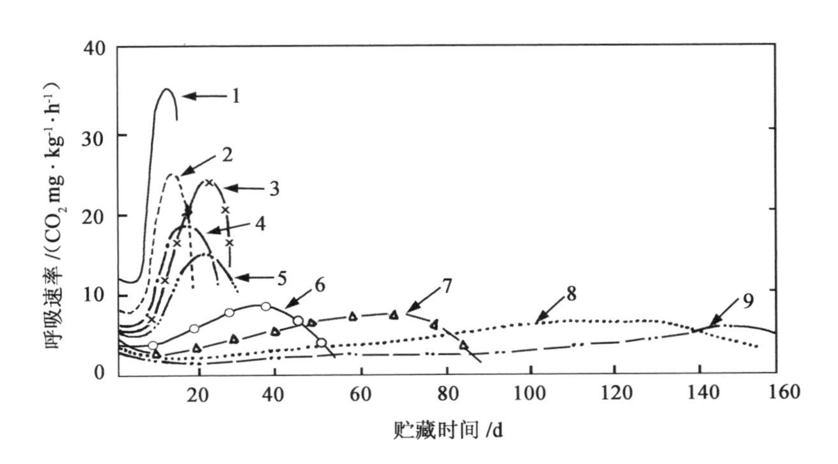

图 1-4　西洋梨果实呼吸强度、贮藏温度与贮藏性的关系

(Kidd 和 West，1937)

1：21 ℃；2：15.5 ℃；3：12 ℃；4：12 ℃；5：10 ℃；6：4.5 ℃；7：2.8 ℃；8：1.1 ℃；9：−0.25 ℃

过高或过低的温度对产品的贮藏不利。超过正常温度范围时,初期的呼吸强度上升,其后下降为0。这是由于在过高温度下,O_2 的供应不能满足园艺产品组织对 O_2 消耗的需求,同时 CO_2 过多的积累又抑制了呼吸作用的进行。温度低于产品的适宜贮藏温度时,会造成低温伤害,或冷害(chilling injury)。

1.1.4.4 湿度

湿度对呼吸的影响,目前还缺乏系统深入的研究,但这种影响在许多贮藏实例中确有反映。大白菜、菠菜、温州蜜柑、红橘等采收后进行预贮藏,通过蒸发去除一小部分水分,有利于降低呼吸强度,增强贮藏性。洋葱贮藏时要求低湿,低湿可以减弱呼吸强度,保持器官的休眠状态,有利于贮藏。呼吸跃变型果实中香蕉在相对湿度低于80%时,果实无呼吸跃变现象,不能进行正常后熟;若相对湿度大于90%,呼吸作用表现为正常的跃变模式(图1-5),果实正常后熟。

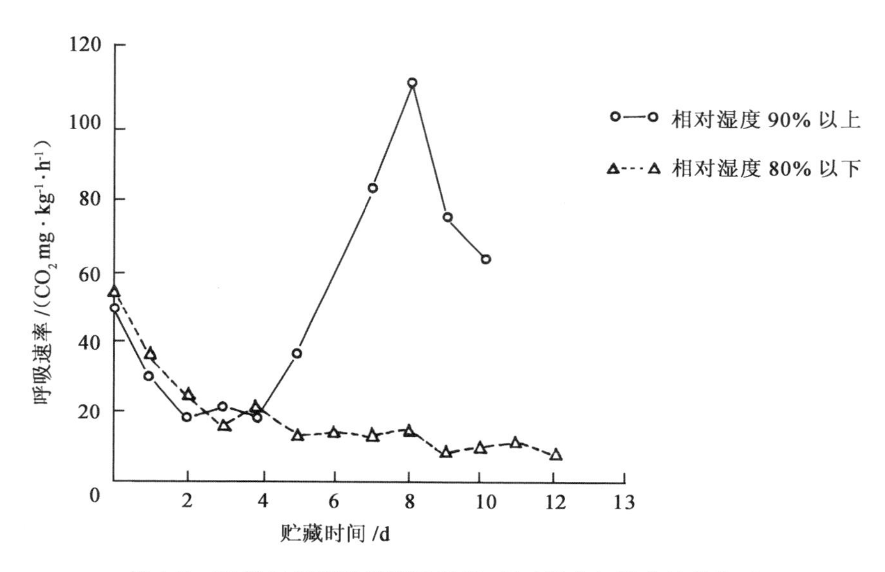

图1-5 24℃时香蕉果实呼吸强度、相对湿度与贮藏性的关系

(Haard等,1969)

1.1.4.5 环境气体成分(O_2、CO_2、C_2H_4)

正常空气中,O_2 的体积分数为21%,CO_2 的体积分数为0.03%。从呼吸作用总反应式可知,环境 O_2 和 CO_2 的体积分数变化,对呼吸作用有直接的影响。在不干扰组织正常呼吸代谢的前提下,适当降低环境 O_2 体积分数,并提高 CO_2 体积分数,可以有效抑制呼吸作用,减少呼吸消耗,更好地维持产品品质,这就是气调贮藏的理论依据。

C_2H_4 是一种促进植物成熟衰老的激素,它可以增强呼吸强度。园艺产品采后贮运过程中,由于组织自身代谢可以释放 C_2H_4,并在贮运环境中积累,这对于一些对 C_2H_4 敏感的产品的呼吸作用有较大的影响。

1.1.4.6 机械伤

任何机械伤,即便是轻微的挤压和擦伤,都会导致采后园艺产品呼吸强度不同程度的增加。机械伤对产品呼吸强度的影响因种类、品种以及受损伤的程度而异。据观察,伏令夏橙果实从不同高度跌落至硬地面后，均对呼吸强度产生了显著影响(图 1-6)。

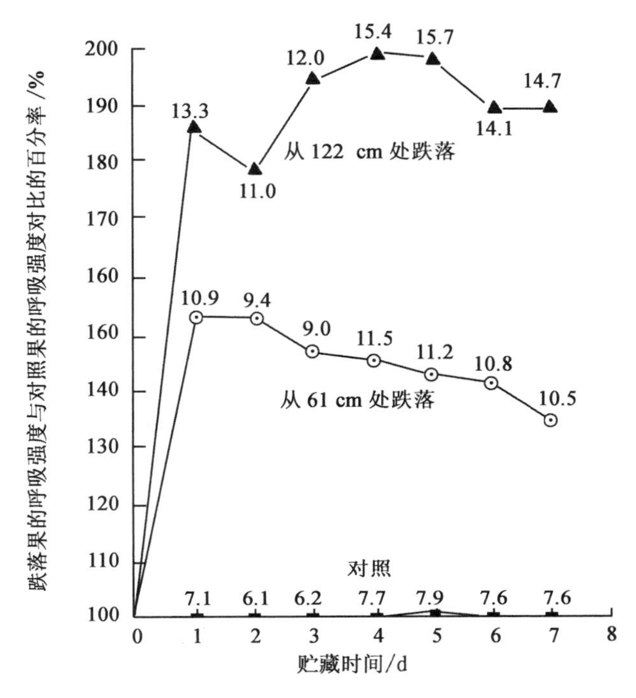

图 1-6　伏令夏橙果实从不同高度跌落硬地面后对呼吸强度的影响

(Vines,1965)

1.1.4.7　化学物质

除此之外，有些化学物质，如青鲜素(MH)、矮壮素(CCC)、6-苄基嘌呤(6-BA)、赤霉素(GA)、二氯苯氧乙酸(2,4-D)、重氮化合物、脱氢乙酸钠、一氧化碳等，对呼吸强度都有不同程度的抑制作用，其中一些也作为园艺产品保鲜剂的重要成分。

1.2　植物激素生理

迄今认为植物体内存在着五大类植物激素，即生长素(auxin,IAA)、赤霉素(gibberellins,GAs)、细胞分裂素(cytokinin,CTK)、脱落酸(abscisic acid,ABA)和乙烯(ethylene,ETH)，它们之间相互协调，共同作用，调节着植物生长发育的各个阶段。本节从最重要的成熟衰老激素——乙烯的生物合成及调控开始，介绍乙烯的生理作用、特性，乙烯与园艺产品贮藏的关系，以及其他激素与乙烯的共同作用对园艺产品成熟衰老的调节。

1.2.1　乙烯的生物合成途径及其调控

乙烯(ethylene)是一种简单的不饱和烃类化合物(C_2H_4)，在常温常压下为气体。植物对它非常敏感，空气中极其微量的乙烯(0.1～1.0 $\mu L \cdot L^{-1}$)就能显著地影响植物生长、发育，尤其对呼吸跃变型果实的成熟衰老起着重要的调控作用。因此，乙烯被认为是最重要的植物衰老激素。

1.2.1.1　乙烯的发现和研究历史

据我国古书记载,促进青而涩的果实成熟,最好放在密封的米缸里;烟熏和焚香,也能促进果实成熟;灶房薪烟气体可使果实成熟和显色。

在西方,Girardin 于 1864 年首次报道渗漏的燃气使法国某城市的树叶变黄。1900 年人们发现用加热器燃烧煤油(heater burning kerosene)可以使绿色的加利福尼亚柠檬(California Lemon)变黄。1901 年俄国科学家 Neljubow 研究表明,乙烯是燃气中的成分。到 1924 年,Denny 发现在一定的温度下使柠檬退绿的最终原因是煤油炉产生的乙烯,而不是温度的升高。1934 年,Gane 首先发现果实和其他植物组织也能产生少量的乙烯。后来又有许多人证明多种果实本身具有产生乙烯的能力,乙烯有加快果实后熟和衰老的作用。

1935 年之后的近 20 年,是对乙烯作用地位争论非常激烈的时期。美国的 Hansen、英国的 Kidd 和 West 等一批植物生理学家认为乙烯是一种促进果实成熟的生长调节剂,而美国加州大学的 Biale 和 Uda 等则认为乙烯只是果实后熟中的一种副产物,对果实的成熟并非那么重要。两派的争论直到 1952 年,James 和 Martin 发明了气相色谱仪(gas chromatography)并检测出微量乙烯为止。这种精密仪器帮助人们认识到果实中的乙烯与成熟的关系,证明了乙烯的确是促进果实成熟衰老的一种植物激素。此后的 20 世纪 60 年代至 70 年代末,有关乙烯的问题,如果实成熟过程中为什么会产生乙烯,乙烯在何处产生,乙烯的生物合成途径及其调控等,成为植物生理研究的热门课题。

1964 年 Lieberman 等提出乙烯来源于蛋氨酸(methionine,Met),但并不清楚其反应的中间步骤。直到 1979 年 Adams 和 Yang 发现 1-氨基环丙烷羧酸(1-aminocyclopropane-1-carboxylic acid,ACC)是乙烯的直接前体,从而确定了乙烯生物合成的途径为:Met(蛋氨酸)→SAM(S-腺苷蛋氨酸)→ ACC(1-氨基环丙烷羧酸)→Ethylene(乙烯)。这成为乙烯生物合成研究的一个里程碑。

自 1989 年以来,随着分子生物学的发展和应用,有关乙烯生物合成关键酶的生物化学和分子生物学研究取得了很大进展,利用转基因技术得到了多种乙烯生物合成受抑制的转基因植株,并在生产中得到了应用。

1.2.1.2　乙烯的生物合成途径及其调控

对乙烯生物合成及其调控措施(图 1-7)的研究经历了很长的历史时期,直到现在仍然是采后生理研究的热点,了解它的发展历程对于今天我们设计试验和采后生理研究有着重要的借鉴作用。

1. 蛋氨酸循环

(1)蛋氨酸作为乙烯生物合成前体的证明。乙烯是只有两个碳的简单化合物,许多物质可以通过不同的途径产生乙烯,如亚油酸、丙醛、β-丙氨酸、丙烯酸、乙醇、乙烷、乙酸、延胡索酸和蛋氨酸。那么,“蛋氨酸是高等植物中乙烯生物合成的有效前体”的结论是如何得出的呢?

这是 Liberman 和 Mapson(1965)致力于研究乙烯产生的模式系统时无意发现的。他们发现,在有铜离子-抗坏血酸存在时,亚麻酸可以降解为乙烷、乙烯和其他简单的碳水化合物。为了确定亚麻酸产生乙烯的反应是否为自由基反应,他们加入了自由基清除剂——蛋氨酸,希望通过减少自由基抑制乙烯的产生。然而,试验发现加入蛋氨酸以后乙烯的产生反而增加了。后来,他们又发现在没有亚麻酸存在时,铜离子-抗坏血酸溶液中加入的蛋氨酸也可以产生乙

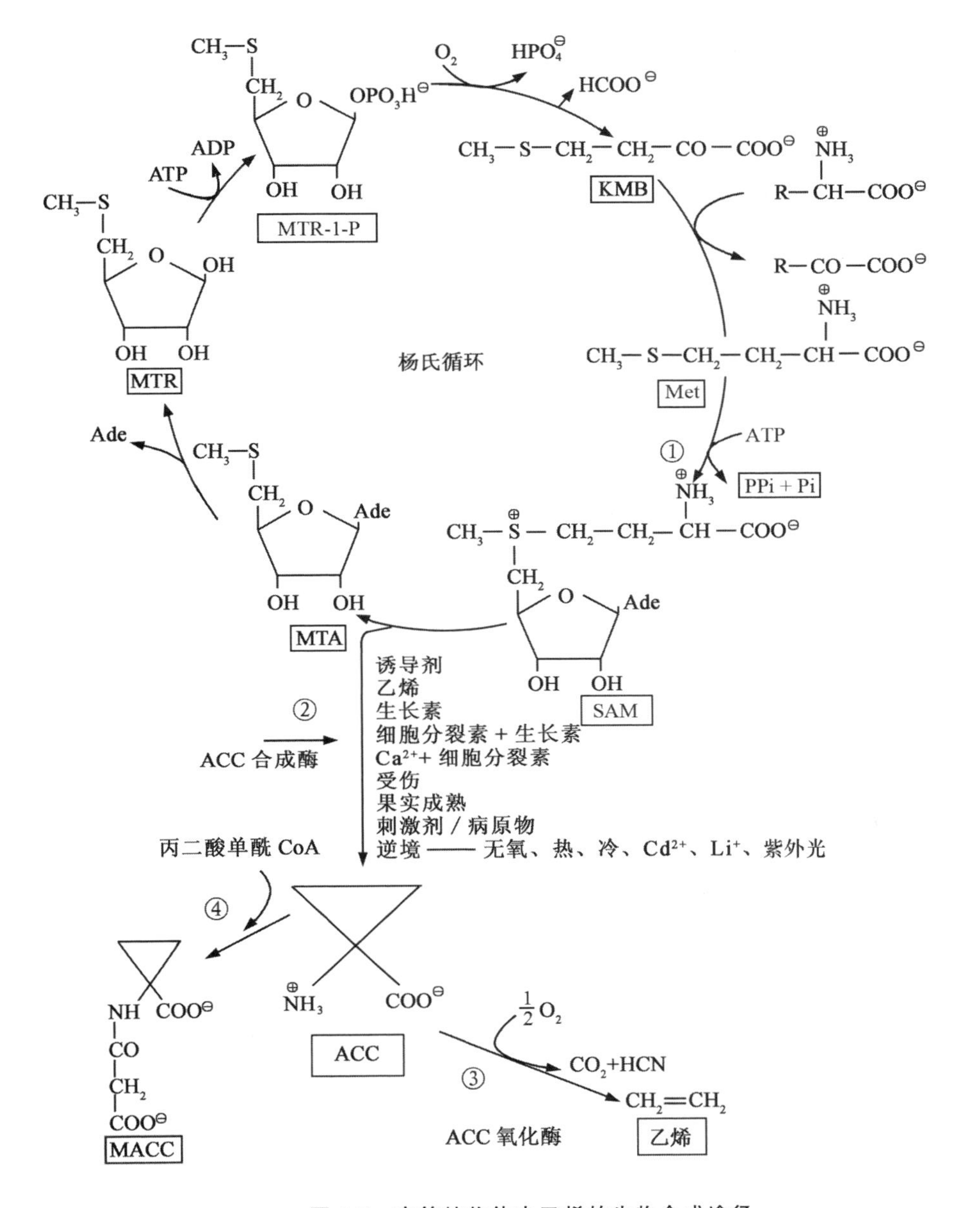

图 1-7 高等植物体内乙烯的生物合成途径

(Yang 和 Hoffman，1984)

烯。Yang 等(1984)鉴定出蛋氨酸是梨幼苗提取液中的活性物质，在黄素鸟苷存在的光系统中，蛋氨酸分解出乙烯。Lieberman 和 Wang 等 (1982)将 ^{14}C 标记的蛋氨酸施用于苹果，结果产生了带有 ^{14}C 的乙烯，从而进一步证明了乙烯来自蛋氨酸，并且是由蛋氨酸上的第 3 碳和第 4 碳转变来的。

(2)S-腺苷蛋氨酸(S-adenosyl methionine，SAM)为反应的中间产物。Burg，Murr 和 Yang 等(1985)观察到蛋氨酸转变为乙烯需要氧参加，而且这一转化过程可以被一种氧化磷酸化的解偶联剂——DNP(二硝基苯酚)所抑制，因此他们推测 SAM 是由蛋氨酸和 ATP 合成的。Adams 和 Yang(1979)的试验进一步证明蛋氨酸在空气中很快生成乙烯，在氮气中则无乙烯生成，只有 MTA(5-甲硫腺苷)和 ACC(1-氨基环丙烷羧酸)产生。这说明 SAM 是一个中间产物，在有氧及其他条件满足时，可以通过 ACC 形成乙烯，同时形成 MTA 及其水解产物甲硫基核糖(MTR)。

(3)从 MTA 到 Met 的蛋氨酸循环。植物体内蛋氨酸的含量并不高，却不断有乙烯产生，而且没有硫(S)释放出来，经 S 标记试验发现，S 是与甲基结合在一起形成甲硫基，然后在组织中参与循环。Murr 和 Yang(1975)将 ^{14}C 标记在 MTA 的甲基上，在植物组织中得到了标记的蛋氨酸。Adamz 和 Yang(1977)又在 MTA 中的硫原子和甲基上进行了双重标记试验，发现 MTA 的甲硫基被结合到蛋氨酸上，这些研究证明了乙烯的生物合成是经过 Met(蛋氨酸)→SAM(S-腺苷蛋氨酸)→ MTA(5-甲硫腺苷)→Met(蛋氨酸)这样一个循环，其中甲硫基可以循环使用，这个循环叫蛋氨酸循环，又叫 Yang Cycle。

当 SAM 转变为 ACC 时，同时还形成 MTA，MTA 进一步分解为 MTR，MTR 核苷酶催化这步反应；MTR 通过 MTR 激酶转变为 MTR-1-P，后者进一步转变为 KMB(2-酮基-4-甲硫基丁酸)。植物体内催化 MTR-1-P 形成 KMB 的酶尚未被鉴定。蛋氨酸循环的最后步骤是 KMB 通过专一的转氨酶作用形成 MET，生成的 MET 与 ATP 反应再形成 SAM。通过这一循环，MET 中的丁酸部分 4 个碳原子最终来自 ATP 的核糖分子，而原来的 MET 中的甲硫基被保存了下来，使其不断地在蛋氨酸循环中再生和利用。因此，乙烯生成可用下式表示。

$$2ATP \longrightarrow ADP + 2Pi + PPi + HCOOH + CO_2 + HCN + C_2H_4$$

HCOOH 及 CO_2、HCN 中的 C 分别来自核糖残基的第 1、2、3 位碳原子，最终生成乙烯分子的 2 个碳原子来自 ATP 核糖残基的第 4、5 位碳原子。

2. ACC 的合成

上面提到 SAM 是处于十字路口的中间产物，它既可以生成 MTA 参加蛋氨酸循环，又可以合成 ACC(ACC 在原生质中被合成)。Boller 和 Hemer(1979)发现番茄果实游离细胞提取液具有使 SAM 转变为 ACC 的能力，而且这个反应能被 AVG(氨基羟乙基乙烯基甘氨酸)抑制，而 AVG 是一种吡哆醛磷酸化酶(磷酸吡哆醛酶)抑制剂。Rando(1974)证明由 SAM 转变 ACC 是吡哆醛酶的作用，后来又证明了这种吡哆醛磷酸化酶是 ACC 合酶(ACC synthase，ACS)。以后又有人发现 AOA(氨基氧乙酸)也抑制 ACC 合成，但抑制效率较低。

可见，AVG 和 AOA 是 ACC 合酶活性的强烈抑制剂，可以阻止乙烯合成的直接前体物 ACC 的积累，从而抑制乙烯的生物合成。在采前对苹果进行 AVG 处理可以推迟采后果实的成熟和乙烯跃变。AOA 和 AVG 处理香石竹切花，可以抑制其乙烯的生成，并延长切花寿命。

从 SAM 到 ACC 是乙烯合成的限速步骤，ACS(1-aminocyclopropane-1-carboxylic acid synthase)是乙烯合成的关键酶，它专一地以 SAM 为底物，它的辅基是磷酸吡哆醛。植物中的 ACS 通常以基因家族的形式存在，番茄至少含有 14 个 ACS 基因(*SlACS1A*、*SlACS1B* 和 *SlACS2-8*)。利用番茄突变体 *ripening-inhibitor* (*rin*)和 *non-ripening* (*nor*)为研究材料，人们发现 *SlACS1A*、*SlACS2*、*SlACS4* 和 *SlACS6* 在番茄果实中具有不同的作用模式和功能(图 1-8)。*SlACS6* 在果实绿熟阶段具有较高表达水平，随着乙烯大量合成趋于下降，认为它参与系统Ⅰ乙烯生物合成；*SlACS1A*、*SlACS2* 和 *SlACS4* 表达水平在果实进入破色期阶段后，随着乙烯快速合成而提高，认为它们在系统Ⅱ的乙烯生物合成过程中具有重要作用。通过转基因方法抑制番茄 *SlACS*2 表达，可以显著抑制果实乙烯的生物合成并延缓其成熟衰老进程。

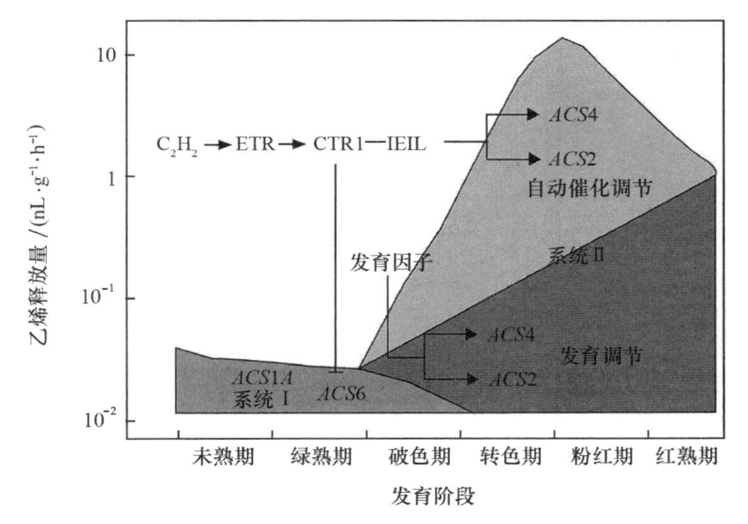

图 1-8　番茄 *ACS* 基因家族成员在果实成熟衰老进程中的作用模式示意图

(Grierson，2013)

外界环境对 ACC 的合成影响很大，多种逆境都会刺激乙烯的产生，如机械伤、冷害、干旱、淹涝、高温和化学毒害等。逆境造成乙烯生成量增加的原因是，逆境刺激 ACC 合酶活性增强，从而导致 ACC 合成的增加。成熟同样促进 ACC 的合成，进而促进乙烯生物合成的增加(图 1-9)。蛋白抑制剂如 EDTA、KCN 会抑制 ACC 合酶的活性，减少 ACC 的合成，进一步使乙烯的生成量降低。

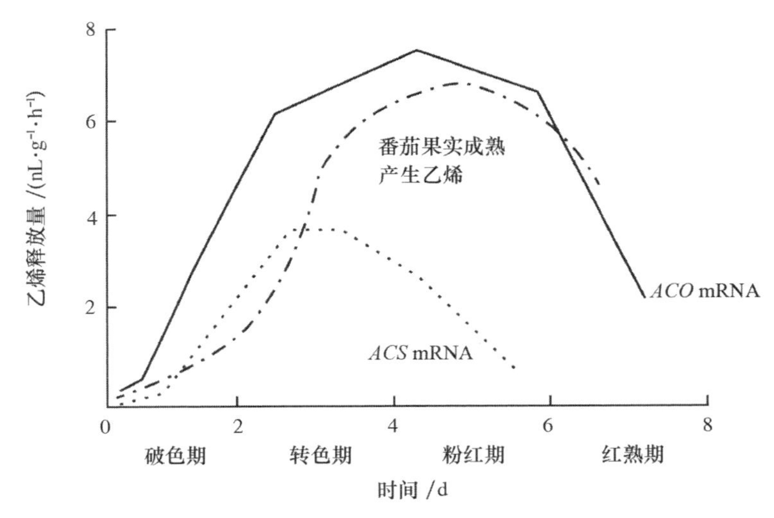

图 1-9　不同成熟阶段番茄果实 *ACS* 基因的表达和乙烯释放量的变化

(Grierson，2014)

3. 乙烯的合成(ACC →ethylene)

Yang 等(1981)根据 ACC 能被次氯酸钠氧化，提出 ACC 可能被羟化酶或脱氢酶氧化形成氢甲酸,同时形成乙烯。氢甲酸不稳定,分解形成 CO_2 和 HCN,而 HCN 对植物有毒,HCN 被催化与半胱氨酸形成 β-氰基丙氨酸。由 ACC 到乙烯需 ACC 氧化酶(1-aminocyclopropane-1-carboxylic acid oxidase,ACO)作用,这是个需氧过程,而且解偶联剂(DNP)及自由基清除剂都能抑制乙烯的产生。ACO(又称乙烯合酶 EFE)也是乙烯生物合成的关键酶,但 ACC → ETH 不是乙烯生物合成的限速步骤。用细胞匀浆进行试验,因破坏了细胞结构,乙烯的合成停止,但 ACC 积累。这说明由 ACC 转化为乙烯的反应需要膜结构的完整性,ACO 很可能与膜结合在一起。目前 ACO 已经被分离并纯化,其氨基酸结构和 DNA 结构也已清楚。Guy 和 Kende(1984)从豌豆幼苗原生质体分离得到的液泡中产生的乙烯占整个原生质体所产生的 80%,他们认为 ACC 主要在细胞质中合成,然后进入液泡,并在液泡中转变为乙烯。

番茄至少具有 5 个 *ACO* 基因家族成员(*SlACO*1-5),其中 *SlACO*1、*SlACO*3 和 *SlACO*4 主要在果实采后成熟衰老进程中表达。上述 3 个基因在番茄果实绿熟阶段具有较低的表达水平,随着乙烯跃变而趋于增强,使用乙烯作用抑制剂 1-甲基环丙烯(1-methylcyclopropene,1-MCP)可以显著抑制 *SlACO*1 和 *SlACO*4 的表达丰度增加,进而延缓果实成熟衰老进程。有关 *ACO* 在乙烯生物合成过程中的作用,已经得到了越来越多转基因证据的支持。通过抑制 *ACO* 基因表达,甜瓜果实的乙烯生物合成水平仅为野生型的 0.5%(Pech 等,2008)。对'皇家嘎拉'(Royal Gala)苹果的研究显示,抑制 *MdACO*1 表达的转基因果实的乙烯释放量始终低于检测水平(Schaffer 等,2007),果实不能形成正常的质地和香气等品质,但是使用外源乙烯处理可以恢复果实的成熟衰老进程和品质。

另外,园艺植物采后的各种非生物胁迫(如失水、低氧、盐胁迫等)以及生物胁迫(如病害和虫害等)也会影响 ACO 活性和基因的表达,进而影响组织的乙烯生物合成(Argueso 等,2007)。

1.2.1.3 乙烯生物合成调控因素研究进展

(1)多胺　SAM 可以被植物体内多种途径利用,除了转化成 ACC 外,还可在 SAM 脱羧酶作用下转化成多胺。SAM 脱羧酶是多胺合成的关键酶。内源多胺的下降发生在果实成熟衰老之前,外源多胺处理可以抑制苹果、柑橘和鳄梨等果实采后乙烯的合成,延缓果实的成熟衰老。多胺抑制乙烯生物合成的可能机制是:①与乙烯竞争共同合成前体物 SAM,当组织中多胺合成增加时,便限制了乙烯的合成;反之,当多胺生物合成减少时,则有利于 ACC 的合成积累,从而促进了乙烯的生物合成。②多胺是植物体内有效的自由基清除剂,可以抑制并清除自由基的产生,进而抑制了依赖于有自由基参与的 ACC 向乙烯转化的反应。③多胺具有保护和稳定细胞膜的功能,ACC 合酶催化 ACC 合成乙烯的过程,与细胞膜的完整性有密切关系,因此,多胺可以通过对细胞膜稳定性的影响,调节 ACC 生成乙烯的过程。

目前研究显示,多胺不仅可以调控 ACC 合成乙烯的过程,还可抑制 ACC 合酶的活性。外源多胺处理可以抑制伤诱导的 ACC 合酶基因的转录与表达。

(2)水杨酸(salicylic acid,SA)　SA 即邻羟基苯甲酸,是一个简单酚类化合物。在植物体内,SA 主要存在于花序和叶片中。SA 在植物组织衰老和抗病性方面发挥着重要作用。用 0.1～20 mmol/L 的 SA 溶液浸泡苹果的果肉和果皮圆片 6 h 后,其乙烯生成量被显著抑制,抑制效果随 SA 浓度的提高而增强,外源 SA 对果实种子中的乙烯生成也有不同程度的抑制作用。陈昆松等对沙梨成熟过程的内源 SA 测定表明,随着果实的成熟,其含量趋于下降,认为 SA 通过抑制 ACC 向乙烯的转化来抑制乙烯的合成。最近研究表明,SA 可以抑制伤诱导的ACC合酶的转录及其活性。因此，SA对乙烯抑制的调控，可能通过同时抑制ACC合酶和ACC氧化酶的活性，减少内源ACC含量和乙烯的生成，表明SA是乙烯生物合成的一种新型抑制剂，但其作用机制还不十分清楚。

(3)自由基　在植物体中自由基的种类很多，其中氧自由基最为重要，包括两大类，一类为无机氧自由基，包括超氧自由基($O_2^-\cdot$)、羟自由基($\cdot OH$)、单线态氧($^1O_2$)和过氧化氢(H_2O_2)等；另一类为有机氧自由基，包括过氧化自由基($ROO\cdot$)、烷氧自由基($RO\cdot$)和多元不饱和脂肪酸(PUFA)自由基等。自由基在直接调控组织衰老进程的同时，还参与了乙烯的合成。Liberman首次提出了自由基参与乙烯形成的假说，指出ACC转化成乙烯的反应对自由基清除剂敏感。植物体内合成乙烯时，ACC氧化酶必须有$O_2^-\cdot$作为激活剂。

后来一些科学家用丙基没食子酸、甘露醇等自由基清除剂进一步阐明了这一理论，但究竟是哪一种自由基在起作用则有争议。通过观察豌豆幼苗微粒体膜从ACC到乙烯过程中的自旋共振波谱，证明$O_2^-\cdot$参与乙烯的形成，认为$O_2^-\cdot$参与乙烯合成调控的部位是从ACC到乙烯这一步反应。

(4)茉莉酸(jasmonic acid，JA)　JA及其衍生物，统称为茉莉酸类物质(JAs)，最典型的是JA和茉莉酸甲酯(MJ)。JAs在植物界广泛存在，具有广泛的生理功能，包括调节植物组织、器官的生长发育和成熟衰老等。从结构和生理功能上讲，JAs和ABA十分相似，都属于促进植物衰老的物质。JAs对果实乙烯合成调控因成熟阶段不同而异。MJ促进果实乙烯合成的效应主要表现在果实呼吸高峰出现以前。在苹果果实上的实验表明，MJ可促进跃变前果实乙烯的释放，而抑制跃变期间的乙烯释放。JAs对乙烯合成的调控作用主要是通过影响乙烯合成相关酶的活性来实现的，但其效果与JAs的浓度有关。

1.2.2　乙烯的生理作用及其调控

乙烯是一种植物自然代谢的产物，在植物的生命周期中起着重要的调节作用。在植物的成熟衰老时期，它的作用发挥得更加充分，同时植物组织本身对乙烯的敏感性增加，使得乙烯成为调节园艺产品成熟衰老最重要的植物激素。

1.2.2.1　乙烯的主要生理作用

(1)乙烯提高园艺产品的呼吸强度　呼吸跃变型(climacteric)和非呼吸跃变型(non-climacteic)两类果实对乙烯的反应不同。乙烯可以促进呼吸跃变型未成熟果实呼吸高峰的提早到来，并引发相应的成熟变化，但是在作用阈值以上，乙烯浓度的大小对呼吸高峰的峰值没有显著影响(图1-10a)。在呼吸跃变型番茄果实中，果实成熟着色之前，二氧化碳和乙烯含量显著增加(Giovannoni，2004)，如果将此时的果实切开会发现种子周围的凝胶状组织具有明显的光泽，这种变化是果实最早可见的成熟即将开始的信号(Giovannoni，2017)。乙烯对呼吸跃变型果实的呼吸作用的影响只有一次，而且外源乙烯处理必须在果实成熟以前，处理之后果实内源乙烯便有自动催化作用，加速果实的成熟(图1-11a)。非呼吸跃变型果实的呼吸强度也受乙烯的影响，当施用外源乙烯时，在很大的浓度范围内乙烯浓度与呼吸强度成正比(图1-10b)，而且在果实的整个发育过程中呼吸强度对外源乙烯都有反应，每施用一次，都会有一个呼吸高峰出现(图1-11b)。

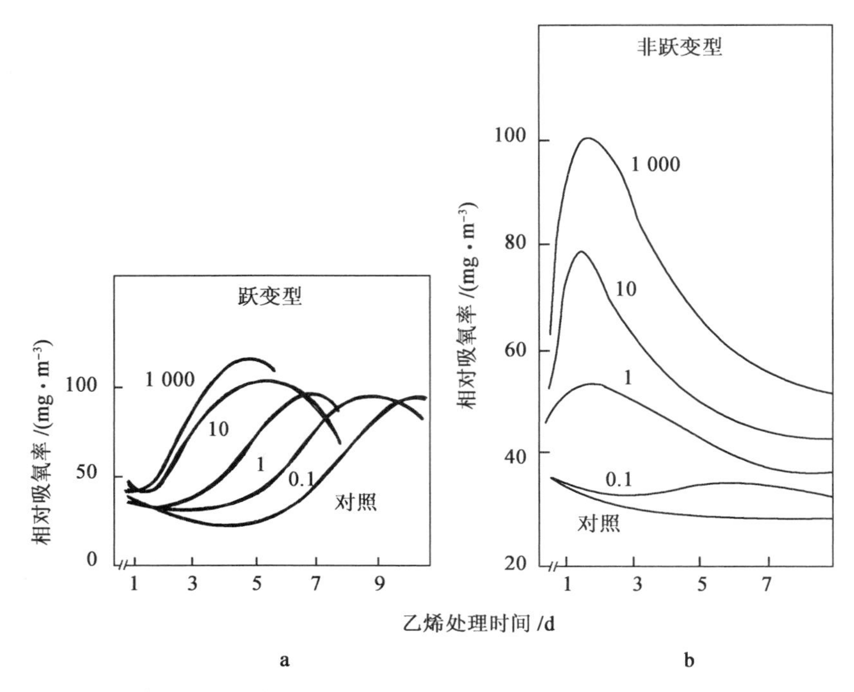

图 1-10　呼吸跃变型果实和非呼吸跃变型果实在不同浓度的外源乙烯下相对吸氧率的变化

(Biale,1964)

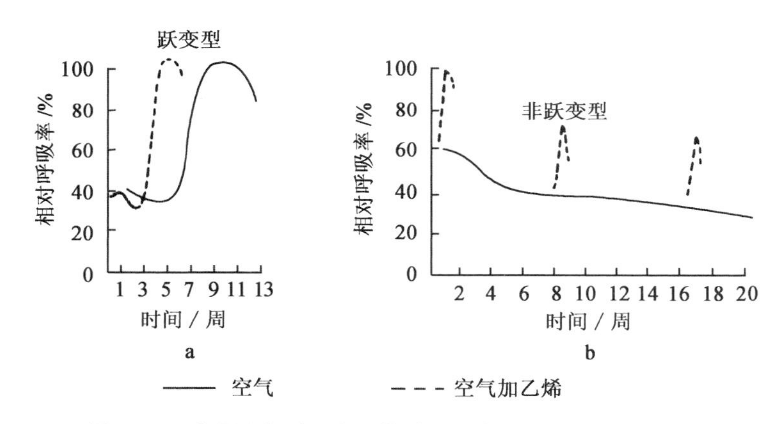

图 1-11　呼吸跃变型果实和非呼吸跃变型果实对乙烯的反应

(Biale 和 Young,1972)

(2)乙烯促进园艺产品成熟　成熟(ripening)是果实生长发育的一个阶段,一般是指果实生长停止后发生的一系列生理生化变化达到可食状态的过程。人们现已清楚,所有果实在发育期间都会有微量乙烯产生。呼吸跃变型果实在未成熟时乙烯含量很低,通常在果实进入成熟和呼吸高峰出现之前乙烯含量开始增加,并且出现一个与呼吸高峰类似的乙烯高峰,同时果实内部的化学成分也发生一系列的变化。非呼吸跃变型果实在整个发育过程中乙烯含量没有很大的变化,在成熟期间乙烯产生量比跃变型果实少很多(表 1-3)。

表 1-3　几种跃变型和非跃变型果实内源乙烯浓度

果实	乙烯浓度/($\mu L \cdot L^{-1}$)	果实	乙烯浓度/($\mu L \cdot L^{-1}$)
跃变型		西番莲	466～530
苹果	25～2 500	李	0.14～0.23
梨	80	番茄	3.6～29.8
桃	0.9～20.7	**非跃变型**	
油桃	3.6～602	柠檬	0.11～0.17
鳄梨	28.9～74.2	酸橙	0.30～1.96
香蕉	0.05～2.1	柑橘	0.13～0.32
杧果	0.04～3.0	菠萝	0.16～0.40

引自:S. P. Burg 和 E. A. Burg,1962。

果实对乙烯的敏感程度与果实的成熟度密切相关,许多幼果对乙烯的敏感度很低,要诱导其成熟,不仅需要较高的乙烯浓度,而且需要较长的处理时间,随着果实成熟度的提高,对乙烯的敏感度也越来越高。要抑制跃变型果实的成熟,必须在果实内源乙烯的浓度达到启动成熟的浓度之前采取相应的措施,才能延缓果实的成熟,从而延长果实的贮藏寿命。

乙烯分别作用于成熟过程中果实的颜色、香气和质地(图 1-12),并且不同果实,不同部位对乙烯的响应表现出不同的敏感性(Pech 等,2008,2012),究其差异是乙烯不同响应途径受到不同转录因子的调控或与其他激素的相互作用。同时,对绿熟期的番茄果实施用乙烯具有多效性,同时也会影响其他激素比如脱落酸(Zhang 等,2009)、生长素(Audran-Delalande 等,

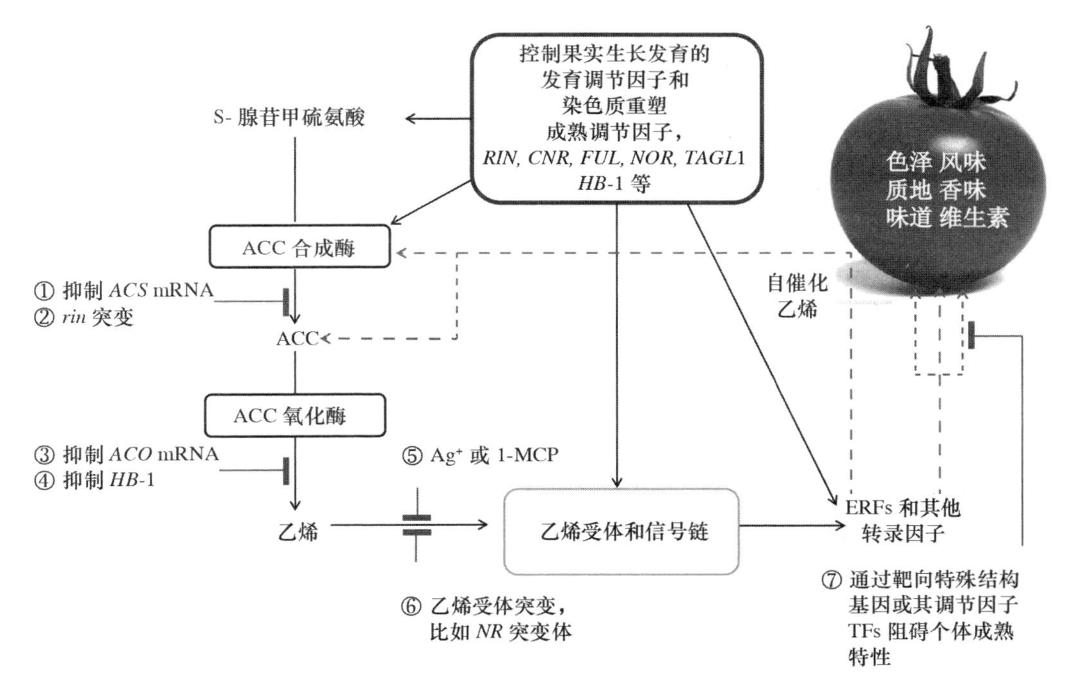

图 1-12　乙烯调控番茄果实成熟模式图

(Li 等,2019)

2012)和油菜素内酯(Liu 等,2014)的作用。此外,也有一些成熟变化,无论是非跃变型还是跃变型果实,均不依赖于乙烯,或者认为果实成熟过程中存在跃变型和非跃变型成熟途径。

McMurchie 等(1972)根据丙烯(乙烯作用类似物,代替乙烯作用)对两类果实处理时,其乙烯生成反应不同,提出跃变型果实中乙烯产生有两个调节系统。系统Ⅰ负责调节呼吸跃变前果实中低浓度的基础乙烯生成;系统Ⅱ负责调节呼吸跃变时成熟过程中乙烯自我催化大量生成。系统Ⅰ乙烯由未知原因产生,浓度很低,只具有控制、调节衰老的作用,系统Ⅰ乙烯可以启动系统Ⅱ的乙烯产生,使果实内的乙烯浓度大大增加,产生跃变。非跃变型果实乙烯生成速率相对较低,变化平稳,整个成熟过程中只有系统Ⅰ乙烯产生,缺乏系统Ⅱ乙烯的产生。

现已有足够的证据证明乙烯是一种成熟因素,用外源乙烯处理可诱导和加速果实成熟,排除乙烯可延迟果实的成熟,同时乙烯生成抑制剂(如 AVG、AOA)和乙烯作用拮抗物(如 Ag^+、CO_2、NBD)处理可抑制果实成熟。例如,用气密性塑料袋包装绿熟香蕉,在袋内放置用饱和高锰酸钾处理过的砖块或珍珠岩吸收乙烯,可以延缓香蕉的成熟。用减压贮藏提高乙烯的扩散率,降低果实内乙烯的分压,同样可以延缓果实的成熟。气调贮藏中提高 CO_2 的浓度可提高贮藏品质,用 Ag^+ 处理切花可大大延长它的寿命,这些技术和措施在实践中已得到广泛应用。

(3)乙烯的其他生理作用　乙烯不仅能促进果实的成熟,而且还有许多其他的生理作用。乙烯可以加快叶绿素的分解,使水果和蔬菜变黄,促进果蔬的衰老,导致品质下降。例如,25 ℃ 下用 0.5～5.0 $\mu L \cdot L^{-1}$ 的乙烯处理黄瓜会使其退绿变黄,膜透性增加,瓜皮呈水浸状斑点;用 0.1 $\mu L \cdot L^{-1}$ 的乙烯处理可使莴苣叶褐变。

乙烯还会促进植物器官的脱落,如用 0.1～1.0 $\mu L \cdot L^{-1}$ 的乙烯处理可以引起大白菜和甘蓝的脱帮,使玫瑰的花瓣脱落。

香石竹花期的乙烯伤害表现为花瓣边缘卷曲、退色;月季、金鱼草的乙烯伤害表现为花瓣退色、早脱落和落叶;紫罗兰、水仙花表现为花色变劣、花瓣卷曲、兰花萼片明显畸形;满天星则表现为花不能开放。

乙烯可引起水果蔬菜质地的变化。用 100 $\mu L \cdot L^{-1}$ 的乙烯处理石刁柏 1 h,会使其嫩茎变老。用 1.0 $\mu L \cdot L^{-1}$ 的乙烯处理猕猴桃可加速果实的软化。用 1 000 $mg \cdot L^{-1}$ 的乙烯利浸泡未成熟的柑橘或葡萄 10 min,处理后 7～10 d 即可成熟;用 300～900 $mg \cdot L^{-1}$ 浸泡柿子 0.5～1.0 min,3 d 可使柿子脱涩。乙烯处理可以使甘薯变软,但风味下降。

另外,乙烯的"三重反应"即乙烯对黄化(豌豆)幼苗茎伸长的抑制、茎的加粗和横向生长,这是乙烯特有的反应,常被应用于乙烯的生物测定。

1.2.2.2　乙烯生理作用的调控

植物组织成熟衰老进程中的乙烯生理效应的发挥及其调控因素,是继乙烯生物合成与调控之后,在采后研究领域中的又一个前沿热点。乙烯的生理效应与乙烯的信号转导和植物组织对乙烯的敏感性等有关。目前,有关乙烯作用抑制剂研究表明:CO_2、降冰片二烯(norbornadiene,NBD)、环辛烯、银离子(Ag^+)、重氮基环戊二烯(diazocyclopentadiene,DACP)、环丙烯(cyclopropene,CP)、1-甲基环丙烯(1-methylcyclopropene,1-MCP)和 3,3-二甲基环丙烯(3,3-methylcyclopropene,3,3-MCP)等,它们或是乙烯作用的拮抗剂,或是乙烯信号转导的阻断剂。

(1)CO_2　早期的研究发现,CO_2 可以作为乙烯的拮抗剂,而且很多观点认为 CO_2 的抑制位点在乙烯受体上，但从未得到证实，其作用模式尚不清楚。在低浓度乙烯条件下，CO_2 可有效地抑制乙烯的作用，但当乙烯浓度超过 1.0 $\mu L \cdot L^{-1}$ 时，其效果便消失。气调贮藏环境中高浓度的 CO_2，有助于延缓乙烯促进成熟的作用。

（2）NBD　研究表明，NBD 是以竞争抑制方式阻止乙烯作用的发挥。当存在于绿色果实内低浓度乙烯的作用被 NBD 抵消时，其成熟启动即被阻止。NBD 处理可以延缓香石竹切花的衰老和抑制柑橘叶片的脱落。NBD 还具有阻断乙烯作用信号转导的作用。

（3）环辛烯　是通过与乙烯受体结合来抵消乙烯作用效果的，但它和 NBD 一样需要持续的高浓度处理，而且具有很浓的气味。

（4）Ag^+　可以消除乙烯的作用效果，这个过程可能是非竞争性的抑制作用。但也有人认为 Ag^+ 是乙烯反应的有效抑制剂，它可能是通过竞争抑制方式与乙烯受体作用。硫代硫酸银（STS）已经在延长切花和插花寿命上取得成功，并得到广泛应用。Ag^+ 减弱乙烯作用效果的有效性因乙烯浓度的增加而下降，然而在高乙烯条件下，其抗乙烯作用的效果比 CO_2 显著。但 Ag^+ 是重金属，不能在食品和饲料中应用。

（5）DACP　在香蕉、猕猴桃、鳄梨、番茄和柿子等果实和康乃馨、天竺葵、玫瑰等花卉中，DACP 都表现出对乙烯作用的抑制效应，它主要是在乙烯作用的信号转导途径起作用。但是作为乙烯反应的抑制剂，DACP 存在三个缺点：①抑制效果很弱，一般只能保持几天；②一般具有放射性，不具有放射性的 DACP 极不稳定；③高浓度的 DACP 具有爆炸性，这是最大的问题，也是商业上应用时最直接的限制因子。

（6）丙烯类物质　是乙烯反应的有效抑制剂，是阻断乙烯信号的有机分子。如 CP、1-MCP 和 3,3-DMCP 等都具有抑制活性，且这三种物质在常温下都是气体，无色、无味、无毒。其中，CP 和 1-MCP 的活性是 3,3-DMCP 的 1 000 倍，但 1-MCP 稳定性高于 CP，所以绝大部分研究都集中在 1-MCP 上。

研究认为，1-MCP（CP 和 3,3-DMCP 也类似）可以与乙烯竞争结合乙烯受体。1-MCP 可能是结合到乙烯受体中的一个金属原子上，从而阻止了乙烯与受体的结合，减少或消除组织对乙烯的敏感性，进而延缓许多果实、蔬菜和切花等的成熟与衰老进程。1-MCP 处理可抑制番茄、草莓、苹果、鳄梨、李、杏、香蕉等果实采后乙烯的释放，香石竹切花的乙烯释放与跃变。1-MCP 既能延长气调贮藏下甘蓝的贮藏寿命，又可以延缓叶片退绿和减少叶片的黄化。天竺葵（*Pelargonium hortorum*）的花器官经过 1-MCP 处理后，由授粉引起的乙烯释放增加可完全被抑制。

目前 1-MCP 已经开始应用于采后园艺产品的商业化贮藏，1-MCP 处理能显著抑制苹果的采后乙烯生成，如二维码 1-1 所示。同时，1-MCP 也是研究乙烯的有效工具。1-MCP 的处理效果受到园艺产品种类、品种、成熟度和 1-MCP 的使用浓度与时间等因素的影响（Blankdenship 和 Dole，2003）。

二维码 1-1　1-MCP 处理对‘红富士’苹果乙烯释放量的影响

1.2.3　其他植物激素的作用及其与贮藏的关系

植物的生长发育受多种激素的共同作用，各种激素在植物中是互作的。一般来说，生长素、赤霉素和细胞分裂素协同衰老，乙烯和脱落酸协同促进衰老，而两大类激素间有拮抗作用。

在植物衰老过程中，激素间的平衡可能比单一激素更为重要。

1.2.3.1 果实生长发育过程中各种激素的相互作用模式

Lieberman 曾以呼吸跃变型果实的生长发育过程为例，模拟了果实在各个阶段中的生长、呼吸和激素的消长模式(图 1-13)。

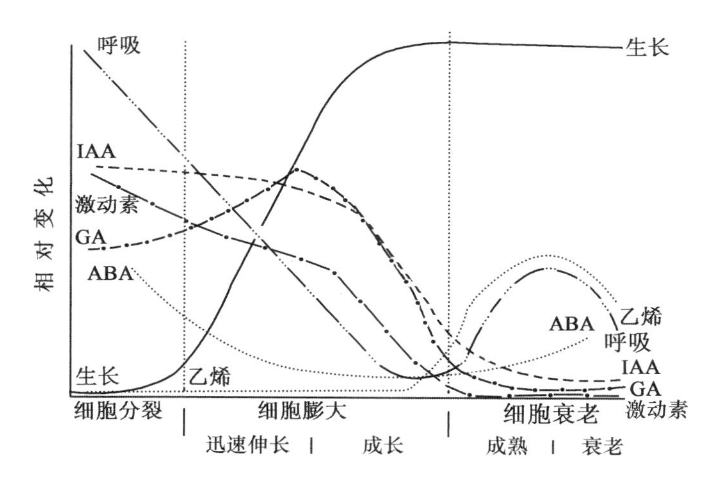

图 1-13 高峰型果实在生长发育过程中的生长、呼吸和激素水平的理论动力曲线

在果实生长发育的初期，细胞分裂是主要的活动。这时，生长素、细胞分裂素处于果实一生中的最高水平，赤霉素也较高，乙烯产生量很低，脱落酸含量很高。这些激素水平反映了它们作用的程度，在细胞分裂时高水平的生长素、细胞分裂素和赤霉素是非常重要的，而脱落酸可能起着一种“刹车”的作用，用以调节和对抗高浓度激素过多的促生长作用。此外，脱落酸与水分吸收有关，而这种作用对于幼嫩组织的生长是非常重要的。

当细胞迅速膨大时，赤霉素逐渐增加，达到高峰后下降，以满足细胞生长的需要。随着果实的成长和成熟，生长素、赤霉素和细胞分裂素趋于下降，直至成熟后期下降更多。此时，乙烯和脱落酸开始上升，成为呼吸跃变型果实呼吸强度提高的先导。

1.2.3.2 不同激素对园艺产品成熟衰老的调节

(1)脱落酸(ABA) 促进果实成熟衰老的另一种重要激素——ABA，近年来受到人们关注。相对于乙烯来说，ABA 对果实成熟过程的调控作用更为重要，不论是跃变型果实，如桃、番茄、苹果、杏、巴梨，还是非跃变型果实，如葡萄、柑橘、草莓等果实的成熟进程中，ABA 均起着重要的调控作用。多数试验表明 ABA 水平的升高发生在成熟之前，因而认为 ABA 水平的升高诱发了成熟的启动，而不是成熟引起 ABA 的增加。对采后猕猴桃果实后熟软化进程中内源 ABA 变化的研究表明，ABA 的积累在乙烯跃变之前。外源 ABA 处理可增加纤维素酶活性，促使乙烯的合成增加(图 1-14)。用 50 $mg \cdot L^{-1}$ ABA 处理采后猕猴桃果实，可增加内源 ABA 积累，降低了内源 IAA 水平，促使了果实的后熟软化。高 CO_2 和低温、减压贮藏，均可明显抑制果实中的 ABA 合成，从而延缓后熟进程。

Rasmussen 认为 ABA 积累到一定程度后，即可触发乙烯的生成，其生成量并不因后期 ABA 含量的增减而变化。有研究发现，外施乙烯促进葡萄果实成熟，要在果实内的 ABA 积累到一定水平才会发生。ABA 对果实后熟衰老进程的调控可能是直接促进水解酶活性的增加或通过促进乙烯生成间接地对果实成熟衰老起作用。

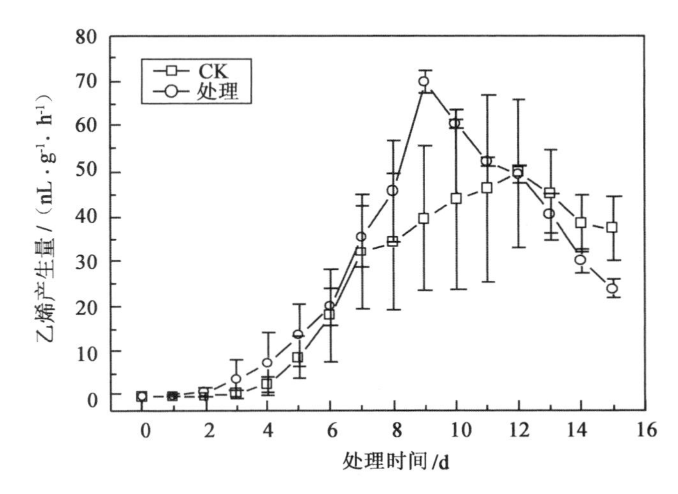

图 1-14　外源 ABA 处理对海沃特美味猕猴桃果实成熟过程乙烯生成的影响

(陈昆松等,1998)

(2)生长素(IAA)　是器官成熟衰老的抑制剂,这已经在许多果实、蔬菜和花卉的采后研究中得到证实。生长素与乙烯在植物生长发育的许多生理过程中能够相互作用。例如在调控植物根的伸长与根冠形成过程中,生长素与乙烯发挥协同作用,而在下胚轴伸长过程中,这二者却起到拮抗作用。生长素能够调节乙烯的合成。在拟南芥中,外源施加生长素处理能够明显提升乙烯的合成。相关基因表达研究表明生长素处理能够提升 *ACS4* 基因的表达,诱导植物组织合成更多的乙烯(Stepanova 等,2007)。同时,乙烯也能调节生长素的合成。在拟南芥中,外源施加 ACC 或者用乙烯处理能够提高生长素的含量。对基因的表达分析显示乙烯促进生长素的合成主要是通过调节生长素合成原料——色氨酸的代谢进行的,尤其是通过提升色氨酸合成途径中的两个重要基因 *WEI2* 和 *WEI7* 的表达,为生长素合成提供更多的原料。此外,在拟南芥中,外源乙烯处理还能够显著影响生长素运输载体 *AUX* 基因与 *PIN* 基因的表达,从而调节生长素在植物组织中的分布(Lewis 等,2011)。在番茄中,乙烯能够调控生长素响应因子 *SAUR69*,对果实成熟起调控作用(Shin 等,2019)。

(3)赤霉素(GAs)和细胞分裂素(CTK)　外源 GA_3 可延缓一些果实的着色和完全成熟,BA 可抑制香蕉等果实的着色,GA_3 和 BA 与乙烯和 ABA 具有拮抗作用。但这两类激素对后熟软化的调控机制仍不清楚。

植物激素对组织成熟衰老进程的调控是一个比较复杂的过程,它们的作用除了决定于激素间的平衡外,更重要的是园艺产品对激素的敏感性。该过程不仅仅取决于某一种激素的消长和绝对浓度的变化,内源激素间的相互平衡及协同作用显得更为重要,同时还与不同品种果实组织对植物激素的敏感性有关。一些果实、蔬菜和花卉采后发育进程中的成熟衰老与再生长是同步进行的,这种成熟衰老与再生长和组织内源激素的平衡有关,尤其是促进成熟衰老激素(如乙烯、ABA)与促进生长激素(如 IAA、GA 和 CTK)之间的平衡变化。

随着分子生物学相关新技术的发展和应用,有关乙烯作用机制研究取得了新的成就,如乙烯受体的分子生物学、乙烯的信号转导等(详见第 2 章的相关内容)。

1.3 采后蒸腾生理及其调控

新鲜果实、蔬菜和花卉组织一般含有很高的水分(85%～95%),细胞汁液充足,细胞膨压大,使组织器官呈现坚挺、饱满的状态,具有光泽和弹性,表现出新鲜健壮的优良品质。如果组织水分减少,细胞膨压降低,组织萎蔫、疲软、皱缩,光泽消退,表观失去新鲜状态。

采收后的植物(果实、蔬菜和花卉)器官失去了母体和土壤供给的营养和水分,而其蒸腾作用仍在持续进行,失去的水分通常不能得到补充。贮藏环境不适宜,如高温和低湿等环境条件,贮藏器官就成为一个蒸发体,不断地蒸腾失水,逐渐失去新鲜度,并产生一系列的不良反应。因而采后蒸腾作用就成为园艺产品采后生理上的一大特征。

1.3.1 蒸腾与失重

蒸腾作用(transpiration),是指水分以气态通过植物体(采后果实、蔬菜和花卉)的表面,从体内散发到体外的现象。蒸腾作用受组织结构和气孔行为的调控,它与一般的蒸发过程不同。

失重(weight loss),又称自然损耗,是指贮藏过程器官的蒸腾失水和干物质损耗,造成质量减少,称为失重。蒸腾失水主要是由蒸腾作用引致的组织水分散失;干物质消耗则是呼吸作用导致的细胞内贮藏物质的消耗。失水是贮藏器官失重的主要原因。

1.3.2 蒸腾作用对采后贮藏品质的影响

贮藏器官的采后蒸腾作用,不仅影响贮藏产品的表观品质,而且造成贮藏失重。一般而言,当贮藏失重占贮藏器官质量的5%时,园艺产品就呈现明显的萎蔫状态。失重萎蔫的园艺产品在失去组织、器官新鲜度,降低产品商品性的同时,还减轻了质量。柑橘果实贮藏过程的失重有 3/4 是由蒸腾失重所致,1/4 是由于呼吸作用的消耗。苹果在 2.7 ℃贮藏时,每周由于呼吸作用造成的失重大约为初始质量的 0.05%,然而由于蒸腾失水引发的失重约是初始质量的 0.5%。

水分是生物体内最重要的物质之一,它在代谢过程中发挥着特殊的生理作用,可以使细胞器、细胞膜和酶得以稳定,细胞的膨压也是靠水和原生质膜的半渗透性来维持的。失水后,细胞膨压降低,气孔关闭,因而对正常的代谢产生不利影响。器官、组织的蒸腾失重造成的萎蔫,还会影响正常代谢机制,如呼吸代谢受到破坏,促使酶的活动趋于水解作用,从而加速组织的降解,促进组织衰老,并削弱器官固有的贮藏性和抗病性。另一方面,当细胞失水达一定程度时,细胞液浓度增高,H^+、NH_4^+ 和其他一些物质积累到有害程度,会使细胞中毒。水分状况异常还会改变体内激素平衡,使脱落酸和乙烯等与细胞成熟衰老有关的激素合成增加,促使器官衰老脱落。因此,在园艺产品采后贮运过程中,减少组织的蒸腾失重就显得非常重要了。

1.3.3 影响采后蒸腾作用的因素

园艺产品采后蒸腾失重受本身的内在因素和外界的环境条件的影响。

1.3.3.1 内在因素

(1)表面组织结构　对植物器官、组织的水分蒸腾具有明显的影响。蒸腾的途径有两个,即自然孔道蒸腾和角质层蒸腾(cuticular transpiration)。

自然孔道蒸腾是指通过气孔和皮孔的水分蒸腾。通过植物皮孔进行的水分蒸腾称为皮孔蒸腾(lenticular transpiration)。皮孔多在茎和根上,不能自由开闭,而是经常开放;苹果、梨的表皮上也有皮孔,皮孔使较内层组织的细胞间隙直接与外界相通,从而有利于各种气体的交换。但是,皮孔蒸腾量极微,约占总蒸腾量的0.1%。通过植物气孔进行的水分蒸腾叫气孔蒸腾(stomatal transpiration)。气孔多在叶面上,主要由它周围的保卫细胞和薄壁细胞的含水程度来调节其开闭,温度、光和CO_2等环境因子对气孔的开闭也有影响。当温度过低和CO_2增多时,气孔不易开放;光照刺激气孔开放;植物处于缺水条件时,气孔关闭。在切花的贮藏中,常用8-羟基喹啉硫酸盐(或柠檬酸)等控制气孔开放,降低蒸腾失水,延长切花寿命。

植物根上无气孔,但发现茄果类(番茄、青椒、茄子)和日本柿果实上也无气孔,依靠萼片上的气孔进行气体交换。

蒸腾是在表面进行的,气孔和皮孔就成为植物水分散失和气体交换的主要通道,气孔的自动开闭又可以对此进行调节,它是一个自动反馈系统。

气孔面积很小,一般叶片气孔总面积不超过叶面积的1%,但气孔蒸腾符合小孔扩散规律,所以气孔蒸腾量比同面积自由水面的蒸发量大几十倍。

角质层的结构和化学成分的差异对蒸腾有明显影响。角质的主要成分为高级脂肪酸,蜡质常附于角质层表面或埋在角质层内,它由脂肪酸和相应的醇生成的酯或它们的混合物组成,其中还可能混有碳原子数相同的石蜡等物质,蜡质可溶于氯仿、乙醚等有机溶剂。角质层本身不易使水分透过,但角质层中间夹杂有吸水能力大的果胶质,同时角质层还有微细的缝隙,可使水分透过。角质层蒸腾在蒸腾中所占的比重,与角质层的厚薄有关,还与角质层中有无蜡质及其厚薄有关。果实的角质层有3~8 μm,果菜类的有1~3 μm。幼嫩器官表皮角质层未充分发育,透水性强,极易失水。据报道,嫩叶的角质层蒸腾量可达总蒸腾量的1/3~1/2。随着植物成熟,表皮角质层发育完整健全,有的还覆盖着致密的蜡质,这就有利于组织内水分的保持。角质层的合成受到转录因子的调控,改变其表达水平能显著影响其角质层的结构和组成,从而影响其贮藏过程中的失水速率,影响其贮藏期,如*TDR4*(Bemer等,2012)和*TAGL1*(Giménez等,2015)在控制果实成熟的同时,影响了果实角质层的形成,该基因沉默的转基因番茄与对照果实相比,在贮藏过程中更容易出现失水萎蔫。

相对于角质层蒸腾,气孔蒸腾的量和速度均要大得多。叶菜类蔬菜之所以极易脱水萎蔫,除了与比表面积有关,也与气孔蒸腾在蒸腾失水中占优势有关。

(2)细胞的持水力　细胞保持水分的能力与细胞中可溶性物质的含量、亲水胶体的含量和性质有关。原生质中有较多的亲水性强的胶体,可溶性固形物含量高,使细胞渗透压高,因而保水力强,可阻止水分渗透到细胞壁以外。洋葱的含水量一般比马铃薯的高,但在相同贮藏条件下(如在0℃下贮藏3个月),洋葱失重1.1%,而马铃薯失重2.5%,这同原生质体的持水力和表面组织结构有很大的关系。

另外,细胞间隙的大小可影响水分移动的速度,细胞间隙大,水分移动时阻力小,因而移动速度快,有利于细胞失水。

(3)比表面积　一般指单位质量的器官所具有的表面积,单位是$cm^2 \cdot g^{-1}$。植物蒸腾作用的物理过程是水分蒸发,蒸发是在表面进行的。从这一点来说,比表面积大,相同质量的产品所具有的蒸腾面积就大,因而失水多。不同园艺产品器官的比表面积差异很大,如叶的比表面积要比其他器官的大很多倍,因此叶菜类在贮运过程中更容易失水萎蔫。同一种器官,个头越小,比表面积越大,蒸腾失水越严重。

1.3.3.2 环境条件

(1)相对湿度 园艺产品贮藏上,常用空气相对湿度(relative humidity,RH)来表示环境空气的干湿程度。它指的是空气中实际所含的水蒸气量(绝对湿度)与当时温度下空气所含饱和水蒸气量(饱和湿度)之比。

园艺产品的采后水分蒸发是以水蒸气的状态移动的,正如其他气体一样,水蒸气是从高密度处向低密度处移动的。采后新鲜园艺产品组织内相对湿度在99%以上,因此当其贮藏在一个相对湿度低于99%的环境中,水蒸气便会从组织内向贮藏环境移动。在同一贮藏温度下,贮藏环境越干燥,即相对湿度越低,水蒸气的流动速度越快,组织的失水也越快。猕猴桃果实在0 ℃的贮藏过程中环境相对湿度与失重的关系,见表1-4。

表1-4 猕猴桃果实0 ℃贮藏过程中环境相对湿度与失重的关系

贮藏条件	环境相对湿度/%	失重1%所需的时间
大帐气调	98~100	3~6个月
气洗冷藏	95	6周
普通冷藏	70	1周

引自:McDonald,1990。

贮藏环境RH过高容易导致组织败坏和有害微生物繁殖,过低又会引起果实失水、萎蔫、退色,并丧失商品性。草莓果实在RH大于95%条件下果实腐烂率是RH为75%时的3倍,贮藏于RH为55%~60%条件下的脐橙果皮褐变率显著低于RH85%~90%处理的。研究表明,苹果、香蕉、甜樱桃、荔枝、草莓和桃等果实的适宜RH为90%~95%,而杧果、番木瓜、菠萝和杨梅等果实的适宜RH则为85%~90%。

贮藏环境中的空气湿度除了用相对湿度表示外,还可以用水蒸气压表示。后者对于采后园艺产品组织水分蒸发更为直接。水蒸气压即为单位体积中的水蒸气密度。相对湿度或水蒸气压都是用来表示环境空气干湿的程度,也是影响器官蒸腾失重的重要因素,但它们与环境温度密切相关,所以在两个温度不同的环境中,相对湿度相同,产品失重情况是不同的。在相同的相对湿度条件下,水蒸气压随着温度的升高而增大。器官或组织中的水分散失往往与果实中的水蒸气压和周围环境中的水蒸气压之差成正比。在一定的温度下,组织中蒸气压大于空气实际蒸气压时(即有蒸气压差存在),水分便开始蒸发。空气从含水物体中吸取水分的能力取决于饱和蒸气压差的大小。采后新鲜园艺产品组织内部充满水,其蒸气压一般是接近于饱和的,只要其蒸气压高于周围空气的蒸气压,组织内的水分便外溢。园艺产品含水量越高,组织内的蒸气压也就越大,其水分向环境扩散就越快。

(2)环境温度 贮藏环境温度对相对湿度的影响,主要是通过影响空气的水蒸气压大小来实现的。当温度升高时，空气的饱和水蒸气压增大，可以容纳更多的水蒸气，这就必然导致产品失去更多的水分。例如，将果温为 21.1 ℃的甜橙果实置于 0 ℃冷库中，假设冷库的相对湿度和甜橙组织内的相对湿度均为 100%，这时甜橙内部的水蒸气压为 2 500.71 Pa(18.76 mmHg)，而冷库内的水蒸气压为 610.65 Pa(4.58 mmHg)，其水蒸气压差为 1 890.06 Pa(14.18 mmHg)，水分就会从果实内部迅速散失到贮藏环境中去。如果果实的温度降到 0 ℃，同样将其置于 0 ℃冷库中，即使冷库内的相对湿度降至 50%，此时的水蒸气压为 305.26 Pa(2.29 mmHg)，二者的蒸气压差为 305.26 Pa(2.29 mmHg)，与 21.1 ℃果温的甜橙相比，小了很多。因此，园艺产品采后的及时预冷对于维持其新鲜度很重要，这也是贮前进行预冷的主要理论依据。

此外，温度高，水分子移动快，同时由于温度高，细胞液的黏度下降，使水分子所受的束缚力减小，因而水分子容易自由移动，这些都有利于水分的蒸发。

(3)空气流速　贮藏环境中的空气流速也是影响产品失重的主要原因。空气流速对相对湿度的影响主要是改变空气的绝对湿度，将潮湿的空气带走，更换为吸湿力强的空气，使产品始终处于一个相对湿度较低的环境中。在一定的时间内，空气流速越快，产品水分损失越大。有报道分别在每小时 5 次、10 次、15 次、20 次的人工空气对流体系中，贮存柑橘 22 d，由蒸发引起的果实失重随着对流频率的增加而增大。

(4)其他因素　在采用真空冷却、真空浓缩、真空干燥等技术时都需要改变气压，气压越低，越易蒸发，故气压也是影响蒸腾的因素之一。

光照对产品的蒸腾作用有一定的影响，这是由于光照可刺激气孔开放，减小气孔阻力，促进气孔蒸腾失水。同时光照可使产品的温度增高，提高产品组织内水蒸气压，加大产品与环境空气的水蒸气压差，从而加速蒸腾速率。

1.3.4　结露现象及其危害

在贮藏中，产品表面常常出现水珠凝结的现象，特别是用塑料薄膜帐或袋贮藏产品时，帐或袋壁上结露现象更为严重。这种现象是因为当空气温度下降至露点以下时，过多的水汽从空气中析出而在产品表面上凝结成水珠，被称为结露现象，或“出汗”现象。比如温度为 1 ℃时，空气相对湿度为 94.2%，当温度降为 0 ℃，空气湿度即达饱和，0 ℃就是露点；如温度继续下降至 −1 ℃时，则每立方米空气就要析出 0.5 g 水，此时相对湿度仍为 100%。

堆藏的园艺产品，由于呼吸等代谢活动仍进行，在通风散热不好时，堆内部温、湿度均高于堆表面的，此时堆内湿热空气运动至堆表面时，与冷面接触，温度下降，部分水汽就在冷面上凝结成水珠，出现结露现象。贮藏库内，温度波动也可造成结露现象。简易气调用薄膜帐封闭贮藏，帐内温、湿度均高于帐外，薄膜本身处于冷热的界面上，因此薄膜内侧总会凝结一些水珠，如内外温差增大，帐内凝结水就更多。

这种凝结水本身是微酸性的，附着或滴落到产品表面上，极有利于病原菌孢子的传播、萌发和侵染。所以结露现象会导致贮藏产品腐烂损失的增加。在贮藏中，要尽可能防止结露现象的出现，防止的主要原则是设法消除或尽量减小温差。

1.4 休眠与生长

1.4.1 休眠

1.4.1.1 基本概念

植物在生长发育过程中遇到不良的条件时,为了保持生存能力,有的器官会暂时停止生长,这种现象称作“休眠”(dormancy)。如一些鳞茎、块茎类、根茎的蔬菜、花卉,木本植物的种子,坚果类果实(如板栗)都有休眠现象。

根据引起休眠的原因,将休眠分为两种类型。一种是内在原因引起的,即给予园艺产品适宜的发芽条件也不会发芽,这种休眠称为“自发”休眠(rest period);另一种是由外界环境条件不适,如低温、干燥所引起的,一旦遇到适宜的发芽条件即可发芽,称为“被动”休眠(dormancy)。

植物的休眠特性是在长期进化过程中形成的。具有休眠特性的园艺产品在采收后,渐渐进入休眠状态。此时,细胞的原生质发生变化,代谢水平降低,生长停止,水分蒸腾减少,呼吸作用减缓,一切生命活动进入相对静止的状态,对不良环境的抵抗能力增加。这是植物在进化过程中形成的适应其生活条件的特性,借以度过严寒、酷暑、干旱缺水等不良环境条件,保持其生命力和繁殖力。植物的这一特性对产品的贮藏十分有利,对于保持产品本身的品质,延长贮藏寿命起到非常重要的作用。一旦器官脱离休眠而萌发,耐贮性就迅速下降。我们应当利用园艺产品的休眠特性,创造条件延长休眠期,以便达到延长贮藏期的目的。

休眠的器官,一般都是植物的繁殖器官。它们在经历了一段休眠期后,又会逐渐结束休眠状态。结束休眠后的器官如遇适合的环境条件就会迅速地发芽生长。休眠器官内在的营养物质迅速地被分解转移,消耗于芽的生长,本身则萎缩干枯,品质急剧下降,直至不堪食用或使食用者失去生命,如发芽的马铃薯在芽眼和皮层部分形成大量有毒的龙葵苷,人畜不慎食用很容易引起中毒,洋葱、大蒜和生姜发芽后肉质会变空、变干失去食用价值。

通常,将园艺产品的休眠分为以下三个生理阶段:

第一阶段,休眠前期,也称休眠诱导期。此阶段是从生长向休眠的过渡阶段,产品采收之后,代谢旺盛,呼吸强度大,体内的物质由小分子向大分子转化,同时伴随着伤口的愈合,木栓层形成,表皮和角质层加厚,或形成膜质鳞片,可减少水分蒸发、增加自身的抵抗能力。在此期间,如果条件适宜,可抑制其进入下一阶段,促进芽的诱发生长,延迟休眠。

第二阶段,生理休眠期,也可称深休眠期或真休眠期。此阶段产品新陈代谢下降到最低水平,生理活动处于相对静止状态,产品外层保护组织完全形成,水分蒸发进一步减少。在这一时期即使有适宜生长的条件也不会发芽。深休眠期的长短与园艺产品的种类和品种有关。

第三阶段,复苏阶段,也可称为强迫休眠阶段。这是由于不适宜的环境条件引起的生长发育被抑制,使器官处于休眠状态。此时,产品由休眠向生长过渡,体内的大分子物质开始向小分子转化,可以利用的营养物质增加,为发芽、伸长、生长提供了物质基础。如果外界条件一旦适宜,休眠会被打破,萌芽开始。此阶段我们可以利用低温强迫产品休眠,延长贮藏期。

1.4.1.2　休眠期间的生理生化变化

休眠是植物在环境诱导下发生的一种特殊反应，它常伴随着机体内部生理机能、生物化学特性的改变而相应改变。虽然对休眠产生机理的研究还有待发展，但多年来，许多研究者从生理生化的角度对休眠器官的组织结构、代谢机理、物质变化等方面进行了大量的研究，提供了许多具有一定代表性的、从不同侧面反映休眠本质的认识。

(1)原生质变化　研究发现，细胞要进入休眠前，先有一个原生质的脱水过程，从而聚集起大量疏水性胶体。由于原生质几乎不能吸水膨胀，所以电解质很难通过，同时还可观察到休眠期原生质和细胞壁分离，胞间连丝消失，细胞核也有所变化。因脂肪和类脂物质聚集在原生质和液泡的界面上，水分和细胞液难以透过原生质，这使得细胞与细胞之间、组织与外界之间的物质交换大大减少，保护组织的能力加强，对气体的通透性下降，每个细胞形成独立的单位。

解除休眠时，与以上情况完全相反，原生质中疏水胶体减少，亲水胶体增加，对水和氧的通透性加强。原生质吸水恢复正常状态，重新紧贴于细胞壁上，这时胞间连丝又出现，细胞核恢复正常，这都促进了细胞内外物质交换和各种生理生化过程的恢复。

研究发现，用高浓度的糖液处理，使细胞产生质壁分离，在不同的休眠阶段表现不同。正处于休眠中的细胞形成的质壁分离呈凸型，休眠前期和强迫休眠期多呈凹型，正在进入或正在脱离休眠的细胞呈混合型。据此，可以用人为处理的方法引起质壁分离，根据细胞所表现的形态来判别休眠所处的生理阶段。

(2)激素平衡与休眠　休眠是植物在漫长的进化过程中形成的对自身生长发育特性的一种调节现象，植物内源生长激素的动态平衡正是调节休眠与生长的重要因素。

赤霉素和细胞分裂素能解除许多器官的休眠。用赤霉素溶液处理新采收的马铃薯块茎切块，是两季生产催芽的重要措施。

ABA的作用恰与GA的相反。ABA是一种强烈的生长抑制物质。现已经明确，植物组织内ABA水平的动态变化，对休眠芽的形成和解除其休眠起着重要的作用。ABA的作用是使一些特定水解酶的合成受阻，并可以抑制GA的合成。在许多种子和休眠芽中含有较高水平的ABA，用ABA处理一些植物的茎可使其芽变成休眠芽。当组织器官进入休眠时，发现ABA增加；随着休眠的解除，当ABA水平降低的同时，内源GA水平开始急剧增加。外源GA处理可促进休眠的解除。由此可知，高浓度的ABA和低浓度的GA诱导休眠；反之，低浓度的ABA和高浓度的GA则促进休眠解除。

当组织中的ABA和各种抑制因子的作用减弱，促进生长因子，如GA等促使一些水解酶、呼吸酶的合成和活化，各种代谢开始活跃，为发芽和生长做好物质准备和能量准备。内源激素的动态平衡可以调节与休眠和生长相关的代谢活动，活化或抑制特定的蛋白质合成系统，直接或间接影响呼吸代谢，从而使整个机体的物质能量变化表现出特有的规律，实现了休眠与生长之间的转变。

(3)物质代谢与休眠　洋葱休眠时呼吸强度最低，也很恒定，经过一段时间以后开始有所上升，到萌芽期进一步增强。马铃薯和洋葱在休眠期间，维生素C含量通常缓慢下降，到萌芽时，活跃生长的部位明显积累还原型维生素C，维生素C可以保护促进生长的物质不被破坏，具有抗氧化的作用。另外，休眠结束时，含氮化合物的变化也表明了水解作用的增强。休眠的马铃薯内蛋白态氮较多,髓部主要是铵态氮,发芽前蛋白态氮减少,酰胺态氮增加。淀粉、脂肪、蛋白质水解时要释放出能量,水解生成的小分子物质一般是可溶性易移动的物质,这些物质和能量的提供是发芽所必需的,同时也表明了发芽时,呼吸作用和物质的消长是平行的。

(4)酶与休眠　许多研究结果表明,酶与休眠有直接关系。休眠过程中 DNA、RNA 都有变化,休眠期中没有 RNA 合成,打破休眠后才有 RNA 合成,GA 可以打破休眠,促进各种水解酶、呼吸酶的合成和活化,促进 RNA 合成,并且使各种代谢活动活跃起来,为植物发芽做物质准备。

研究发现,GA 能促进休眠器官中的酶蛋白的合成,如 α-淀粉酶、蛋白酶、脂肪酶、核糖核酸酶等水解酶和异柠檬酸酶、苹果酸合酶等呼吸酶系。由于赤霉素促进了许多水解酶的合成,在开始发芽的马铃薯、洋葱中,人们观察到在整个休眠期含量都很少变化的贮藏物质(如洋葱的蔗糖和马铃薯的淀粉),此时发生了急剧的变化:洋葱单糖增加;马铃薯淀粉减少,糖含量上升。有研究指出,GA 是在 DNA 向 mRNA 进行转录的过程中起作用。还有人提出,核酸含量达到一定的水平时才开始打破休眠。事实上,洋葱和马铃薯休眠末期芽内的 DNA 和 RNA 含量都增多。

关于马铃薯块茎的呼吸酶系,已知有多酚氧化酶系、细胞色素氧化酶系和黄素蛋白酶系等。块茎肥大过程中,细胞色素氧化酶构成主要的呼吸途径,此时多酚氧化酶的活性较高;但当块茎脱离休眠时,多酚氧化酶活性减退以至消失。酪氨酸酶是多酚氧化酶的一种,它能钝化生长素,可能是休眠与生长之间转变的原因之一。赤霉素处理可以降低多酚氧化酶的活性。这些结果显示,园艺产品的休眠与多酚氧化酶活性有着密切联系。

1.4.1.3　休眠的调控

蔬菜在休眠期结束时就会萌芽,从而使产品的质量减轻,品质下降。因此,必须设法控制休眠,防止发芽,延长贮藏期。影响休眠的因素可分为内因和外因两类,休眠的调控方法可从影响休眠的因素入手。

(1)不同种类的园艺产品休眠期的长短不同。大蒜的休眠期为 60～80 d,一般从夏至收获后到 9 月中旬;马铃薯的休眠期为 2～4 个月;洋葱的休眠期为 1.5～2.5 个月;板栗的休眠期为 1 个月。同时,休眠期的长短在蔬菜品种间也存在着差异。例如,我国不同品种马铃薯的休眠期可以分为四种情况:无休眠期的,如黑滨;休眠期较短的(1 个月左右),如丰收白;休眠期中等的(2～2.5 个月),如白头翁;休眠期长的(3 个月以上),如克新 1 号。

(2)环境条件对休眠的影响。低温、低氧、低湿和适当地提高 CO_2 体积分数等改变环境条件来抑制呼吸的措施都能延长休眠,抑制萌发。气调贮藏对抑制洋葱发芽和蒜薹薹苞膨大都有显著的效果。与此相反,适当的高温、高湿、高氧都可以加速休眠的解除,促进萌发,生产上催芽一般要提供适宜的温、湿环境。一般地,高温干燥对马铃薯、大蒜和洋葱的休眠有利,低温对板栗的休眠有利。用 0～5 ℃的低温处理可以使洋葱、玫瑰种子等解除深休眠,体积分数为 5%的 O_2 和体积分数为 10%的 CO_2 对抑制洋葱发芽和蒜薹薹苞膨大有一定的作用。

在园艺产品的贮藏中,为了保持贮藏品质,必须抑制其发芽、防止抽薹,延长贮藏期,这就需要让果蔬的器官保持休眠。

(3)化学药剂处理有明显的抑芽效果。根据激素平衡调节的原理,可以利用外源抑制生长的激素，改变内源植物激素的平衡，从而可以延长休眠。

早在 1939 年 Guthric 就首先使用萘乙酸甲酯（MENA）防止马铃薯发芽，MENA 具有挥发性，薯块经它处理后，在 10 ℃下一年不发芽，在 15～21 ℃下也可以贮藏数月。在生产上使用时可以先将 MENA 喷到作为填充用的碎纸上，然后与马铃薯混在一块，或者把 MENA 药液与滑石粉或细土拌匀，然后撒到薯块上，当然也可将药液直接喷到薯块上。MENA 的用量与处理时期有关，休眠初期用量要多一些，但在块茎开始发芽前处理时，用量则可大大减少。美国 MENA 的常用量为 100 $mg \cdot kg^{-1}$，我国的常用量为 0.1～0.15 $mg \cdot kg^{-1}$。其他的生长调节剂也有抑制发芽的作用，但效果没有 MENA 好。氯苯胺灵（CIPC）是一种在采后使用的马铃薯抑芽剂，使用量为 1.4 $g \cdot kg^{-1}$，使用方法是将 CIPC 粉剂分层撒在马铃薯上，密封覆盖 24～48 h，CIPC 汽化后，打开覆盖物。要注意的是，CIPC 应该在薯块愈伤后再使用，因为它会干扰愈伤。CIPC 和 MENA 都不能在种薯上应用，使用时应与种薯分开。

马铃薯薯块催芽则常常用 GA、硫脲、2-氯乙醇等，如用 50 $mg \cdot L^{-1}$ GA 在采前喷洒，1 $mg \cdot L^{-1}$ GA 采后浸渍薯块 5～10 min，可抑制春薯进入生理休眠期而在短期内萌发。用 0.5%～1%的硫脲浸渍薯块 4 h，再密闭 12 h，沙埋 10 d 或用 1.2%的 2-氯乙醇浸渍后密闭 16～24 h，都对秋薯催芽有明显作用。

收获前用马来酰肼又称青鲜素（MH）处理洋葱，根据 MH 不同的剂型使用质量分数不同，一般 MH-30 使用质量分数为 0.15%～0.25%，MH-40 的为 0.3%～0.4%。MH 对其他块茎、鳞茎、大白菜、萝卜及甜菜块根也有抑芽效果，并可防止根菜糠心变质。

MH 是用于洋葱、大蒜等鳞茎类蔬菜的抑芽剂。采前应用时，必须将 MH 喷到洋葱或大蒜的叶子上，药剂吸收后渗透到鳞茎内的分生组织中并转移到生长点，起到抑芽作用。一般鳞茎在采前两周有吸收与运转 MH 的功能，喷药过早，鳞茎还处于迅速生长过程中，MH 对鳞茎的膨大有抑制作用，会影响产量。MH 的质量分数以 0.25%为最好。

（4）辐射处理　采用辐射方法处理块茎、鳞茎类蔬菜，防止其在贮藏期中发芽，已在世界范围获得公认和推广，用 60～150 Gy γ 射线处理后可以使其长期不发芽，并在贮期中保持良好品质。辐射处理对抑制马铃薯、洋葱、大蒜和生姜发芽都有效。抑制洋葱发芽的 γ 射线辐射剂量为 40～100 Gy，在马铃薯上应用的辐射剂量为 80～100 Gy。

1.4.2　生长

1.4.2.1　生长现象

生长（growth），是指园艺产品在采收以后出现的细胞、器官或整个有机体的数目、大小与质量的不可逆增加。

许多蔬菜、花卉和果实在采后贮藏过程中，普遍存在着成熟衰老与再生长的同步进行。一些组织在衰老的同时，输出其内含物中的精华，为新生部位提供生长所必需的贮藏物质和结构物质。如油菜、菠菜等蔬菜在假植贮藏过程中叶子长大；菜花、花卉在采收以后花朵不断长大、开放；蒜薹薹苞的生长发育；板栗休眠期过后出现发芽现象；黄瓜出现大肚和种子的发育；菜豆的膨粒；结球白菜的爆球；马铃薯、洋葱的萌芽；花卉脱落子房发育等。这些现象均是采后园艺产品成熟衰老进程中的部分组织再生长的典型实例。

1.4.2.2 生长的调控

园艺产品采收后的生长现象在大多数情况下是不希望出现的,因此,必须采取措施进行有效地控制。植物的生长需要一定的光照、温度、湿度、气体和营养供给,将这些条件控制好,就可以比较好地控制它的生长。针对生长的条件,可采取以下措施控制。

(1)避光　在人为的贮藏环境中去除光照的影响,如贮藏冷库、窑洞、气调库、地沟等贮藏场所都是可以进行避光贮藏。

(2)低温　给予一定的低温但不能引起低温伤害,可以抑制园艺产品的生长。目前推荐的园艺产品最适温度条件(见第6章)能够较好地抑制生长。

(3)控制湿度　一般情况下,为了防止园艺产品失水,给予较高的湿度环境,对某些产品的生长是非常有利的。所以,要控制贮藏环境的湿度,既不能失水也不能促进生长,这也是一对矛盾,要妥善处理。

(4)低氧　气调贮藏给予的低氧环境,如体积分数5%左右的 O_2,是能够抑制园艺产品生长的。

(5)辐射、激素处理及其他措施　辐射处理可以很好地控制大蒜、洋葱等出现发芽现象;激素处理可以抑制蒜薹的薹苞生长;盐水处理板栗,在采后30～50 d时用2%盐和2%纯碱混合水溶液浸洗1 min,不阴干装筐或麻袋,并加入一些松针,可以抑制发芽。

思考题

1. 试述采后园艺产品呼吸作用与贮藏的关系。
2. 如何调控采后园艺产品的呼吸强度?
3. 呼吸跃变型园艺产品与非呼吸跃变型园艺产品在呼吸代谢上有何差异?贮藏过程应如何分别对待?
4. 试述果实乙烯的生物合成途径及其调控。
5. 简述果实采后乙烯的生理作用及其调控因素。
6. 试述园艺产品采后成熟衰老过程中内源植物激素的相互关系。
7. 简要说明植物内源激素的平衡在园艺产品采后成熟衰老过程中的作用。
8. 试从植物激素调控成熟衰老角度,叙述园艺产品贮藏中应采取的措施。
9. 试述采后园艺产品蒸腾失重的主要途径及其影响因子。
10. 减少园艺产品采后蒸腾失重的主要途径是什么?
11. 试述园艺产品采后休眠期间的生理生化变化及休眠的调控措施。
12. 简述影响园艺产品采收生长的因素。

推荐参考书

[1]北京农业大学. 果品贮藏加工学. 2版. 北京:农业出版社,1990.

[2]高俊平. 切花衰老与乙烯//中国园艺学会,北京农业大学. 园艺学年评. 北京:科学出版社,1995.

[3]胡绪岚. 切花保鲜新技术. 北京:中国农业出版社,1996.

[4]华中农业大学．蔬菜贮藏加工学．2版．北京:中国农业出版社,2001.

[5]罗云波．果蔬采后生物技术研究进展//中国园艺学会,北京农业大学．园学年评．北京:科学出版社,1995.

[6]马惠玲,张存莉．果品贮藏与加工技术．北京:中国轻工业出版社,2012.

[7]孟军,张建才,高海生.蔬菜贮藏加工实用技术．北京:化学工业出版社,2016.

[8]秦文．园艺产品贮藏加工学．北京:科学出版社,2019.

[9]赵丽芹,张子德．园艺产品贮藏加工学．2版．北京:中国轻工业出版社,2017.

参考文献

[1]北京农业大学. 果品贮藏加工学. 2版. 北京:农业出版社,1990.

[2]陈昆松,李方,张上隆. ABA和IAA对猕猴桃果实成熟进程的调控. 园艺学报,1999(2):13-18.

[3]陈昆松,张上隆. 采后果实成熟衰老分子生理学机理及其调控//吴平,陈昆松. 植物分子生理学进展. 杭州:浙江大学出版社,2000.

[4]高俊平. 切花衰老与乙烯//中国园艺学会,北京农业大学. 园艺学年评. 北京:科学出版社,1995.

[5]胡绪岚. 切花保鲜新技术. 北京:中国农业出版社,1996.

[6]华中农业大学. 蔬菜贮藏加工学. 2版. 北京:中国农业出版社,2001.

[7]黄国辉,姚平. 小浆果栽培技术. 沈阳:东北大学出版社,2009.

[8]罗云波. 果蔬采后生物技术研究进展//中国园艺学会,北京农业大学. 园学年评. 北京:科学出版社,1995.

[9]马惠玲,张存莉. 果品贮藏与加工技术. 北京:中国轻工业出版社,2012.

[10]孟军,张建才,高海生.蔬菜贮藏加工实用技术. 北京:化学工业出版社,2016.

[11]秦文. 园艺产品贮藏加工学. 北京:科学出版社,2019.

[12]生吉萍,罗云波,申琳. 转反义ACC合酶基因番茄与普通番茄果实植物内源激素含量的变化. 中国农业科学,2000,33(3):43-48.

[13]赵丽芹,张子德. 园艺产品贮藏加工学. 2版. 北京:中国轻工业出版社,2017.

[14]Adams D O,Yang S F. Methionine metabolism in apple tissue:implication of S-adenosylmethionine as an intermediate in the conversion of methionine to ethylene. Plant Physiology,1977,60(6):892-896.

[15]Argueso G T,Hansen M,Kieber J J. Regulation of ethylene biosynthesis. Journal Plant Growth Regulation,2007,26:92-105.

[16]Audran-Delalande C,Bassa C,Mila I,et al. Genome-wide identification,functional analysis and expression profiling of the *Aux/IAA* gene family in tomato. Plant Cell Physiology,2012,53:659-672.

[17]Barry C B,Giovannoni J J. Ethylene and fruit ripening. Journal Plant Growth Regulation,2007,26:143-159.

[18] Bemer M, Karlova R, Ballester A R, et al. The tomato *FRUITFULL* homologs *TDR*4/*FUL*1 and *MBP*7/*FUL*2 regulate ethylene-independent aspects of fruit ripening. Plant Cell,2012,24(11):4437-51.

[19]Biale J B. Growth,maturation,and senescence in fruits:recent knowledge on growth regulation and on biological oxidations has been applied to studies with fruits. Science,1964, 146(3646),880-888.

[20]Blankenship S M,Dole J M. 1-methylcyclopropene:a review. Postharvest Biology Technology,2003,28:1-25.

[21]Giménez E,Dominguez E,Pineda B,et al. Transcriptional activity of the MADS Box ARLEQUIN/TOMATO AGAMOUS-LIKE1 gene is required for cuticle development of tomato fruit. Plant Physiology,2015,168(3):1036-1048.

[22]Giovannoni J J. Genetic regulation of fruit development and ripening. Plant Cell, 2004,14:170-180.

[23]Giovannoni J J,Nguyen C,Ampofo B,et al. The epigenome and transcriptional dynamics of fruit ripening. Annual Review of Plant Biology,2017,68:61-84.

[24]Grierson D. Ethylene and the control of fruit ripening//Seymour G B,Poole M,Giovannoni J J,et al. The molecular biology and biochemistry of fruit ripening. Oxford,UK:John Wiley and Sons,CAB International,2013.

[25]Grierson D. Ethylene biosynthesis //Nath P,Bouzayen M,Mattoo A K,et al. Fruit ripening physiology,signalling and genomics. Oxford,UK:CAB International,2014.

[26]Haard N F,Hultin H O. Variant and invariant properties of the mitochondrial fraction isolated from ripeing banana fruit. Journal of Food Science,1970,35(6):751-756.

[27]Kidd F,West C. Gas-storage of fruit IV:Cox's orange pippin apples. Journal of Pomology and Horticultural Science,1937,14(3):276-294.

[28]Lewis D R,Negi S,Sukumar P,et al. Ethylene inhibits lateral root fevelopment,increases IAA transport and expression of *PIN*3 and *PIN*7 auxin efflux carries. Development, 2011,138:3485-3495.

[29]Lieberman M,Wang S Y. Influence of calcium and magnesium on ethylene production by apple tissue slices. Plant Physiology,1982,69(5):1150-1155.

[30]Liu L H,Jia C G,Zhang M,et al. Ectopic expression of a *BZR*1-1*D* transcription factor in brassinosteroid signalling enhances carotenoid accumulation and fruit quality attributes in tomato. Plant Biology Journal,2014,12:105-115.

[31]Murr D P,Yang S F. Inhibition of in vivo conversion of methionine to ethylene by L-canaline and 2,4-dinitrophenol. Plant Physiology,1975,55(1):79-82.

[32]Oeller P W,Min W L,Taylor L P,et al. Reversible inhibition of tomato fruit senescence by antisense RNA. Science,1991,254:437-439.

[33]Pech J,Bouzayen M,Latche A. Climacteric fruit ripening:ethylene-dependent and

independent regulation of ripening pathways in melon fruit. Plant Science., 2008, 175: 114-120.

[34]Pech J C, Purgatto E, Bouzayen M I, et al. Ethylene and fruit ripening//McManus MT, ed. Annual plant reviews, vol. 44: The plant hormone ethylene. Oxford, UK: Wiley-Blackwell, 2012.

[35]Schaffer R J, Friel E N, Souleyre E J F, et al. A genomics approach reveals that aroma production in apple is controlled by ethylene predominantly at the final step in each biosynthetic pathway. Plant Physiology, 2007, 144: 1899-1912.

[36]Shin J, Mila I, Pirrello J, et al. The RIN-activated *Sl-SAUR69* is involved in the initiation of the ripening process in tomato. New Phytologist, 2019, 222(2): 820-836.

[37]Stepanova A N, Ecker J R. Ethylene signaling: from mutants to molecules. Current Opinion Plant Biology, 2000, 3: 353-360.

[38]Stepanova A N, Yun J, Likhacheva A V, et al. Multilevel interactions between ethylene and auxin in Arabidopsis roots. Plant Cell, 2007, 19: 2169-2185.

[39]Yang S F. Bioshythesis and action of ethylene. HortScience, 1985, 20(1): 41-45.

[40]Yang S F, Hoffman N E. Ethylene biosynthesis and its regulation in higher plants. Annu Rev Plant Physiology, 1984, 35: 155-189.

[41]Young R E, Romani R J, Biale J B. Carbon dioxide effects on fruit respiration. Ⅱ. response of avocados, bananas, & lemons. Plant Physiology, 1962, 37(3): 416-422.

[42]Zhang M, Yuan B, Leng P. The role of ABA in triggering ethylene biosynthesis and ripening of tomato fruit. Journal of Experimental Botany, 2009, 60: 1579-1588.

第2章

园艺产品采后生物技术

本章学习目的与要求

1. 了解生物技术的内容及其组成部分。
2. 了解基因工程的关键技术。
3. 掌握反义基因技术的基本概念、原理和特点。
4. 了解细胞工程的基本过程。
5. 认识园艺产品成熟衰老相关酶的特点及其作用。
6. 了解采后生物技术在园艺产品中的应用,并熟悉几个案例。
7. 了解采后生物技术的发展趋势、展望及存在的问题。

园艺产品是人们日常生活中的重要食品来源，园艺产品采后处理技术的研究和应用，对丰富园艺产品市场供应的品种和满足人们的生活需要起着重要的作用。近年来，随着新技术的发展，生物技术在园艺产品上的应用越来越广泛，使得人为调控园艺产品采后的生理代谢变得更为有效。

2.1　生物技术的基本概念

2.1.1　生物技术的概念

生物技术（biotechnology），又称生物工程（bioengineering），在国际上“生物工程”应用得比“生物技术”这一术语更为普遍，而在我国“生物技术”更为通用。

国内外许多学者对生物技术下过多种大同小异的定义，将它们概括起来，可以把“生物技术”理解为“利用生物有机体（从微生物到高等动植物）或其组成部分（包括器官、组织、细胞或细胞器等）发展新产品或新工艺的一种技术体系”。

2.1.2　生物技术的基本内容

生物技术的内容包括基因工程、细胞工程、酶工程和发酵工程 4 个方面。基因工程（genetic engineering）是对生物的遗传物质——核酸（nucleic acid）的分离提取、体外剪切、拼接重组及扩增表达等技术；细胞工程（cell engineering）是对生物的基本单位——细胞（有时也包括器官或组织）的离体培养、繁殖、再生、融合，以及细胞核、细胞质乃至染色体与细胞器（如线粒体、叶绿体等）的移植与改建等操作技术；酶工程（enzyme engineering）是指利用生物有机体内酶所记忆的某些特异催化功能，借助固定化（immobilization）、生物反应器和生物传感器等新技术、新装置，高效优质地生产特定产品的一种技术；发酵工程（fermentation engineering），也有人称为微生物工程，是指为微生物提供最适宜的发酵条件，使其生产特定产品的一种技术。

生物技术的四大组成部分虽自成体系，但在许多情况下又是高度渗透和密切相关的。基因工程和细胞工程可被看作是生物技术的核心基础，通过基因工程和细胞工程可以创造出许许多多具有特殊功能或多种功能的“工程菌株”或“工程细胞系”。这些“工程菌株”或“工程细胞系”往往可以使酶工程或发酵过程生产出更多、更好的产品，发挥出更大的经济效益。而酶工程和发酵工程往往又是生物技术产业化，特别是发展大规模生产的最关键环节。由此可见，把生物技术所包括的四大部分理解为相互关联的整体是非常重要的。

2.2　园艺产品采后生物技术

在生物技术的四大组成部分中，园艺产品采后常用到的主要是基因工程和细胞工程，即对遗传物质和细胞等进行改造的生物技术，其中又以基因工程为主。

2.2.1　基因工程

基因工程又称基因拼接技术和 DNA 重组技术（recombinant DNA），是以分子遗传学为理论基础，以分子生物学和微生物学的现代方法为手段，将不同来源的基因按设计的蓝图，在体外构建杂种 DNA 分子,然后导入活细胞,以改变生物原有的遗传特性、获得新品种、生产新产品的生物技术(图 2-1)。基因工程技术为基因的结构和功能的研究提供了有力的手段。

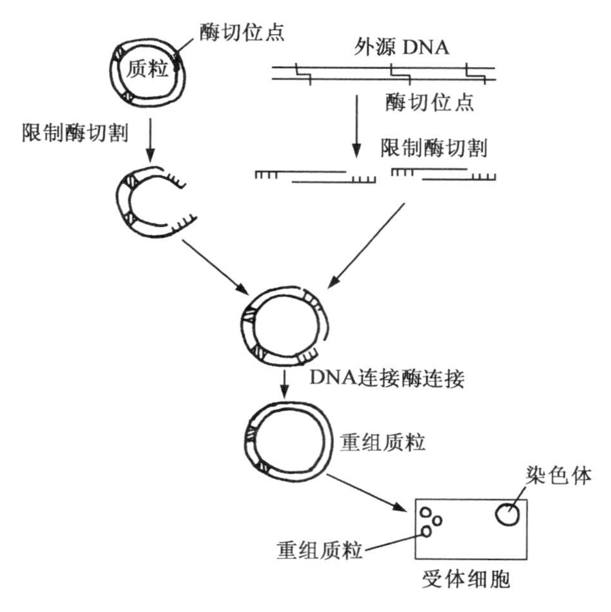

图 2-1　基因工程的基本过程

2.2.1.1　目的基因的分离

这是基因工程操作的第一步。目的基因(objective gene),又称靶基因(target gene),即根据基因工程的目的设计的某些 DNA 分子片段,它含有一种或几种遗传信息的全套或者部分基因密码(code)。园艺产品多为高等植物,DNA 分子的种类繁多,每个 DNA 分子所包含的基因也很多,但是它在细胞内的含量却很少。因此,要获得一定量的目的基因是一件十分复杂和细致的工作。目前采用的分离、合成目的基因的方法有多种,下面将常用的几种方法做简要介绍。

(1)PCR 扩增法　当已知目的基因的序列时,通常利用 PCR(polymerase chain reaction,即多聚酶链式反应)技术来分离目的基因。PCR 技术是 1985 年由美国 Cetus 公司开发的专利技术,它能快速、简便地在体外扩增特定的 DNA 片段,具有高度的专一性和灵敏度。随着基因组测序技术和 RNA-seq 技术的发展,常见的园艺作物均已完成测序工作,如番茄、马铃薯、柑橘等,我们利用生物信息学技术容易查找到目的基因的具体序列信息,再依据这些信息设计合适的引物,采用 PCR 技术就较为容易地扩增获得目的基因片段。

(2)构建 cDNA 文库(cDNA library)　这种方法主要应用于分离植物组织中丰富表达的基因。通过提取植物中的总 RNA,分离纯化 mRNA,经过逆转录酶(reverse transcriptase)的作用合成 cDNA(complimentary DNA),再选择合适的克隆载体构建 cDNA 文库,最后转化受体菌,构建 cDNA 文库。目前采用 cDNA 克隆技术已经分离了许多与园艺产品采后生理相关的基因,如在番茄 cDNA 文库中建立了 146 个与果实成熟有关的克隆载体,得到了与果实硬度有关的 PG 基因,与乙烯生物合成有关的 ACC 合酶基因、ACC 氧化酶基因等。在其他园艺产品中得到豌豆铁硫蛋白 $NADP^+$ 还原酶基因,还有马铃薯过氧化物酶 cDNA 克隆载体和番茄超氧化物歧化酶(SOD)克隆载体等。

(3)化学合成法　如果已知目的基因的碱基排列顺序,就可以采用不同的核苷酸为原料,用特定的酶催化,直接合成目的基因。这种方法一般用于较短的目的基因片段,因为合成的技术和成本较高。

2.2.1.2　基因的体外重组技术

DNA 重组技术一般是指将两个或两个以上 DNA 分子重新组合,并在大肠感受态细胞中增殖形成新 DNA 分子的过程。DNA 重组技术实现了科研工作者对基因和蛋白质的标记、报告基因研究、突变研究、基因的定点插入与敲除等目的。目前常用的方法是 TA 连接和平端连接,黏性末端连接以及 In-fusion 连接。

(1)TA 连接是利用载体的 T 末端和 PCR 产物的 A 末段连接,将目的基因克隆到载体中的方法。高保真的 PCR 酶往往得到平端的 PCR 产物,平端连接是将平端的 PCR 产物连接到载体中的方法。

(2)黏性末端连接技术依赖于限制性内切核酸酶和 DNA 连接酶的使用,两个 DNA 片段经相同的限制性内切核酸酶切割产生一致的黏性末端,然后经 DNA 连接酶反应实现片段连接。两个 DNA 片段连接所使用的限制性内切核酸酶位点应确保不在两个 DNA 分子的内部而仅存在于接头处。因此,待重组的 DNA 分子内部酶切位点的多样性及载体多克隆位点的局限性限制了该方法的广泛使用。

(3)In-fusion 连接技术是一种简单、快速并且高效的 DNA 无缝重组技术,不受限制性内切核酸酶酶切位点的限制,通过 PCR 方法实现载体线性化,可将插入片段定向克隆至任意载体的任意位点。In-fusion 酶连接不需要附加多余序列,无需进行亚克隆,无需特定的载体和宿主细胞,即可实现两个或多个片段的定向克隆,以及长片段的克隆。In-fusion 酶连接首先将载体进行线性化,在插入的 PCR 产物 5′和 3′末端分别引入和线性化载体两末端一致的序列(15～20 bp)。按一定比例混合 PCR 产物和线性化载体后,在 In-fusion 酶的催化下实现连接,再进行转化,即可完成定向克隆。In-fusion 连接技术的基本过程(图 2-2)。

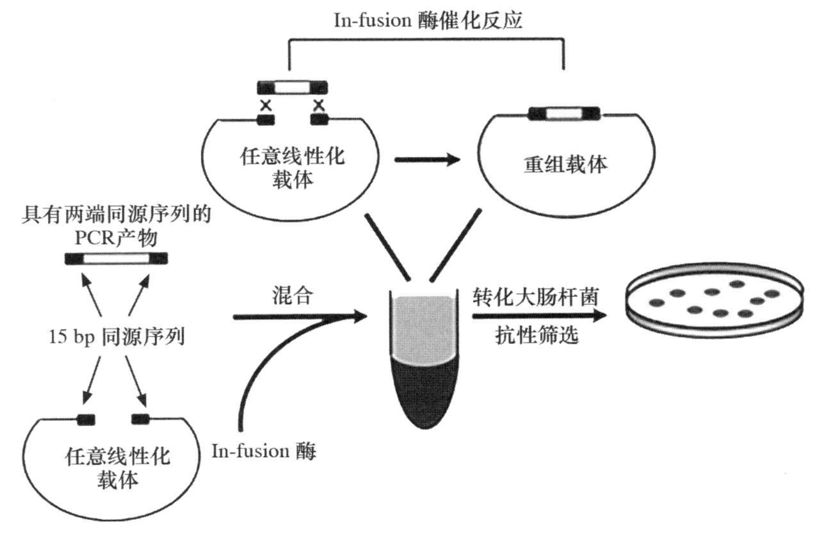

图 2-2　In-fusion 连接技术的基本过程

2.2.1.3 外源基因的转化

获得目的基因以后,下面的重要工作主要是将外源基因导入植物中,所用到的技术为植物转基因技术。所谓植物转基因技术(transgene technology),就是利用生物、物理或化学等手段,将外源基因导入植物细胞,以获得转基因植株的技术。目前的植物转基因技术可分为两大类,即以载体(vector)为媒介的基因转移和DNA直接转移。前者包括以根癌农杆菌(*agrobacterium tumefaciens*)Ti质粒(tumorinducing plasmid)和发根农杆菌(*agrobacterium rhizogenes*)Ri质粒(root inducing plasmid)介导的基因转移方法。DNA直接转移技术主要包括基因枪法、原生质体直接转移法、激光微束穿孔法、电泳转移法、超声波穿透法、花粉管通道法、花粉吸收(外源DNA)转化(授粉)法、微注射(显微操作注射)法、种子或胚的DNA浸泡法、脂质体融合法等。下面将目前应用广泛、效果较好的几种加以介绍。

(1)根癌农杆菌介导的基因转移技术　1983年1月,比利时Gent大学的Montagu,Schell和美国Monsanto公司的Frally报道了将根癌农杆菌中脱毒的Ti质粒转移到植物基因组中,从此标志着植物遗传工程的开始。目前绝大多数双子叶植物的转基因技术都是通过该方法来完成的。

根癌农杆菌是使受感染的植物形成冠瘿瘤(crown-gall tumor)的病原因子。冠瘿瘤的形成是由于根癌农杆菌含有一种大的Ti质粒,它使一组控制植物激素(生长素、细胞分裂素)的基因从根癌农杆菌转移并整合到植物细胞基因组。Ti质粒中能够转移的部分称为T-DNA(transfer DNA)。切除T-DNA区的植物激素合成基因,插入目的基因,可使根癌农杆菌丧失诱导细胞恶性增殖的能力,从而构建有效的植物转化系统。

根癌农杆菌介导的基因转移技术是目前应用最广泛、最成功的转基因技术。该方法简单易行,受体范围广,具备组织培养条件的实验室均可进行。由根癌农杆菌介导的外源基因,绝大多数的表达稳定性都较好。基因转移的成功率,在很大程度上受敏感植物细胞的调节。一般来说,在双子叶植物中的转化率大大高于单子叶植物,因为某些单子叶植物不能形成愈伤组织,所以基因转移难以实现。到目前为止,通过根癌农杆菌介导的基因转移获得成功的蔬菜有萝卜、芫荽、芥菜、甘蓝、黄瓜、南瓜、番茄、莴苣、豌豆、马铃薯、甜椒、辣椒、芹菜、石刁柏等;水果有苹果、李、葡萄、核桃、草莓、猕猴桃等;花卉有矮牵牛、菊花、康乃馨等。

(2)基因枪转基因技术　基因枪(gene gun)又叫粒子轰击,是一种将载有外源DNA(目的基因)的钨(tungsten)或金等金属颗粒(直径0.5～5 μm)加速到每秒数百米的速度,穿过细胞壁射入细胞质(cytoplasm)中的物理学方法。采用的加速动力是火药,或高压放电,或高压气体(氮气、氢气、氦气)加在粒子上的瞬时动量。这一技术是Sanford等于1984年发明的。Klein等1987年首次报道了应用该技术实现外源基因在洋葱表皮细胞中的瞬时表达。

基因枪技术的特点是:①不受宿主限制,宿主可以是双子叶植物,也可以是单子叶植物;②受体类型广泛,任何具有分生能力的组织和细胞,都可用基因枪进行轰击,如原生质体、叶圆片、茎或根的切段、幼胚、愈伤组织(callus)、花粉细胞等;③可控度高,基因枪轰击过程中,可根据需要将射弹射入特定层次(位置)的细胞,有利于提高转化效率;④操作简单、迅速,但费用较高,操作需要基因枪和组织培养条件即可。

利用基因枪转基因技术获得的转基因园艺植物较少,只有杨树、云杉等,而水稻、玉米、小麦、烟草、大豆、木薯等作物较多。基因枪法现在还存在着转化效率低、外源基因向植物中插入精确度不够和稳定性不高等缺点。随着基因枪性能和轰击条件的不断完善,该技术的应用效果将得到提高,应用前景也越来越广阔。

(3)原生质体(protoplast)直接转基因技术 是由瑞士联邦研究院植物研究所 Potrykus 等于 20 世纪 80 年代中期创立的。它是基于原生质体培养技术的不断发展和日益成熟而发展起来的。其基本过程是:细胞去壁,分离得到原生质体,然后将一定浓度的原生质体与 DNA(目的基因)混合,在加 PEG 溶液或电场刺激的条件下,使 DNA 进入原生质体,通过原生质体的选择培养,再生植株。

该方法简单易行,由于原生质体容易吸收外源 DNA,使基因转移较容易。但也由于一些植物的原生质体再生植株困难,限制了这项技术的应用。此外,原生质体的再生植株容易发生变异,也是限制因素之一。

目前,利用原生质体直接转基因技术培育成功的园艺作物有草莓、莴苣、甘蓝、油菜等,其他还有玉米、水稻、大豆、烟草等。

2.2.1.4 重组子筛选

植物外植体(explant)经过农杆菌或 DNA 直接转化后,大部分的细胞是没有被转化的,只有极少数被转化,这就需要采用特定的方法将未转化细胞与转化细胞区分开来,淘汰未转化细胞,然后利用植物细胞的全能性在适宜的营养和环境条件下使转化细胞再生成完整的转基因植株。目前,转化细胞与非转化细胞的区分及非转化细胞的淘汰常用抗生素抗性基因和抗除草剂基因(总称筛选标记)。园艺产品基因工程中常用筛选标记的抗生素抗性基因或抗除草剂基因有 *Npt* Ⅱ,*AAC*(3),*Hpt*,*dhfr*,*Spt*,*bar* 等,其中抗卡那霉素(kanamycin)的 *Npt* Ⅱ 基因是最常用的,双子叶植物如番茄、辣椒、马铃薯的转化及部分单子叶植物的转化都用它来筛选。近年来,抗除草剂基因作为筛选标记应用时越来越多,目前还未发现含抗除草剂基因的转基因植物对人畜有毒害作用。

为了快速简易地区分转基因植物和非转基因植物,在植物的遗传转化研究中还常用到另一类基因,称为报告基因(reporter gene)。目前常用的报告基因有 *NOS*(*nopaline synthase*)基因,*OCS*(*octopine synthase*)基因,*CAT*(*chloramhenicol acetyl transferase*)基因,*NPT* Ⅱ(*neomycine phosphotransferase*)基因,*LUC*(firefly luciferase)基因和 *GUS*(β-glucuronidase)基因等,其中 *GUS* 基因和 *NPT* Ⅱ 基因能耐受氨基末端融合,而且检测简单,是目前应用最多的报告基因。

2.2.1.5 重组子的鉴定

为了从分子水平鉴定在植物转基因的过程中,外源基因是否已经整合到植物的染色体中,是否转录,是否表达,经常用到琼脂糖凝胶电泳(agar gel electrophoresis)与分子杂交的分析手段。这种手段主要包含以下三种技术:

(1)Southern Blot 杂交技术 其基本原理是:具有一定同源性的两条核酸单链在一定的条件下,可按碱基互补的原则特异性地杂交形成双链。一般利用琼脂糖凝胶电泳分离经限制性内切酶消化的 DNA 片段,将凝胶上的 DNA 变性并在原位将单链 DNA 片段转移至尼龙膜或其他固相支持物上,经干烤或者紫外线照射固定,再与相对应结构的标记探针进行杂交,用放射自显影或酶反应显色,从而检测特定 DNA 分子的含量。提取转基因植物 DNA 进行的 Southern Blot 杂交显示阳性,说明外源基因已经成功整合到植物的染色体 DNA 中。Southern 杂交的基本过程见图 2-3。

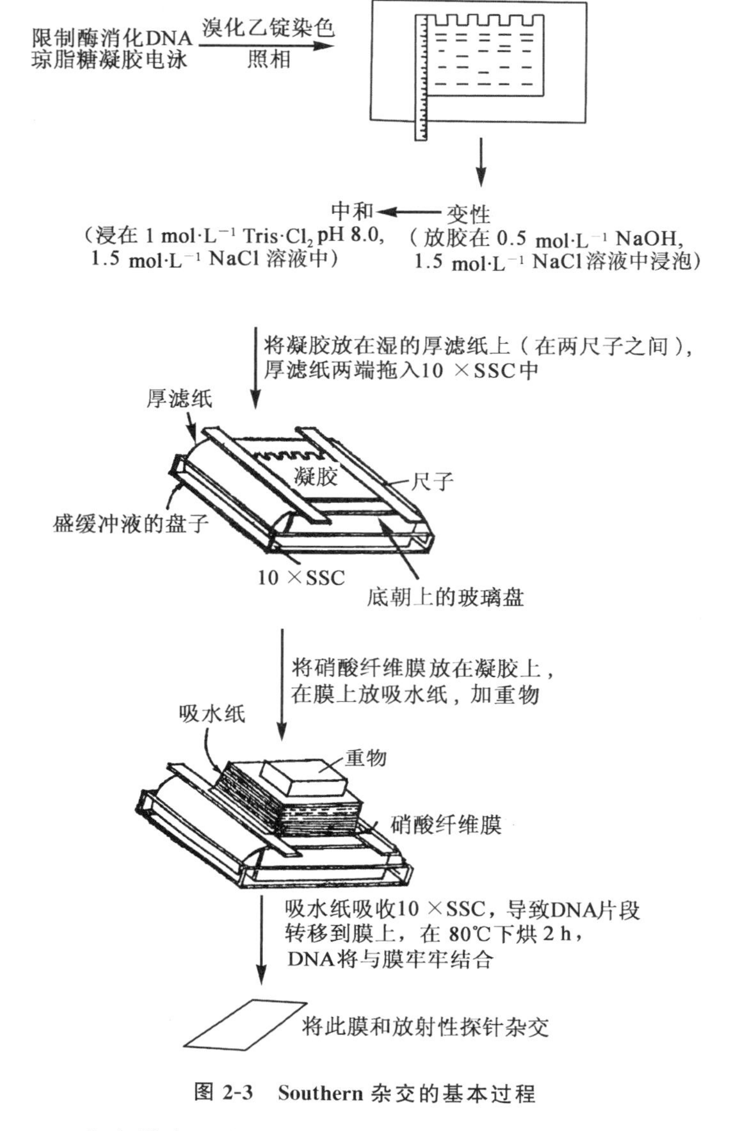

图 2-3　Southern 杂交的基本过程

(2)Northern Blot 杂交技术　这是一种与 Southern Blot 类似的杂交技术,利用 DNA 可以与 RNA 进行分子杂交来检测特异性 RNA。首先将 RNA 混合物按它们的大小和分子量通过琼脂糖凝胶电泳进行分离,将分离出来的 RNA 转至尼龙膜或硝酸纤维素膜上,再与放射性标记的探针杂交,通过杂交结果可以对表达量进行定性或定量分析。转基因植物的 Northern Blot 显示阳性,说明转化的外源基因已经顺利转录形成 mRNA。

(3)Western Blot 杂交技术　提取转基因植物的蛋白质,电泳之后分离蛋白质,之后转移到硝酸纤维素膜上,然后利用抗体与抗原的结合反应,检测外源基因在转基因植物中的表达情况,即判断是否产生外源基因所编码的蛋白质。

除了分子杂交以外,直接观察和鉴定转基因植物的性状表现,如抗虫性、抗病性、抗衰老、耐贮性等,是最为直观的鉴定方法。

2.2.2　反义基因技术

反义基因技术(antisense technique)是19世纪80年代发展起来的一项基因表达调控技术,它为培育耐贮性强的园艺产品开辟了广阔的前景。

2.2.2.1　反义基因技术的基本概念和原理

反义基因技术是指将目的基因反向构建在一个启动子(promotor)上,再转化给受体植物,通过培育形成转基因植物,这种植物可能产生与该基因的mRNA互补结合的RNA链,成为反义RNA,正义mRNA与反义RNA会形成双链RNA(double RNA,dsRNA)。当dsRNA出现时,生物体会利用自身存在的转录后基因沉默机理(post transcript gene silencing,PTGS)识别并剪切dsRNA形成21～23nt的siRNA(small interference RNA),siRNA能识别并剪切植物体内与之互补的mRNA,从而使得目的基因的mRNA特异性降解,使其不能作为翻译蛋白质的模板,从而出现目的基因沉默,被称为RNA干扰(RNA interference,RNAi)(图2-4)。

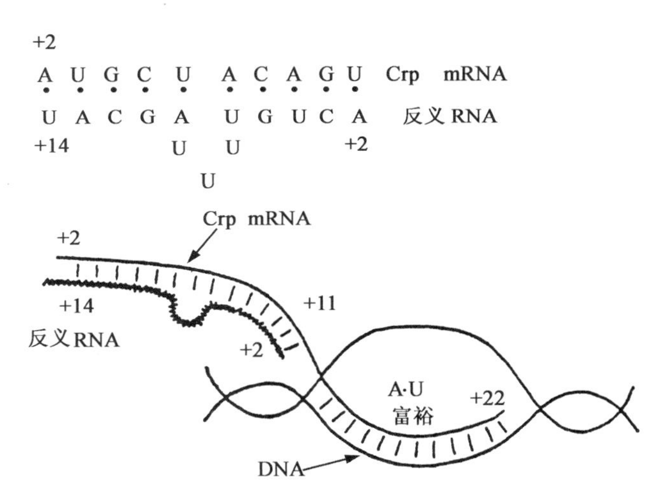

图2-4　反义RNA对mRNA翻译过程的调控作用

(闻伟等,1990)

2.2.2.2　反义RNA技术的特点

(1)反义RNA可以高度专一地调节某一特定基因的表达,而不影响其他基因表达。反义基因的不同区段抑制效率不同,基因的部分片段(小至21 bp)就可起到抑制效果,抑制程度理论上从0到100%不等,这不同于基因的完全致死抑制,因此可从转基因个体中筛选到所需要的基因型。

(2)转化到植物中的反义RNA的作用类似于遗传上的缺陷型,表现为显性。所以被转化的植物材料不必为纯合体就可表现其相应的性状,从而避免了二倍体内等位基因的显隐性干扰。

(3)反义基因整合到植物的基因组中可独立表达并稳定遗传,后代符合孟德尔遗传定律(Mendel's laws of inheritance)。

(4)利用反义基因不必了解其靶基因所编码的蛋白质结构,可省去对基因产物的研究工作。

(5)反义基因不改变靶基因的结构,在应用上更加安全。

利用反义基因技术人为控制生物体内某些基因的表达是植物基因工程中有巨大应用前景的研究。世界上第一个基因工程商业化的园艺产品,就是利用反义基因技术将反义 *PG* 基因转入番茄得到的耐贮运番茄,后期通过反义基因抑制乙烯生物合成基因 *ACS* 和 *ACO* 基因的表达,从而降低果实中的乙烯生物合成,有效延长果实的贮藏期。目前反义基因技术在番茄、甜瓜、苹果等园艺产品中得到成功应用。可以说,园艺产品采后生物技术主要是采用反义基因技术。

2.2.3 CRISPR/Cas9 基因编辑技术

CRISPR/Cas 系统是广泛存在于细菌和古细菌中的一种适应性免疫防御,可用来对抗入侵的病毒及外源性质粒。根据不同的 *Cas* 基因,可以将 CRISPR 系统分为 3 种类型:Type Ⅰ、Type Ⅱ、Type Ⅲ。Ⅰ型和Ⅲ型的 CRISPR 位点包含多个 Cas 蛋白,而Ⅱ型 CRISPR 位点只包含 Cas9 一种蛋白,便于构建载体。目前,CRISPR/Cas9 系统相关新进展、新突破不断涌现,已成为基因编辑领域的前沿方法,如二维码 2-1 所示。

二维码 2-1　基因编辑技术

其基本原理为 Cas9 蛋白与 sgRNA 形成复合体,切割与 sgRNA 上高度可变间隔区(spacer)互补的基因组 DNA 序列,造成双链 DNA 损伤,进而借助细胞内部的非同源末端连接途径(non-homologous end joining,NHEJ)和同源定向修复(homology-directed repair,HDR)机制引入基因突变。目前该技术在园艺产品中特异性编辑与成熟或品质相关的基因得到成功的应用,获得了良好的效果,如中国农业大学朱鸿亮教授课题组利用基因编辑技术在番茄中富集 GABA(Li 等,2018)和番茄红素(Li 等,2018)。党的二十大报告提出加快实施创新驱动发展战略,以国家战略需求为导向,集聚力量进行原创性引领性科技攻关。基因编辑技术是近几年迅速发展起来的高新技术,我们要加强有关基础理论研究,构建新的基因编辑载体,挖掘控制果实成熟的关键基因,利用基因编辑技术培育耐贮藏的园艺产品品种。

2.2.4 细胞工程

细胞工程与基因工程一样,也是当今生物技术的重要组成部分。它主要采用类似工程的方法,运用精巧的细胞学技术,有计划地改造细胞的遗传结构,从而培育出人们所需要的植物新品种。细胞工程所涉及的面很广,主要包括细胞培养、细胞融合、细胞重组及遗传物质转移 4 个方面。其中,遗传物质转移的方法和原理与基因工程相似,在此不再赘述。

2.2.4.1 细胞培养

细胞培养(cell culture)是细胞工程中的一项基本技术。所谓细胞培养,就是利用植物细胞的全能性,把细胞接种到特制的培养基(culture medium)上,给予必要的生长条件,使它们增殖与分化,发育成完整植株的过程。在园艺产品细胞工程中,常用的植物细胞培养有花粉培养和原生质体培养两大类。

2.2.4.2 细胞融合

细胞融合技术(cell amalgamation technique)是 19 世纪 60 年代创立的,指在一定的条件下将两个或多个细胞融合为一个细胞的过程。细胞融合又称细胞杂交,是目前遗传转化实验中最为有效的手段之一。它打破了常规有性杂交育种的亲和性障碍，为实现“超远源杂交”提供了可能，如番茄与马铃薯属间的原生质体融合及杂种植株的育成成功。

2.2.4.3 细胞重组

细胞重组(cell recombination)就是在体外条件下，运用一定的技术从活细胞中分离出各种细胞的结构或组成部件，再把它们在不同细胞之间重新装配，使其成为具有生物活性的细胞的过程。如细胞器移植，将高光合效率作物的叶绿体转移到低光合效率的植物中；细胞间线粒体的移植可以改变细胞的某些性状，如颜色的深浅等。

总之，园艺产品的采后生物技术发展日新月异，新的技术和方法层出不穷，了解和掌握一些基本技术和方法可为全面理解生物技术的理论和发展奠定基础，同时也可为生物技术在本学科的应用做一份有益的工作和应有的贡献。

2.3 采后园艺产品成熟衰老相关酶

园艺产品的成熟衰老是一个十分复杂的发育调控过程，其间经历了一系列生理生化变化，从而导致园艺产品在颜色、质地和风味等方面的变化，参与这些变化的酶种类繁多，本节将具有代表性的酶做简要介绍。

2.3.1 细胞壁降解相关酶

2.3.1.1 多聚半乳糖醛酸酶

多聚半乳糖醛酸酶(polygalacturonase，PG)在水果蔬菜中普遍存在。果胶类物质是存在于高等植物初生细胞壁和细胞间隙的一组多糖类化合物，在细胞与细胞间起着一种黏合连接作用，其主要成分是多聚半乳糖醛酸，是由 α-(1,4)连接的 D-半乳糖醛酸组成的线状链，其中有些半乳糖醛酸的羧基发生了甲基化，并在这种半乳糖醛酸聚糖主链上插入一些鼠李糖和阿拉伯糖单位。按照它们的结构，果胶类物质包括半乳糖醛酸聚糖、鼠李半乳糖醛酸、阿拉伯半乳聚糖以及具有线性 β-(1,4)-D-半乳聚糖主链的阿拉伯半乳聚糖。

有研究发现，PG的适宜底物是多聚半乳糖醛酸。按作用方式可将PG分为内切PG(endo-PG)、外切PG(exo-PG)以及寡聚PG(oligo-PG)。前者是以内切方式水解断裂多聚半乳糖醛酸链，后两者是以外切方式作用，依次从聚半乳糖醛酸多聚链或寡聚链的非还原末端释放出一个单体或二聚体。endo-PG对底物的特异性较强，exo-PG和oligo-PG则较弱。人们通常说的PG即为endo-PG，但endo-PG在果实后熟软化进程中也起作用。

研究猕猴桃果实质地变化相关的组织结构特性表明，在果实软化启动阶段，果实细胞间的黏合力下降，引起细胞从中胶层处相互分离；而果实快速软化阶段则与细胞间的黏合力进一步下降以及细胞壁的伸缩性或可塑性增加有关。对番茄、杧果、梨、香蕉、桃等果实PG活性变化与果实软化关系的研究表明，PG与果实成熟软化密切相关。采后果实PG活性的增加与果实硬度下降呈显著的相关关系，随着PG活性增加，果胶物质组分发生了明显变化，即总果胶和原果胶含量明显下降，而可溶性果胶含量增加。这种果胶降解的直接原因可能是PG活性的不断增加，因为这种PG活性的增加先于果胶多聚物的降解和细胞中胶层物质的溶解。

2.3.1.2 果胶酯酶

果胶酯酶(pectinesterase，PE)的功能是脱去半乳糖醛酸(galacturonic acid)羧基上的甲醇基,从而有利于PG分解多聚半乳糖醛酸链。因为PG是以脱去甲醇基的多聚半乳糖醛酸为对象,所以PE在决定PG降解果胶的程度上起重要作用。由于该酶的作用,使组织对PG更为敏感。可见PE的活动似乎是PG发生作用的前提。经外源乙烯处理后猕猴桃果实的软化启动与PE有关,由于PE的诱导,引起细胞壁果胶物质的甲酯化作用,并降解成可溶性果胶。但PE与果实的后熟软化可能没有重要的联系。在桃果实的成熟软化过程中,原果胶不断减少,可溶性果胶的甲酯化程度基本保持在75%左右;在溶质桃和非溶质桃果实的各个发育时期均可检出PE活性。

2.3.1.3 木葡聚糖内糖基转移酶

木葡聚糖内糖基转移酶(xyloglucan endotransglycosylase,XET)是最近发现的一种能引起细胞壁膨胀松软,并与果实软化相关的酶。由于近年来发现PG在果实成熟软化中的作用出现不同的结果,人们开始把注意力集中到一些细胞壁的非果胶组分、纤维素、半纤维素以及作用于它们的酶上。

木葡聚糖是一种细胞壁的结构多糖,为双子叶植物细胞初生壁中的主要半纤维素,它紧密地结合到纤维素的微纤维上,并通过束缚相邻的微纤维对细胞壁的膨胀性起限制作用。在研究豌豆茎的伸长时发现,木葡聚糖链被酶切断裂,可使细胞壁膨胀松软,从而促进细胞生长。

XET具有内切和连接的双重效应,在切开木葡聚糖链后,可将断链转移到另一个受体链上去,即把切口新形成的还原末端与另一个木葡聚糖分子(受体)的非还原末端相连接起来,这一过程是可逆的。不同于纤维素酶的水解作用,因水解作用是不可逆的,而生长过程分子间链的断裂是可逆的,因此XET在植物的生长过程有着重要的作用。那么,XET对果实采后软化的影响又是如何呢?

1993年,Redgwell和Fry研究猕猴桃后熟软化进程的XET活性变化及其与细胞壁膨胀松软的关系发现,外源乙烯处理诱导的果实软化过程,XET活性快速增加,促进了细胞壁的膨胀松软。该过程果胶物质的溶解与细胞壁的膨胀呈平行变化,认为细胞壁的松软是其他与成熟有关的细胞壁水解活动的必需条件。XET活性变化与果实软化密切相关,因为乙烯处理后出现伴随果实软化的细胞壁变化,多聚糖和低聚糖间内糖基转移作用,可使细胞壁的固定结构丧失。Schröder等(1998)认为XET不仅具有木葡聚糖内糖基转移作用,而且还有解聚和水解的功能。XET在果实成熟衰老过程的作用首先是使连接纤维素微纤丝间的木葡聚糖链解聚,进而使木葡聚糖链发生不可逆的破裂;XET催化的解聚作用有两种机制,即:①作为水解酶解聚木葡聚糖;②催化多聚糖和低聚糖间的木葡聚糖内糖基转移作用和木葡聚糖的水解作用,促使木葡聚糖的解聚。陈昆松等研究认为,XET并非果实软化的关键因子,可能只是一种诱导酶。但XET作为最新发现的一种细胞壁松软酶,其对果实后熟衰老过程的作用尚不清楚。

2.3.1.4 *β*-半乳糖苷酶

β-半乳糖苷酶(*β*-galactosidase)在某些种类果实,如苹果、杧果、木瓜、甜樱桃、鳄梨等果实的成熟软化过程中起作用。*β*-半乳糖苷酶可以使细胞壁的一些组分变得不稳定,它可以通过降解具支链的多聚醛酸促使果胶降解和溶解。许多果实的后熟过程伴随有半乳糖残基从细胞壁上的大量解离,这种半乳糖的水解与*β*-半乳糖苷酶活性的变化密切相关。苹果果实的硬度下降与*β*-半乳糖苷酶活性增加和细胞壁中半乳糖组分的减少有关;油橄榄果实成熟过程中,

水溶性 β-半乳糖苷酶活性迅速增加；番茄果实后熟过程中，从细胞壁多糖中解离出来的半乳糖增加，这是由于半乳糖溶解速率的变化，而不是半乳糖的代谢利用。

Dick 等(1984)报道，在苹果果实中存在 β-半乳糖苷酶抑制剂。该抑制剂后来被鉴定为多酚物质，用含有这类抑制剂的苹果组织提取物处理采后苹果，可阻止果实软化，这也说明 β-半乳糖苷酶可能参与了果实的成熟软化。

2.3.1.5 纤维素酶

纤维素酶(cellulase)是分解纤维素的重要酶类，纤维素是细胞壁的骨架物质。对鳄梨、梨和苹果的超微结构观察表明，成熟细胞壁纤维素网有很明显的溶解，已知这种溶解是纤维素水解酶活动的结果。纤维素水解导致的超微结构改变，并不完全是细胞壁纤维素分子的溶解，而且与非纤维素组分的降解、微纤丝组分的损失有关。

在鳄梨和草莓软化进程中，纤维素酶活性增加，并导致细胞壁的膨胀松软。在猕猴桃果实采后后熟软化的启动阶段，纤维素酶活性上升较慢，进入快速软化阶段后，其活性迅速上升并达到高峰，同时伴随着果实后熟软化，纤维素含量逐渐减少。

2.3.2 碳水化合物代谢相关酶

2.3.2.1 淀粉酶

淀粉酶(amylase)是一些富含淀粉的果实成熟衰老中一种重要的酶，淀粉的积累和水解与果实后熟软化有着相关性。如猕猴桃果实发育后期，淀粉的积累可达果实总干重的 50%左右。淀粉作为细胞内含物对细胞起着支撑作用，并维持着细胞膨压。果实采后后熟和贮藏过程，淀粉被水解并转化为可溶性糖，从而引起细胞膨胀力的下降，导致了果实的软化。淀粉的降解是由淀粉酶催化完成的，近几年来，有关淀粉酶活性变化与果实软化的关系正引起人们的注意。王贵禧等研究表明，在猕猴桃果实软化的启动阶段，淀粉酶活性快速增加，伴随出现淀粉的迅速水解，淀粉含量下降与果实硬度下降呈正相关，认为此时的果实硬度下降可能是淀粉酶活性快速增加引起淀粉迅速水解造成的。MacRae 等(1989)试验表明，外源乙烯处理可加速果实软化，这种果实软化似乎与淀粉水解有关，但他们认为这里的淀粉降解不能作为经乙烯处理后果实软化的唯一理由，原因是淀粉降解后产生糖进而引起可溶性固形物含量的增加，但经乙烯处理后果实的可溶性固形物含量反而低于对照果，因此，认为由乙烯催熟的果实软化应该有其他因子参与。

2.3.2.2 蔗糖磷酸合酶

蔗糖磷酸合酶(sucrose phosphate synthase，SPS)，猕猴桃、苹果等果实成熟过程中淀粉水解，伴随有 SPS 活性增加，这种淀粉降解和糖含量的增加与 SPS 最大活性值有关，认为 SPS 是上述过程蔗糖合成所需要的。

2.3.3 植物脂氧合酶

植物脂氧合酶(lipoxygenase，LOX)是 LOX 途径中的关键酶，首次报道于 1932 年，是一种含非血红素铁的蛋白质，专一催化含有顺，顺-1，4-戊二烯结构的多元不饱和脂肪酸加氧反应，生成具有共轭双键的氢过氧化物，是一个催化细胞膜脂脂肪酸发生氧化反应的主要酶，也是启动细胞膜脂过氧化作用的主要因子。

高等植物的脂肪酸氧化有4种途径,即α氧化、β氧化、γ氧化和LOX途径。LOX途径的最初反应是甘油脂类(如磷脂)水解释放游离脂肪酸,作为LOX的反应底物。

LOX广泛存在于植物,特别是高等植物内,植物膜脂组分中的亚油酸和亚麻酸是其主要的反应底物。近年来有关该酶的研究备受人们关注,许多研究表明,LOX在植物的生长、发育、成熟衰老以及机械伤害、病虫侵染等过程起调节作用。但迄今尚不完全清楚该酶的生理功能,尤其是对果实成熟衰老的调控。

LOX活性变化与果实成熟衰老密切相关。番茄果实从绿熟期到转红期的进程,伴随有LOX活性增加,外源LOX处理可增加果实组织的电导率,加速成熟衰老,番茄果实微粒体LOX活性从绿熟期到转红期增加了48%,到红熟期其活性又降至绿熟期水平。番茄采后初期LOX活性的增加与果实成熟的启动和成熟衰老伴随的膜功能丧失有关。

LOX调节组织衰老的主要机理有:①参与了膜脂过氧化作用,导致细胞膜透性增加,促进胞内钙的积累,激活了磷酸脂酶活性,加速了游离脂肪酸进一步从膜脂释放,加剧了细胞膜的降解;②膜脂过氧化产物和膜脂过氧化过程产生的自由基进而毒害细胞膜系统、蛋白质和DNA,导致了细胞膜的降解和细胞功能的丧失;③LOX还可能在果实成熟过程的内源激素间的平衡中起作用,LOX参与的膜脂过氧化作用产物可进一步促使JA和ABA等衰老调节因子的生成,并参与了乙烯的生物合成,促进组织衰老。

2.4 园艺产品采后生理代谢基因及其表达

随着园艺产品采后生物技术研究的深入,越来越发现参与调节采后生理代谢的酶是基因表达的结果,园艺产品的成熟衰老过程受基因的调控。Rattanapanone等于1978年最先从番茄果实中分离提取poly(A)RNA,证明果实成熟过程中mRNA发生变化。Grierson等于1986年从成熟果实中提取mRNA反转录得到相应的cDNA,转入细菌质粒pAT 153,然后转化*E. coli* C600,建立了基因库,并利用分子杂交技术筛选、分类鉴定了146个与果实成熟有关的克隆。近年来,随着生物技术的飞速发展,与果实成熟衰老有关的基因工程也取得了令人瞩目的进展,例如在调控细胞壁代谢、乙烯生物合成等领域取得了可喜的研究成果,有的已经进入了商业化生产。

2.4.1 细胞壁代谢相关基因及其表达

细胞壁是园艺产品细胞结构的重要组成部分。细胞壁的代谢与园艺产品的硬度和贮藏性密切相关。近年来,与细胞壁代谢相关的基因及其表达的研究进展迅速,取得了多项实用性非常强的技术成果。

2.4.1.1 多聚半乳糖醛酸酶基因

多聚半乳糖醛酸酶是一个在果实成熟过程中特异表达的细胞壁水解酶,随着果实的成熟而积累,长期以来,PG一直被认为是参与果胶的溶解从而在果实的软化中起着重要作用的酶。在番茄中,PG的积累与果实的软化之间有密切的关系,三种成熟突变株Nr(never ripe,果实成熟时呈暗橙色,纯合情况下存活)、rin(ripening inhibitor,为果实成熟抑制型,果实成熟时由绿色转为黄色)和nor(non-ripening,不成熟型,果实成熟过程十分迟缓)中的PG活性很低,果实软化很慢或根本不软化。一些体外试验表明,用纯化的PG处理,未成熟的果实的细胞壁溶解或从分离的细胞壁中释放出溶解的果胶来。

PG 是一个受发育调控的具有组织特异性的酶，在果实成熟过程中合成，在叶、根和未成熟的果实中检测不到它的存在。现在已经证明，果实成熟过程中 PG 的调控是在转录水平上进行的。PG mRNA 随着果实成熟、乙烯生物合成的增加而大幅度增加，并且在以后的成熟过程中继续积累。在成熟的番茄果实中，PG mRNA 的含量达到总 mRNA 含量的 2%，比成熟前增加了 1 000 倍，成为构成细胞蛋白的主要成分。

PG 有三种同工酶，PG1、PG2a 和 PG2b，它们是由同一个单拷贝基因编码，经翻译加工后产生的。对其蛋白质部分水解产物、体外相互转化和免疫杂交反应的研究表明，三种同工酶具有形式上的相似性，并且都含有一个 46 ku 的多肽。

Slater 等从成熟番茄果实的 cDNA 文库中用差示杂交(different hybridization)方法筛选出了 146 个成熟相关的 cDNA 克隆，其中一个被鉴定为 PG cDNA。检测此 cDNA 的全序列发现，它包含一个长 1 371 bp 的阅读框架和富含 A，T 的非编码区，编码一个 457 个氨基酸的蛋白质。另外，还有多个实验室克隆得到了 PG cDNA，核苷酸和氨基酸的同源性都在 95%以上。

Smith 等利用反义基因技术将 PG cDNA 反向接在 CaMV 35S 启动子之后转入番茄，得到的转基因植株的 PG mRNA 水平和酶活性比对照下降 90%，其中 1 株纯合子后代的 PG 活性仅为正常番茄的 1%，果实中果胶的降解受到抑制，而乙烯的生物合成、番茄红素积累以及果胶酯酶的活性没有受到影响(图 2-5)，果实仍然正常成熟，并没有像预期的那样推迟软化，这就引起了人们对 PG 在果胶软化中所起作用的怀疑。将 PG 基因插入一个可被乙烯或丙烯诱导的启动子之后转入番茄成熟突变株 rin 中，在诱导 PG 表达之后(PG 活性可达正常番茄的 60%)，果胶的溶解性增加，但果实仍然没有变软。这些实验支持了 PG 降解果胶的观点，但又给果胶降解和果实软化之间的关系带来了新的问题。

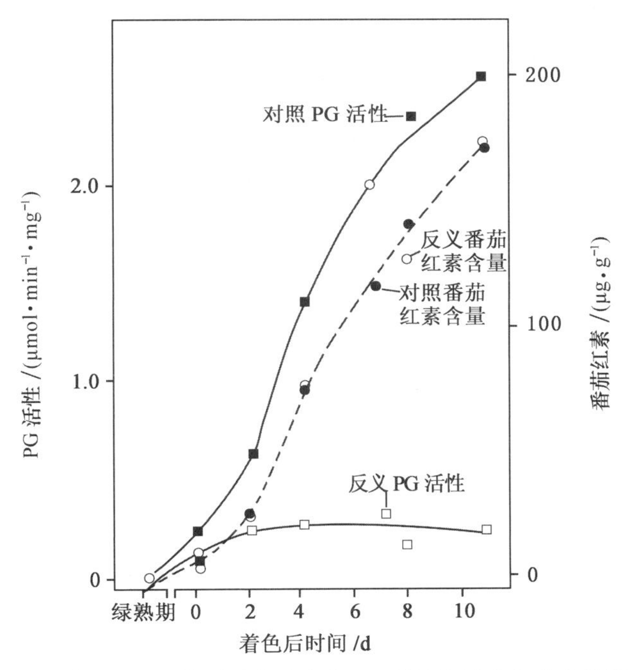

图 2-5 转反义 PG 基因番茄果实的 PG 活性和番茄红素含量变化

(Smith 等，1988)

那么PG在果实软化中到底起什么作用呢？根据推测，可能存在几种情况：①果实的软化是一个复杂的过程，并非单基因所能调控的；②由于外源基因插入基因组是一个随机过程，位置效应影响了基因的表达程度；③果实软化过程所需的PG活性不一定达到正常果实的PG活性；④PG在其他果实软化中的作用可能有别于番茄。

利用转基因技术达到的反义PG番茄具有许多明显的经济价值，如果实采后的贮藏期可延长1倍，因而可以减少因过熟和腐烂所造成的损失；果实抗裂、抗机械伤、抗真菌感染，便于运输；由于果胶水解受到抑制，用其加工果酱可提高出品率。美国Colgene公司研制的转基因PG番茄FLAVAR，SAVR™ 在美国通过美国食品药品监督管理局认可，在1994年5月21日推向市场，成为第一个商业化的转基因食品。目前已经从桃、猕猴桃、苹果、西洋梨、沙梨、鳄梨、番茄、黄瓜、甜瓜、马铃薯、玉米、水稻、大豆、烟草、甜菜、油菜、拟南芥等植物中克隆得到PG的编码基因。

2.4.1.2 果胶(甲)酯酶(简称PE)基因

果胶(甲)酯酶能从细胞壁的果胶中去除甲基基团，也是一种细胞壁降解酶，但它似乎没有组织特异性，在成熟果实的许多组织和器官中都检测到PE的酶活性。

有关PE的分子生物学研究也取得了一些进展，先后从桃、番木瓜、番茄、辣椒、西瓜、甜菜、棉花、水稻、拟南芥等植物中得到其编码基因。用已经得到的PE cDNA克隆构建了35S启动子控制下的反义基因，转入该基因的番茄果实中，PE的活性大大降低，仅为对照的10%或更低，检测不到PE蛋白和PE mRNA，但对于叶或根部的酶活性没有影响。转基因果实与普通番茄果实相比，果胶分子质量较大，甲酯化程度较高，果实的可溶性固形物含量也较高，改善了番茄果实的品质，但对果实的番茄红素的积累没有影响，成熟时果实仍然变红。

2.4.1.3 *β*-半乳糖苷酶基因

目前已分别对一些果实的*β*-半乳糖苷酶蛋白进行纯化，包括苹果、鳄梨、咖啡豆、日本梨、猕猴桃、柿、甜樱桃和番茄等。从这些果实中纯化得到的*β*-半乳糖苷酶蛋白一般含有分子质量为29～34 kDa和41～46 kDa的两个亚基，有时还观察到一个分子质量为57～80 kDa的亚基(表2-1)。因此认为*β*-半乳糖苷酶蛋白是一个由两三个亚基组成的复合体。

表2-1 从不同果实中纯化得到的*β*-半乳糖苷酶蛋白多肽分子质量

果实种类	分子质量/kDa
苹果	44,33
柿	44,34
猕猴桃	67,46,33
番茄	75,41,30.5,29
日本梨	80
甜樱桃	57
鳄梨	54,49,41
咖啡	29

已经从苹果、番茄、沙梨、桃、猕猴桃、草莓、香蕉、石刁柏、绿花椰菜、康乃馨等植物组织中克隆得到了*β*-半乳糖苷酶基因。*β*-半乳糖苷酶基因与果实的成熟和软化关系密切，在苹果、番

茄、葡萄、鳄梨、猕猴桃、草莓、樱桃、杧果等中已经得到证明。如在苹果果实成熟过程，β-半乳糖苷酶 mRNA 的积累与乙烯的自我催化相一致，在石刁柏和康乃馨上也得到相似的结果。但在猕猴桃果实采收时，组织中的 β-半乳糖苷酶 mRNA 最为丰富，随后下降，同时 β-半乳糖苷酶 mRNA 可为外源乙烯诱导积累，但在果实乙烯跃变期间 β-半乳糖苷酶基因的表达信号无显著变化，这不同于苹果果实成熟过程的表达模式。综上可知，在不同种类果实的成熟衰老进程中，β-半乳糖苷酶的功能可能有所差异。

2.4.1.4　纤维素酶基因

目前已先后克隆得到了草莓、鳄梨、桃、番茄、菜豆、大豆、辣椒、甜菜、水稻、拟南芥等植物纤维素酶的编码基因。在草莓果实成熟过程中，纤维素酶基因 *Cel* 1 和 *Cel* 2 有着不同的表达模式，*Cel* 2 基因在绿熟果实中即有表达，从果实绿熟到转白过程中，其 mRNA 不断积累，并在果实后熟过程稳定增加；但 *Cel* 1 基因在绿熟果实中检测不到转录产物，在转白果实中，其表达水平很低，进入果实后熟期间，*Cel* 1 mRNA 逐渐增加，并在果实完全成熟时达到最高，研究认为草莓*Cel* 1 和 *Cel* 2 基因的这种表达模式在果实后熟软化过程中起重要作用。在未成熟鳄梨果实中 *Cel* 1 mRNA 量很低，到果实成熟期，增加了 37 倍；乙烯处理可以促使桃果实 *Cel* 10 mRNA 的积累。Brummell 等(1999)研究表明，将纤维素酶基因(*Cel* 2)反义导入番茄植株，在成熟转基因果实中，*Cel* 2 mRNA 水平减少了 95%以上，不影响乙烯生成，也不影响后熟过程果实软化和质地变化。

2.4.2　乙烯合成相关酶基因

分子生物学研究为植物乙烯合成的调控提供了新途径，采用基因工程手段调控乙烯生成已取得显著的效果(图 2-6)，如导入反义 ACC 合酶基因、导入反义 ACC 氧化酶基因、导入正义细菌 ACC 脱氨酶基因、导入正义噬菌体 SAM 水解酶基因。

2.4.2.1　ACC 合酶基因

ACC 合酶(ACC synthase，ACS)是乙烯生物合成的关键酶，由一个多基因的家族编码，同时，ACS 酶活性和基因表达受多种因素影响，如果实生长发育、植物激素、逆境胁迫、金属离子(如铬离子、锂离子)等。

目前，已经从番茄、苹果、康乃馨、绿豆、夏南瓜、笋瓜等植物中得到了 *ACS* 基因。Liu 等(2015)在番茄中鉴定到 14 个 *ACS* 基因，研究表明 *ACS*2 基因和 *ACS*4 基因是成熟过程中表达的主要基因，*ACS*1*A* 基因的表达水平虽然低于 *ACS*2 和 *ACS*4，但其表达量在破色期达到峰值，表明其对呼吸跃变期乙烯产生存在潜在贡献。此外，*ACS*11 和 *ACS*12 基因在果实成熟期间的表达量也显示出显著上调，而 *ACS*1*B*、*ACS*5、*ACS*7、*ACS*8、*ACS*9、*ACS*10 和 *ACS*13 等基因的表达量在番茄果实中几乎检测不到。

国内外有多个实验室成功地将反义 *SlACS*2 基因导入番茄，使 ACS 的 mRNA 转录水平大大降低。Oeller 等(1991)获得成熟受阻碍的反义 ACS cDNA 转基因番茄植株(图 2-7)，其纯合子后代果实中 99.5%的乙烯合成受到抑制，乙烯水平在 0.1 $nL \cdot g^{-1} \cdot h^{-1}$ 以下，果实不能正常成熟，不出现呼吸高峰，叶绿素的降解和番茄红素的合成受阻，室温放置 90～120 d 也不变红、不变软，用外源乙烯或丙烯处理可诱导果实出现呼吸高峰，正常成熟。在质地、颜色、风味和耐压性(compressibility)等方面，反义 *SlACS*2 番茄果实与正常果实没有差异。国内研究者汤福强等于1993年获得了转基因植株(彩图1)。1995年罗云波、生吉萍等在国内首次培育出转反义 *SlACS*2 的转基因番茄果实,该果实在植株上表现出明显的延迟成熟性状(彩图2~4),采收以后室温下放置15 d果实仍为黄绿色,用20 $\mu L \cdot L^{-1}$ 的乙烯处理12 h后果实开始成熟,5 d后果实出现正常的成熟性状,其风味、颜色和营养素含量与对照没有明显差异;培育得到的转基因番茄纯合体,其乙烯的生物合成被抑制99%以上,果实可在室温下贮藏3个月仍具有商品价值(彩图5)。

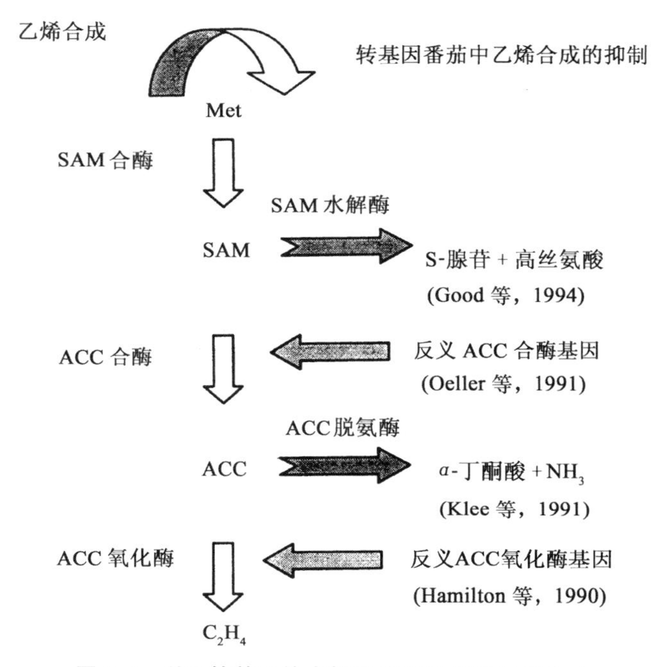

图 2-6 利用转基因技术抑制番茄果实的乙烯合成

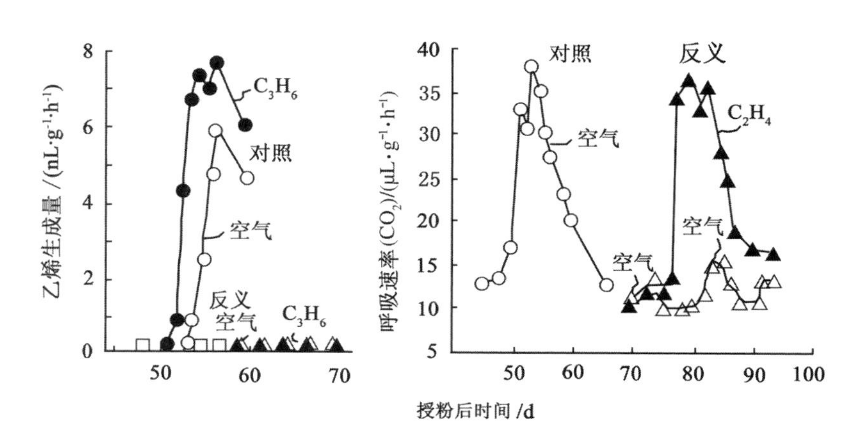

图 2-7 转 *ACS* 反义基因番茄果实的乙烯生成和呼吸强度变化

(Oeller 等,1991)

鉴于反义 *ACS* 基因番茄具有明显的经济价值,美国农业部已经许可在22种果蔬和7种花卉上使用这一基因。由于源自不同植物体内 *ACS* 基因的核苷酸序列上的差异,番茄来源

的 *ACS* 基因是否能在其他植物体内起作用，目前还没有肯定的结论。

2.4.2.2　ACC 氧化酶基因

ACC 氧化酶（ACC oxygenase，ACO）又叫乙烯形成酶（ethylene forming enzyme，EFE），也是乙烯生物合成途径中的关键酶。ACO 是一种与膜结合的酶，在细胞中的含量比 ACS 还少，也由一个多基因的家族编码。目前已经从番茄、甜瓜、苹果、鳄梨、猕猴桃以及衰老的香石竹花、豌豆、甜瓜等克隆得到 *ACO* 基因，并进行了鉴定分析。

番茄 ACO 的 cDNA 最早由 Holdsworth 等从成熟特异性的 cDNA 文库中筛选得到，取名为 pTOM13，杂交试验表明，与 pTOM13 同源的 mRNA 能在番茄成熟过程中或者在受伤组织（如叶片或不成熟的果实）中表达，此 cDNA 编码一个 33.5 kDa 的蛋白质。Hamilton 等人从番茄中分离到另一个 cDNA 克隆，两者相比，核苷酸同源性为 88%，两个 cDNA 分别在酵母菌和蛙卵中表现出与正常 ACO 相同的活性和催化专一性。

Hamilton 等（1990）将 pTOM13 cDNA 以反义基因的形式转入番茄，获得的转基因植株中，乙烯的生物合成受到严重抑制（图 2-8），在受伤的叶和成熟的果实中乙烯释放量分别降低了 68%和 87%，通过自交所获得的子代纯合体果实，乙烯生物合成被抑制 97%。果实成熟的启动不延迟，但成熟过程变慢，果实变红的程度降低，并且在贮藏过程中耐受过度成熟和抗皱缩的能力增强，加工特性改善，具有一定的商业价值。

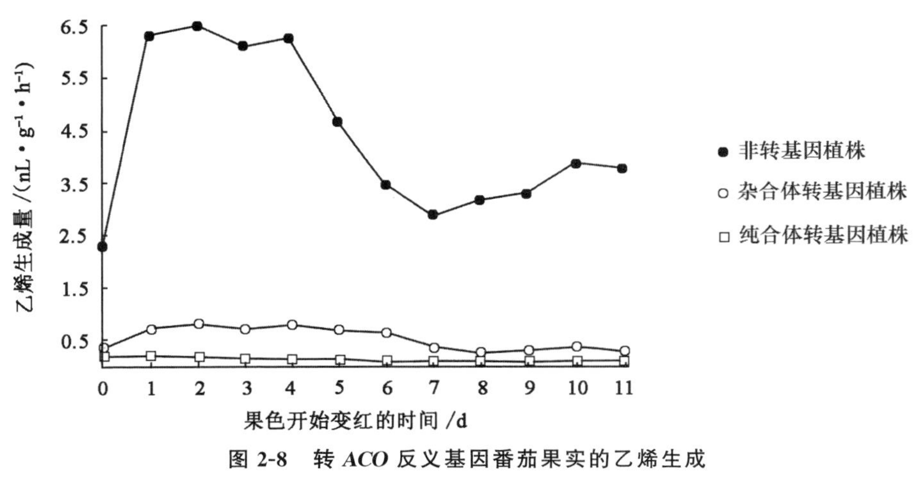

图 2-8　转 *ACO* 反义基因番茄果实的乙烯生成

（Hamilton 等，1990）

Lu 等（1991）采用反义技术将 *ACO* 基因导入香石竹植株，其乙烯生成量降低了 90%，转基因植株花瓣的卷曲被抑制，鲜花货架期得以延长。但是这种花型比对照小，花瓣色素的合成量也降低。

2.4.2.3　ACC 脱氨酶基因

在过熟和腐烂的果实中，乙烯的生物合成停止，ACC 的含量相对较高，而 ACC 脱氨酶能把 ACC 降解为 α-酮基丁酸和氨，其中 α-酮基丁酸是植物体内正常代谢产物，也是乙酰乳酸合酶的底物。

Klee 等（1991）从一种以 ACC 为唯一碳源的具有 ACC 脱氨酶的土壤细菌中克隆到编码 ACC 脱氨酶的基因，并将正义基因转入番茄（图 2-9）。在转基因番茄果实中，ACC 脱氨酶基因的表达量与乙烯合成的受阻程度及成熟过程的延迟呈平行关系,成熟过程中乙烯的合成被抑制了90%～97%,叶片内乙烯的合成也大大降低。ACC脱氨酶占总蛋白的0.5%,占果实鲜重的0.002%～0.005%。转基因番茄的种子发育正常,开花和果实成熟过程的启动不延迟,但成熟过程要慢得多。试验表明,转基因番茄在室温下贮藏4个月后仍然不软化,而对照只能存放2周;用外源乙烯处理果实,其成熟过程恢复。

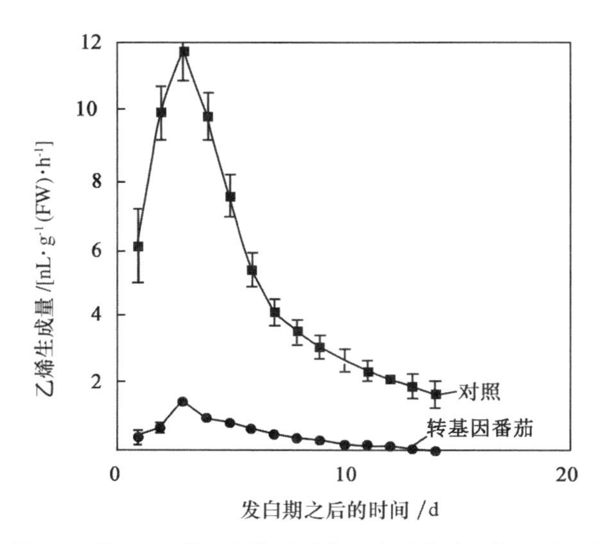

图2-9 转ACC脱氨酶基因番茄果实后熟过程的乙烯生成
(Klee等,1991)

Lei将ACC脱氨酶基因导入矮牵牛并获得转基因植株。

ACC脱氨酶基因可使任何一种植物体内的乙烯合成能力降低,这对缺乏控制乙烯合成突变体的植物尤为适宜,可作为一种广谱耐贮藏基因应用于不同植物。因此,科研人员可以利用ACC脱氨酶基因研究乙烯在抗病、环境胁迫、发育调控等方面的作用。

2.4.2.4 ACC丙二酰转移酶基因

植物体内的ACC含量可以通过ACC丙二酰转移酶基因的表达来调节。ACC丙二酰转移酶能将ACC转变为ACC丙二酰(MACC),MACC参与乙烯生物合成的调控。目前,已经从绿豆下胚轴分离得到ACC丙二酰转移酶,并对该酶进行了纯化,得到分子质量为55 kDa的多肽,但编码该酶的基因尚未得到。

2.4.2.5 S-腺苷甲硫氨酸(SAM)水解酶基因

S-腺苷甲硫氨酸(SAM)是ACC的直接前体,S-腺苷甲硫氨酸水解酶(SAMase)能将SAM水解为5′-甲硫腺苷(MTA)和高丝氨酸。利用番茄*E4*或*E8*基因启动子调控*SAMase*基因的表达,可使果实中乙烯的合成能力显著下降(80%～90%),番茄红素的合成减少,硬度高于对照2倍,果实的风味和维生素含量、番茄碱含量不低于对照。

2.4.3 脂氧合酶基因

脂氧合酶(LOXs)又称为脂肪氧化酶,是高等植物中广泛存在的一类非血红素铁蛋白,能催化多不饱和脂肪酸形成氢过氧化物，在植物中分子质量为 94～105 kDa。研究表明，LOXs 与园艺产品的成熟衰老密切相关。迄今已从猕猴桃、番茄、柿子、薄皮甜瓜、苹果、黄瓜等果蔬中克隆得到了 *LOX* 基因。

LOXs 也是由多基因编码产生的酶，如在黄瓜中鉴定到 23 个 *LOX* 基因，葡萄中鉴定到 18 个 *LOX* 基因，在拟南芥中鉴定到 6 个 *LOX* 基因（曹嵩晓等，2014）。Ferrie 等（1994）从番茄果实中克隆到 *tomloxA* 基因和 *tomloxB* 基因，从叶片中克隆到 *tomloxC* 基因和 *tomloxD* 基因，其中 *tomloxA* 在种子和成熟果实中表达，而 *tomloxB* 只在果实中表达。*tomloxC* 在成熟果实的转色期和红熟期有表达，而在绿熟果中无表达，该基因不在叶片和花器中表达，且不被伤害所诱导。*tomloxD* 主要在叶片、萼片、花瓣和花的雌性器官中表达，同时其表达可被伤害诱导，在绿熟果和转色果中也有微弱的表达。Hu 等（2013）通过 *tomloxD* 在番茄中的超表达表明 *tomloxD* 参与内源 JA 的合成，并在抵御生物、非生物胁迫中起作用。*tomloxE* 表达出现在破色期果实；*tomloxF* 被假单胞菌（*Pseudomonas putida*）BTP1 激活。

植物 LOXs 主要位于原生质体、液泡和细胞质中。反义 *LOX* 基因在兵豆原生质体中的表达抑制了 70% LOX 活性，基因的正义表达则增加了 20% LOXs 活性。在拟南芥中，转反义 *LOX*-2 基因植株的 *LOX* 基因表达受到抑制，一部分转正义基因植株的 *LOX* 基因表达上升，而另一部分转正义基因植株的 *LOX* 基因表达被抑制。对其中两例转正义基因植株的 mRNA 和蛋白质水平进行分析，Northern 杂交结果表明，与对照相比，*LOX* 基因在叶片和花序中表达被强烈抑制，Western 杂交显示原生质体中的 LOX-2 蛋白质不足对照的 1/15，虽然在转基因植株的叶片和花序中 *LOX* 基因表达受到严重抑制，JA 的积累也受阻，但植株生长发育与对照无差异。

2.4.4　色素合成相关基因

从成熟番茄 cDNA 文库中筛选得到 *pTOM*5 基因，其核苷酸序列与细菌来源的八氢番茄红素焦磷酸合酶基因具有同源性。八氢番茄红素焦磷酸合酶催化八氢番茄红素的合成，而八氢番茄红素是类胡萝卜素合成途径中的一个中间产物。在转反义 *pTOM*5 基因的番茄中，基因代谢产物参与了果实成熟时类胡萝卜素的合成，果实 *PG* mRNA 的水平与对照没有差异，但果实中检测不到番茄红素的合成，成熟果实的颜色发黄，花色也变为淡黄色。转基因番茄的这一特点恰好是黄肉番茄突变体的特征。研究还发现，番茄的黄肉基因位于第 3 条染色体上，而 *pTOM*5 位于第 2，3 条染色体上，使黄肉番茄突变体过量表达 *pTOM*5 基因，发现类胡萝卜素和番茄红素的合成能力得到恢复，从而证明八氢番茄红素合酶突变导致了番茄果实转色不正常。

改变花卉颜色、延缓花卉衰老以及提高其观赏价值，是一项具有重要意义的工作。花冠的颜色是由色素组成决定的，其中大多数是黄酮类物质，苯基苯乙烯酮合酶（CHS）是黄酮类色素物质合成途径中的关键酶。在矮牵牛属（*Petunia*）植物中，利用反义基因技术抑制 *CHS* 基因的表达，使得花卉的颜色从野生型的紫色转变为白色，并且因对 *CHS* 基因表达的抑制程度差异从而产生一系列中间类型花色。

乙烯也是花衰老所必需的，利用反义基因技术可抑制香石竹的 *ACO* 基因的表达。将反义 *ACO* 基因转化给 Scania 和 White Sim 2 个栽培品种，突变体花的乙烯峰值降低 90%，明显延缓了花瓣的衰老。当花瓣枯萎时，反义 *ACO* 基因只产生极少量的 *ACO*，或未检测到 *ACO*

或*ACS*基因表达。外源乙烯处理转基因花朵,可诱导*ACS*和*ACO*基因的表达。国外公司已计划将这种转基因石竹推向市场,这将是第一种上市的重组花卉。随着研究的深入,除了石竹外,转基因菊花、玫瑰和其他花卉也将在市场上出现。

2.4.5 乙烯受体与信号转导基因

近年来,有关植物组织成熟衰老进程中的乙烯受体和信号转导研究,成为继乙烯生物合成与调控之后,园艺产品采后研究领域中的又一个前沿热点。

早期,人们试图通过生物化学方法分离乙烯受体或乙烯结合蛋白,但未获得成功。人们根据乙烯的"三重反应"在拟南芥中分离出了几类乙烯反应突变体,即乙烯不敏感突变体(ethylene-insensitive,ein)、抗乙烯突变体(ethylene-resistant,etr)和组成型"三重反应"突变体(constitutive triple response,ctr)。这些突变体为乙烯感受和信号转导途径的研究提供了很好的试验材料,分离得到了一系列关键基因,分析发现植物体内存在着一条与这些反应相联系的乙烯信号转导途径,之后建立了乙烯信号转导途径的初步轮廓。研究表明,乙烯通过如下途径实现生理作用:乙烯→ETR家族(乙烯受体)→CTR1家族→EIN2→EIN3/EILs→ERFs→乙烯反应相关基因→乙烯的生理作用(图2-10)。乙烯受体在内质网膜上感知乙烯信号,与下游CTR1协同负调控乙烯反应;EIN2位于CTR1下游,与EIN3/EILs和ERFs正调控乙烯反应。ERFs可识别目标基因启动子,并调控其表达,是乙烯信号转导途径中直接与目标基因作用的元件。

2.4.5.1 乙烯受体蛋白及其编码关键基因

(1)ETR1蛋白 乙烯受体是整个乙烯信号转导途径的最上游元件,在乙烯信号转导的初期起作用。ETR1是最早发现的乙烯受体蛋白,它具有感受乙烯的功能,拟南芥*ETR*1基因突变体对乙烯不敏感。ETR1是一种跨膜蛋白,N-端含有1个疏水结构域,3个跨膜节段,侧卧在膜的外侧,乙烯结合位点在N-端疏水结构域;C-端的序列与细菌双组分系统的组氨酸激酶及反应调节器高度同源,其结构域定位在膜的细胞质一侧。细菌双组分系统含有2个保守基元,通常被称为传感蛋白和反应调节器,这两个组分配对起作用,控制细菌对专一信号反应。传感蛋白定位在细胞膜上,由一个细胞外输入端和一个细胞质组氨酸激酶结构域组成;反应调节器则由一个接受器结构域和一个输出结构域组成。当传感蛋白的氨基末端输入域受到环境信号刺激时,它能使保守的组氨酸残基发生自身磷酸化作用,然后这个磷酸基团从组氨酸转移到反应调节器的接受结构域上的天冬氨酸残基,接受器的磷酸化状态控制输出结构域,后者又介导下游步骤。

很多细菌的输出结构域都是转录调节物。根据ETR1结合乙烯的能力和它与细菌传感蛋白具有同源性,所以ETR1蛋白也称为乙烯传感蛋白(ethylene sensor protein)。

(2)*ERS*(ethylene response sensor)基因 是在拟南芥中克隆到的第二个乙烯受体基因,是*ETR*1基因的同源物。ERS蛋白与ETR1蛋白一样在C-端区域含有一个推断的组氨酸蛋白激酶结构域,所以结构上也与双组分传感蛋白类似,但它缺乏一个接受器结构域。将*ERS*基因转入正常植株,植株则表现为对乙烯不敏感。ERS与ETR1一样,也在CTR1的上游起作用。

(3)NR蛋白 它是在番茄果实中发现的另一个乙烯受体蛋白,与ETR1高度相似,由*Nr*(never-ripe)基因编码。NR蛋白可能与ERS一样在C-端缺乏一个接受器结构域。*Nr*基因在果实成熟阶段被大量诱导,说明该基因可能调控果实成熟阶段对乙烯的敏感性,也可能与呼

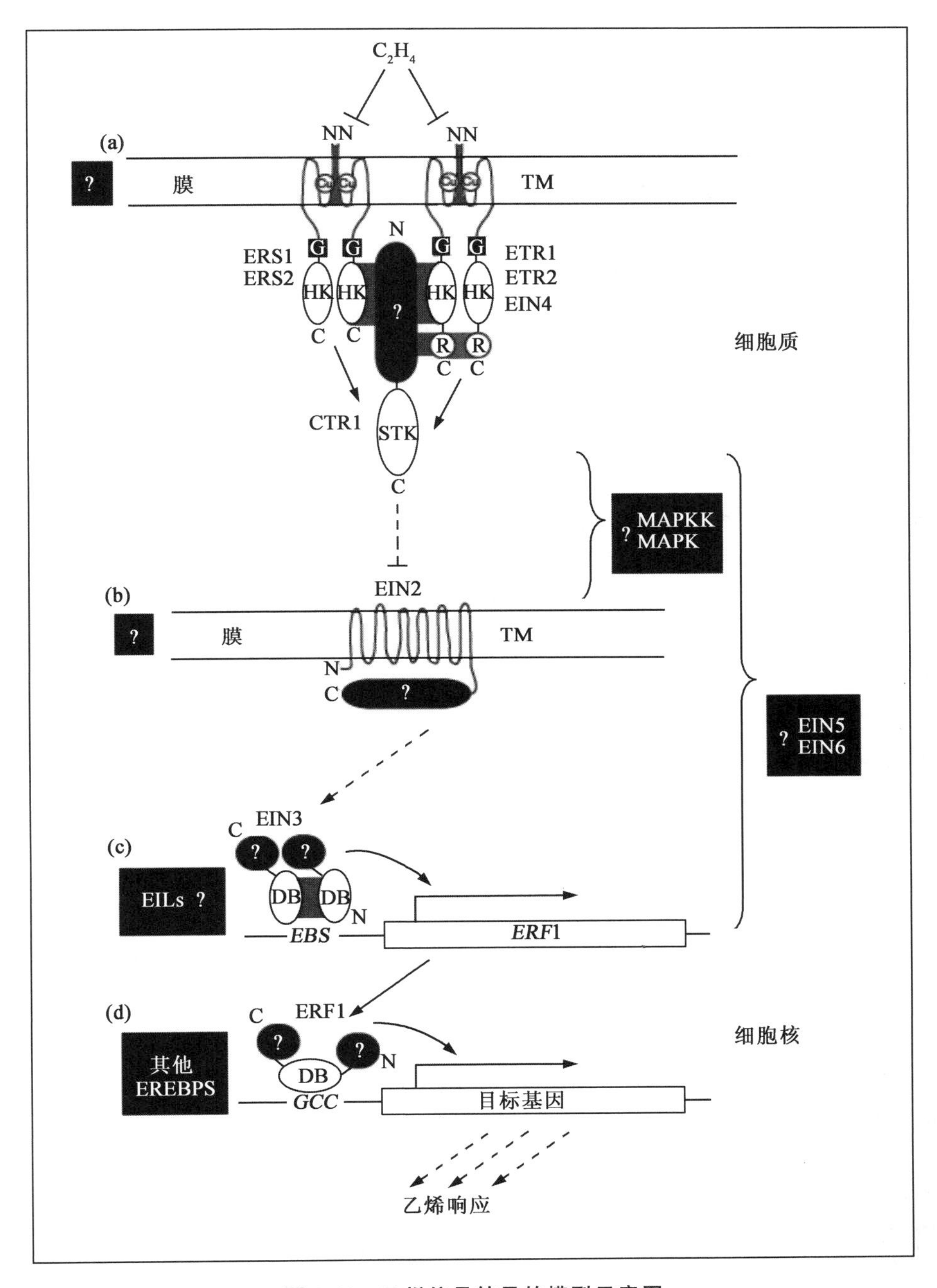

图 2-10　乙烯信号转导的模型示意图

(Stepanova,2000)

吸跃变型果实系统Ⅱ乙烯的形成有关。目前已从多种园艺植物中得到数量不等的乙烯受体编码基因,其中最早获得的乙烯受体编码基因是番茄 *SlETR*3。研究表明,番茄果实至少存在6个乙烯受体基因(*SlETR*1～6),猕猴桃和苹果均至少含有5个乙烯受体编码基因。在非跃变型果实草莓和柑橘等中也克隆到了多个乙烯受体编码基因。

(4)*CTR*1 基因　关于 *CTR*1 基因及其下游级别元件的克隆报道要少于乙烯受体。番茄和猕猴桃果实中分别有4个和2个*CTR*1编码基因家族成员，苹果、李和桃等果实仅有1个*CTR*1基因，绿豆和甘蓝的研究则主要集中于*EIN*3/*EILs*和*ERF*基因。

有关乙烯受体和乙烯信号转导的研究方兴未艾，研究者试图通过对乙烯受体和信号的调控来更好地调控乙烯的作用，有关这方面的研究进展可参阅相应的参考文献。

2.4.5.2 乙烯信号转导与成熟衰老

乙烯受体是一类具有乙烯结合能力的与细菌双组分信号转导系统相似的蛋白家族，它作为负反馈调控因子参与了乙烯信号转导。越来越多的研究显示，乙烯受体基因家族不同成员在果实成熟进程中具有表达差异。在番茄果实6个乙烯受体基因家族成员中，*SlETR*4具有最高的表达丰度，约占成熟果实组织总RNA的0.04%，*SlETR*1、*SlETR*2、*NR*和*SlETR*5分别约为0.01%、0.002%、0.03%和0.01%。花椰菜的*BoETR*1基因在采后贮藏过程中表达稳定，*BoETR*2表达趋于下降，而*BoERS*则在采后12 h内表达增强。人们对草莓和柑橘等研究结果显示，非跃变型果实的乙烯敏感性受果实发育阶段影响，乙烯受体不同成员对乙烯处理的响应存在差异。目前有关果实乙烯受体的研究主要在转录水平开展，模式果实番茄乙烯受体蛋白的进展为进一步研究其他果实的乙烯受体的作用机制提供了新方向。

番茄和猕猴桃果实具有多个*CTR*1基因，且表达模式存在差异，而模式植物拟南芥仅存在单个*CTR*1，推测果实中CTR1的作用可能较为复杂。现有研究表明，果实中*CTR*1同源基因可能通过*EIN*2到*EIN*3的途径，或者通过MAPK激酶级联反应直接影响*EIN*3的表达，进而调控乙烯信号转导途径及果实后熟衰老进程。

通过转基因手段抑制*SlEILs*表达可以显著影响番茄植株的乙烯反应，认为通过调节*EIN*3/*EILs*可实现对果实成熟衰老的调控，沉默*SlEILs*显著抑制了番茄果实的成熟，如二维码2-2所示。低温贮藏可以诱导猕猴桃和枇杷等果实*EIL*的表达，推测*EIL*表达增强可能参与了组织对温度的响应。

*ERF*在植物中由一个大基因家族编码。目前，在拟南芥中发现12个亚族122个*ERF*基因，在水稻中有15个亚族139个*ERF*基因。有关*ERF*在果实成熟衰老进程中的研究较少。番茄*SlERF*2(第Ⅶ族*ERF*)表达水平在果实成熟衰老进程中呈增强趋势。同属于Ⅶ族*ERF*的苹果*MdERF*1也参与了果实成熟、衰老进程。转基因研究进一步显示，抑制属于第Ⅴ族*ERF*的*SlERF*1表达可有效延缓番茄果实的成熟进程，表明*ERF*在果实成熟衰老进程中具有重要的调控作用，如二维码2-3。

二维码2-2 TRV介导的*SlEILs*基因沉默的番茄果实表型

二维码2-3 野生型和转基因番茄果实中*SlERF*1 mRNA水平、内源乙烯生成速率及相关生理变化

目前已开展了大量乙烯信号转导与园艺植物成熟衰老的研究。越来越多的研究显示，乙烯信号转导途径中不同级别元件的基因家族成员在成熟进程中具有表达与功能差异。然而，相关报道主要集中在乙烯信号转导上游元件编码基因的表达与调控。以不同种类园艺植物为研究对象，从基因家族角度开展*EIN*3/*EILs*和*ERFs*等乙烯信号转导下游元件的研究将是成熟衰老机理与调控研究的重点，可进一步丰富与完善乙烯信号转导的作用机制。

2.5　园艺产品采后生物技术研究进展及展望

近十余年来，现代生物技术在医药、食品、环保等领域显示出强大的生产潜力和市场潜力，并逐步发展成为能够产生巨大社会效益和经济利益的现代生物技术产业。

以农业为例，国际农业生物技术应用服务组织（ISAAA）历年发布的转基因作物年度报告显示，进入 21 世纪以来，随着全球人口的不断增长，以及生物技术的不断进步，世界各国逐渐放开对转基因作物的限制，加大了转基因作物的研发和种植，以应对人口不断增长和农作物面积不断减少带来的粮食危机。转基因作物也因此得到了快速的发展，种植面积由 1996 年的 1.7×10^{7} hm^{2}，到 2006 年突破 1×10^{9} hm^{2}，再到 2017 年达到 1.898×10^{9} hm^{2}，创历史新高，2017 年比 2016 年的 1.851×10^{9} hm^{2} 增加了 4.70×10^{7} hm^{2}，比 1996 年增长了 112 倍。22 年间，全球转基因作物的商业化种植面积累计达到了 23×10^{9} hm^{2}。根据 ISAAA 的数据，2019 年全球转基因作物的种植面积达到 1.904×10^{9} hm^{2}。转基因作物的应用范围进一步扩大，截至 2017 年，全球共有 24 个国家和地区种植转基因作物。另有 17 个国家/地区以及 26 个欧盟国家进口转基因作物用于粮食、饲料及其加工。截至 2017 年，转基因作物的种植面积前 3 位的国家分别是美国（7.5×10^{8} hm^{2}）、巴西（5.02×10^{8} hm^{2}）和阿根廷（2.36×10^{8} hm^{2}）。在亚洲，印度和巴基斯坦等国也出现增长。从种植的作物来看，大豆、玉米、棉花、油菜 4 种占大部分，其中 2017 年转基因品种与非转基因品种的种植比例为大豆 77%、棉花 80%、玉米 32%和油菜 30%。转基因作物给发展中国家带来了巨大的经济效益，仅 2016 年，印度收益为 15.23 亿美元，中国收益为 9.9 亿美元，菲律宾收益为 8 200 万美元。更重要的是，转基因作物可帮助应对人口增长和气候变化带来的挑战，已有 70 个国家采用生物技术作物解决饥饿、营养不良和气候变化问题。目前很多国家纷纷将现代生物技术列为优先发展的重点领域，投入大量的人力、物力和财力扶持生物技术的发展，跨国种质公司也将投资重点转移到生物技术的进一步研究开发上。因此，现代生物技术在全球的快速发展中成为一个不可阻挡的客观趋势。

2.5.1　园艺产品生物技术研究和应用的现状

2.5.1.1　中国生物技术在园艺产品上的研究和应用

中国有 14.1 亿人口，占世界总人口的 18.82%，这意味着中国将以世界 7%的耕地面积养活世界 18.82%的人口。城市化发展使农业耕地不断减少，而人口又持续增加，预示着将对工农业生产有更高的需求，对环境将产生更大的压力。为提高农业生产，20 世纪 80 年代初中国已将现代生物技术纳入其科技发展规划，过去 30 多年的研究已经结出了丰硕的果实。

据 ISAAA 统计数据显示，2017 年我国转基因棉花和木瓜种植面积为 280 万 hm^{2}，在世界排名第八。截至 2018 年，我国获批允许商业化种植的转基因作物只有棉花和木瓜。我国对转基因作物进口实施转基因安全证书管理制度，截至目前共有 31 项转基因作物获得我国农业农村部颁发的进口安全证书，涉及玉米品种 13 项、大豆 10 项、油菜 6 项、棉花 2 项。

我国转基因植物的研发水平在发展中国家一直处于领先地位。1990 年，我国自行研制的抗烟草花叶病毒的烟草在辽宁省进行商品化种植，成为世界上第一例商品化生产的转基因植物。在植物转基因研究中，除了标记基因外，抗病毒基因、抗细菌和真菌病害基因、抗虫和抗除草剂基因等重要目的基因也被广泛应用（表 2-2）。

表 2-2 我国研究开发的转基因植物

作物种类	数目	作物名称
粮食作物	7	水稻、小麦、玉米、马铃薯、高粱、粟、甘薯
经济和油料作物	9	棉花、大豆、烟草、油菜、甜菜、花生、甘蔗、芝麻等
蔬菜和水果	21	番茄、甘蓝、甜椒、大白菜、胡萝卜、花椰菜、苹果、柑橘、番木瓜、西瓜等
其他	10	杨树、苜蓿等

引自:王国英,1998。

2.5.1.2 国外转基因技术应用现状

据 ISAAA 统计数据显示,2017 年世界商业化转基因作物主要是大豆、玉米、棉花、油菜四种,该年上市的转基因农作物还有苜蓿、甜菜、木瓜、南瓜、茄子、马铃薯和苹果等,生产面积前 10 位的国家有美国、巴西、阿根廷、加拿大、印度、巴拉圭、巴基斯坦、中国、南非、玻利维亚。自 1992 年以来全球监管机构批准转基因作物用于粮食、饲料以及商业化种植的共计 4 133 项,涉及 26 个转基因作物(不包括康乃馨、玫瑰和矮牵牛花)的 476 个转基因转化体。其中,1 995 项涉及粮食用途(直接用途或加工用途),1 338 项涉及饲料用途(直接用途或加工用途),800 项涉及环境释放或者耕种。

美国是世界上最大的转基因作物的生产国和出口国,其种植面积、商业性销售出口均占世界首位,几乎涵盖了所有的转基因作物种类。2017 年,美国转基因作物种植面积达到 7 504 万 hm^2,占全球种植面积的 39.5%,其中玉米为 3 384 万 hm^2、大豆为 3 405 万 hm^2、棉花为 458 万 hm^2,此外还有苜蓿、油菜、甜菜等。具有防挫伤、防褐变、丙烯酰胺含量低、抗晚疫病等性状的先后两代 Innate(R)马铃薯,以及防褐变的 Arctic(R)苹果已经开始在美国种植。美国至今已批准用于粮食、饲料、加工和耕种用途的转基因作物转化体数量达到 539 个。

2.5.2 园艺产品转基因技术存在的问题及展望

随着现代生物技术的迅速发展,生物安全问题逐渐成为社会关注的问题之一。很多生物安全问题与现代生物技术产生的遗传饰变生物(genetically modified organisms,GMOs)及其产品有关。人们担心 GMOs 及其产品可能对生态系统、物种和天然基因造成不利影响,损害人体健康,还可能对伦理道德、宗教带来冲击,对社会经济产生不良影响等。特别是 1997 年 2 月英国科学家 Wilmut 在《自然》杂志上报道了 Dolly 羊的诞生,自此以来,人们的这种担心越来越强烈,不同的观点争论也越来越激烈。为此,许多国家,包括中国在内,相继出台了限制克隆人试验研究的法律或法规。

人们对转基因食品安全性问题的担心基于以下的一些试验。1998 年,英国阿伯丁罗特研究所的研究表明,幼鼠食用转基因马铃薯后,会使内脏和免疫系统受损,虽然此试验在 1999 年 5 月被宣布"充满漏洞",但这毕竟是对转基因食品提出的最早质疑。1999 年,《自然》刊登了美国康乃尔大学教授约翰·罗西的论文,报道蝴蝶幼虫在田间吃了撒有某种转基因玉米花粉的菜叶之后发育不良,死亡率非常高;在美国艾奥瓦州进行的野外试验也获得了同样的结果。丹麦科学家的研究表明,把耐除草剂的转基因油菜籽和杂草一起培育,结果产生了耐除草剂的杂草,这预示着转化的基因可以扩散到自然界中去。美国亚利桑那州立大学等研究报告指出,已发现一些昆虫吃了抗虫的转基因作物也不死亡,因为它们已对转基因作物产生的毒素具备了抵抗力。专家们认为，现今的生态环境是建立在自然选择基础上，并经历了数十亿年演化来的。人工培育的转基因作物能否对现在的生态环境产生影响仍是一个未知数，因此，人们对转基因技术应当慎之又慎。

但是，从本质上来说，转基因生物和常规育种得到的品种是一样的，两者都是在原有基础上对某些性状进行修饰，或增加新性状，或消除原有的不利性状。有意识的杂交育种已经有100多年的历史，对常规育种的品种不要求安全性评价，而为什么对转基因植物要进行安全性分析呢？专家们指出，常规育种有性杂交仅限于种内或近缘种间，而转基因植物中的外源基因可来自植物、动物、微生物，人们对可能出现的新的组合、新的性状会不会影响人类健康和生态环境，还缺乏足够的知识和经验，按目前科学水平还不可能完全精确地预测一个外源基因在遗传背景中会产生什么互作作用。但从理论上讲，基因工程中所转化的外源基因是已知的有明确功能的基因，它与远源有性杂交中高度随机过程相比，其转基因后果应当可以更精确地预测，在应用上也更安全。

尽管如此，人们的担心依然存在。随着全球贸易自由化进程的加快，改性活生物体及其产品正在以公开或秘密、合法或非法、人为或自然的渠道进行跨国转移，从而使生物安全面临严重的形势，正在成为国际社会密切关注的焦点。目前，虽然尚未发生严重的生物安全事件，但必须看到在生物安全问题上存在着诸多潜在的不稳定因素。

近年来，我国现代生物技术的研究开发已经取得了很多成果。但是，与欧美等发达国家相比，我国现代生物技术发展的总体水平还较低。为了保障现代生物技术的健康持续发展，必须加强对生物安全的管理。国家科学技术委员会于1993年颁布了《基因工程安全管理办法》，用于指导全国的基因工程研究和开发工作。根据基因工程安全管理办法的要求，农业部在1996年出台了《农业生物基因工程安全管理实施办法》，农业部安全委员会于1997年正式开始受理农业生物基因工程产品的研究和开发申请。2000年由国家环保总局牵头，8个相关部门参与，共同制定了"中国国家生物安全框架"。总体上讲，我国的生物安全管理应该坚持以下几个基本原则：

(1)现代生物技术与生物安全协调发展的原则。既不能过分强调生物安全问题而妨碍了生物技术的发展，又不能只注重生物技术的发展而忽视了生物安全问题。

(2)预防为主、防治结合的原则。坚决避免先发展后保护式的亡羊补牢或是亡而不补的现象。

(3)根据生物技术及其产品的危害程度实行分级管理、区别对待的原则，在区别对待的前提下强化对不安全因素的防范。

(4)跨国越境转移GMOs及其产品时，实行提前知情同意的管理程序和损害赔偿的原则，坚持权利与义务的统一，利益与责任的统一。

(5)部门协调合作的原则。农业、林业、医药卫生、海洋等产业管理部门和环境保护、科技、教育、海关等综合管理部门之间应在国家生物安全主管部门的统一领导下，通力合作，努力建立高效协调的生物安全管理监督体制。

目前，虽然中国在生物安全管理方面已初步制定一些法律，有了一些专门的和相关的管理规定，但就生物安全管理的整个立法现状来讲，还不能满足生物安全管理的需要，相关的安全评价技术、法律法规还不十分充分，广大消费者对转基因食品还比较生疏。我们可以更多地借鉴国外的经验，积极地制定相关法规，严格地进行转基因食品的安全性评价和审查，维护广大消费者和研究开发者及生产者的正当权益。但是,包括转基因技术在内的生物技术,随着它的成熟和发展,必将极大地造福于人类,并且对人们生活的影响会越来越广泛和深远。

思考题

1. 举例说明常用的园艺产品采后生物技术的主要内容。
2. 简述利用生物技术改善园艺产品采后贮运性状的可行性分析。
3. 简述利用生物技术如何调控乙烯的生物合成。
4. 与果实细胞壁代谢相关的酶有几大类,并叙述各自的作用。
5. 论述乙烯生物合成相关酶,细胞膜水解相关酶,细胞壁降解相关酶和细胞内含物代谢相关酶与园艺产品采后成熟衰老过程的相互关系。
6. 简述园艺产品成熟衰老相关基因的相互关系、时空特异性表达及其调控途径。
7. 举例说明反义基因技术在园艺产品中的应用。
8. 简述生物技术对园艺产品采后处理可能带来的影响。

推荐参考书

[1] 陈章良. 植物基因工程研究. 北京:北京大学出版社,2001.
[2] 饶玉春,薛大伟. 植物分子生物学技术及其应用. 北京:中国农业出版社,2019.
[3] 宋纯鹏. 植物衰老生物学. 北京:北京大学出版社,2001.
[4] 吴乃虎. 基因工程原理. 2版. 北京:科学出版社,2018.
[5] 谢友菊. 遗传工程概论. 2版. 北京:中国农业大学出版社,2005.
[6] 朱玉贤,李毅,郑晓峰,等. 现代分子生物学. 5版. 北京:高等教育出版社,2019.

参考文献

[1] 曹嵩晓,张冲,汤雨凡,等. 植物脂氧合酶蛋白特性及其在果实成熟衰老和逆境胁迫中的作用. 植物生理学报,2014,8:1096-1108.
[2] 陈昆松,李方,张上隆. 猕猴桃果实成熟进程中木葡聚糖内糖基转移酶 mRNA 水平的变化. 植物学报,1999,41(11):1231-1234.
[3] 陈昆松,张上隆,Gavin R. β-半乳糖苷酶基因在猕猴桃果实成熟过程的表达. 植物生理学报,2000,26(2):117-122.
[4] 陈昆松,张上隆. 采后果实成熟衰老分子生理学机理及其调控//吴平,陈昆松. 植物分子生理学进展. 杭州:浙江大学出版社,2000:78-99.
[5] 陈章良. 植物基因工程研究. 北京:北京大学出版社,2001.
[6] 刘权. 果树开花期成熟期以及产量品质的预测(文献综述). 山东果树,1983(4):39-47.
[7] 罗云波. 果蔬采后生物技术研究进展//中国园艺学会,北京农业大学. 园艺学年评. 北京:科学出版社,1995:39-56.
[8] 罗云波,生吉萍,申琳. 番茄中反义 ACC 合酶基因的导入和乙烯生物合成的控制. 农业生物技术学报,1995,3(2):38-43.
[9] 饶玉春,薛大伟. 植物分子生物学技术及其应用. 北京:中国农业出版社,2019.

[10] 生吉萍，丁洋，李松泉，等. 采后钙处理对小油菜贮藏品质与抗氧化能力的影响. 食品科学，2008，28(12)：5.

[11] 生吉萍，罗云波，申琳. PG 和 LOX 对采后番茄果实软化及细胞超微结构的影响. 园艺学报，2000，27(4)：276-281 .

[12] 生吉萍，申琳，罗云波. 果蔬成熟和衰老中的重要酶-脂氧合酶. 果树科学，1999，16(1)：72-77.

[13] 宋纯鹏. 植物衰老生物学. 北京：北京大学出版社，2001.

[14] 王国英. 转基因植物安全性. 科学，1998，50(5)：2，38-40.

[15] 闻伟，杨胜利. 反义 RNA 在基因调控中的作用. 生物工程进展，1990，3：38-45.

[16] 吴乃虎. 基因工程原理. 2 版. 北京：科学出版社，2018.

[17] 谢友菊. 遗传工程概论. 2 版. 北京：中国农业大学出版社，2005.

[18] 张华云，唐士昂，王善广，等. 采前钙处理对中国樱桃贮藏性和贮藏品质的影响. 莱阳农学院学报，1994(3)：204-206.

[19] 朱玉贤，李毅，郑晓峰，等. 现代分子生物学. 5 版. 北京：高等教育出版社，2019.

[20] Brummell D A，Hall B D，Bennett A B. Antisense suppression of tomato endo-1，4-β-glucanase Cel2 mRNA accumulation increases the force required to break fruit abscission zones but does not affect fruit softening. Plant Molecular Biology，1999，40(4)：615-622.

[21] DellaPenna D D，Lincoln J E，Fische R L，et al. Transcriptional analysis of polygalacturonase and other ripening associated genes on Rutgars，rin，nor，and Nr tomato fruit. Phant Physiology，1989，90：1372-1377.

[22] Dick A J，Laskey G，Lidster P D. Inhibition of beta-galactosidase isolated from mcintosh apples. Hortscience，1984，19(4)：552-553.

[23] Fallahi E，Richardson D G，Westwood M N. Influence of rootstocks and fertilizers on ethylene in apple fruit during maturation and storage. Journal of the American Society for Horticultural Science，1985，110(2)：149-153.

[24] Ferrie B J，Beaudoin N，Burkhart B，et al. The cloning of two tomato lipoxygenase genes and their differential expression during fruit ripening. Plant Physiology，1994，106：109-118.

[25] Good X，Kellogg J A，Wagoner W，et al. Reduced ethylene synthesis by transgenic tomatoes expressing S-adenosylmethonine hydrolase. Plant Molecular Biology，1994，26：781-791.

[26] Hamilton A J，Lycett G W，Grierson D. Antisense gene that inhibits synthesis of the hormone ethylene in transgenic plants. Nature，1990，346：284-287.

[27] Heitz T，Bergey D R，Ryan C A. A gene encoding a chloroplast-targgeted lipoxygenase in tomato leaves is transiently induced by wounding，systemin，and methyl jasmonate. Plant Physiology，1997，114：1085-1093.

[28] Hu T，Zeng H，Hu Z，et al. Overexpression of the tomato 13-lipoxygenase gene *TomloxD* increases generation of endogenous jasmonic acid and resistance to Cladosporium fulvum and high temperature. Plant Molecular Biology Reporter，2013，31(5)：1141-1149.

[29] Klee H J, Hayford M B, Kretzmer K A, et al. Control of ethylene synthesis by expression of a bacterial enzyme in transgenic tomato Plants. Plant Cell, 1991, 3: 1187-1193.

[30] Li R, Li R, Li X D, et al. Multiplexed CRISPR/Cas9-mediated metabolic engineering of γ-aminobutyric acid levels in *Solanum lycopersicu*. Plant Biotechnol Journal, 2018, 16(2): 415-427.

[31] Li X D, Wang Y N, Chen S, et al. Lycopene is enriched in tomato fruit by CRISPR/Cas9-mediated multiplex genome editing. Front Plant Science, 2018, 26; 9: 559.

[32] Liu M, Pirrello J, Chervin C, et al. Ethylene control of fruit ripening: revisiting the complex network of transcriptional regulation. Plant Physiology, 2015, 169(4): 2380-2390.

[33] Macrae E A, Lallu N, Searle A N, et al. Changes in the softening and composition of kiwifruit (Actinidia deliciosa) affected by maturity at harvest and postharvest treatments. Journal of the Science of Food and Agriculture, 1989, 49(4): 413-430.

[34] Oeller P W, Lu M W, Tayor L P, et al. Reversible inhibition of tomato fruit senescence by antisense RNA. Science, 1991, 254: 437-439.

[35] Schröder R, Atkinson R, Langenkämper G, et al. Biochemical and molecular characterisation of xyloglucan endotransglycosylase from ripe kiwifruit. Planta, 1998, 204 (2): 242-251.

[36] Sheng J P, Luo Y B, Wainwright H. Studies on lipoxygenase and the formation of ethylene in tomato. Journal of Horticultural Science & Biotechnology, 2000, 75(1): 69-71.

[37] Smith C J S, Watson C G, Ray J, et al. Antisense RNA inhibition of polygalacturonase gene expression on transgenic tomatoes. Nature, 1988, 334: 724-726.

[38] Stepanova A. Ethylene signaling: from mutants to molecules. Current Opinion in Plant Biology, 2000, 3(5): 353-360.

第3章

影响园艺产品贮藏的因素

本章学习目的与要求

1. 了解园艺产品贮藏效果受产品本身的生物学特性、栽培的生态条件、田间的农业技术措施等诸多采前因素的影响。

2. 掌握影响园艺产品贮藏的采后因素，认识园艺产品贮藏是一项技术性很强的系统工程。

园艺产品贮藏的效果在很大程度上取决于采收后的处理措施、贮藏环境条件及管理水平，在适宜的温度、湿度和气体条件下，再加上科学的管理，就有可能保持园艺产品良好的商品质量，使贮藏期和货架期(shelf life)延长，损耗率降低。但是园艺产品的质量与贮藏性的控制，仅仅依靠采收后的技术措施是难以达到预期目标的，因为园艺产品的生理特性、质量状况及其贮藏性等都是在田间变化多端的生长发育条件下形成的。毫无疑义，不同种类及品种的园艺产品的生育特性、生态条件、农业技术措施等采前诸多因素都会或多或少地、直接或间接地对园艺产品的商品品质与贮藏性产生影响。因此，为了保持园艺产品良好的商品品质，提高贮藏效果，既要重视采收后贮藏运输中的各个技术环节，同时也要对影响园艺产品生长发育的诸多采前因素予以足够的重视。

3.1 自身因素

3.1.1 种类和品种

3.1.1.1 种类(variety)

园艺产品种类很多，不同种类园艺产品的商品性状与贮藏特性差异很大。一般来说，产于热带地区或在高温季节成熟并且生长期短的园艺产品，采收后呼吸旺盛、蒸腾失水快、干物质消耗多、易被病菌侵染而腐烂变质，表现为不耐贮藏；生长于温带地区的园艺产品生长期比较长，并且在低温冷凉季节成熟收获的园艺产品体内营养物质积累多，新陈代谢水平低，一般具有较好的耐贮性。按照园艺产品组织结构来比较，果皮和果肉为硬质的园艺产品较耐贮藏，而软质或浆质的耐贮性较差。例如，水果中在温带地区生长的苹果和梨最耐贮藏，桃、李、杏等由于都是在夏季成熟，采收季节气温高、果品呼吸作用旺盛，因此耐贮性较差；热带和亚热带生长的菠萝、荔枝、杨梅、枇杷、杧果等采后寿命短，也不能作长期贮藏。

蔬菜的可食部分来自植物的根、茎、叶、花、果实和种子，这些可食部分的组织和新陈代谢方式不同，采后的贮藏性有很大差异。一般来说，耐贮顺序依次为：根茎类＞果菜类＞花菜类＞叶菜类。根茎类蔬菜耐藏是因为它们有些具有生理休眠特性，有些在外界环境条件不适时具有强制休眠特性，新陈代谢处于最低程度；果菜类主要是瓜类、茄果类和豆类，它们大多原产于热带和亚热带地区，不耐寒，贮藏温度低于 8 ℃时会发生冷害，其可食部分为幼嫩的果实，表层保护组织发育尚不完善，新陈代谢旺盛，容易失水和遭受微生物侵染，采后易发生养分的转移，果实容易变形和发生组织纤维化，如黄瓜变为“棒槌形”、豆荚老化等，因此很难贮藏。但有些瓜类蔬菜是在充分成熟时采收的，如南瓜、冬瓜等代谢强度已经下降，表层保护组织已充分长成，表皮上形成了厚厚的角质层、蜡粉或茸毛等，所以比较耐贮藏。花菜类是植物的繁殖器官，新陈代谢比较旺盛，因此很难贮藏，如新鲜的黄花菜，花蕾采后 1 d 就会开放，并很快腐烂。叶菜类是植物的同化器官，组织幼嫩，保护性差，呼吸和蒸腾作用旺盛，采后极易失水萎蔫、黄化和败坏，也很难贮藏。

切花的种类是决定切花寿命的内在因素，现代花卉育种已把切花采后寿命的长短作为衡量切花品质的主要指标之一。不同种类的切花，采后寿命差别很大，如火鹤花的瓶插寿命可达 20～41 d，鹤望兰在室温下的货架期长达 14～30 d，而非洲菊的瓶插寿命一般仅为 3～8 d。

3.1.1.2 品种(species)

同一种类不同品种的园艺产品，由于组织结构、生理生化特性、成熟收获时期不同，品种间的贮藏性也有很大差异。一般规律是，晚熟品种耐贮藏，中熟品种次之，早熟品种不耐贮藏。例如，苹果中的红魁、丹顶、祝光、嘎拉等早熟品种，它们的肉质疏松、风味偏酸、不耐贮藏，采收后应该及时上市销售，在冷藏条件下也只能短期贮藏；元帅系、金冠、乔纳金、津轻等中熟品种较早熟品种耐贮藏，在常温库可贮藏 1～2 个月，在冷藏条件下的贮藏期为 3～4 个月；富士系、王林、秦冠、小国光、青香蕉等晚熟品种是我国当前苹果栽培的主体，它们不但品质优良，而且普遍具有耐贮藏的特点，在我国西北地区窑窖式果库中可贮藏 3～4 个月，在冷藏条件下的贮藏期更长，可达到 6 个月左右。

我国梨的耐藏品种很多。鸭梨、雪花梨、酥梨、长把梨、库尔勒香梨、兰州冬果梨、苹果梨等都是品质好而且耐贮藏的品种。

柑橘类果实中，一般宽皮橘类品种较紧皮橘类品种的贮藏性差，但温州蜜柑、广东蕉柑是较耐贮藏的品种。甜橙的许多品种都较耐贮藏，如锦橙、雪橙、血橙、香水橙、大红甜橙等在适宜条件下可以贮藏 5～6 个月。

大白菜中，青筒形品种比圆球形品种耐贮藏，青帮的比白帮的耐贮藏，晚熟的比早熟的耐贮藏。如小青口、青麻叶、抱头青等的生长期都较长，结球坚实、抗病性强、耐贮性好。芹菜中以天津的白庙芹菜、陕西的实秆绿芹、北京的棒儿芹等耐贮藏，而空秆类型的芹菜贮藏后容易变糠，纤维增多，品质变劣。菠菜中以尖叶（有刺种）菠菜较圆叶（无刺种）菠菜耐贮藏，如山东大叶、唐山尖小叶等。萝卜以青皮种耐贮藏，红皮种次之，白皮种最差。马铃薯中以休眠期长的品种克新一号、男爵等耐贮藏。

不同品种的切花瓶插寿命差异较大（表 3-1）。资料表明，火鹤花、石竹、月季等不同品种的瓶插寿命相差 1 倍，六出花和非洲菊不同品种间差异更大。切花的寿命还与花茎的粗度和细胞膨胀度（即水分含量）有关，如具有粗茎遗传基因的非洲菊切花品种瓶插寿命长，这是因为具有粗茎的品种糖分积累多，维持呼吸作用的时间较长，花的茎秆坚固不易折断。切花采后寿命的差异还取决于植物的解剖与生理特性，例如'金浪（Gold Wave）'月季切花容易萎蔫，瓶插寿命较短，原因是其叶片气孔在水分亏缺时关闭功能差，易于蒸腾失水。

表 3-1　某些切花品种瓶插寿命的差异

属名（拉丁学名）	品种名	瓶插寿命/d
六出花（*Alstroemeria*）	Rosario	17.0
	Pink Panther	8.0
火鹤花（*Anthurium*）	Poolster	30.0
	Nova-Aurora	15.0
石竹（*Dianthus*）	Pink Polka	16.0
	Rolesta	7.5
非洲菊（*Gerbera*）	Marleen	20.5
	Agnes	8.3
月季（*Rosa*）	Lorena	14.2
	Mini Rose	7.1
百合（*Lilium*）	Greenpeace	13.8
	Musical	7.2

引自：J. Nowak 和 R. M. Rudnicki，1990。

园艺产品的贮藏性在很大程度上取决于种类和品种的遗传性,而遗传性又是一个很难改变的生物属性。一般来说,耐贮品种首先应是抗病性良好的品种,晚熟、耐低温,具有完整致密的外皮组织和结构良好的保护层,组织有一定的硬度和弹性,糖和其他营养物质含量高,能维持较长时间的呼吸消耗,或有较长的休眠期等。因此,要使园艺产品获得良好的贮藏效果,必须重视选择耐贮藏的种类和品种,才能达到高效、低耗、节省人力和物力的目的。这一点对于需要长期贮藏的园艺产品显得尤为重要。

3.1.2 成熟度或发育年龄

成熟度(maturity)是评判水果及多种蔬菜成熟状况的重要指标。但是,一些蔬菜和花卉,如黄瓜、菜豆、辣椒、部分叶菜等在幼嫩时期或花朵没有完全开放的时候就采收,因此,对于此类蔬菜和花卉用"发育年龄"(development stage)来指示成熟状况更为适宜。

在园艺产品的个体发育或者器官发育过程中,未成熟的果实、幼嫩的蔬菜和没有开放的花朵,它们的呼吸旺盛,各种新陈代谢都比较活跃。另外,该时期园艺产品表皮的保护组织尚未发育完全,或者结构还不完整,组织内细胞间隙也比较大,便于气体交换,体内干物质的积累也比较少。以上诸方面对园艺产品的贮藏性产生不利的影响。随着园艺产品的成熟或者发育年龄增长,干物质积累不断增加,新陈代谢强度相应降低,表皮组织如蜡质层、角质层加厚并且变得完整,有些果实如葡萄、番茄在成熟时细胞壁中胶层溶解,组织充满汁液而使细胞间隙变小,从而阻碍气体交换使呼吸水平下降。苹果、葡萄、李、冬瓜等随着发育成熟,它们表皮的蜡质层明显增厚,果面形成白色细密的果粉。对于贮藏的园艺产品来说,蜡质层不仅使其外观色彩更鲜艳,更重要的意义在于它的生物学保护功能增强,即对园艺产品的呼吸代谢、蒸腾作用、病菌侵染等产生抑制、防御作用,因而有利于园艺产品的贮藏。

用于贮藏的蔬菜,如青椒应在 9 月下旬(霜前 1 周)采收;番茄应在绿熟期至粉红期采收,此时糖酸等物质已充分积累,生理上处于跃变前期,具有一定的耐贮性。芹菜采收早影响产量和品质,采收晚会导致其中空现象,且贮藏中叶柄易呈海绵状干枯;萝卜采收偏晚,在贮藏中极易发生糠心现象。香蕉、把梨、猕猴桃等具有明显后熟作用的果实,必须在肉质硬实的时候采收才具备良好的贮藏性能。

近年来,许多切花都提倡蕾期采切,即在正常商业采收期之前采收。蕾期采收一方面有利于切花开放和控制发育,另一方面可减少田间处理和运输期间不利条件对切花的不良影响,从而提高切花品质,延长寿命。目前蕾期采切多用于香石竹、月季、非洲菊、鹤望兰、满天星、郁金香、唐菖蒲、金鱼草等。另外,菊花宜开放一半时采收,大丽花则宜全开时采收。

园艺产品的种类和品种很多,每种园艺产品都有其适宜的成熟采收期,采收过早或者过晚,对其商品品质及贮藏性都会产生不利的影响,只有达到一定成熟度或者发育年龄的园艺产品,采收后才会具有良好的品质和贮藏性能。适宜采收成熟度的确定,应根据各种园艺产品的生物学特性、采后用途、市场距离、贮运条件等因素综合考虑。

3.1.3 田间生长发育状况

园艺产品在田间的生长发育状况包括砧木、树龄大小、长势强弱、营养状况、植株负载量、个体大小及其着生部位等,这些都会对园艺产品的贮藏性产生影响。

3.1.3.1 砧木

砧木类型不同，其果树根系对养分和水分的吸收能力也不同，从而对果树的生长发育进程、对环境的适应性以及对果实产量、品质、化学成分和耐贮性直接造成影响。山西果树研究所的试验表明：红星苹果嫁接在保德海棠上，果实色泽鲜红，耐贮藏；嫁接在武乡海棠、沁源山荆子和林檎等砧木上的果实，耐贮性较好。还有研究表明，苹果发生苦痘病与砧木有关，如在烟台海滩地嫁接于不同砧木上的国光苹果，以烟台沙果、福山小海棠为砧木的苹果发病轻，发病最重的是以山荆子、黄三叶海棠为砧木生长的果实，晚林檎和蒙山甜茶砧木嫁接出的果实居中。还有研究发现，矮生砧木上生长的苹果较中等树势砧木上生长的苹果发生苦痘病要轻。四川省农业科学院园艺试验站育种研究室在不同砧木比较试验中指出，嫁接在枳壳、红橘和香柑等砧木上的甜橙果实，耐贮性好；嫁接在酸橘、香橙和沟头橙等砧木上的甜橙果实，耐贮性较好。

美国加州的华盛顿脐橙和伏令夏橙，其大小和品质也明显地受到不同砧木的影响。嫁接在酸橙砧木上的脐橙比嫁接在甜橙上的果实要大得多；对果实中柠檬酸、可溶性固形物、蔗糖和总糖含量的调查结果表明：用酸橙作砧木的果实要比用甜橙作砧木的果实高。了解砧木对果实的品质和耐贮性的影响，有利于今后果园的规划，特别是在选择苗木时，应实行穗砧配套，只有这样才能从根本上提高果实的品质，以利于采后的贮藏。

3.1.3.2 树龄和树势

一般来说，幼龄树和老龄树结的果实不如盛果期的树结的果实耐贮藏。这是由于幼龄树营养生长旺盛，结果数量少而致果实体积较大、组织疏松，果实中氮、钙比值大，因而果实在贮藏期间的呼吸水平高、品质变化快、易感染寄生性病害和发生生理性病害。幼龄树对果实品质、贮藏性的影响往往容易被人们忽视，但对于老龄树的认识人们一般都比较清楚。老龄树地上、地下部分的生长发育均表现出衰老退化趋势，根部营养物质吸收能力变小，地上部分光合同化能力降低，因此，果实体积小、干物质含量少、着色差、抗病力下降，其品质和贮藏性都发生不良变化。Comin 等观察到，11 年生的瑞光(Rome Beauty)苹果树所结的果实比 35 年生的树上的果实着色好，贮藏中虎皮病的发生概率要少 50%～80%。另据报道，幼树上采收的富士苹果，贮藏中 60%～70%的果实发生苦痘病，苹果苦痘病发生的一般规律是：幼树、长势旺盛的树、结果少的树所结的果实易发生。对广东省汕头市蕉柑树的调查结果显示，2～3 年生的树所结的果实，可溶性固形物含量低，味较酸，风味差，贮藏中易受冷害而发生水肿病；而 5～6 年生树上结的果实，风味品质好，也比较耐贮藏。

3.1.3.3 果实大小

同一种类或品种，果实的大小与其耐贮性密切相关。一般来说，以中等和中等偏大的果实最耐贮藏。大个的果实由于具有与幼树果实类似的形状，所以耐贮性较差。许多研究和贮藏实践证明，大个苹果的苦痘病、虎皮病、低温伤害发生比中等个果实严重，并且大个苹果的硬度下降快。雪花梨、鸭梨、酥梨的大果容易发生果肉褐变，褐变发生早而且严重。大个蕉柑往往是皮厚汁少、贮藏中枯水病发生早而且严重。在蔬菜贮藏中，大个番茄肉质易粉质化，大个黄瓜易变成“棒槌状”，大个萝卜和胡萝卜易糠心等，都表明果实大小与其贮藏性的关系。

3.1.3.4 植株负载量

植株负载量的大小对果实的品质和贮藏性也有影响。负载量适当，可以保证果实营养生长与生殖生长的基本平衡,使果实有良好的营养供应而正常发育,收获后的果实品质好,耐贮藏。负载量过大时,由于果实的生长发育过度消耗营养物质,首先削弱了植株的营养生长,果实也因为没有足够的营养供应使得发育受损,通常表现为果个小、着色差、风味寡淡,不但商品品质低,而且也不耐贮藏。负载量过小时,植株营养生长旺盛,大果比例增加,也不利于贮藏。植株负载量对果实贮藏性的影响,无论是对木本的果树,还是对草本的蔬菜以及西瓜、甜瓜等的影响是相似的。所以,在园艺产品生产中,应该重视对植株开花结果数量的调节控制,使产量保持在正常合理的水平上。

3.1.3.5 结果部位

植株上不同部位着生的果实,其生长发育状况和贮藏性存在差异。一般来说,向阳面或树冠外围的苹果果实着色好,干物质含量高、风味佳、肉质硬、贮藏中不易萎蔫皱缩。但有试验表明,向阳面的果实中干物质含量较高,而氮和钙的含量较低,发生苦痘病和红玉斑点病的概率较内膛果实高。Harding 等对柑橘的观察结果显示,外围枝条上结的果实抗坏血酸含量比内膛果实要高。Sites 发现,同一株树上顶部外围的伏令夏橙果实可溶性固形物含量最高,内膛果实的可溶性固形物含量最低;他还发现,果实的含酸量与结果部位没有明显的相关性,但与接受阳光的方向有关,在东北面的果实可滴定酸含量偏低。广东蕉柑树顶部的柑,含酸量较少,味道较甜,果实皮厚,果汁少,在贮藏中容易出现枯水,而含酸量高的柑橘一般耐贮性较强。

番茄、茄子、辣椒等蔬菜具有从下向上陆续开花、连续结果的习性,实践中发现,植株下部和顶部果实的商品品质及耐贮性均不及中部的果实。瓜类也有类似的情况,瓜蔓基部和顶部的瓜不如中部的个大,风味好,耐贮藏。不同部位果实的生长发育和贮藏性的差异,是由田间光照、温度、空气流动以及植株生长阶段的营养状况等不同所致。因此,果实的着生部位也是选择贮藏果实时不可忽视的因素。

3.1.3.6 植株受病虫害侵染情况

病虫危害会诱导果蔬产品发生一系列的应激反应,是影响果蔬贮运性能及造成损失的重要原因之一。病虫害会损伤果蔬的外观品质,刺激产生乙烯,引起果蔬脱水、萎蔫或产生异味,加速衰老和生理失调。病虫害还会影响果蔬贮运性能,缩短贮藏期和货架期,并造成大量腐烂和损失。贮运中由于病害的危害,苹果、梨、葡萄、桃等病腐率一般为 10%~20%,严重者在40%以上;葡萄、柑橘、香蕉、杧果、猕猴桃等,若不加预防措施在长期贮运过程中更易腐烂。

3.2 采前因素

3.2.1 生态因素

园艺产品栽培的生态环境和地理条件,如温度、光照、降雨、土壤、地形地势、经纬度、海拔高度等可以对园艺产品的生长发育、品质和贮藏性产生很大影响,而且这些影响往往是先天性的,不易被人们所控制。

3.2.1.1 温度

温度是影响果树蔬菜栽培的主要因素之一,每种果蔬都有其生长发育的适宜温度范围和积温要求(表 3-2)。在适宜的温度范围内,果蔬的生长发育随温度升高而加快,对其产量、品质及贮藏性产生积极影响。

自然界每年气温变化很大，在园艺产品生长发育过程中，不适当的高温和低温对其生长发育、产量、品质及贮藏性均会产生不良影响。例如，花期持续数日出现低温，会使苹果、梨、桃、杏等春季开花果树的授粉不良，落花落果严重，导致产量降低，并且苹果易患苦痘病和水心病，不利于贮藏；在出现霜冻时，苹果、梨的果实上会留下霜斑，甚至出现畸形，影响商品品质和贮藏性；花期低温使番茄早期落花落果严重，并且使花器发育不良，易出现扁形或脐部开裂的畸形果。

表 3-2　主要果树的年平均适温和开花、果实成熟期的积温　℃

果树种类	年平均适温	积温	
		开花	果实成熟
苹果	7～13	419	1 099
梨			
沙梨	3～18		
白梨	7.5～15		
洋梨	—	435	867
桃			
华北系桃	8～14	＞470	1 088
华南系桃	12～17	＞470	
葡萄	8～18		2 100～3 700
西洋樱桃	7～12	404	446
柑橘	16～18		3 000～3 500

引自：刘权，1993。

关于夏季温度对苹果品质的影响早有报道。美国学者 Shaw 指出，夏季温度是决定果实化学成分和耐贮性的主要因素。他通过对 165 个苹果品种的研究后得出，不同品种的苹果都有其适宜的夏季平均温度，但大多数品种 3—9 月份的平均适温为 12～15.5 ℃，低于适温，就会引起果实化学成分的变化，从而降低果实的品质，缩短贮藏寿命。但也有人观察到，有的苹果品种需要在比较高的夏季温度下才能生长发育好，如红玉苹果在平均温度为 19 ℃的地区生长得比较好。当然，夏季温度过高的地区，果实成熟早，色泽和品质差，也不耐贮藏。1995 年 7—9 月，陕西省由于长时间持续高温干旱，许多果园的秦冠苹果采收时的水心病病果率达到 10%。

桃是耐夏季高温的果实，如果夏季适当高温，果实含酸量高，耐贮性提高，但黄桃在夏季温度超过 32 ℃时，会影响果实的色泽和大小，品质下降。如果夏季低温高湿，会影响果实的颜色和成熟度，也不耐贮运。

柑橘的生长温度对其品质和耐贮性有较大的影响，冬季温度太高，果实颜色淡黄而不鲜艳，若有连续而适宜的低温，则有利于柑橘的生长、增产和品质提高。但是温度低于－2 ℃，果实就会受冷害而不耐贮运。

大量的生产实践和研究证明，采前温度和采收季节也会对园艺产品的品质和耐贮性产生影响。如苹果采前6～8周昼夜温差大,果实着色好、含糖量高、组织致密、品质好,也耐贮藏。汤兰费道罗夫认为,采前温度与苹果发生虎皮病的敏感性有关,为此他提出了一个预测指标,该指标显示:在9—10月份,如果温度低于10℃的总时数为150～160 h,某些苹果品种果实很少发生虎皮病;而总时数为190～240 h,就可以排除苹果发生虎皮病的可能性。如果夜间最低温度超过10℃,低温时数的有效作用将等于零,这也可能是过早采收的苹果,在贮藏中总是加重虎皮病发生的原因之一。梨在采前4～5周生长在相对凉爽的气候条件下,可以减少贮藏期间的果肉褐变与黑心。菠萝采前温度低于21℃,采后菠萝黑心病发病率为60%～100%。

温度对蔬菜的生长和贮藏性也有重要的影响,在蔬菜生长过程中,不同温度对产品的品质影响较大,温度高组织生长快,可溶性固形物含量低,不利于贮藏;昼夜温差大,有利于可溶性固形物积累,较耐贮藏。大蒜在贮藏中,蒜瓣常出现局部下陷,淡黄色,严重时变成透明状;青椒表皮出现革质现象,都是生长季节温度过高所致。

同一种类或品种的蔬菜,秋季收获的比夏季收获的耐贮藏,如番茄、甜椒等。不同年份生长的同一蔬菜品种,耐贮性也不同,因为不同年份气温条件不同,会影响产品的组织结构和化学成分的变化。例如,马铃薯块茎中淀粉的合成和水解与生长期中的气温有关,而淀粉含量高的耐贮性强。北方栽培的大葱可露地冻藏,缓慢解冻后可以恢复新鲜状态,而南方生长的大葱,却不能在北方露地冻藏。甘蓝耐贮性在很大程度上取决于生长期间的温度和降雨量,低温下(10℃)生长的甘蓝,戊聚糖和灰分较多,蛋白质较少,叶片的汁液冰点较低,耐贮藏。

栽培期间过高的温度会缩短切花的货架期,降低其品质。这是由于高温会导致植物组织中积累的碳水化合物加速损耗,并使植物丧失较多水分。小苍兰、鸢尾、郁金香栽培在夜间温度低于10℃时,其切花品质较好;月季栽培在20～21℃条件下,瓶插寿命长;栽培在25℃条件下的香石竹采后寿命比在20℃时的短。

3.2.1.2 光照

太阳光是绿色植物合成碳水化合物不可缺少的能源。绝大多数园艺产品都属于喜光植物,特别是它们食用器官的形成,都必须有一定的光照强度和光照时间,光照对园艺产品的品质及贮藏性等有重要的影响。

光照不足,园艺产品的糖和酸的形成明显减少,不但降低产量,而且影响品质和贮藏性。Smock等研究发现,连阴雨季节生长的苹果,易发生多种生理性病害。树冠内膛的苹果因光照不足易发生虎皮病,并且果实衰老快,果肉易粉质化。树冠外围暴露在阳光下的柑橘与内膛背阴处的果实比较,一般具有发育良好、皮薄、可溶性固形物含量高的特点。生长期中阴雨天较多的年份,光照时间少,大白菜的叶球和洋葱的鳞茎体积明显变小,干物质含量低,贮藏期也短。萝卜在生长期间如果有50%的遮光,则生长发育不良,糖分积累少,贮藏中易糠心。光照强度对光合作用效率有直接的影响,而光合作用效率又直接影响着切花中碳水化合物的含量。光照条件好,光合作用效率高则植物中碳水化合物含量高。栽培在高光照强度下的香石竹和菊花瓶插寿命比低光照条件下的长一些。在低光照强度下,切花花茎过度延长生长,茎的成熟延迟,花茎成熟不充分,常造成月季切花的花颈弯曲以及香石竹和非洲菊的花颈弯曲。同时光照强度还影响花瓣的色泽。试验证明,当花色苷在月季花瓣中形成时,若光照强度不足,会使花瓣泛蓝;但过强的光照对花卉的品质也无益,过度的光照使组织内产生偏红色,叶片上长斑点、黄化,甚至落叶。

光照还与花青素的形成密切相关,红色品种的苹果在阳光充足条件下,红色鲜艳,而树冠内膛的果实，由于接受光照少，果实虽然成熟但不显红色或者色调较浅。在光质中，紫外光与果实红色发育的关系尤为密切。紫外光的光波极短，可被空气中的尘埃和水滴吸收，一般直射光中紫外光的通量值大。苹果成熟前6周的阳光直射量与着色呈高度正相关，特别是雨后，空气中尘埃少，在阳光直射下的果实着色很快。光照充足，昼夜温差大，是花青素形成的最重要环境因素。陕西渭北地区和甘肃天水地区的元帅、富士等品系的苹果红色浓艳，品质极佳，与当地良好的光照、温度条件密切相关。目前在陕西的一些苹果产区，为了增进红色品种的着色度，在树下行间铺设反光塑料薄膜，不但可以改善树冠内部的光照条件，而且还具有保墒、控制杂草生长的作用。在当地还采用果实套袋的方法改善光质，均取得很好的效果。

但是，光照过强对园艺产品的生长发育及贮藏性并非有利。在中国，苹果、猕猴桃、番茄、茄子、辣椒等植株上方西南区域的果实，因光照过强而使果实日灼病发生严重，这个区域的富士、元帅、秦冠、红玉等品种的苹果还易患水心病。柑橘树冠上部外围的果实，多表现为果皮粗厚，橘瓣汁液少，贮藏中枯水病发生早而且严重。强光照使西瓜、甜瓜、南瓜的表面发生日灼，日灼严重时病部呈焦斑状。特别是在干旱季节或者年份，光照过强对园艺产品造成的不良影响更为严重。

光质也对果蔬生长发育和品质有一定影响。紫外光有利于花色苷(红色)及维生素C的合成，故温室栽培的黄瓜和番茄果实，由于缺少紫外光，其维生素C与着色度较露地栽培的低。此外，许多水溶性色素的合成必须要求有强红光。

3.2.1.3 降雨

降雨会增加土壤湿度、空气湿度，减少光照时间，与园艺产品的产量、品质和耐贮性密切相关，干旱或者多雨常常制约着园艺产品的生产。

土壤水分缺乏时，园艺产品的正常生长发育受阻，表现为个体小，着色不良，品质不佳，成熟期提前。如生长在干旱年份的苹果含钙量低，果实易患苦痘病等缺钙性生理病害，原因主要是钙的供给与树体内的液流有关，干旱使液流减少，钙的供应也相应减少。降雨不均衡，久旱后遇骤雨或者连阴雨，苹果中的小国光、大国光、花嫁等品种成熟前后在树上裂果严重，富士苹果的裂口在梗洼。裂果常发生在下雨之后，此时蒸腾作用很低，苹果除了从根部吸收水分外，也可以从果皮吸收较多水分，促使果肉细胞膨压增大，造成果皮开裂。核果类水果、石榴、大枣和番茄中的这种裂果现象也很普遍。甜橙贮藏中的枯水现象与生长期的降雨密切相关，旱后遇骤雨，果实短期内骤然生长，果皮组织变得疏松，枯水病发生就严重。在干旱缺水年份或在轻质壤土中栽培的萝卜，在贮藏中容易糠心，而雨水充足的年份或黏质土壤中栽培的萝卜，糠心发生少，而且出现糠心的时间也较晚。切花生长期间水分条件失衡，将直接影响切花的质量，缺水会使花朵变小，切花易于衰老;而水分过量，会使切花易于感病和不耐贮藏。

降雨量过多，土壤中的水分直接影响园艺产品的生长发育，而且还会通过改变环境的光照、温度、湿度条件对园艺产品的产量、品质及贮藏性产生不利的影响。在多雨年份，除水生蔬菜外，大多数园艺产品的品质和贮藏性降低，贮藏中易发生多种病害，如苹果果肉褐变病、虎皮病、低温烫伤和多种腐烂病害。柑橘生长期雨水过多，果实成熟后的颜色不佳，表皮细胞中的精油含量减少，果汁中的糖、酸含量降低，高湿有利于真菌的活动而使果实腐烂病害增加。土壤中水分多时，马铃薯块茎迅速膨大，其上的皮孔扩张破裂，故表皮特别粗糙，不但降低商品品质，而且不耐长期贮藏。洋葱、大蒜等鳞茎类蔬菜，成熟前后由于降雨而长时间处于潮湿的土壤中，容易使外层膜质化鳞片腐烂而增加病菌侵染。芽苗菜在种植中如果土壤水分过多，也容易使芽苗菜种植盘大面积长霉而导致腐烂,而且产品不耐贮藏。

3.2.1.4 土壤

土壤是园艺产品生长发育的基础,土壤的理化性状、营养状况、地下水位高低等直接影响到产品的生长发育。园艺产品种类不同,对土壤的要求和适应性有一定的差异。一般而言,大多数果蔬适宜于生长在土质疏松、酸碱适中、施肥适当、湿度合适的土壤中,在适于生长的土壤中生产的园艺产品具有良好的品质和贮藏性。几种果树适宜生长的土壤 pH 为:苹果 5.5～6.8,梨 5.6～6.2,桃 5.2～6.8,葡萄 6.0～7.5,枣 5.2～8.0。

对于花卉来说,一般也要求排水良好、肥沃疏松的土壤,自然土壤中以沙壤土为花卉较为理想的栽培土壤,即含 60%～70%的沙粒和 30%～40%的粉粒、黏粒。几种花卉适宜的 pH:菊花、月季、唐菖蒲等为 5.5～6.5,郁金香为 5.5～7.0,百合为 7.0～8.0。

黏性土壤中栽培生产的果实,往往有成熟期推迟、果实着色较差的倾向,但是果实较硬,尚具有一定的耐贮性。在疏松的沙质轻壤土中生产的果实,则有早熟的倾向,贮藏中易发生低温伤害,耐贮性较差。浅层沙地和酸性土壤中一般缺钙,生产的果实容易发生缺钙的生理病害。例如,苹果的水心病、苦痘病和果肉粉绵病等,这些生理病害制约了果实的贮藏性,同时缺钙果实对真菌病害的抵抗力也相应降低。

土壤的理化性状对蔬菜的生长发育和贮藏性影响也很大,例如,甘蓝在偏酸性土壤中对 Ca、P、N 的吸收与积累都较高,故其品质好,抗性强,耐贮藏。土壤容重大的菜田,大白菜的根系往往发育不良,干烧心病增多而不利于贮藏。在排水和通气不良的黏性土壤中栽培的萝卜,贮藏中失水较快。与萝卜相反,莴苣在沙质土壤中栽培的失水快,而在黏质土壤栽培的失水较慢。目前一些水果产区,采用果园生草来增加土壤的有机质含量,改善土壤的团粒结构,提高土壤的肥力和保墒能力,从而提高果品的产量和品质。

3.2.1.5 地理条件

园艺产品栽培的纬度、地形、地势、海拔高度等地理条件与其生长发育的温度、光照强度、降雨量、空气湿度是密切关联的,地理条件通过影响园艺产品的生长发育条件而对园艺产品产生影响,所以地理条件对园艺产品的影响是间接的。同一种类的园艺产品栽培在不同的地理条件下,它们的生长发育状况、品质及贮藏性就表现出一定的差异。实践证明,许多园艺产品的名特产区,首先源于该地区的自然生态条件适合于某种作物的生长发育要求。例如,新疆的葡萄、哈密瓜,陕西渭北的苹果,四川的红橘、甜橙,浙江的温州蜜柑,福建的芦柑,河北的鸭梨,广东和台湾的香蕉等,无一例外与栽培地区优越的地理和气候条件密切相关。

我国苹果的纬度分布在北纬 30～40°,在长江以北的广大地区都有栽培。但是,经过果树科学工作者多年的考察论证,认为陕西的渭北高原地区是中国苹果的最佳适生区之一。这一地区的光热资源充沛,昼夜温差大,年平均温度 8～12 ℃,大于 10 ℃的积温在 3 000 ℃ 以上,年日照时数 2 500～3 000 h,6～9 月份平均昼夜温差 10～13 ℃;海拔高度一般在 800～1 200 m,气候冷凉半干燥,日照时数长,光质好;土层深厚,为 30～200 m,黄土面积大,透水性强,透气性好。由于以上自然优势条件加上科学的栽培管理技术,渭北地区的苹果产量高,品质好,耐贮藏,畅销全国各地,并且开始步入国际市场。另外,山西、河南、甘肃等省的一些地区,也具备苹果生产的优越地理条件。

我国柑橘的纬度分布在北纬 20～33°,不同纬度栽培的同一柑橘品种,一般表现出从北到南含糖量增加，含酸量减少，因而糖酸比值增大，风味变好。例如，广东生产的橙类，较之纬度偏高的四川、湖南生产的，糖多酸少。陕西、甘肃、河南的南部地区虽然也种植柑橘，但由于纬度偏高，柑橘生产受限制的因素很多，果实的品质不佳，也不耐贮藏。另外，从相同纬度的垂直分布看，柑橘的品种分布有一定的差异。例如，湖北宜昌地区，海拔 550 m 以下的河谷地带生产的甜橙品质良好，海拔 550～780 m 地带则主栽温州蜜柑、橘类、酸橙、柚等，海拔 800～1 000 m 地带主要生产宜昌橙，对其他品种的生长则不适宜。

生产实践证明，不论我国南方还是北方的果树产区，丘陵地区的生态条件如光照、昼夜温差、空气湿度、土壤排水性等均优于同纬度的平原地区，故丘陵地区生产的同种果品比平原的着色好，品质佳，耐贮藏。所以，充分利用丘陵山地发展果树生产，既不与“粮棉油”争地，又有利于提高果品的产量、品质及贮藏性，并且有利于改善生态环境，是利国利民之举。

3.2.2　农业技术因素

园艺产品栽培管理中的农业技术因素如施肥、灌溉、病虫害防治、整形修剪、疏花疏果等对园艺产品的生长发育、品质状况及贮藏性有显著影响，其中许多农业技术措施与生态因素的影响有相似之处，二者常常表现为联合、互补或者相克的关系。优越的生态条件与良好的农业技术措施结合，园艺产品生产必然能够达到高产、优质、耐贮藏的目的。

3.2.2.1　施肥

园艺产品生长发育中需要的养分主要是通过施肥从土壤中获得的，土壤中有机肥料和矿物质的含量、种类、配合比例、施肥时间等对园艺产品的产量、品质及贮藏性都有显著的影响，其中以氮(N)素的影响最大，其次是磷(P)、钾(K)、钙(Ca)、镁(Mg)、硼(B)等矿质元素。

3.2.2.1.1　氮(nitrogen)

氮是园艺产品生长发育过程中最重要的营养元素，是获得高产的必要条件。但是，施氮过量或者不足，都会对园艺产品产生不利影响。氮素缺乏常常是制约园艺产品正常生长发育的主要因素，如切花缺氮会使叶片产生黄化，出现早衰。生产中为了提高产量，增施氮肥是最常采用的措施。但是，氮肥施入量过多，植株的营养生长旺盛，导致果实组织内矿质营养平衡失调，果实着色差，质地疏松，呼吸强度增大，成熟衰老加快，对园艺产品的品质及贮藏性产生一定程度的消极影响。例如，苹果在氮肥施入过量时，果实的含糖量低而风味不佳，果面着色差而易发生虎皮病，肉质疏松而较快地粉质化，氮、钙比增大果实易发生水心病、苦痘病等生理性病害。番茄施氮肥过多，会降低果实干物质和抗坏血酸的含量。一般认为，适当地施入氮肥而不过量，园艺产品的产量虽然比施氮多的低一些，但能保证产品的品质和良好的贮藏性，降低腐烂和生理病害造成的损失。

氮对园艺产品品质的影响，不仅取决于其绝对含量的多少，还决定于与其他矿质元素的配比平衡关系。Shear(1981)指出，苹果叶片中 N 的质量分数为 2%、Ca 的质量分数为 1%，$W(N)/W(Ca)=2$，当果实中 N 的质量分数为 0.2%、Ca 的质量分数为 0.02%，$W(N)/W(Ca)=10$ 时，苹果的品质好，而且耐贮藏；如果果实中含 N 量增加，含 Ca 量不增加，$W(N)/W(Ca)=20$ 时，苹果就会发生苦痘病；$W(N)/W(Ca)=30$ 时，果实的质地就很疏松，不耐贮藏。

对于花卉的影响，在栽培过程中，过量施氮也会降低切花的瓶插寿命，一般在花蕾现色之前应少施或停施氮肥，适量施用钾肥，以提高切花品质和延长瓶插寿命。不同的切花种类，生长发育对矿质营养的需求量和平衡比例有不同的要求。通常观花和观果类切花应增加 P、K 的比例以及 B 和 Zn 等微量元素的施用,而观叶切花可适当增加氮的施用量。

3.2.2.1.2　磷(phosphorus)

施磷肥对园艺产品产量的影响远不如氮肥那样明显,所以对磷肥的影响往往被忽视。磷是植物体内能量代谢的主要物质,对细胞膜结构具有重要作用。低磷果实的呼吸强度高,冷藏时组织易发生低温崩溃,果肉褐变严重,腐烂病发生率高。这种感病性的增强,是因为含磷不足时,醇、醛、酯等挥发性物质产量增加的结果。增施磷肥,有提高苹果的含糖量、促进着色的效果。据对苹果的研究,100 g 果实中磷含量低于 7 mg 时,果实组织易褐变和发生腐烂;叶片中 P_2O_5 含量不少于 0.3%(干重)时,才算达到磷肥的正常施用量。磷对园艺产品品质和贮藏性的影响呈正相关性的报道很多,对此应予以重视。

3.2.2.1.3　钾(potassium)

钾肥施用合理,能够提高园艺产品产量,并对品质和贮藏性产生积极影响。如 K 能促进花青素的形成,增强果实组织的致密性和含酸量,增大细胞的持水力,部分抵消高 N 产生的消极影响。切花缺钾对采后新鲜度有很大的影响。但是,过多地施用钾肥,将降低园艺产品对 Ca 的吸收率,导致组织中矿质营养的平衡失调,结果使缺 Ca 性生理病害和某些真菌性病害发生的可能性增大,例如苹果苦痘病和果心褐变病容易发生。缺 K 会延缓番茄的成熟过程,因为 K 浓度低会使番茄红素的合成受到抑制。苹果缺 K 时,果实着色差,贮藏中果皮易皱缩,品质下降。果树缺 K 容易发生焦叶现象,降低果实产量及品质。对缺 K 的果树补施钾肥,可明显改善果色、提高产量。但过多地施用钾肥也会产生不良影响:一方面果树对 K 的吸收与 Ca、Mg 的吸收存在拮抗作用,钾肥吸收过多,造成果实中 Ca 含量降低;另一方面施用钾肥可促进氮肥的吸收,减少糖分的积累,影响果色。据研究表明,N 与 K 比值保持在 0.4~0.6 时,有利于果实着色,改善品质和风味。Fallahi 等(1985)研究认为,高 N、K 苹果易发生苦痘病,高 K 区果实成熟时乙烯含量最高。有研究认为,苹果叶片中适宜含 K 量为 1.6%~1.8%(干重),过多或者过少均对果实产生不利影响。据研究报道,在花蕾现色之前一般要少施或停施氮肥,同时适量施用钾肥,可以增加花枝的耐折性及同化物质的输送能力,延长切花瓶插寿命。

3.2.2.1.4　镁(magnesium)

镁是组成叶绿素的重要元素,与光合作用关系极为密切。缺 Mg 的典型标志是植物叶片呈现淡绿或黄绿色。植物体内的 Mg 通常是从土壤中摄入,一般不进行人工施肥。近年的研究表明,Mg 在调节碳水化合物降解和转化酶的活化中起着重要作用。Mg 与 K 一样,影响园艺产品对 Ca 的吸收利用,如含 Mg 高的苹果也易发生苦痘病。当然,Mg 在园艺产品中的含量比 K 少得多,故对产品品质与贮藏性的影响相对也要小些。

现在已经明确,K、Mg 引起的园艺产品生理障碍与 Ca 的亏缺密切相关,故对园艺产品某种生理病害的认识,不能孤立地仅从某一种矿质元素的盈缺去分析。

3.2.2.1.5　钙(calcium)

钙是植物细胞壁和细胞膜的结构物质,在保持细胞壁结构、维持细胞膜功能方面意义重大。Marinos 指出,Ca 可以保护细胞膜结构不易被破坏,缺 Ca 易引起细胞质膜解体,Ca 和 P 同样起保护细胞磷酸脂膜完整性的作用。目前国内外大量研究表明,Ca 在调节园艺产品以及花卉的呼吸代谢、抑制成熟衰老、控制生理性病害等方面具有重要作用,显示出 Ca 在园艺产品采后生理上的重要性。

关于Ca的研究，比较多地集中在苹果上。研究发现，在Ca的作用下，苹果的细胞膜透性降低，乙烯生成量减少，呼吸水平下降，果肉硬度增大，苦痘病、红玉斑点病、内部溃败病等生理性病害减轻，并且对真菌性病害的抗性增强。Drake研究表明，苹果成熟时含Ca量分别为200 $\mu g \cdot g^{-1}$和140 $\mu g \cdot g^{-1}$时，贮藏损失分别为5%和35%。B. A. ГУДКОВСКИЙ指出，100 g苹果的含Ca量少于5 mg时，生理病害发生就比较严重；含Ca量低于0.06%(干重)时，这种苹果不宜长期贮藏。Himelrick等研究指出，苹果在生长早期，Ca在果实中的分布比较均匀一致；随着生长期延长，Ca的分布以果皮含量最高，果肉最低，果心居中。果皮中Ca含量由梗端到萼洼逐渐减少，许多生理病害常出现在Ca含量少的萼端；当Ca含量低于临界水平(果皮700 $\mu g \cdot g^{-1}$，果肉200 $\mu g \cdot g^{-1}$)时，果实易发生生理失调，缺Ca性生理病害的发生增多。

在通常情况下，土壤中并不缺Ca，但是园艺产品常常表现出缺Ca现象，其原因首先在于土壤中Ca的利用率很低，即有效Ca或称活性Ca偏少。其次是Ca在植物体内的移动非常缓慢，故树冠上部与外围的果实表现缺Ca就不难理解。另外，土壤中大量施用氮肥或者K、Mg等矿质增多，也是影响园艺产品对Ca吸收利用的重要原因，其中氮肥过多是最常见的原因。

近年来，对微肥与蔬菜生理病害的关系研究较多，其中报道较多的是土壤中Ca含量与蔬菜生理病害的发病情况，普遍认为蔬菜需Ca量高于一般大田作物。基本明确土壤中缺Ca是大白菜发生干烧心的主要原因，当土壤中可利用的Ca低于土壤盐类总含量的20%时，叶片中Ca的含量下降到12.4 $mg \cdot g^{-1}$(干重)即可出现病症，叶片中Ca的含量在22 $mg \cdot g^{-1}$以上均正常。植物缺Ca性生理病害的发生与Ca的生理功能有关，植物细胞中Ca^{2+}与多聚半乳糖醛酸的RCOO—基结合成易交换的形态，调节膜透性及相关过程，增加细胞壁强度。同时Ca^{2+}对质膜ATP酶有活化作用，Ca在细胞壁结构中的完整性作用，表现在位于细胞壁中胶层的果胶酸钙，在细胞壁结构中的果胶蛋白质复合物起分子间连接剂的作用，Ca^{2+}能促进细胞多聚体的合成，提高细胞壁合成中的关键酶——*β*-葡萄糖合酶的活性，缺Ca组织表现为质膜结构破坏、内膜系统紊乱、细胞分隔消失、细胞壁中胶层开始解体，外表出现干烧心病状，番茄的后熟斑点、甘蓝的心腐病也是土壤中缺Ca所致。在施氮肥时，及时补充土壤中Ca的含量，以防Ca/N下降，适量补充P和K，注意大量元素之间和微量元素之间的比例，可减轻相关的生理病害。

土壤的水分状况对果树的Ca素营养也有影响，由于Ca素必须在生长早期转移到果实中，在果实旺盛生长时期，如果水分的供应不足，必然影响到果实中Ca的含量。

由于Ca对采后园艺产品的品质和生理作用影响很大，近年来，不少学者对此进行了研究，结果表明采收前增加产品Ca的含量，可明显降低其在贮藏期间的呼吸强度，并能影响其酸度、硬度、维生素C含量和对冷害的抵抗力，从而达到延长其贮藏期的作用。因此，在采收前增加产品Ca的含量，对提高产品的贮藏能力非常有效。采前用含0.6% Ca^{2+}的$CaCl_2$溶液处理杧果，对其贮藏有良好的影响，Ca处理的果实果皮及果肉含Ca量提高，呼吸率降低。张华云等(1994)研究表明，从盛花期每隔1周喷$CaCl_2$一次，采收前1 d再喷一次，溶液质量分数为1%和0.5%，可明显降低采后樱桃果实的腐烂率、掉梗率、褐变指数，并增加果实中的含糖量，减少果实在贮藏过程中可溶性固形物和维生素C的消耗，从而延长果实贮藏寿命。申琳等(2008)报道，用质量分数0.3%的$CaCl_2$溶液处理小油菜，能有效降低细胞膜透性，延缓细胞衰老。姚连芳(1998)报道，分别于采前1周和采前2～3 d喷施质量分数为4%～5%的

Ca溶液2次,可以延长芍药、月季瓶插寿命2~3 d。近年来的研究还发现,外源激素能促进Ca^{2+}的运转,并增加钙调蛋白(CaM)和Ca^{2+}的含量,同时外源激素与果实的衰老、糖分积累、酶活性等生理作用密切相关。表3-3是草莓采前用不同质量分数$Ca(NO_3)_2$和NAA混合喷施后,对其贮藏期果实硬度及膜透性的影响。寇莉萍等(2014)研究表明,在西兰花芽苗菜的种植过程中,每天喷$CaCl_2$溶液一次,不仅可以增加芽苗菜的生物产量,提高品质,而且延长了芽苗菜的贮藏期。

表3-3　采前不同质量分数$Ca(NO_3)_2$+NAA处理对草莓贮藏期果实硬度及膜透性变化的影响

处　理	果实硬度/(kg·cm^{-2})			膜透性/($OD_{278\ nm}$)		
	采收日	贮藏2 d	贮藏4 d	采收日	贮藏2 d	贮藏4 d
1.5%$Ca(NO_3)_2$+10 mg·L^{-1} NAA	0.56	0.45	0.34	0.115	0.175	0.185
1.0%$Ca(NO_3)_2$+10 mg·L^{-1} NAA	0.57	0.51	0.40	0.115	0.143	0.175
0.5%$Ca(NO_3)_2$+10 mg·L^{-1} NAA	0.56	0.47	0.36	0.115	0.155	0.213
0.2%$Ca(NO_3)_2$+10 mg·L^{-1} NAA	0.56	0.43	0.32	0.120	0.182	0.240
对照	0.55	0.32	0.16	0.120	0.220	0.338

引自:肖艳,1998。

关于N、P、K、Mg、Ca等元素对园艺产品的生长发育、成熟衰老、品质及贮藏性影响的研究较多较清楚,对于B、Mg、Zn、Cu、Fe等也都有研究,但大多涉及的是与园艺产品生长发育的关系,而关于采后园艺产品新陈代谢的内容比较少,还有许多矿质元素在园艺产品采后生理研究中仍是空白。表3-4是2种苹果在长期贮藏中的各养分最适含量。

表3-4　长期贮藏苹果的最适养分含量　　mg/100 g(鲜果)

品　种	N	P(最低)	K	Mg	Ca(最低)	
橘苹	50~70	11	130~170	5	4.5$^{\times}$	5.0*
布瑞母里	60(最高)	9	105~115	5	4.5$^{\times}$	5.0*

注:*气调贮藏;×普通冷藏。

引自:Waller W M,陈举鸣,1983。

3.2.2.2　灌溉

灌溉(irrigation)与降雨降雪一样,能够增加土壤的含水量。在没有灌溉条件的果园、菜园和花园,园艺产品的生长发育依靠自然降雨和土壤的持水力来满足对水分的需要。在有灌溉条件时,灌水时间和灌溉量对园艺产品的影响很大。土壤中水分供应不足,园艺产品的生长发育受阻,产量减少,品质降低。例如桃在整个生长过程中,只要采收前几星期缺水,果实就难长大,果肉坚韧呈橡皮质,产量低,品质差。但是,供水太多又会延长果实的生长期,风味淡薄,着色差,采后容易腐烂。

大白菜、洋葱采前1周不要浇水,否则耐贮性下降。洋葱在生长期中如果过分灌水会加重贮藏中的茎腐、黑腐、基腐和细菌性腐烂。番茄在多雨年份或久旱骤雨,会使果肉细胞迅速膨大,从而引起果实开裂。在干旱缺雨的年份或轻质土壤中栽培的萝卜,贮藏时容易糠心,而在黏质土中栽培,以及在水分充足年份或地区生长的萝卜,糠心较少,出现糠心的时间也较晚。大白菜蹲苗期,土壤干旱缺水,会引起土壤溶液浓度增高,阻碍钙的吸收,白菜易发生干烧心病。

土壤中水分的供应状况对于许多种水果、蔬菜都有类似对桃的影响，尤其是收获前大量灌水，虽有增加产量的效果，但收获后园艺产品的含水量高，干物质含量低，易遭受机械损伤而引起腐烂，呼吸代谢强度大，蒸腾失水速度快等，都对园艺产品的品质和贮藏性产生极为不利的影响。因此，掌握灌溉的适宜时期和合理的灌水量，对于保证园艺产品的产量和品质非常重要。在现代化耕作的果园和菜园，采用喷灌或滴灌，既能节约用水，又能满足园艺产品对水分的需要，使园艺产品的产量、品质及贮藏性更有保证。

3.2.2.3 喷药

在水果和蔬菜栽培中，为了达到提高产量和品质、控制病虫害发生等目的，需要喷洒植物生长调节剂、杀菌灭虫的农药等。这些药剂除了达到栽培目的外，还会对园艺产品的贮藏性产生影响。

3.2.2.3.1 植物生长调节剂(plant growth regulator)

控制植物生长发育的物质有两类，一类叫植物激素(plant hormone)，另一类叫植物生长调节剂。植物激素是由植物自身产生的一类生理活性物质。植物生长调节剂则是采用化学等方法，仿照植物激素的化学结构，人工合成的具有生理活性的一类物质。或者与植物激素的化学结构虽不相同，但具有与植物激素类似生理效应的物质，也属于植物生长调节剂。园艺产品生产中使用的植物生长调节剂类物质很多，依其使用效应可概括为以下几种类型。

(1)促进生长和成熟　生长素类的吲哚乙酸、萘乙酸、2,4-D(化学名称为2,4-二氯苯氧乙酸)等，能促进园艺产品的生长，减少落花落果，同时也促进果实的成熟。例如，用20～40 $\mu g \cdot g^{-1}$萘乙酸于红星苹果采前1个月树上喷洒，能有效地控制采前落果，而且促进果实着色，但果实后熟衰老快而不利于贮藏。2,4-D用于番茄、茄子植株喷洒，可防止早期落花落果，促进果实生长膨大，形成少籽或无籽果实，但促进果实成熟，番茄的成熟期提早10 d左右。2,4-D在番茄和茄子上的喷洒浓度分别为10～25 $\mu g \cdot g^{-1}$和20～50 $\mu g \cdot g^{-1}$。2,4-D用于柑橘类果实采前树上喷洒(50～100 $\mu g \cdot g^{-1}$)，或者采后药液浸蘸(100～200 $\mu g \cdot g^{-1}$)，具有保持果蒂新鲜，防止蒂缘干疤发生，因而能控制蒂腐菌、黑腐菌等病菌从果蒂侵染而减少腐烂损失。经2,4-D处理的柑橘类果实，呼吸水平有所下降，糖酸消耗相应减少。将2,4-D与多菌灵或托布津等杀菌剂混合使用，效果更佳。在猕猴桃幼果期用吡效隆蘸果，能够促进果实膨大，平均单果重增加40%左右。但是，果实外观畸变不雅，硬度下降，成熟软化速度快，不耐贮藏。

(2)促进生长而抑制成熟　赤霉素具有促使植物细胞分裂和伸长的作用，但也抑制一些园艺产品的成熟。例如柑橘尾张品系于谢花期喷洒50 $\mu g \cdot g^{-1}$赤霉素，坐果率和产量增加2倍多，对果实无推迟成熟现象，但喷洒100 $\mu g \cdot g^{-1}$则会延迟成熟，而且使果皮变粗增厚，品质下降。用70～150 $\mu g \cdot g^{-1}$赤霉素在菠萝开花一半到完全开花之前喷洒，有明显的增产效果，并且果实光洁饱满，可食部分增加，含酸量下降，成熟期延迟8～15 d。在无核品种的葡萄坐果期喷40 $\mu g \cdot g^{-1}$赤霉素，能使果粒明显增大。对于某些有核葡萄品种用100 $\mu g \cdot g^{-1}$赤霉素在盛花期蘸花穗，可抑制种子发育，得到无核、早熟的果穗。2,4-D对于柑橘类果实，除保持果蒂新鲜不脱落外，如果与赤霉素混合使用，还有推迟果实成熟，延长贮藏期的效应。大白菜收获前3～5 d，叶球上喷洒50 $\mu g \cdot g^{-1}$ 2,4-D，可以控制贮藏期间脱帮。

(3)抑制生长而促进成熟　矮壮素是一种生长抑制剂，对于提高葡萄坐果率的效果极为显著。用100～500 $\mu g \cdot g^{-1}$矮壮素与10 $\mu g \cdot g^{-1}$赤霉素混合，在葡萄盛花期喷洒或蘸花穗，能提高坐果率,促进成熟,增加含糖量,减少裂果。乙烯利对园艺产品的催熟作用具有普遍性,而且不论是在植株上喷洒还是采后用药液浸蘸,都有明显的催熟效果。苹果和核果类采前 1～4 周喷洒 200～250 $\mu g \cdot g^{-1}$ 乙烯利,可促进果实着色和成熟,呼吸高峰提前出现,对贮藏不利。用于贮藏的园艺产品,在使用乙烯利时应予以注意。

B9(化学名称为 N-二甲氨基琥珀酰胺酸)属于生长抑制剂,由于发现它对人体的不利影响,现已不允许在食用园艺产品上使用,但可以应用于观赏类的花卉。常用于切花瓶插寿命的浓度为 10～500 $mg \cdot L^{-1}$。

(4)抑制生长延缓成熟　青鲜素(maleic hydrazide,MH)、多效唑(PP333)等是一类生长延缓剂。用矮壮素于采前 3 周喷洒巴梨果实,可增加果实硬度,减少采前落果,延缓果肉软化。洋葱、大蒜收获前 2 周左右,即植株外部叶片枯萎,而中部叶子尚青绿时,喷施质量浓度为 0.25% 青鲜素,能使收获后洋葱、大蒜的休眠期延长 2 个月左右。喷药质量浓度低于 0.1%,或者收获后用青鲜素处理洋葱、大蒜,抑芽效果不明显。青鲜素对马铃薯也有类似洋葱、大蒜的抑芽效应。苹果叶面喷施质量浓度为 0.1%～0.2%青鲜素,或者 0.05%溶液喷施 2 次,能够控制树冠生长,促进花芽分化,而且果实着色好,硬度大,苦痘病等生理性病害的发生率降低。

3.2.2.3.2　杀菌剂和灭虫剂

在果树和蔬菜栽培中,为了提高产量和产品品质,减少贮藏、运输、销售中的腐烂损失,做好田间病虫害防治尤为重要。可供田间使用的杀菌剂和杀虫剂种类、品种很多,只要用药准确,喷洒及时,浓度适当,就能有效地控制病虫害的侵染危害。如苹果、香蕉、西瓜和甜瓜等多种园艺产品贮运期间发生的炭疽病,病菌一般是在生长期间潜伏侵染,当果实成熟时才在田间或者贮运、销售过程中陆续发病。如果在病菌侵染阶段(花期或果实发育期)喷洒对炭疽病菌有效的杀菌剂,就可以预防潜伏侵染,并可减少附着在果实表面的孢子数量,降低采后的发病率。

收获前侵染中还有一种是病菌孢子附着在寄主表面,孢子发芽形成附着孢,但未完成侵染过程。这种侵染能否发病,取决于寄主的抗病能力,抗病性强的寄主常在附着孢的附近形成某些机械组织,阻止病菌的侵入而不发病。另有一种收获前侵染是病菌在园艺产品采收前已落到寄主表面,随后从自然孔道(气孔和皮孔)或伤口侵入寄主,不经过潜伏侵染可直接繁殖个体,最后出现病灶。青霉菌、绿霉菌、根霉菌、镰刀菌、地霉菌、欧氏杆菌等均属于此种侵染。

虫害对园艺产品造成的影响是多方面的,虫伤使商品外观不雅,昆虫蛀食及其排泄物影响食用,蛀食伤口为病菌的侵染打开了通道等。可见,田间喷药既能控制害虫对园艺产品造成的直接影响,也可减轻腐烂病害的发生。

虽然园艺产品收获后用某些杀菌灭虫药剂处理有一定的效果,但这种效果是建立在田间良好的管理,包括病虫害防治的基础之上。如果田间病虫害防治不及时,很难设想园艺产品在贮运中用药剂处理能有好的效果,尤其对潜伏侵染性病害,收获后药剂处理的收效甚微。因此,控制园艺产品贮运病虫害工作的重点应放在田间管理上,田间病虫害防治工作应坚持“预防为主,防治结合,综合防治”的方针。

杀菌剂中的苯并咪唑类(多菌灵、苯菌灵、噻菌灵)是近年田间使用较多的高效低毒农药,对于防治多种园艺产品真菌病害有良好的效果,也可用于园艺产品收获后的防腐处理。在使用化学药剂时,必须贯彻执行国家有关农药使用的标准和规定,严禁滥用和乱用药物,以免影响食品的卫生与安全。

3.2.2.4　修剪和疏花疏果

适当的果树修剪可以调节果树营养生长和生殖生长的平衡，减轻或克服果树生产中的大小年现象，增加树冠透光面积和结果部位，使果实在生长期间获得足够的营养，从而影响果实的化学成分，因此修剪也会间接地影响果实的耐贮性。一般来说，树冠中主要结果部位在自然光强的30%～90%区域。就果实品质而言，40%以下的光强不能产生有价值的果实，40%～60%的光强可产生中等品质的果实，60%以上的光强才能产生品质优良的果实。修剪对果实的贮藏性产生直接或间接的影响，如果修剪过重，将使枝叶旺长，结果量减少，枝叶与果实生长对水分和营养的竞争突出，使果实中 Ca 含量降低，易导致多种缺 Ca 性生理病害。重剪也会造成树冠郁闭，光照不良，果实着色差，着色差的苹果在贮藏中易发生虎皮病。修剪过重的柑橘树上粗皮大果比例增加，这种果实在贮藏中易发生枯水病。但是，修剪过轻，树上开花结果数量过多，易使得果实生长发育不良，果实小，品质差，也不耐贮藏。修剪有冬剪和夏剪之分，以冬剪最为重要。不管是冬剪还是夏剪，都应根据树龄、树势、结果量、肥水条件等确定合理的修剪量，保证果树生产达到高产稳产、果实优质和耐贮藏的目的。

在番茄、茄子、西瓜等生产中经常要进行打杈，其作用如同果树的修剪，及时摘除叶腋处长出的侧芽，对于保证园艺产品的产量和品质有很大作用。

疏花疏果是许多种果树、蔬菜、花卉生产中采用的技术措施，目的是保证叶、果的适当比例，使叶片光合作用制造的养分能够满足果实正常生长发育的需要，从而使果实具有一定的大小和良好的品质。虽然疏花的工作量比较大，但是这项措施可以减少植株体内营养物质的消耗。疏除幼果的时间对疏果效果的影响很大，一般应在果实细胞分裂高峰期之前进行，可以增加果实中的细胞数。疏果较晚只能使细胞的膨大有所增加，疏果过晚对果实大小的影响不明显。疏花疏果影响到果实细胞的数量与大小，就决定着果实体积的大小，在一定程度上也就影响到果实的品质及贮藏性。不论何种园艺产品，只要掌握好疏花疏果的时间和疏除量，最终对产量、品质以及贮藏性都会产生积极影响。

3.3　贮藏因素

贮藏环境的温度、湿度以及 O_2、CO_2 和 C_2H_4 的体积分数是影响园艺产品贮藏的重要条件，即人们通常所说的影响贮藏的三要素——温度、湿度和气体。

3.3.1　温度

温度对园艺产品贮藏的影响表现在对呼吸、蒸腾、成熟衰老等多种生理作用上。在一定范围内随着温度升高，各种生理代谢加快，对贮藏产生不利影响。因此，低温是各种园艺产品贮藏和运输中普遍采用的技术措施。

各种园艺产品都有其适宜的贮藏温度，原产于寒温带的苹果、梨、葡萄、猕猴桃、甘蓝、花椰菜、胡萝卜、洋葱、蒜薹、香石竹、菊花等的贮藏适温在0 ℃左右。而原产于热带和亚热带的园艺产品，它们的系统发育是在较高的温度下进行的，故对低温比较敏感，在 0 ℃贮藏时易发生冷害(chilling injury)，冷害多为表面出现凹陷斑块，花枝和花朵组织变色，而后发生衰老变质腐烂，故应贮藏在较高的温度条件下。例如，香蕉的贮藏适温为12～13 ℃，10 ℃以下会导致冷害发生;柑橘类也不适于 0 ℃贮藏,蕉柑和甜橙的贮藏适温分别为 7～9 ℃和 3～5 ℃;番茄(绿熟)、青椒、黄瓜、菜豆的贮藏适温为 10 ℃左右;鹤望兰为 7～8 ℃,火鹤花为 13 ℃。园艺产品品种间的贮藏适温也有差异,但这种差异较种类间的差异就小得多。

为保持园艺产品固有耐贮性的温度,应该使园艺产品的生理活性降低到最低限度而又不会导致生理失调的温度水平。为了控制好贮藏适温,必须搞清楚贮藏园艺产品所能忍受的最低温度,贮藏适温就是接近于其不致发生冷害或冻害的这一最低温度。另外,贮藏温度的稳定也很重要,冷库温度的变化一般不要超过贮藏适温的 ±1 ℃。

3.3.2 湿度

园艺产品采后的蒸腾失水不仅造成明显的失重和失鲜,对其商品外观造成不良影响,更重要的是在生理上带来很多不利影响,促使园艺产品走向衰老变质,缩短贮藏期。因此,在贮藏中提高环境湿度,减少蒸腾失水就成为园艺产品贮藏中必不可少的措施。

对于多数种类的园艺产品,在低温库贮藏时,应保持较高湿度,一般 RH 为 90%～95%。常温库或者贮藏适温较高的园艺产品,为了降低贮藏中的腐烂损失,湿度可适当低一些,保持 RH 85%～90%较为有利。有少数种类的园艺产品,如洋葱、大蒜、西瓜、哈密瓜、南瓜、冬瓜等则要求较低的湿度,其中洋葱、大蒜要求湿度最低(RH 为 65%～75%),瓜类稍高(RH 为 70%～85%)。

毫无疑问,提高库内湿度可以有效地减少园艺产品蒸腾失水,降低失水萎蔫而引发的各种不良生理反应。生产中应根据园艺产品的特性、贮藏温度、是否用保鲜袋包装等来确定贮藏的湿度条件。

3.3.3 O_2、CO_2 和 C_2H_4 的体积分数

在许多种园艺产品的贮藏中,通过降低 O_2 和增高 CO_2 的体积分数,可以获得比单纯降温和调湿更佳的贮藏保鲜效果,苹果、猕猴桃、葡萄、香蕉、蒜薹、花椰菜、水仙切花等是这方面的典型例子。比正常空气有更少 O_2 和更多 CO_2 的环境能有效地抑制园艺产品的呼吸作用、延缓其成熟衰老进程,而且对病原微生物的侵染危害也有一定的抑制效果。

园艺产品不同种类以及品种间对气体体积分数的要求不同,有的甚至差别很大。例如柑橘、菠萝、石榴等对 CO_2 比较敏感,贮藏中 CO_2 的体积分数应控制在 1%以下,但由于普通气调贮藏很难将 CO_2 控制在如此低的水平,所以这些果实目前很少采用气调贮藏。对适宜于气调贮藏的园艺产品而言,控制 O_2 和 CO_2 的体积分数分别为 2%～5%、3%～5%,是其中大多数园艺产品气调贮藏适宜或者比较适宜的气体组合。各种园艺产品花卉气调贮藏的适宜气体成分见本书第 7 章。

C_2H_4 是呼吸跃变型果蔬成熟时产生的一种气体,这种物质在运输车船、贮藏库内积累到一定体积比(通常为 20～50 $mL \cdot m^{-3}$)时,就会提高果蔬的呼吸水平和促进成熟衰老进程。因此,果蔬贮运中应定期进行通风换气,除了调温、调湿外,更重要的是为了排除果蔬代谢产生的二氧化碳、乙烯、乙醛、α-法尼烯等对贮运有害的物质。

3.3.4 其他采后处理

园艺产品采后的相关处理,如及时预冷、合理堆码、定期通风换气以及抽样检查等,都是贮

藏中不可忽视的技术措施，这些内容在有关章节中都会述及。

思考题

1. 影响园艺产品贮藏性的内在因素、生态因素、农业技术因素各有哪些？
2. 简述园艺产品采后温度、湿度和气体成分对贮藏的影响。
3. 阐述园艺产品贮藏保鲜是一项技术性很强的系统工程。

推荐参考书

[1]刘兴华，陈维信. 果品蔬菜贮藏运销学. 3 版. 北京：中国农业出版社，2014.
[2]饶景萍. 园艺产品贮运学. 北京：科学出版社，2015.
[3]吴少华，李房英. 鲜切花栽培和保鲜技术. 北京：科学技术文献出版社，1999.
[4]张维一. 果蔬采后生理学. 北京：农业出版社，1993.

参考文献

[1]刘兴华，陈维信. 果品蔬菜贮藏运销学. 3 版. 北京：中国农业出版社，2014.
[2]饶景萍. 园艺产品贮运学. 北京：科学出版社，2015.
[3]吴少华，李房英. 鲜切花栽培和保鲜技术. 北京：科学技术文献出版社，1999.
[4]肖艳. 采前喷钙和萘乙酸对草莓耐贮性的影响. 中国果树，1998(2)：3.
[5]张维一. 果蔬采后生理学. 北京：农业出版社，1993.
[6]Waller W M，陈举鸣. 苹果果实分析的应用. 国外农学(果树)，1983(2)：25-27.

第4章

园艺产品采后处理与运销

本章学习目的与要求

1. 掌握园艺产品成熟度的判别标准及采收方法。
2. 掌握园艺产品的采后商品化处理主要流程及其要点。
3. 了解园艺产品采后运销的特点及方式。

4.1 采收

采收(harvest)是园艺产品生产中的最后一个环节,同时也是影响园艺产品贮藏成败的关键环节。采收的目标是使园艺产品在适当的成熟度时转化成为商品,采收速度要尽可能快,采收时力求做到最小的损伤和损失以及最小的花费。

据联合国粮农组织的调查报告显示,发展中国家在采收过程中造成的果蔬损失达8%～10%,其主要原因是采收成熟度不适当,田间采收容器不适当,采收方法不当而引起的机械损伤严重,在采收后的贮运到包装处理过程中缺乏对产品的有效保护。园艺产品一定要在其适宜的成熟度时采收,采收过早或过晚均对产品品质和耐贮性带来不利的影响。采收过早不仅产品的大小和质量达不到标准,而且产品的风味、色泽和品质也不好,耐贮性也差;采收过晚,产品已经过熟,开始衰老,不耐贮藏和运输。在确定产品的成熟度、采收时间和方法时,应该根据产品的特点并结合产品的采后用途、贮藏期的长短、贮藏方法和设备条件等因素进行。一般就地销售的产品,可以适当晚采;而用作长期贮藏和远距离运输的产品,应适当早采;对于有呼吸高峰的园艺产品,应该在达到生理成熟或呼吸跃变前采收。除了时间性,采收工作也非常重要,必须由经过培训的人员,选用合适的工具或机械,遵循规范的操作方法进行采收,才能取得良好的效果,否则会造成不必要的损失。采收以前必须做好人力和物力上的安排和组织工作,根据产品特点选择适当的采收期和采收方法。

园艺产品的表面结构是良好的天然保护层,当其受到破坏后,组织就失去了天然的抵抗力,容易受病菌的感染而造成腐烂。所以,园艺产品的采收应尽可能避免一切机械损伤。采收过程中所引起的机械损伤在以后的各环节中,无论进行何种处理也不能完全恢复,反而会加重在采后运输、包装、贮藏和销售过程中的产品损耗,同时降低产品的商品性,严重影响贮藏保鲜效果,降低经济效益。如四川地区习惯用针划的方法进行蒜薹的破薹采收。这种方法在蒜薹上造成大量的创伤,伤口在产品新鲜时虽不明显,但在常温下贮藏2～3 d后,或在冷库中冷藏20～30 d后就会出现褐变,严重影响产品外观品质和风味,同时很容易遭受病菌侵染而发生腐烂。

因此园艺产品采收的总原则应是及时而无伤,达到保证品质、减少损耗、提高贮藏加工性能的目的。

4.1.1 采收成熟度的确定

园艺产品的采收应根据产品种类、用途来确定适宜的采收成熟度和采收期。判别园艺产品成熟度的方法有以下几个方面。

4.1.1.1 根据园艺产品表面色泽的显现和变化

许多果实在成熟时果皮都会显示出特有的颜色变化。一般未成熟果实的果皮中含有大量的叶绿素,随着果实的成熟,叶绿素逐渐降解,类胡萝卜素、花青素等色素逐渐合成,使果实的颜色显现出来。因此,色泽是判断园艺产品成熟度的重要标志。如甜橙由绿色变成橙黄色,红橘由绿色变成橙红色,柿由青绿色变成橙红色,番茄由绿色变成红色等。

根据不同的目的选择不同的成熟度采收。以番茄果实为例,作为远距离运输或贮藏的,应在绿熟时采收;就地销售的,可在粉红色时采收;用于加工的,可在红色时采收。作为贮藏用果,大部分甜橙、宽皮柑橘中的晚熟品种宜在退绿转黄 2/3 时,即已达八成成熟度时采收。甜椒一般在绿熟时采收,茄子应在明亮而有光泽时采收,黄瓜应在果皮深绿色尚未变黄时采收。

4.1.1.2 坚实度和硬度

坚实度一般用来表示发育的状况。有一些蔬菜的坚实度大,表示发育良好、充分成熟或达到采收的品质标准。如番茄、辣椒等要在硬度较大、未过熟变软时采收,较耐贮藏。结球甘蓝、花椰菜等应在叶球或花球充实、坚硬时采收,耐贮性好。但有一些蔬菜的坚实度高则表示品质下降,如莴笋、芥菜、芹菜应该在叶变得坚硬前采收,黄瓜、茄子、豌豆、菜豆、甜玉米等都应该在果实幼嫩时采收。对于其他果实,一般用质地和硬度表示。通常未成熟的果实硬度较大,达到一定成熟度时才变得柔软多汁。只有掌握适当的硬度,在最佳质地时采收,产品才能够耐贮藏和运输,如苹果、梨等果实都要求在一定硬度时采收。辽宁的国光苹果采收时,一般硬度约为 85 $N \cdot cm^{-2}$;烟台的青香蕉苹果采收时,一般硬度约为 125 $N \cdot cm^{-2}$;四川的金冠苹果采收时,一般硬度约为 67 $N \cdot cm^{-2}$。

4.1.1.3 果实形态

园艺产品成熟后,无论是其植株或产品本身都会表现出该产品固有的生长状态,根据经验可以作为判别成熟度的指标。如香蕉未成熟时,果实的横切面呈多角形,充分成熟后,果实饱满、浑圆,横切面呈圆形。西瓜果实成熟的形态特征表现为:果实表面花纹清晰,果皮具有光泽,手感光滑;果实着地一面的底色呈深黄色;果脐向内凹陷,果柄基部略有收缩。

4.1.1.4 生长期和成熟特征

不同品种的果蔬由开花到成熟有一定的生长期,各地可以根据当地的气候条件和多年的经验得出适合当地采收的平均生长期。如山东元帅系列苹果的生长期为 145 d、国光苹果的生长期为 160 d,四川青苹果的生长期为 110 d。不同产品在成熟过程中会表现出许多不同的特征,一些瓜果类可以根据其种子的变色程度来判断成熟度,种子从尖端开始由白色逐渐变褐、变黑是瓜果类充分成熟的标志之一。豆类蔬菜应该在种子膨大、硬化之前采收,其食用和加工品质才较好,但作种用的应在充分成熟时采收。另外,黄瓜、丝瓜、茄子、菜豆同样应在种子膨大、硬化之前采收,品质较好,否则其木质化、纤维化严重,品质下降。冬瓜应在果皮上的茸毛消失,出现蜡质白粉时采收,可长期贮藏。洋葱、大蒜、芋头、姜等蔬菜,在地上部分枯黄时采收为宜,耐贮性强。

4.1.1.5 果梗脱离的难易程度

有些种类的果实,成熟时果柄与果枝间常产生离层,稍一振动果实就会脱落,所以常根据其果梗与果枝脱离的难易程度来判断果实的成熟度。离层形成时是果实品质较好的成熟期,此时应及时采收,否则果实会大量脱落,造成较大的经济损失。

4.1.1.6 主要化学物质的含量

园艺产品在生长、成熟过程中,其主要的化学物质,如糖、淀粉、有机酸、可溶性固形物的含量都在发生着不断的变化。根据它们的含量和变化情况,可以衡量产品品质和成熟度。可溶性固形物中主要是糖分,其含量高标志着含糖量高、成熟度高。总糖含量与总酸含量的比值称为"糖酸比",可溶性固形物与总酸的比值称为"固酸比",它们不仅可以衡量果实的风味,也可以用来判别果实的成熟度。例如,美国的柑橘采收法规定,佛罗里达州柑橘采收时固酸比最少要达到10.5:1,得克萨斯州甜橙采收时固酸比最低要达到10:1。四川甜橙采收时以固酸比10:1,糖酸比8:1作为最低采收成熟度的标准。而苹果和梨糖酸比为30:1时采收,果实品质风味好。猕猴桃果实在果肉可溶性固形物含量6.5%~8.0%时采收较好。

一般情况下,随着园艺产品的成熟,其体内的淀粉不断转化成为糖,使糖含量增高,但有些产品的变化则正好相反。因此,掌握各种产品在成熟过程中糖和淀粉变化的规律,通过测定其糖和淀粉含量,就可推测出产品的成熟度。例如,根据淀粉遇碘液会呈现蓝色的检测方法,可把苹果切开,将其横切面浸入配制好的碘溶液中30 s,观察果肉变色的面积和程度,可以初步判别果实的成熟度。苹果成熟度提高时淀粉含量下降,果肉变色的面积会越来越小,颜色也越来越浅。不同品种的苹果成熟过程中,淀粉含量的变化不同,可以制作不同品种苹果成熟过程中的淀粉变蓝图谱,作为成熟采收的标准。糖和淀粉含量的变化也常作为蔬菜成熟采收的指标,如青豌豆、菜豆以食用幼嫩组织为主的,在糖多淀粉少时采收品质较好;而马铃薯、甘薯则应在淀粉含量较高时采收,产量高、营养丰富、耐贮藏,加工淀粉时出粉率也高。

果汁含量百分率也是衡量果实成熟与采收的重要指标。美国佛罗里达州用于加工甜橙汁的果实以出汁率达50%左右作为采收标准。

园艺产品由于种类繁多,收获的产品为植物的不同器官,其成熟采收标准难以统一。所以在生产实践中,应根据产品的特点、采后用途进行全面评价,以判断其最佳的采收期,达到长期贮藏、加工和销售的目的。

4.1.2 采收方法

园艺产品的采收方法(harvest method)可分为人工采收和机械采收两种。在发达国家,由于劳动力比较昂贵,在园艺产品生产中主要采用机械的方式代替人工采收作业。但是,到目前为止,真正大规模使用机械采收的大多是以加工为目的的园艺产品,如用以制造番茄酱的番茄、制造罐头的豌豆、酿酒用的葡萄、制造果汁用的柑橘等。以新鲜的形式进行销售的园艺产品,仍以人工采收为主。

4.1.2.1 人工采收

作为鲜销和长期贮藏的园艺产品最好采用人工采收,因为人工采收灵活性强、机械损伤少,可以针对不同的产品、不同的形状、不同的成熟度,及时进行采收和分类处理。另外,只要增加采收工人,就能提高采收速度,便于调节控制。

具体的采收方法应根据园艺产品的不同类型而定。如柑橘、葡萄等果实的果柄与枝条不易分离,需要用采果剪采收。为了使柑橘果蒂不被拉伤,此类产品多用复剪法进行采收,即先将果实从树上剪下,再将果柄齐萼片剪平。苹果和梨成熟时,果梗与果枝间产生离层,采收时以手掌将果实向上托起,果实即可自然脱落。桃、杏等果实成熟后,果肉特别柔软,容易造成伤害,所以人工采收时应剪平指甲或戴上手套,小心用手掌托住果实,左右轻轻摇动使其脱落。采收香蕉时,应先用刀切断假茎,紧护母株让其轻轻倒下,再按住蕉穗切断果轴,注意不要使其擦伤、碰伤。同一棵树上的果实,因成熟度不一致,分批采收可提高产品的品质。同时在一棵树上采收时,应按由外向内、由下向上的顺序进行。

对于一些产品,机械辅助人工采收可以提高采收效率。如在莴苣、甜瓜等一些蔬菜常用皮带传送装置传送已采收的产品到中央装载容器或田间处理容器中。在番木瓜或香蕉采收时，采收梯旁常安装有可升降的工作平台用于装载产品。

有效地进行人工采收需要对作业工人进行培训，使他们了解产品的品质要求，达到应有的操作水平。为了达到较好的园艺产品采收品质，在采收时应注意以下几点。①戴手套采收：戴手套采收可以有效减少采收过程中人的指甲对产品造成的划伤；②选用适宜的采收工具：针对不同的产品选用适当的采收工具，如果剪、采收刀等，防止从植株上用力拉、扒产品，可以有效减少产品的机械损伤；③用采收袋或采收篮进行采收：采收袋可以用布缝制，底部用拉链做成一个开口，待采收袋装满产品后，把拉链拉开，让产品从底部慢慢转入周转箱中，这样就可大大减少产品之间的相互撞碰减少损伤；④周转箱大小适中：周转箱过小，容量有限，加大运输成本；周转箱过大容易造成底部产品的压伤。周转箱容量一般以 15～20 kg 为宜，同时周转箱应光滑平整，防止对产品造成刺伤。我国目前采收时使用的周转箱以柳条箱、竹筐为主，对产品伤害较重，而国外主要用木箱、防水纸箱和塑料周转箱，对产品损伤较小。所以，今后应推广防水纸箱和塑料周转箱在园艺产品采后处理中的应用。

园艺产品的采收时间对其采后处理、保鲜、贮藏和运输都有很大的影响。一般来说，园艺产品最好在一天中温度较低的时间采收。因为温度低，产品的呼吸作用弱，生理代谢缓慢，采收后由于机械损伤引起的不良生理反应也较小。此外，较低的环境温度对于产品采后自身所带的田间热也可以降到最小。采收时园艺产品的水分含量要控制在允许范围的最小限度。水分含量高时，虽然产品的品质鲜嫩，但这种状态的产品却在采收及采收之后的处理过程中容易发生伤害和损失，虽然采后可以用晾晒的方法降低园艺产品的水分含量，但在降低水分含量的同时，也会增强产品的呼吸强度，促进有害物质、激素的产生，进而增加产品本身的营养成分的损耗，加快产品的成熟衰老。

4.1.2.2 机械采收

机械采收适用于那些成熟时果梗与果枝间形成离层的果实，一般使用强风或强力振动迫使果实从离层脱落，在树下铺垫柔软的帆布垫或传送带承接果实，并将果实送至分级包装机内。机械采收的主要优点是采收效率高、节省劳动力、降低采收成本，可以改善采收工人的工作条件以及减少因大量雇佣和管理工人所带来的一系列问题。但由于机械采收不能进行选择采收，容易造成产品损伤，影响产品的品质、商品价值和贮藏性。所以，大多数新鲜园产品的采收，目前还不能完全采用机械方式。

目前机械采收主要用于加工的园艺产品或能一次性采收且对机械损伤不敏感的产品，如美国使用机械采收番茄、樱桃、葡萄、苹果、柑橘、坚果类产品等；使用大型犁耙等机械采收根茎类蔬菜，可以大大提高采收效率；豌豆、甜玉米、马铃薯均可使用机械采收，但要求成熟度一致。

有效地进行机械采收需要可靠的、经过严格训练的技术人员进行机械操作。不恰当的操作会带来严重的设备损坏和大量的机械损伤。机械设备必须进行定期保养维修。采收时产品必须达到机械采收的标准，如蔬菜采收时必须达到相应的坚实度，结构紧实。机械采收前也常喷洒果实脱落剂，如放线菌酮、乙烯利、萘乙酸等以提高采收效果。此外，采后及时进行预处理可将机械损伤减小到最低限度。同时，目前各国科技人员正在努力培育适于机械采收的新品种，并已有部分品种应用于生产。此外，采收机械设备价格昂贵，投资较大，所以必须达到相当的规模才能具有较好的经济性。

4.2 采后处理

园艺产品收获后到贮藏、运输前，根据其种类、贮藏时间、运输方式及销售目的，还要进行一系列的处理。这些处理对减少采后损失，提高园艺产品的商品性和耐贮运性能具有十分重要的作用。园艺产品的采后处理(postharvest handling)就是为保持和改进产品品质并使其从农产品转化为商品所采取的一系列措施的总称。园艺产品的采后处理过程主要包括整理、挑选、预贮愈伤、清洗、涂蜡、药剂处理、预冷、分级、包装等环节。党的二十大报告提出必须坚持系统观念。园艺产品的采后处理的各个环节相互联系，应该采用系统观念来思考各个采后处理之间的关系，优化处理环节和处理条件。采后处理可以根据产品的种类，选用全部的措施或只选用其中的某几项措施。事实上，这些程序中的许多步骤可以在设计好的包装车间生产线上一次性地完成，即使设备条件尚不完善，不能完全实现自动化流水作业，但仍然可以通过简单的机械或手工作业完成园艺产品的商品化处理，使园艺产品做到清洁、整齐、美观，有利于销售和食用，从而提高产品的商品价值和信誉。

许多园艺产品的采后预处理是在田间完成的，这样就有效地保证了产品的贮藏保鲜效果，极大地减少了采后的腐烂损失，减少城市垃圾。所以，如何加强采后处理已成为我国园艺产品生产和流通中迫切需要解决的问题。

4.2.1 整理与挑选

整理(trim)与挑选(pick)是采后处理的第一步，其目的是剔除有机械伤、病虫危害、外观畸形等不符合商品要求的产品，以便改进产品的外观、改善商品形象、便于包装贮运、有利于销售和食用。

园艺产品从田间收获后，往往带有残叶、败叶、泥土、病虫污染等，必须进行适当的处理。因为这些残叶、败叶、泥土、病虫污染等不仅严重影响产品的外观和商品品质，更重要的是会使产品携带大量的微生物孢子和虫卵等有害物质，因而成为采后病虫害感染的传播源，引起采后产品的大量腐烂损失。清除残叶、败叶、枯枝只是整理的第一步，有的产品还需进行进一步修整，去除不可食用的部分，如根、叶、老化部分等。叶菜采收后整理显得特别重要，因为叶菜类采收时带的病叶、残叶很多，有的还带根。单株体积小、重量轻的叶菜还要进行捆扎。其他的茎菜、花菜、果菜也应根据要求进行相应的整理，以获得较好的商品性和贮藏保鲜性。

挑选是在整理的基础上，进一步剔除受病虫侵染和受机械损伤的产品。很多产品在采收和运输过程中都会受到一定机械伤害。受伤产品极易受病虫、微生物感染而发生腐烂。所以，必须通过挑出病虫侵染和受伤的产品，减少产品的带菌量和产品受病菌侵染的机会。挑选一般采用人工方法进行。在园艺产品的挑选过程中，工人必须戴手套，注意轻拿轻放，尽量剔除受伤产品，同时防止对产品造成新的机械伤害，这是获得良好贮藏保鲜效果的保证。

4.2.2 预冷

4.2.2.1 预冷的作用

预冷(pre-cooling)是将新鲜采收的产品在运输、贮藏或加工以前迅速除去田间热，将其品温降低到适宜温度的过程。大多数园艺产品都需要进行预冷，恰当的预冷可以减少产品的腐烂,最大限度地保持产品的新鲜度和品质。预冷是创造良好温度环境的第一步。

园艺产品采收后,高温对保持品质是十分有害的,特别是在热天或烈日下采收的产品,危害更大。所以,园艺产品采收以后,在贮藏运输前必须尽快除去产品所带的田间热。预冷是农产品低温冷链保藏运输中必不可少的环节,为了保持园艺产品的新鲜度、优良品质和货架期,预冷措施必须在产地采收后立即进行。尤其是一些需要低温冷藏或有呼吸高峰的果实,若不能及时降温预冷,在运输贮藏过程中,很快就会达到成熟状态,大大缩短贮藏寿命。而且未经预冷的产品在运输贮藏过程中要降低其温度就需要更大的冷却能力,这在设备动力和商品价值上都会造成更大的损失。如果在产地及时进行了预冷处理,以后只需要较少的冷却处理和隔热措施就可达到降低园艺产品呼吸水平、减少微生物的侵袭、保持新鲜度和品质的目的。

4.2.2.2 预冷方法及设备

预冷的方式有多种,一般分为自然预冷和人工预冷。人工预冷中有空气冷却、水冷却、加冰冷却和真空冷却等方式。

(1)自然降温冷却(nature air cooling) 是最简便易行的预冷方法。它是将采后的园艺产品放在阴凉通风的地方,使其自然散热。这种方式冷却的时间较长,受环境条件影响大,而且难于达到产品所需要的预冷温度,但是在没有更好的预冷条件时,自然降温冷却仍然是一种应用较为普遍的好方法。

(2)冷库空气冷却(room cooling) 是一种简单的预冷方法,它是指将产品放在冷库中降温冷却。苹果、梨、柑橘等都可以在短期或长期贮藏的冷库内进行预冷。当制冷量足够大及空气以 1～2 $m\cdot s^{-1}$的流速在库内和容器间循环时,冷却的效果最好。因此,产品堆码时包装容器间应留有适当的间隙,保证气流通过。如果冷却效果不佳,可以使用有强力风扇的预冷间。目前国外的冷库都有单独的预冷间,产品的冷却时间一般为 18～24 h。冷库空气冷却时,产品容易失水,95%或 95%以上的相对湿度可以减少产品的失水量。

(3)强制通风冷却(forced-air cooling or pressure cooling) 是在包装箱堆或垛的两个侧面产生空气压力差而进行的冷却,当压差不同的空气经过货堆或集装箱时,将产品散发的热量带走。如果配上机械制冷,加大气流量,可以加快冷却速度。强制通风冷却所用的时间比一般冷库预冷要减少 4～10 倍,但比水冷却和真空冷却所需的时间至少长 2 倍。大部分果蔬适合采用强制通风冷却,在草莓、葡萄、甜瓜、红熟番茄上使用效果显著,0.5 ℃的冷空气在 75 min 内可以将品温 24 ℃的草莓冷却到 4 ℃。

(4)水冷却(hydrocooling) 是用冷水冲、淋产品,或者将产品浸在冷水中,使产品降温的一种冷却方式。由于产品的温度会使水温上升,因此,冷却水的温度在不使产品受冷害的情况下要尽量低一些,一般为 0～1 ℃。目前使用的水冷却方式有两种,即流水系统和传送带系统。水冷却器中的水通常是循环使用的,这样会导致水中病原微生物的累积,使产品受到污染。因此,应该在冷却水中加入一些化学药剂,如次氯酸或氯气,减少病原微生物的交叉感染。此外,水冷却器应经常用水清洗。用水冷却时,产品的包装箱要具有防水性和坚固性。流动式的水冷却常与清洗和消毒等采后处理结合进行;固定式则是产品装箱后再进行冷却。商业上适合于水冷却的园艺产品有胡萝卜、芹菜、甜玉米、菜豆、甜瓜、柑橘、桃等。直径 7.6 cm 的桃在 1.6 ℃的水中放置 30 min,可以将其温度从 32 ℃降至 4 ℃;直径 5.1 cm 的桃在 15 min 内可以冷却到 4 ℃。

(5)加冰冷却(ice cooling) 是一种传统的预冷方法,就是在装有产品的包装容器内加入细碎的冰块，一般采用顶端加冰。它适于那些与冰接触不会产生伤害的产品或需要在田间立即进行预冷的产品，如菠菜、花椰菜、抱子甘蓝、萝卜、葱等。如果要将产品的温度从 35 ℃降到 2 ℃，所需加冰量约占产品质量的 38%。虽然冰融化可以将热量带走，但加冰冷却降低产品温度和保持产品品质的作用仍是很有限的。因此，包装内加冰冷却只能作为其他预冷方式的辅助措施。

(6)真空冷却(vacuum cooling)　是将产品放在坚固、气密的容器中，迅速抽出空气和水蒸气，使产品表面的水在真空负压下蒸发而冷却降温。压力减小时水分的蒸发加快，当压力减小到 613.28 Pa (4.6 mm Hg)时，产品就有可能连续蒸发冷却到 0 ℃。因为在 101 325 Pa (760 mm Hg)下，水在 100 ℃沸腾；而在 533.29 Pa (4 mm Hg)下，水在 0 ℃沸腾。在真空冷却中产品的失水范围为 1.5%～5%，由于被冷却产品的各部分等量失水，所以产品不会出现萎蔫现象，果蔬在真空冷却中温度每降低 5.6 ℃，失水量约为 1%。真空冷却的速度和温度很大程度上受产品的表面积与体积之比、产品组织失水的难易程度和抽真空的速度等的影响，所以不同种类的真空冷却效果差异很大。生菜、菠菜、苦苣等叶菜类最适合于真空冷却。纸箱包装的生菜用真空冷却，在 25～30 min 内可以从 21 ℃冷却至 2 ℃，包心不紧的生菜只需 15 min。还有一些蔬菜如石刁柏、花椰菜、甘蓝、芹菜、蘑菇、甜玉米等也可使用真空冷却。但一些表面积小的产品，如部分根菜类和番茄最好采用其他冷却方法。真空冷却对产品包装有特殊要求，需要包装容器能够透气，便于水蒸气散发。

总之，这些预冷方法各有优缺点，在选择预冷方法时，必须根据产品的种类、现有的设备、包装类型、成本等因素选择使用。各类预冷方法的特点见表 4-1。

表 4-1　几种预冷方法的优缺点比较

预冷方法		优缺点
空气冷却	自然对流冷却	操作简单易行，成本低廉，适用于大多数园艺产品，但冷却速度较慢，效果较差
	强制通风冷却	冷却速度稍快，但需要增加机械设备，园艺产品水分蒸发量较大
水冷却	喷淋或浸泡	操作简单，成本较低，适用于表面积小的产品，但病菌容易通过水进行传播
加冰冷却	碎冰直接与产品接触	冷却速度较快，但需冷库采冰或制冰机制冰，碎冰易使产品表面产生伤害，耐水性差的产品不宜使用
真空冷却	降温、减压，最低气压可达 613.28 Pa	冷却速度快，效率高，但需要设备，成本高，对于产品包装有特殊要求，局限于适用的品种。一般以经济价值较高的产品为宜

4.2.2.3　预冷的注意事项

园艺产品预冷时受到多种因素的影响，为了达到预期效果，必须注意以下问题。

(1)预冷要及时，必须在产地采收后尽快进行预冷处理，故需建设降温冷却设施。一般在冷藏库中应设有预冷间，在园艺产品适宜的贮运温度下进行预冷。

(2)根据园艺产品的形态结构选用适当的预冷方法，一般体积越小，冷却速度越快，并便于连续作业，冷却效果好。

(3)掌握适当的预冷温度和速度，为了提高冷却效果，要及时冷却和快速冷却。冷却的最终温度应在园艺产品发生冷害温度以上，否则造成产品冷害和冻害，尤其是对于不耐低温的热带、亚热带园艺产品,即使在冰点以上也会造成产品的生理伤害。所以预冷温度8 ℃以上,接近最适贮藏温度为宜。预冷速度受多方面因素的影响。制冷介质与产品接触的面积越大,冷却速度越快。产品与介质之间的温差与冷却速度呈正比:温差越大,冷却速度越快;温差越小,冷却速度越慢。此外,介质的周转率及介质的种类不同也会影响冷却速度。

(4)预冷后处理要适当,园艺产品预冷后要在适宜的贮藏温度下及时进行贮运。若仍在常温下进行贮藏运输,不仅达不到预冷的目的,甚至会加速腐烂变质。

4.2.3 清洗和涂蜡

园艺产品由于受生长或贮藏环境的影响,表面常带有大量泥土污物,严重影响其商品外观。所以园艺产品在上市销售前常需进行清洗、涂蜡。经清洗、涂蜡后,可以改善商品外观,提高商品价值;减少表面的病原微生物;减少水分蒸腾,保持产品的新鲜度;抑制呼吸代谢,延缓衰老。

4.2.3.1 清洗(cleaning)

在园艺产品的清洗过程中应注意清洗用水必须清洁。产品清洗后,清洗槽中的水含有高丰度的真菌孢子,需及时换水。清洗槽的设计应做到便于清洗,可快速简便地灌注或排出用水。另外,可在水中加入漂白粉或50~200 $mL\cdot L^{-1}$的氯溶液进行消毒,防止病菌的传播。在加氯前应考虑不同产品对氯的耐受性。产品倒入清洗槽时应小心,尽量做到轻拿轻放,防止和减少产品造成的机械伤害。经清洗后,可通过传送带将产品直接送至分级机进行分级。对于那些密度比水大的产品,一般采用水中加盐或硫酸钠的方法使产品漂浮,然后进行传送。

清洗液的种类很多,可以根据条件选用。如用1%~2%的碳酸氢钠或1.5%碳酸钠溶液清洗,可除去水果表面污物及油脂;用1.5%肥皂水溶液加1%磷酸三钠,水温调至38~43 ℃,可迅速除去果面污物;用2%~3%的氯化钙清洗可减少苹果果实的采后损失。此外,还可用配制好的水果清洁剂洗果,也能获得较好的效果。如果将清洁剂和保鲜剂配合使用,还可进一步降低果实在贮运过程中的损失。

清洗方法可分为人工清洗和机械清洗。人工清洗是将洗涤液盛入已消毒的容器中,调好水温,将产品轻轻放入,用软质毛巾、海绵或软质毛刷等迅速洗去果面污物,取出在阴凉通风处晾干。机械清洗是用传送带将产品送入洗涤池中,在果面喷淋洗涤液,通过一排转动的毛刷,将果面洗净,然后用清水冲淋干净,将表面水分吸干,并通过烘干装置将果实表面水分烘干。

经过清洗的产品,虽然清洁度提高,但是对产品表面固有蜡层有一定破坏,在贮运过程中使产品容易失水萎蔫,所以常需涂蜡以恢复表面蜡层。

4.2.3.2 涂蜡(waxing)

园艺产品表面有一层天然的蜡质保护层,往往在采后处理或清洗中受到破坏。涂蜡即人为地在园艺产品表面涂一层蜡质。涂蜡后可以增加产品光泽,改进外观,同时对园艺产品的保存也有利,是常温下延长其贮藏寿命的方法之一。

园艺产品涂蜡技术已有近百年的历史。据报道,1922年美国福尔德斯公司首先在甜橙上开始使用并获得成功。之后,世界各国纷纷开展涂蜡技术研究。自20世纪50年代起,美国、日本、意大利、澳大利亚等国相继进行涂蜡处理,使涂蜡技术得到迅速发展。目前,该技术已在全球广泛使用,成为许多园艺产品商品化处理的必要措施之一,以延长货架期和提高商品品质。

蜡液是将蜡微粒均匀地分散在水或油中形成稳定的悬浮液。果蜡的主要成分是天然蜡、合成或天然的高聚物、乳化剂、水和有机溶剂等。天然蜡如棕榈蜡、米糠蜡等；高聚物包括多聚糖、蛋白质、纤维素衍生物、聚氧乙烯、聚丁烯等；乳化剂包括 $C_{16\sim18}$ 脂肪酸蔗糖酯、油酸钠、吗啉脂肪酸盐等。这些原料都必须对人体无害，符合食品添加剂标准。蜡在乳化剂的作用下形成稳定的水油体系。蜡微粒的直径通常为 0.1～10 μm，蜡在水中或溶剂中的含量一般是3%～20%，最佳是5%～15%。

目前商业上使用的大多数蜡液都是以石蜡和巴西棕榈蜡混合作为基础原料，石蜡可以很好地控制失水，巴西棕榈蜡则使果实产生诱人的光泽。近年来，含有聚乙烯、合成树脂物质、乳化剂和润湿剂的蜡液材料逐渐增多，它们常作为杀菌剂的载体或作为防止产品衰老、生理失调和抑制发芽的载体。随着人们健康意识的不断增强，以无毒、无害、天然物质为原料的涂被剂日益受到人们的青睐。如采用淀粉、蛋白质等高分子溶液加上植物油制成的混合涂料，喷在新鲜柑橘和苹果上，干燥后可在产品表面形成很多直径为 0.001 mm 小孔的薄膜，从而抑制果实的呼吸作用。OED是日本用于蔬菜保鲜的一种新涂料。用蔬菜浸蘸 OED 液，可在蔬菜表面形成一层膜，防止水分和病菌侵入，处理浓度为 30～60 倍液。美国用粮食作为原料，研制成一种防腐乳液，无毒、无味、无色，浸涤番茄可延长其货架期。我国 20 世纪 70 年代起也开发研制了紫胶、果蜡等涂料，在西瓜、黄瓜、番茄等瓜果上使用效果良好。目前还在积极研究多糖类物质的涂膜剂，如葡聚糖、海藻酸钠、壳聚糖等。现在在涤膜剂中还常加入中草药、抗菌肽、氨基酸等天然防腐剂以达到更好的保鲜效果。目前发达国家和地区，蜡液生产已形成商品化、标准化、系列化，我国也有蜡液的生产，但品质和性能还有待进一步提高。

涂蜡的方法可以分为人工涂蜡和机械涂蜡。人工涂蜡是将洗净、风干的果实放入配制好的蜡液中浸泡 30～60 s 取出，用醮有适量蜡液的软质毛巾在果面均匀涂抹，晾干即可。机械涂蜡是将蜡液通过加压，经过特制的喷嘴，以雾状喷至产品表面，同时通过转动的马尾刷，将表面蜡液涂抹均匀、抛光，并经过干燥装置烘干。二者相比，机械涂蜡效率较高，涂抹均匀，果面光洁度好，果面蜡层硬度易于控制。

不论采用哪种涂蜡方法都应做到以下几点：①涂层厚度均匀、适量。过厚会引起园艺产品呼吸失调，导致一系列生理生化变化，使果实品质下降；过薄效果不明显；②涂料本身必须安全、无毒、无损人体健康；③成本低廉，材料易得，便于推广。值得注意的是，涂蜡处理只是产品采后一定期限内商品化处理的一种辅助措施，只能在上市前进行处理或作短期贮藏、运输时使用，否则会给产品的品质带来不良影响。

4.2.4　分级

4.2.4.1　分级的目的和意义

分级(grading)是提高商品品质和实现产品商品化的重要手段，并便于产品的包装和运输。收获后将大小不一、色泽不均、感病或受到机械损伤的产品按照不同销售市场所要求的分级标准进行品质分级。产品经过分级后，商品品质大大提高，减少了贮运过程中的损失，并便于包装、运输及市场的规范化管理。

园艺产品在生产栽培期中受自然、人为等诸多因素的影响和制约，产品间的品质存在较大差异。收获后产品的大小、质量、形状、色泽、成熟度等方面很难达到一致。产品的分级则成为解决这一问题、实现产品商品化的一个重要手段。通过分级可区分产品的品质，为衡量其使用性和商品价值提供参考。等级标准在销售中作为一个重要的工具,给生产者、收购者和流通渠道中各个环节提供贸易信息,有助于生产者和经营管理者进行产品上市的准备工作和议价。等级标准还能够为园艺产品的优质优价提供依据,推动栽培管理技术的发展;能够以同一标准对不同市场上销售的产品的品质进行比较,有利于引导市场价格与提供信息;有助于解决买卖双方对损失赔偿的要求和争论。产品经挑选分级后,减少了贮藏中的损失,减轻了病虫害的传播。残次品及时加工处理减少浪费;标准化的产品便于进行包装、贮藏、运输、销售,产品附加值大,经济效益高。

4.2.4.2 分级标准

等级标准主要有国际标准、国家标准、协会或行业标准和企业标准。水果分级的国际标准于 1954 年在日内瓦由欧洲共同体提出,主要是为了促进经济合作与发展。第一个国际标准是 1961 年关于苹果和梨的分级标准。目前已有多种产品标准,每一种包括三个贸易级,每级可有一定的不合格率;特级——特好,一级——好,二级——销售贸易级(包括可进入国际贸易的散装产品)。这些标准在欧盟国家的园艺产品进出口上是强制性的,由欧盟进出口国家检查品质并出具证明。国际标准属非强制性标准,一般标龄长,要求较高。

美国园艺产品的等级标准由美国农业部(USDA)和食品安全检验局(FSIS)制定。目前美国对园艺产品的正式分级标准为:特级——质量最上乘的产品;一级——主要贸易级,大部分产品属于此范围;二级——产品介于一级和三级之间;三级——产品在正常条件下包装,是可销售的质量最次的产品。此外,加利福尼亚州等少数几个州设立有自己的园艺产品分级标准。在美国有一些行业还设立了本行业的质量标准或某一产品的特殊标准,如杏、加工番茄和核桃,这些标准是由生产者和加工者协商制定的。园艺产品分级检查工作由独立部门,如加州干果协会、国际检查部门等进行。

在我国,以《中华人民共和国标准化法》为依据,将标准分为四级:国家标准、行业标准、地方标准和企业标准。国家标准是由国家标准化主管机构批准颁布,在全国范围内统一使用的标准。行业标准是在无国家标准情况下,由国务院有关行政主管部门制定,报国务院标准化行政主管部门备案,并在某一行业范围内统一使用的标准。地方标准则是在上面两种标准都不存在的情况下,由地方制定,批准发布,在本行政区域范围内统一使用的标准。企业标准由企业制定发布,在本企业内统一使用。

我国现有的果品质量标准有 100 余个,其中鲜苹果、鲜梨、鲜柑橘、香蕉、鲜龙眼、核桃、板栗、红枣、柿等都已制定了国家标准,其余绝大多数都是行业标准。国家对一些蔬菜等级及鲜蔬菜的通用包装技术也制定了国家或行业标准,如大白菜、花椰菜、青椒、黄瓜、番茄、蒜薹、芹菜、菜豆和韭菜等。

园艺产品由于可食用的部分不同,成熟标准不一致,所以没有固定的规格标准。许多国家果蔬的分级通常是根据坚实度、清洁度、大小、质量、颜色、形状、成熟度、新鲜度以及病虫感染和机械损伤等多方面进行。

我国水果的分级标准是在果形、新鲜度、颜色、品质、病虫害和机械伤等方面已符合要求的基础上,根据果实横切面最大部分的直径分为若干等级。如我国出口的红星苹果,山东、河北两省的分级标准是满足直径为 66~90 mm,然后每相差 5 mm 为一个等级,共分为 5 等。四川省对出口的柑橘分为大、中、小 3 个等级。广东省惠州地区对销往香港、澳门的柑橘中,直径 51~85 mm 的蕉柑,直径 61~95 mm 的椪柑,每差 5 mm 为一个等级,共分 7 等;直径 51~

75 mm 的甜橙，每差 5 mm 为一个等级，共分 5 等。我国出口鲜苹果各品种、各等级的最低着色度标准见表 4-2。

表 4-2　我国出口鲜苹果各品种、等级的最低着色度

品种	AAA	AA	A
元帅类	90%	70%	
富士	70%	50%	40%
国光	70%	50%	40%
其他同类品种	70%	50%	40%
金冠	金黄色	金黄、黄或绿黄色	黄、绿黄或黄绿色
青香蕉	绿色	绿、黄绿色	绿、黄绿色

形状不规则的蔬菜产品，如西芹、花椰菜、西蓝花（青花菜）等按质量进行分级。蒜薹、豇豆、甜豌豆、青刀豆等则按长度进行分级。日本的黄瓜按品质分为 A、B 两级（表 4-3）。

表 4-3　黄瓜按品质分级标准

等级	A 级	B 级
标准	成熟度适宜，色泽好，具有黄瓜的特性，形状好，弯曲程度在 2 cm 以内，清洁	成熟度合适，色泽良好，具有黄瓜的特点，形状好，弯曲程度在 4 cm 以内，清洁
重残果①	不得混入	不得混入
轻残果②	不得混入	大体上可以

引自：刘步洲，1988。

注：重残果①：未熟果或过熟果，带有机械损伤，被病虫害侵染的腐败变质果；

轻残果②：形状不良，弯曲度超过 4 cm 的，大头细尾的，轻微机械损伤或品种不一致的果实。

日本大白菜的品质分级标准为形状色泽良好，结球适当，不裂，不枯萎，不抽薹，不腐烂变质，无病虫害，无外叶和老帮，清洁，没有异物附着，根部切除适当，在品质达到标准后，对其按质量进行分级，标准见表 4-4。

表 4-4　大白菜按质量分级标准

级别	XL	L	N	S
单棵菜质量	3 000 g 以上	2 000 g 以上	1 500 g 以上	1 000 g 以上

引自：刘步洲，1988。

蒜薹是我国的重要蔬菜之一，我国早在 1988 年就制定了关于蒜薹简易气调贮藏技术的国家标准，后于 2006 年制定了蒜薹等级规格的行业标准，它适用于鲜蒜薹的收购、调运、贮藏、销售及出口。蒜薹按其质地鲜嫩、粗细长短、成熟度等分为特级、一级和二级。

切花的分级依据是切花的各个性状，如花茎长度、花朵质量和大小、花朵开放程度、花序上的小花数目、叶片状况及品种优劣等。目前国际上广泛应用的切花分级标准有美国花卉栽培者协会（SAF）标准和欧洲经济委员会（ECE）产品质量标准。ECE 切花分级标准见表 4-5。

表 4-5　ECE 切花分级标准

等级	对切花要求
特级	切花具有最佳品质,无外来物质,发育适当,花茎粗壮而坚硬,具备该种或品种的所有特性,允许花有 3%的轻微缺陷
一级	切花具有良好的品质,花茎坚硬,其余要求同上,允许切花有 5%的轻微缺陷
二级	在特级和一级中未被接收,但满足最低品质要求,可用于装饰,允许切花有 10%的轻微缺陷

我国于 2000 年对主要花卉产品的分级制定了国家标准,其中包括月季、百合、菊花、满天星、香石竹、唐菖蒲、马蹄莲、鹤望兰等鲜切花产品的等级标准。

4.2.4.3　分级方法

分级方法有人工分级和机械分级两种。蔬菜的分级多采用目测或手测,凭感官进行人工分级。形状整齐的果实,可以采用机械分级。最简单的果实分级是采用分级板,即在木板上按分级的要求挖出大小不同的孔洞,并以此为标准来检测果实的大小,进行分级。在发达国家,果实的分级都是在包装线上自动进行,以提高效率。分级机械有多种,如大小分级机、质量分级机、颜色分级机、光电分级机等。番茄、马铃薯等可用孔带分级机分级。蔬菜产品有些种类很难进行机械分级,可利用传送带,在产品传输过程中用人工进行分级,效率也很高。

(1)果实大小分级机　工作原理类似于人工分级板,根据果径的大小依次使用不同大小的孔洞或间隙,首先分出小果径果实,最后把最大的果实分出来。根据分级机械工作的类型可分为滚筒式、传送带式、链条传送式。果实大小分级机具有机械结构简单、工作效率高等优点,但缺点是容易使果实产生机械损伤。

(2)果实质量分级机　传统的果实质量分级机是利用杠杆原理进行工作的。目前较先进的由微机控制的质量分级机,采用最新电子仪器测定质量,可按需选择准确的分级基准,分级精度高,使用特别的滑槽,落差小,水果不受冲击、损伤小。分级、装箱所需时间为传统设备的一半。

美国 Penwalt 公司的 Decco 型分级机是一种新型果实分级机,具有速度快、性能好、通用性强的特点。它根据"体积"分级的原理进行工作,综合了大小和质量分级机最突出的优点,同时消除了二者的缺点,使分级作业真正得以柔和平缓地进行。Decco 型分级机工作原理是:提升机辊子将待分级的果实送入四星装料斗,星轮与提升机以链条驱动的各对定距辊子同步,辊子承载水果通过分级全程。这样的装置,星轮可以很柔和地将水果从提升机传送到由一对辊子形成的凹槽中,根据选用分级机规格的不同,分级部分包括 6～9 行高度可调的"摩擦指",辊子从摩擦指下通过,缓缓地作逆时针回转,水果则作顺时针转动,当水果遇到摩擦指(最大的水果首先接触摩擦指),由于转动与摩擦的组合,水果极柔和地从辊子上移动并落入弹性的摆动活动门上,水果自重足够使其滑出并滚到输送皮带上,然后由皮带送入包装槽中。由于水果没有摔落,也没有其他典型的引起损伤的动作,分级柔和。

(3)果实色泽分级机　按色泽分级的分级机工作原理是:果实从电子发光点前面通过时,反射光被测定波长的光电管接受,颜色不同,反射光的波长就不同,再由系统根据波长进行分析并确定取舍,达到分级效果。在意大利的果品贮藏加工业生产中,使用颜色分级机较早,主要是对苹果进行颜色分级,其原理是绿色苹果比红色苹果的反射光强。工作时,果实在松软的传送带上跳跃移动，光线可照射到水果的大多部位，这样就避免了水果单面被照射。反射光传递给电脑，由电脑按照反射率的不同将果实分开，一般分为全绿果、半绿（半红）果、全红果等级别。

日本三菱电器公司研制的水果成熟度分级机，是利用传感器综合测出梨的表面颜色、形状和大小、对特定光的透光率，并与事先储存在计算机中的优良梨的数据进行对比，推算出成熟度和糖分。

（4）果实色泽大小分级机　既按果实着色程度又按果实大小进行分级，是当今世界生产上最先进的果实采后处理技术，该机器首先在意大利研制成功并应用于生产。工作原理是：将上述的自动化色泽分级和自动化大小分级相结合。首先是带有可变孔径的传送带对果实进行大小分级，在传送带的下方装有光源，从传送带上漏下的果实经光源照射，将反射光传送给电脑，由电脑根据光的反射情况不同，将每一级漏下的果实又分为全绿果、半绿（半红）果、全红果等级别，通过不同的传送带输送出去。该技术可实现对水果质量的快速无损检测和分选分级，提高了对水果的形状、大小和缺陷检测的精度。生产线每小时可处理苹果 15～20 t。

美国俄勒冈州的 Alle Electronics 公司生产了能分选果实、蔬菜、果仁及各种小食品的装置。该装置采用高晰像度的 CCD 摄像机，能识别以 176 m/min 速度在传送带上移动的产品上仅 1 mm 大小的变色和缺陷部分。在进料传送带与接取传送带之间用空气输送产品之际，计算机使次品排除器工作，排除次品，几乎不发生错误排除现象。该分选装置能按产品的色泽或大小进行分选，并能将特定产品分选参数编成程序预先储存在存储器内。

近年来，随着电子信息技术的发展，利用果蔬的光谱特性，使用光电传感技术、信息技术等对果蔬的外观以及内部品质进行综合分析判断的研究日趋深入，进一步提高了对果蔬的形状、大小和缺陷检测的精度，必将为分级提供更加科学实用的分级设备。

4.2.5　包装

4.2.5.1　包装的作用

包装（packaging）是产品转化成商品的重要组成部分，它具有包容产品、保护产品、宣传产品等功效，不同产品的包装也因产品的特性而异。园艺产品包装是实现标准化、商品化，保证安全运输和贮藏的重要措施。有了合理的包装，就有可能使园艺产品在运输途中保持良好的状态，减少因互相摩擦、碰撞、挤压而造成的机械损伤，减少病害蔓延和水分蒸发，避免园艺产品散堆发热而引起腐烂变质。包装可以使园艺产品在流通中保持良好的稳定性，提高商品率和卫生质量。同时包装是商品的一部分，是贸易的辅助手段，为市场交易提供标准的规格单位，免去销售过程中的产品过秤，便于流通过程中的标准化，也有利于机械化操作。所以适宜的包装不仅对提高商品品质和信誉十分有益，而且对采后贮藏、运输、销售过程中的流通提供了极大的方便。因此，为了增强商品的竞争力，相关企业都特别重视产品的包装质量。

4.2.5.2　对包装容器的要求

包装容器应具备的基本条件有以下几点。①保护性：在装饰、运输、堆码中有足够的机械强度，防止园艺产品受挤压碰撞而影响品质；②通透性：利于产品呼吸热的排出及氧气、二氧化碳、乙烯等气体的交换；③防潮性：避免由于容器的吸水变形而致内部产品的腐烂；④清洁、无污染、无异味、无有害化学物质。另外，需保持容器内壁光滑。容器还需卫生、美观、质量轻、成本低、便于取材、易于回收。包装外应注明商标、品名、等级、质量、产地、特定标志及包装日期。从经济效益方面来说,包装投资应根据经营者自身的资金实力及产品利润率进行衡量,防止盲目投资导致资金浪费。包装还可以从一定程度上引导消费,提高产品的附加值。

4.2.5.3 包装的种类和规格

园艺产品的包装可分为外包装和内包装。外包装材料最初多为植物材料,尺寸大小不一,以便于运输。现在外包装材料已多样化,如高密度聚乙烯、聚苯乙烯、纸、木材等都可以作外包装材料。包装容器的长宽尺寸在 GB/T 4892—2008《硬质直方体运输包装尺寸系列》中可以查阅,高度可根据产品特点自行确定;具体形状则以利于销售、运输、堆码为标准,我国目前外包装容器的种类、材料、适用范围见表 4-6。

表中各种包装材料各有优缺点,如塑料箱轻便防潮,但造价高;筐价格低廉,大小却难以一致,而且容易刺伤产品;板条箱大小规格便于一致,能长期周转使用,但较沉重,易致产品碰伤、擦伤等。纸箱的质量轻,可折叠平放,便于运输,还能印刷各种图案,外观美观,便于宣传与竞争。另外,纸箱通过上蜡,可提高其防水防潮性能,受湿受潮后仍具有很好的强度而不变形。目前的纸箱几乎都是瓦楞纸板制成。瓦楞纸板是在波形纸板的一侧或两侧,用黏合剂黏合平板纸而成。由于平板纸与瓦楞纸芯的组合不同,可形成多种纸板,常用的有单面、双面及双层瓦楞纸板三种。单层纸板多用作箱内的缓冲材料,双面及双层瓦楞纸板是制造纸箱的主要材料。纸箱的形式和规格多种多样,一般呈长方形,大小按产品要求的容量、堆垛方式及箱子的抗力而定。经营者可根据自身产品的特点及经济状况进行合理选择。

表 4-6 外包装容器种类、材料及适用范围

种类	材料	适用范围
塑料箱	高密度聚乙烯	果蔬
	聚苯乙烯	高档果蔬
纸箱	板纸	果蔬
钙塑箱	聚乙烯、碳酸钙	果蔬
板条箱	木板条	果蔬
筐	竹子、荆条	果蔬
加固竹筐	筐体竹皮、筐盖木板	果蔬
网袋	天然纤维或合成纤维	不易擦伤、含水量少的果蔬

引自:冯双庆,1992。

在良好的外包装条件下,内包装可进一步减少产品受振荡、碰撞、摩擦而引起的机械伤害。工作人员可以通过在底部加衬垫、浅盘杯、薄垫片等内包装或改进包装材料,减少堆叠层数来解决。常见的园艺产品内包装材料种类及作用见表 4-7。除防震作用外,内包装还具有一定的防失水、调节小范围气体体积分数的作用。如聚乙烯包裹或聚乙烯薄膜袋的内包装材料,可以有效地减少园艺产品蒸腾失水,防止萎蔫;但这类包装材料的特点是不利于气体交换,管理不当容易引起二氧化碳伤害。对于呼吸跃变型果实来说,还会引起乙烯的大量积累,加速果实的后熟、衰老,使品质迅速下降。因此,可用膜上打孔法加以解决。打孔的数目及大小根据产品自身特点加以确定,这种方法不仅减少了乙烯的积累,还可在单果包装形成小范围内低氧、高二氧化碳的气调环境，有利于产品的贮藏保鲜。同时应注意合理选择作为内包装的聚乙烯薄膜的厚度，过薄的膜达不到气调效果，过厚的膜则易于引起生理的伤害。一般膜的厚度以0.01～0.03 mm 为宜。内包装的另一个优点是便于零售，为大规模自动售货提供条件。目前超级市场中常见的水果放入浅盘外覆保鲜膜就是一个例子。这种零售用内包装应外观新颖、别致，包装袋上注明产品的商标、品牌、质量、出厂期、产地或出产厂家及有关部门的批准文号、执行标准、条形码等。内包装的主要缺点是不易回收，难以重新利用，导致环境污染。

表 4-7　园艺产品常用的内包装材料种类及作用

种类	作用
纸	衬垫、包装及化学药剂的载体，缓冲挤压
纸或塑料托盘	分离产品及衬垫，减少碰撞
瓦楞插板	分离产品，增大支撑强度
泡沫塑料	衬垫，减少碰撞，缓冲震荡
塑料薄膜袋	控制失水和呼吸
塑料薄膜	保护产品，控制失水

自发性气调薄膜包装（modified atmosphere packaging，MAP）是一种新型的气调贮藏或销售包装，它具有透明、透气和保湿等特点，被广泛地用作新鲜水果蔬菜的采后保鲜包装。MAP 是利用水果装袋密封后自身呼吸要消耗 O_2 和放出 CO_2 的特性，减少袋内氧气含量和增加二氧化碳体积分数，达到自发性气调的作用。MAP 的发展使得许多新鲜水果蔬菜的市场化程度越来越大，在英国和法国 MAP 的商业化程度分别达到了 40％和 25％。塑料薄膜对 O_2 和 CO_2 的渗透性不相同，一般膜对 CO_2 的渗透性较 O_2 大，由呼吸积累的 CO_2 比率就小于相应速度的 O_2 消耗率。塑料薄膜对 O_2 和 CO_2 的渗透比率取决于不同的树脂，大多数聚丙酯在(3～5)∶1之间。自发性气调塑料薄膜包装（MAP）在新鲜果蔬产品上商业化应用的成功，归功于这种薄膜袋具有气调平衡的特性，它能有效地将 O_2 和 CO_2 体积分数控制在 3％～10％，从而有效地抑制酶褐变和病菌生长，减少水分损失。目前用于 MAP 包装的材料主要有不同密度的聚乙烯薄膜（PE）、微孔的高密度薄膜（P-plus）等。此外，塑料薄膜，如聚乙烯、聚丙烯、聚酯和盐酸橡胶等，可通过加热通道进行水果的热缩包装。在使用塑膜包装时还应考虑以下因素：①根据不同果实的生理特性选择适宜的薄膜包装，保持适宜的 O_2 和 CO_2 体积分数；②袋内可增加乙烯吸收剂，防止乙烯的积累；③与杀菌剂配合使用，减少腐烂；④与低温配合，抑制果蔬的生理代谢，延长保鲜期。

根据产品要求选择了适宜的内、外包装材料后，还应对产品进行适当处理方可进行包装，首先产品需新鲜、清洁、无机械伤、无病虫害、无腐烂、无畸形、无各种生理病害，参照国家或地区标准化方法进行等级划分。包装时应处于阴凉处，防日晒、风吹、雨淋。园艺产品在容器内的放置方式要根据自身特点采取定位包装、散装或捆扎包装。产品的包装量应适度，要做到既有利于通风透气，又不会引起产品在容器内滚动、相互碰撞。在切花包装中，花朵不能放在箱子中间，而应靠近两头，在箱内采取分层交替放置。对向地性弯曲敏感的金盏花、水仙、飞燕草等应采用垂直方式包装。包装容器中可放置乙烯吸附剂。一些熏硫产品还可加入 SO_2 吸附剂。纸箱容器可在外面涂抹一层石蜡、树脂防潮。包装加包装物的质量根据产品种类、搬运和操作方式略有差异,一般不超过(20±1)kg。产品装箱时应轻拿轻放,根据各种产品抗机械损伤能力的不同选取不同的装箱深度,下列为几种果蔬采用的最大装箱深度:苹果 60 cm,洋葱 100 cm,甘蓝 100 cm,梨 60 cm,胡萝卜 75 cm,马铃薯 100 cm,柑橘 35 cm,番茄 40 cm。产品装箱完毕后,还必须对品质、质量、等级、规格等指标进行检验,检验合格者方可捆扎、封钉成件。对包装箱的封口原则为:简便易行、安全牢固。纸箱多采用黏合剂封口,木箱则采用铁钉封口。木箱、纸箱封口后还可在外面捆扎加固,多用的材料为铝丝、尼龙编带,上述步骤完成后对包装进行堆码。目前多采用"品"字形堆码,垛应稳固,箱体间、垛间及垛与墙壁间应留有一定空隙,便于通风散热。垛高根据产品特性、包装容器、质量及堆码机械化程度来确定。若为冷藏运输,堆码时应采取相应措施防止低温伤害。

4.2.6 其他采后处理

4.2.6.1 预贮愈伤

新鲜园艺产品采后含有大量的水分和热量,必须及时降温,排出田间热和过多的水分,愈合收获或避免运输过程中造成的机械损伤,才能有效地进行贮藏保鲜。其主要目的是:①散发田间热,降低品温,使其温度尽快降低到适宜的贮运温度;②愈合伤口,在适宜的条件下机械损伤能自然愈合,增强组织抗病性;③适当散发部分表面水分,使表皮软化,可增强对机械损伤的抵抗力;④表面适量失水后形成柔软的凋萎状态可抑制内部水分继续蒸发散失,而有利于保持产品的新鲜状态;⑤经过适当预贮后,已受伤的表皮组织往往变色或腐烂,易于识别,便于挑选时剔除,可以保证商品品质。

(1)预贮　是部分园艺产品采后重要的预处理环节。预贮一般用于含水量很高、生理作用旺盛的产品。因为此类产品采收时含水量很高,组织脆嫩,所以贮运中很容易发生机械损伤。此外,它们的呼吸作用和蒸腾作用很旺盛,如不经预贮,直接包装入库或运输,就会增大库内或车内相对湿度,有利于微生物的生长繁殖,从而导致产品的大量腐烂。如在北方,叶菜类在贮藏之前都要经适当预贮,从菜体内排出部分水分,使外叶适度萎蔫,以减少以后的机械损伤,同时还可降低贮藏环境的湿度,从而获得较好的贮藏效果。葱蒜类产品在贮藏、运输前也要预贮。往往采用晾晒的方法,使外层鳞片充分干燥,形成膜质保护层,对贮藏运输十分有利。

预贮时必须注意:防止在预贮过程中产品受冻,防止预贮过度,产品失水过多。产品受冻会使内部细胞因结冰而破坏细胞的结构,使园艺产品的品质劣变,同时也使细胞内正常的生理代谢遭受破坏直至细胞死亡,失去产品的耐贮性和抗病性。预贮过度会引起产品萎蔫,品质下降,加速呼吸代谢过程。这是因为失水过多引起菜体内部细胞发生"水分胁迫",引起呼吸代谢加快,养分消耗加剧,不利于贮藏。以大白菜为例,预贮失水超过 10%,贮藏期间叶片很快就会黄化、衰老、脱落,自然损耗增大。一般产品预贮失水在 3%～5%为宜。所以,产品的预贮要根据收获时的气温、风速以及产品的含水量来确定预贮的时间,一般预贮 1～2 d 为宜。

(2)愈伤(healing)　园艺产品在采收过程中,很难避免各种机械伤害,即使很小的损伤,也会招致微生物侵染而引起腐烂。收获后的园艺产品,如薯类受到机械损伤,在预贮过程中,若条件适宜,轻微伤口会自然产生木栓愈伤组织,逐渐使伤口愈合,这是生物适应环境的一种特殊功能。利用这种功能,人为地创造适宜的条件可以加速产品愈伤组织的形成,即称为愈伤处理。薯类和葱蒜类园艺产品,如马铃薯、洋葱、大蒜、芋头、山药等采收后,在贮藏前常进行愈伤处理以增强其耐贮性和抗病性,可以获得很好的贮藏效果。

在愈伤过程中，周皮细胞的形成要求高温高湿的环境条件。如马铃薯块茎采后保持在18.5 ℃以上2 d，而后在7.5～10 ℃和相对湿度90%～95%时，保持10～12 d，可延长贮藏期，减少腐烂。山药在38 ℃和相对湿度95%～100%时愈伤24 h，可完全抑制表面微生物的生长，取得较好的贮藏效果。甘薯的愈伤处理一般是在温度为32～35 ℃，相对湿度为85%～90%的条件下预贮4 d，这不仅能愈合伤口而且能增强园艺产品抵抗力，防止病菌侵染，温度过低或高于36 ℃都不利于愈伤组织的形成，会降低愈伤和贮藏的效果。愈伤时也有要求湿度较低的，如洋葱、大蒜，在收获后经过晾晒，使外部鳞片干燥，一方面可以减少微生物侵染，另一方面对鳞茎的伤口有愈合作用，对贮藏有利。

4.2.6.2 保鲜防腐处理

园艺产品采收后仍是一个活的生命体，进行着一系列生理生化活动，如蒸腾作用、呼吸作用、乙烯释放、蛋白质降解、色素转化等。园艺产品贮藏过程是组织逐步走向成熟和衰老的过程，而衰老又与病害的发展形成紧密的联系。为了延长园艺产品的货架期，达到抑制衰老、减少腐烂的目的，可在园艺产品采收前后进行保鲜防腐处理，这是园艺产品贮藏保鲜的一种重要技术措施，直接影响其贮运效果。目前保鲜防腐技术有物理处理、化学处理和生物防治等方法，其中化学药剂处理仍然是当前广泛采用的防腐保鲜技术，保鲜剂的主要成分是杀菌物质和生长调节物质。

园艺产品贮运中常用的防腐保鲜处理，主要包括以下几类：

(1)植物激素类　根据对园艺产品的作用植物激素类可分为三种：生长素类、生长抑制剂类和细胞分裂素。

常见的生长素类为：①2,4-D(2,4-二氯苯氧乙酸)，可溶于热水和乙醇。它在柑橘上使用，能抑制离层形成，保持果蒂新鲜不脱落，抑制各种蒂腐性病变，减少腐烂，延长贮藏寿命。四川省各柑橘产区都进行两次2,4-D喷洒，一次在采收前1个月，用量为50～100 $mg\cdot L^{-1}$，另一次为采收后3 d内，用量为100～250 $mg\cdot L^{-1}$。用2,4-D处理花椰菜或其他绿色园艺产品可以延迟它们的黄化，花椰菜在采收前1周用100～500 $mg\cdot L^{-1}$ 2,4-D处理可以减少贮藏中脱帮。②IAA(吲哚乙酸)、NAA(萘乙酸)。花椰菜与甘蓝用含50～100 $mg\cdot L^{-1}$的NAA碎纸填充包装物时，失重和脱帮都减轻；用40 $mg\cdot L^{-1}$ NAA喷洒洋葱叶片，可延长葱球的贮藏寿命。IAA对番茄完熟的抑制作用发生在早期，后期无效果。

常见的生长抑制剂为：①MH(青鲜素)，主要作用为抑制洋葱、胡萝卜、马铃薯的发芽。洋葱应在采前10～14 d用MH溶液喷洒，因为此时物质的移动活跃。若将采后的洋葱浸在MH溶液中也有抑制发芽的效果，但是如果将鳞茎的根部切掉后浸泡，则会增加腐烂。②B9(丁酰肼)，化学名N-二甲氨基琥珀酰胺酸。B9可延缓叶用鲜花衰老，抑制花朵腐烂变色，延长一些花卉的寿命，但禁止在花生上使用。③CCC(矮壮素)，叶用莴苣浸CCC溶液后，货架期延长1倍。它还能延迟青花菜和石刁柏品质败坏的时间，但对蘑菇的衰老则无抑制作用。

常见细胞分裂素为：①BA(化学名苄基腺嘌呤)，它可以使叶菜类、辣椒、青豆类、黄瓜等保持较高的蛋白质含量，因而延缓叶绿素的降解和组织衰老，这种作用在高温下贮藏效果更为明显。用5～20 $mg\cdot L^{-1}$ BA处理花椰菜、菜豆、莴苣、萝卜、大葱和甘蓝，可明显延长它们的货架期。②Ki(激动素)，作用与BA类似，而延缓莴苣衰老的效果优于BA。将这两种细胞分裂素与其他生长激素类混用，延缓衰老效果可进一步加强。另外，还可用GA(赤霉素)抑制产品呼吸强度，推迟跃变型果实呼吸高峰的到来，延迟果实着色。

(2)化学防腐剂类　病害是园艺产品采后损失的重要原因,它对园艺产品的侵染分成两种类型:一种是采前侵染,又称潜伏侵染,它在果蔬的生长过程中就侵入到体内;另一种是采后侵染,是在园艺产品采后贮藏过程中,通过机械伤口或表皮自然孔道侵入的。采前、采后侵染都能造成产品贮藏和运输过程中的腐烂。随着园艺产品组织的衰老,其抗病能力下降,潜伏侵染的病菌孢子的活动加速采后腐烂,这往往发生在贮藏后期。由此可见,要保持产品的货架期,必须减少病原菌的数量,抑制后熟过程,延缓衰老,同时防止病害的发生。为了达到上述目的,人们在实际生产中往往采用杀真菌剂来处理产品,减少腐烂。

目前使用的化学防腐剂种类很多,常见防腐剂有以下几种。①仲丁胺制剂:化学名为2-氨基丁烷,有强烈挥发性,具有高效低毒的特点,常用的仲丁胺制剂产品有克霉灵、保果灵。克霉灵为含50%仲丁胺的熏蒸剂,适用于不宜清洗的水果和蔬菜。使用时将克霉灵沾在棉花球、布条或纸条上,与产品一起密闭12 h,让其自然挥发,用药量需考虑品种的特性及单面积内的贮藏量,一般为14 $g·L^{-1}$,药物须均匀扩散,尽量不与产品直接接触。保果灵的适用范围则是一些能清洗的果蔬。用仲丁胺熏蒸剂或溶液处理青椒、黄瓜、菜豆等,都有较好的防腐保鲜效果。②山梨酸:化学名2,4-己二烯酸。防腐机制是通过与微生物酶系统中的巯基结合,破坏酶的活性而达到抑制酵母菌、霉菌和好气性细菌生长的目的。它既可浸泡、喷洒,又可涂被在包装膜上发挥功效。③苯并咪唑类杀菌剂:此类杀菌剂包括托布津、多菌灵、苯菌灵。它们对青霉菌、绿霉菌等真菌有良好的抑制作用,能透过产品表皮角质层发挥作用,是一种高效、无毒、广谱的内吸性防腐剂。苯并咪唑类杀菌剂与2,4-D混合使用,达到防腐、保鲜的双重功效,比单独使用2,4-D的防腐效果提高15%。另外TBZ(噻菌灵)、苯诺米尔等也具有很好的防腐效果。如马铃薯采后用500 $mg·L^{-1}$苯诺米尔浸渍,或用500 $mg·L^{-1}$TBZ处理,都对其贮藏有利。

(3)乙烯脱除剂　乙烯作为园艺产品的一种成熟衰老激素,它的积累可加速园艺产品向衰老的转化,使商品品质下降、货架期缩短、经济效益降低。因此,应及时除去容器中的乙烯,延长产品的贮藏期。

乙烯的脱除可采用物理方法或化学方法。常用物理吸附型乙烯脱除剂有活性炭、氧化铝、硅藻土、活性白土等。它们都是多孔性结构,使用方法简便易行,且价格低廉。但此类物质的吸附量有限,受环境影响大,达到饱和后有解吸的可能。化学吸附又可分为氧化吸附型和触媒型乙烯脱除剂。氧化吸附型乙烯脱除剂多采用将高锰酸钾等强氧化剂吸附于表面积大的多孔质吸附体表面的方法,通过强氧化剂与乙烯反应除去。触媒型的则是用特定的有选择性的金属、金属氧化物或无机酸催化乙烯的氧化分解。它适用于脱除低浓度的内源乙烯,具有使用量少、反应速度快、作用时间持久的优点。

(4)气体调节剂　主要包括脱氧剂、CO_2发生剂、CO_2脱除剂等,主要用于调节小环境中O_2和CO_2的体积分数,达到气调贮藏效果,使产品在贮期内品质变化降至最小。

(5)其他保鲜处理　对于切花类园艺产品,可在光照为1 000 lx,温度20～25 ℃,相对湿度35%～80%的条件下,用糖液短期浸泡处理花茎基部,可以提高贮运后切花的观赏品质。

上述防腐保鲜处理,可很好地保持原有产品的固有特性,是园艺产品商品化处理的一项重要环节。水果、蔬菜一般都是直接食用,加之果蔬贮藏中的病害种类很多,特性不一,所以无论何种防腐剂都应做到无毒、低残留量、高效、使用方便,并根据卫生部门要求按规定剂量使用。不当的防腐保鲜处理可能出现以下两个问题:①防腐剂频繁使用导致病害孢子产生抗药性;

②药物残留对环境和消费者健康的危害。因此，人们对防腐剂、生长激素类物质的使用逐渐采取谨慎态度，并积极研究新型的、效果更优的替代产品。随着人们对身体健康的重视，目前防腐剂的研究正朝着天然物质或生物制剂方向发展。

4.2.6.3　催熟与脱涩

(1)催熟　是指销售前用人工方法促使果实成熟的技术。果蔬采收时，往往成熟度不够或不整齐，食用品质不佳或虽已达食用程度但色泽不好，为保障这些产品在销售时达到完熟程度，确保最佳品质，常需采取催熟措施。催熟可使产品提早上市或使未充分成熟的果实达到销售标准和最佳食用成熟度及最佳商品外观。催熟多用于香蕉、苹果、梨、番茄等果实上，应在果实接近成熟时应用。

乙烯、丙烯、燃香等都具有催熟作用，尤其以乙烯的催熟作用最强，但由于乙烯是一种气体，使用不便。因此，生产上常采用乙烯利(2-氯乙基磷酸)进行催熟。乙烯利是一种液体，在 $pH>4.1$ 时，即可释放乙烯。催熟时为了使催熟剂能充分发挥作用，必须有一个气密性良好的环境，大规模处理时用专门的催熟室，小规模处理时采用塑料密封帐。待催熟的产品堆码时需留出通风道，使乙烯分布均匀。温度和湿度是催熟的重要条件。温度一般以 21～25 ℃的催熟效果较好。湿度也应适宜，过高容易使果蔬感病腐烂，过低容易使果蔬萎蔫，一般以 90%左右为宜。催熟处理 2～6 d 后即可达到效果。此外，催熟处理还需考虑气体条件。处理时应充分供应 O_2，减少 CO_2 的积累，因为 CO_2 对乙烯的催熟效果有抑制作用。为使催熟效果更好，可采用气流法，用混合好的浓度适当的乙烯不断通过待催熟的产品。

香蕉为便于贮运，一般在绿熟坚硬时采收，此时的香蕉品质差不能食用，销售前必须进行催熟处理。如在 20 ℃和相对湿度 80%～85%的条件下，向装有香蕉的催熟室中加入 $100\ mg \cdot m^{-3}$ 的 C_2H_4，处理 1～2 d，果皮稍黄便可取出；也可在一定温度下用乙烯利稀释液喷洒或浸泡，然后将香蕉放入密闭室内，3～4 d 后果皮变黄取出即可。若上述条件均不具备，也可将香蕉直接放入密闭环境，通过自身释放乙烯达到催熟的目的，此法温度应保持在 22～25 ℃，相对湿度应为 90%左右。

番茄为了提早上市或由于夏季温度过高，果实在植株上很难着色，常需在绿熟期采收，食用前进行人工催熟。催熟后不但色泽变红，而且品质也进一步改善。常用的催熟方法是用 $4\ 000\ mg \cdot L^{-1}$ 的乙烯利溶液浸果，稍晾干后装于箱中，塑料薄膜帐密闭，在室温 20～28 ℃时，经过 6～8 d 即可成熟。另外，在温度较高的地方，果实也可以成熟，但时间较长，在此过程中果实容易萎蔫，甚至腐烂。

(2)脱涩　涩味产生的主要原因是单宁物质与口舌上的蛋白质结合，使蛋白质凝固，味觉下降所致。单宁存在于果肉细胞中，食用时因细胞破裂而流出。脱涩的原理为：涩果进行无氧呼吸时产生一些中间产物，如乙醛、丙酮等，它们可与单宁物质结合，使其溶解性发生变化，单宁变为不溶性，涩味即可脱除。

常见的脱涩方法有：温水脱涩、石灰水脱涩、乙醇脱涩、高二氧化碳脱涩、脱氧剂脱涩、冰冻脱涩、乙烯及乙烯利脱涩，这几种方法脱涩效果良好，经营者可根据自身状况合理选择适当的脱涩方式。

综上所述，现代果蔬商品化处理包装厂整合了果蔬采后的多种处理措施，从原料到商品的综合处理过程，实现了生产与消费的有机连接，并通过该过程实现产品增值，因而是园艺产品生产和消费中非常重要的环节。

4.3 园艺产品的运输与销售

4.3.1 运输

4.3.1.1 运输的目的和意义

由于受气候分布的影响,园艺产品的生产有较强的地域性,园艺产品采收后,除少部分直接在原产地供应外,大部分产品需要经过长距离转运到异地进行销售。为了实现异地销售,运输在生产与消费之间起着桥梁作用,是商品流通中必不可少的重要环节。园艺产品包装以后,只有通过各种运输环节,才能达到消费者手中,实现产品的商品价值。

随着人民生活水平的提高,人们对园艺产品的数量、品质、品种的要求越来越高,同时园艺产品生产受地域的限制,又必须周年供应,均衡上市,调剂余缺,这样对运输就提出了更高的要求。良好的运输必将对经济建设产生重大影响,具体体现在:①通过运输满足人们的生活需要,有利于提高人民的生活水平和健康水平;②运输的发展也推动了新鲜水果蔬菜的生产增长;③对货畅其流、加速周转、提高流通效率,运输是一个重要的环节;④一部分园艺产品通过运输出口创汇,换回我国经济建设所需物资。园艺产品出口的品质和交货期,直接关系到我国对外信誉和外汇收入。

4.3.1.2 运输对环境条件的要求

良好的运输效果除了要求园艺产品本身具有较好的耐贮运性外,同时也要求有良好的运输环境条件,这些环境条件具体包括振动、温度、湿度、气体成分、包装、堆码与装卸等六个方面。

(1)振动　在园艺产品运输过程中,由于受运输路线、运输工具、货品的堆码情况的影响,产品振动经常出现。园艺产品是一个活的有机体,机体内在不断地进行旺盛的代谢活动。剧烈的振动会给园艺产品表面造成机械损伤,促进乙烯的合成,加快果实成熟;同时,伤口易引起微生物的侵染,造成园艺产品的腐烂;另外,伤害也会导致果实呼吸高峰的提前出现和代谢的异常。凡此种种都会影响园艺产品的贮藏性能,造成巨大的经济损失,所以在园艺产品运输过程中,应尽量避免振动或减轻振动。振动通常以振动强度表示,它表示普通振动的加速度大小。振动强度受运输方式、运输工具、行驶速度,货物所处的位置的影响。一般铁路运输的振动强度小于公路运输,海路运输的振动强度又小于铁路运输。铁路运输中,车厢的振动强度通常都小于1级;公路运输其振动强度则与路面状况、卡车车轮数目有密切关系。

(2)温度　是园艺产品运输过程中的一个重要因素。随着温度的升高,园艺产品机体的代谢速率、呼吸速率、水分消耗都会大大加快,结果促进果实快速成熟,影响果实的新鲜度和品质;温度过低,会给园艺产品造成冷害,影响其耐贮性。根据运输过程中温度的不同,园艺产品的运输分为常温运输和低温运输。常温运输中的货厢温度和产品温度易受外界气温的影响,特别是在盛夏和严冬时,这种影响更大。冬季,“南菜北运”,外界温度不断降低,应注意做好保温工作,防止产品受冻;夏季,“北果南运”,温度不断升高,应做好降温工作,防止产品的大量腐烂。低温运输受环境温度的影响较小,温度的控制要受冷藏车或冷藏箱的结构及冷却能力的影响,而且也与空气排出口的位置和冷气循环状况密切相关。实验证明,采用较为适宜的低温，可降低果实的呼吸率，延长其贮藏期，国际制冷学会对新鲜果蔬运输的建议温度见表 4-8。

表 4-8　新鲜水果、蔬菜运输的推荐温度

种类	冷链运输温度/ ℃	
	1～2 d	2～3 d
水果		
苹果	3～10	3～10
蜜柑	4～8	4～8
甜橙	4～10	2～10
柠檬	8～15	8～15
葡萄	0～8	0～6
桃	0～7	0～3
杏	0～3	0～2
李	0～7	0～5
樱桃	0～4	未推荐
草莓	1～2	未推荐
菠萝	10～12	8～10
香蕉	12～14	12～14
板栗	0～20	0～20
甜瓜	4～10	4～10
蔬菜		
石刁柏	0～5	0～2
花椰菜	0～8	0～4
甘蓝	0～10	0～6
薹菜	0～8	0～4
莴苣	0～6	0～2
菠菜	0～5	未推荐
辣椒	7～10	7～8
黄瓜	10～15	10～13
菜豆	5～8	未推荐
食荚豌豆	0～5	未推荐
南瓜	0～5	未推荐
番茄(未熟)	10～15	10～13
番茄(成熟)	4～8	未推荐
胡萝卜	0～8	0～5
洋葱	−1～20	−1～13
马铃薯	5～10	5～20

引自：李家庆，2003。

(3)湿度　园艺产品属鲜活产品,其水分含量为85%~95%。运输环境中的湿度过低,加速水分蒸腾导致产品萎蔫;湿度过高,易造成微生物的侵染和生理病害。在园艺产品运输过程中保持适宜稳定的空气湿度能有效地延长产品的贮藏寿命,为了防止水分过分蒸腾,可以采用隔水纸箱或在纸箱中用聚乙烯薄膜铺垫的方法或定期喷水提高运输环境中的空气湿度。

(4)气体成分　除气调运输外,新鲜果蔬因自身呼吸、容器材料性质以及运输工具的不同,容器内气体成分也会有相应的改变。使用普通纸箱时,因气体分子可从箱面上自由扩散,箱内气体成分变化不大,CO_2 的体积分数一般不超过0.1%;当使用具有耐水性的塑料薄膜贴附的纸箱时,气体分子的扩散受到抑制,箱内会有 CO_2 气体积累,积聚的程度因塑料薄膜的种类和厚度而异。

(5)包装　可保持与提高果蔬的商品价值,方便运输与贮藏,减少流通过程的损耗,有利于销售。包装所用的材料要根据果蔬种类和运输条件而定。常用的材料有纸箱、塑料箱、木箱、铁丝筐、柳条筐、竹筐等,抗挤压的蔬菜也有采用麻布包、草包、蒲包、化纤包等包装。近年来纸箱、塑料箱包装发展较快。国外园艺产品的运输包装主要以纸箱、塑料箱为主。

(6)堆码与装卸　园艺产品的装运方法与货物的运输质量高低有非常重要的关系,常见的装车法有"品"字形装车法,"井"字形装车法,"一二三,三二一"装车法,筐口对装法等。无论采用哪种装运方法都必须注意尽量利用运输工具的容积,并利于内部空气的流通。新鲜园艺产品流通过程中,装卸是必不可少的重要环节,常见的装卸工具有集装箱、托盘,其中集装箱是一种便于机械化装卸和运输的大型货箱。

4.3.1.3　运输方式及工具

(1)公路运输　园艺产品的公路运输是目前最重要的运输方式。汽车运输虽然成本高、载运量小、耗能大、劳动生产率低等不利方面,但是它具有投资少、灵活方便、货物送达速度快等特点,特别适宜于短途运输,可减少转运次数,缩短运输时间。在发达国家由于高速公路网遍及各地,汽车性能好,组织服务规范,因而公路运输在园艺产品运输中占有相当的地位。随着我国高速公路的大力发展,冷藏运输车性能的不断提高,公路运输在园艺产品运输中发挥着越来越大的作用。

(2)铁路运输　特点是运输量大,约占我国园艺产品运输的30%,具有运价低、受季节性影响小、运输速度快、连续性强等特点。运输成本略高于水运干线,为汽车平均运输成本的1/20~1/15,最适于大宗货物的中长距离运输。目前,铁路运输中一般采用普通棚车、机械保温车、加冰冷藏车进行运输。我国机械保温车数量仍相当有限,远不能满足园艺产品运输的要求,从而限制了园艺产品铁路运输的发展。

(3)水路运输　我国幅员辽阔,江河纵横,海岸线长,沿江河湖海之滨多为新鲜水果、蔬菜盛产地,所以水路运输也是园艺产品运输的重要方式。以冷藏船为代表的水路运输是园艺产品出口的重要运输渠道。其特点是运输成本低,海运价格是铁路的1/8,公路的1/40;耗能少,运输过程平稳,产品所受机械损伤较轻。但因受自然条件的限制,水运的连续性差、速度慢、联运货物要中转换装等,延缓了货物的送达速度,也增加了货物损失。近年来冷藏集装箱的发展使园艺产品的水路运输得到了进一步的发展。

(4)航空运输　运送速度快，平均送达速度比铁路快6～7倍，比水运快29倍，但运输成本高、运量小、耗能大。目前在园艺产品运输上只能用于一些特需或经济价值很高的园艺产品的运输。

近年来，集装箱运输已发展成为一种新的运输方式。它是将一批小包装货物集中装在大型箱中，形成整体，便于装卸运输。冷藏集装箱是在集装箱的基础上，增加隔热层和制冷装置及加温设施，确保箱内温度为果蔬贮藏所需的温度条件。一般冷藏集装箱分6.1 m和12.2 m，载重分别为20 t和40 t。利用冷藏集装箱运输果蔬，可以从产地装载产品、封箱、设定箱内条件，利用汽车、火车、轮船等多种运输工具，在机械化的集装箱装卸设备的配合下，进行长途运输，节省大量人力、时间，保证在各种运输条件下产品的环境温度始终保持为设定值，保证产品的品质，实现了“门对门”服务，使产品完好地及时地运达目的地。气调集装箱则在冷藏集装箱的基础上，在箱体内加设气密层，并改变箱内的气体成分，即降低氧气体积分数，增加二氧化碳体积分数，使运输的产品保持更加新鲜的品质。控制气体的方法可用气调机对箱内的空气进行循环处理，也可用充氮气的方法来减少氧气。提高二氧化碳体积分数一般是靠产品呼吸作用达到的。在运输途中加强了温度、湿度以及气调成分的调节和控制，使园艺产品运输质量有了明显提高。这对降低运输成本和腐烂率，保持园艺产品良好的品质起到了十分重要的作用。

4.3.2　市场销售

园艺产品采收后经处理、包装、运输等一系列活动，最后到达销售地。园艺产品只有销售出去，才能实现其商品价值。组织好园艺产品的销售工作，能促进人民生活水平的提高和农民收入的增加，促进国民经济的发展。

4.3.2.1　园艺产品的品质评价

品质是衡量产品质量好坏的标准，园艺产品必须从食用品质和商品价值两方面加以综合评价。

(1)食用品质

①新鲜度：表示园艺产品的新鲜程度，新鲜度好的产品比新鲜度差的产品商品价值高，营养成分损伤少，质地口感好。

②成熟度：提供市场销售的园艺产品应具有适宜的成熟度。成熟度不够，果实的色、香、味受到影响；过熟果实则易腐烂、变质，不耐贮藏和运输。

③色泽：良好的色泽可反映园艺产品的品种特性，能给消费者留下美好的印象，在一定程度上能促进消费。

④香气：每种园艺产品都应具有本身特有的芳香气味，芳香气味能给人以愉悦，有利于人们身心健康。

⑤风味：园艺产品要求有鲜美、酸甜、可口的味道。

⑥质地：质地的好坏直接影响园艺产品的口感及其耐贮运性能。

⑦营养：园艺产品含有丰富的对人体有特殊营养价值的维生素、矿物质、微量元素等成分，

长期食用,能调节人体代谢,预防和治疗某些疾病。

(2)商品价值

①商品化处理水平:园艺产品采后的商品化处理水平高低是决定其商品价值的重要因素。商品化处理水平高,其耐贮运性能好、运输损耗少,产品精美的包装也能提高其商品价值。

②抗病性及耐贮运性能:抗病性强、耐贮运性能好的优质园艺产品其商品价值高。

③货架期:新鲜园艺产品能在贮运过程及市场销售中保持其良好的食用品质的期限,称为货架期。这是园艺产品价值高低的重要标志。

4.3.2.2 园艺产品市场特点及对策

(1)园艺产品市场要求做到产品周年供应、均衡上市、品种多样、价廉物美。而园艺产品生产具有季节性、地域性,只有做好园艺产品的贮藏运输工作,才能符合市场要求,这样也有利于保持物价稳定,维护社会经济稳定。

(2)新鲜园艺产品是易腐性农产品,市场流通应及时、畅通,做到货畅其流,周转迅捷,才能保持其良好新鲜的商品品质,减少腐烂损耗。为此需要产、供、销协调配合,尽量实行产销直接挂钩,减少流通环节,提高运输中转效率。逐步建立产地和销售地的批发市场,加强生产者、零售网点与消费者之间的联系,使新鲜园艺产品及时销售到千家万户。

(3)园艺产品商品性强,必须适应市场需要,才能扩大销售。实践表明,只有那些适应市场的产品才能经久不衰。为了了解产品的市场情况,必须加强市场信息调查,预测行情变化趋势,根据调查预测结果有效地组织生产和销售。

4.3.2.3 园艺产品销售渠道

园艺产品销售渠道是指产品从农业生产者到达消费者所经过的途径。园艺产品销售可以分为直接销售和间接销售两大类。直接销售是由园艺产品生产者自己进行的农产品销售;间接销售是园艺产品生产者通过中间商进行的销售。在不同的国家或在同一国家的不同地区,由于商品经济发展程度不同,以及不同园艺产品的自然属性存在一定差异,选择直接销售还是间接销售,不仅取决于农业生产者对经济效益优劣的判断,也受到经济条件的制约。影响因素主要包括:①产品本身性质与利用方式的差异,如作为加工原料或直接食用的差异;②农业生产经营规模和商品经济发达程度;③农产品市场的价格稳定程度、利润大小和风险程度;④市场距离远近和交通运输条件;⑤消费者的生活方式和消费倾向。目前,我国园艺产品的销售方式主要有以下几种:①园艺产品生产者通过当地农贸市场的直接销售;②通过果蔬专业化批发市场的销售;③通过综合连锁超市的销售;④通过网络电子商务销售等。但随着人民生活水平的提高和农业产业结构的调整,园艺产品生产的区域化、专业化趋势日益增强,园艺产品通过直接销售的份额越来越少,而通过果蔬专业化批发市场、综合连锁超市销售份额日益增多,并成为我国园艺产品的主要销售渠道。此外,网络电子商务也成为当前园艺产品销售的一个重要渠道。

总之,园艺产品的采后处理对提高商品价值,增强产品的耐贮运性能具有十分重要的作用。对园艺产品的采后处理流程简要总结,如图 4-1 所示,以供参考。

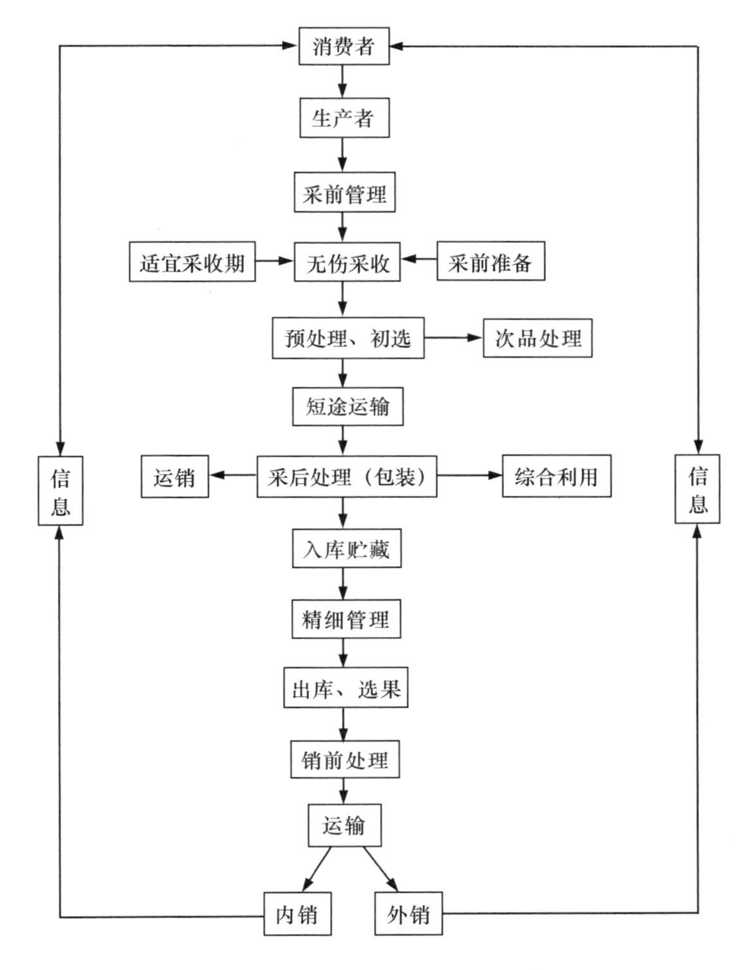

图 4-1　园艺产品采后处理流程示意图

思考题

1. 简述园艺产品成熟度的区别方法。
2. 园艺产品采收的方法及应注意的问题有哪些？
3. 简述园艺产品采后商品化处理的主要方法及流程。
4. 保鲜防腐剂的种类有哪些？如何使用？
5. 简述园艺产品采后运输的特点及方式。

推荐参考书

[1] 程运江. 园艺产品贮藏运销学. 2 版. 北京：中国农业出版社，2011.
[2] 秦文，王明力. 园艺产品贮藏运销学. 北京：科学出版社，2019.
[3] Kader A A. Postharvest technology of horticultural crops. New Delhi：New India Publishing Agency，1992.

参考文献

[1] 程运江. 园艺产品贮藏运销学. 2版. 北京:中国农业出版社,2011.

[2] 冯双庆. 第23届国际园艺大会果蔬采后生理研究动态. 北京农业大学学报,1992(1):115-116.

[3] 李家庆. 果蔬保鲜手册. 北京:中国轻工业出版社,2003.

[4] 秦文,王明力. 园艺产品贮藏运销学. 北京:科学出版社,2019.

[5] Kader A A. Postharvest technology of horticultural crops. New Delhi: New India Publishing Agency,1992.

[6] Verma L R,Joshi V K. Postharvest technology of fruits and vegetables handing processing,fermentation and waste management. New Delhi:Indus publishers,2000.

第5章

园艺产品采后病害及其防治

本章学习目的与要求

1. 了解园艺产品采后生理失调的起因、特征及防治方法。

2. 熟悉引起园艺产品采后腐烂的主要病原菌的种类、侵染过程、病害症状，以及主要防治措施。

园艺产品采后在贮藏、运输、销售过程中有可能发生一系列的生理、病理变化,最后导致品质恶化(deterioration)。引起园艺产品采后品质恶化的主要因素有:生理变化(physiological change)、物理损伤(physical damage)、化学伤害(chemical injury)和病害腐烂(pathological decay)。尽管新鲜的园艺产品品质恶化受诸多因素的影响,但病害是最主要原因。据报道,发达国家有10%~20%的新鲜果蔬损失于采后的腐烂,而在缺乏贮运冷藏设备的发展中国家,其腐烂损失率高达50%。我们应该积极开展园艺产品采后贮藏的理论和技术研究,在降低采后损失的同时,维持或提高其品质,提高消费者的健康水平,践行党的二十大提出的绿色发展,减少碳排放,建设美丽家园,提高人民健康水平的发展理念。

园艺产品采后在贮、运、销期间发生的病害统称为采后病害(postharvest diseases)。园艺产品的采后病害可分为两大类,一类是由非生物因素,如环境条件恶劣或营养失调引起的非侵染性生理病害,又叫生理失调(physiological disorder);另一类是由病原微生物的侵染而引起的侵染性病害,也统称为病害腐烂(pathological decay)。

5.1 采后生理失调

园艺产品采后生理失调是由不良因子引起的不正常的生理代谢变化,常见的症状有褐变(browning)、黑心(black heart)、干疤(dry blotch)、斑点(pitting)、组织水浸状(water-soaking)等。果蔬产品采后生理失调的种类分为:温度失调(temperature disorders),营养失调(nutritional disorders)、呼吸失调(respiratory disorders)和其他失调(miscellaneous disorders)。常见生理失调的主要有以下几种。

5.1.1 温度失调

温度失调主要指低温伤害。园艺产品采后贮藏在不适宜的低温下产生的生理病变叫低温伤害(low temperature injury)。低温伤害又分为冷害(chilling injury)和冻害(freezing injury)两种。

5.1.1.1 冷害

低温伤害是园艺产品贮藏中一种常见的生理病害。冷害是由于贮藏的温度低于产品最适贮温的下限所致,它本质上又不同于冻害,冷害发病的温度在产品组织的冰点之上,一般指0 ℃以上的不适低温伤害。冷害出现的温度范围因园艺产品的种类而异,通常为0~15 ℃。冷害可能发生在田间或采后的任何阶段,不同种类的园艺产品对低温冷害的敏感性也不一样。一般来说,热带水果(如香蕉、凤梨、杧果等)对低温特别敏感,亚热带的果蔬(如柑橘、龙眼、杨桃等)次之,温带水果(桃和苹果)相对较轻。对低温敏感的产品,在不适低温下存放的时间越长,冷害的程度就越重,造成的经济损失也越大。

冷害发生的机理主要是由于果实处于临界低温时,其氧化磷酸化作用明显降低,引起以ATP为代表的高能量短缺。细胞组织因能量短缺分解,细胞膜透性增加,功能丧失,在角质层下面积累了一些有毒的能穿过细胞膜的挥发性代谢产物,导致果实表面产生干疤、异味,对病原菌的易感性(sensitivity)增加。另外,在冷害温度下,生物膜出现相变,即生物膜由流动相转为凝胶相。这种相变引起生物膜透性增加、细胞内区室化破坏,园艺产品出现代谢平衡破坏和生理失调。由于脂类是生物膜的重要组成成分,其不饱和程度与生物膜的稳定性密切相关。有研究表明:桃果实中较高的脂肪酸不饱和程度(用双键指数表示)有利于在低温逆境下维持生物膜的稳定性,从而避免冷害的发生。另外,冷害对生物膜的破坏会造成一系列级联反应,包括促进合成乙烯、增加呼吸作用、打乱能量代谢、积累有毒物质(如乙醇、乙醛),以致破坏细胞和亚细胞的结构。

冷害的症状主要是导致局部组织坏死,表现为表皮凹陷,干疤,斑点,出现组织水浸状,内部褐变,黑心,不能正常后熟,衰老加速和腐烂增加(彩图6和彩图7)。产生冷害的园艺产品的外观和内部症状也因其种类不同而异,并随受害组织的类型变化而变化。例如:桃、凤梨、杧果和红毛丹,以果皮或果肉褐变为多;鳄梨、葡萄柚和柠檬及其他柑橘果实,以干疤常见;香蕉冷害后,表皮呈现灰白色;果皮较薄或软化的西红柿、黄瓜和番木瓜,则出现表皮水浸状,并不能正常成熟。同时,不同果蔬产品发生冷害的温度也不一样,几种主要果蔬产品的冷害临界温度及症状,如表5-1所示。

表5-1　几种主要果蔬产品的冷害临界温度及症状

品种	冷害临界温度/℃	症　状
苹果	2.2～3.3	内部褐变,褐心,表面烫伤
桃	2～5	果皮出现水浸状,果心或果肉褐变,味淡
香蕉	11.7～13.3	果皮出现水浸暗绿色斑块,表皮内出现褐色条纹,中心胎座变硬,成熟延迟
杧果	10～12.8	果皮色黯淡,出现褐斑,后熟异常,味淡
荔枝	0～1	果皮黯淡,色泽变褐,果肉出现水浸状
龙眼	2	内果皮出现水浸状或烫伤斑点,外果皮色变暗
柠檬	10～11.7	表皮下陷,油胞层发生干疤,心皮壁褐变
凤梨	6.1	皮色黯淡,褐变,冠芽萎蔫,果肉水浸状,风味差
红毛丹	7.2	外果皮和软刺褐变
蜜瓜	7.2～10	表皮出现斑点、凹陷、水浸状,易腐烂
南瓜	10	瓜肉软化,容易腐烂
黄瓜	4.4～6.1	表皮水浸状,褐变
木瓜	7.2	表皮凹陷,不能正常成熟
甘薯	12.8	表皮凹陷,腐烂,内部退色
马铃薯	0	产生不愉快的甜味,煮时色变暗
番茄	7.2～10	成熟时颜色不正常,表皮出现水浸状斑点,变软,腐烂
茄子	7.2	表面烫伤,凹陷,腐烂
蚕豆	7.2	凹陷,赤褐色斑点

引自:Lutz J M和Hardenhurg R E,1968;Pantastica E B,1975。

影响冷害的因素除与果蔬种类、品种有关外,还受其成熟度的影响。一般成熟度低的果实对冷害更敏感,如绿色香蕉在14 ℃下贮藏16 d就会发生冷害,坚熟期的番茄可以在0 ℃下贮藏42 d。这是因为成熟度较高的果实可溶性固性物含量较高,果实组织对低温的抵抗力较强。然而,为了避免冷害,最好将果蔬产品贮藏在其冷害的临界温度之上。另外,采后用某些外源化学物质处理,如经水杨酸(salicylic acid,SA),茉莉酸甲酯(methyl jasinate,MJ),草酸(oxlic acid,OA)等处理可以提高桃、杧果、黄瓜等果蔬的抗冷性。通过打蜡或使用半透气性薄膜袋包装,以及分步降温、间隙式升温或变温贮藏等都有利于控制园艺产品的冷害。

5.1.1.2　冻害

冻害发生在园艺产品的冰点温度以下,主要导致细胞结冰破裂,组织损伤,使园艺产品出现萎蔫、变色和死亡(彩图 8 和彩图 9)。蔬菜冻害后一般表现为水泡状,组织透明或半透明,有的组织产生褐变,解冻后有异味。园艺产品的冰点温度一般比水的冰点温度(0 ℃)要低,这是由于细胞液中有一些可溶性物质(主要是糖)存在,所以越甜的果实其冰点温度就越低,而含水量越高的园艺产品越易产生冻害。当然,园艺产品的冻害温度也因种类和品种而异,如莴苣在-0.2 ℃下就产生冻害,果实含糖量达 21%的甜樱桃在-3 ℃以下才会产生冻害,可溶性固形物含量高的大蒜和板栗分别在-4 ℃和-2 ℃下贮藏也很安全。因此,根据园艺产品对冻害的敏感性可将它们分为最敏感型、敏感型和轻度敏感型三类,几种主要果蔬产品对低温的敏感程度如表 5-2 所示。有的产品(如洋葱)轻微的冻伤还可恢复,但大多数蔬菜则不行。

表 5-2　几种主要果蔬产品对低温的敏感程度

最敏感型品种	鳄梨、香蕉、杧果、菠萝、木瓜、椰子、番荔枝、红毛丹、莲雾、桃、甜菜、甘蓝、根芥菜
敏感型品种	李、杏、枇杷、柑橘、柿、龙眼、荔枝、番茄、蚕豆、黄瓜、茄子、莴苣、甜椒、马铃薯、甘薯、夏南瓜、菠菜
轻度敏感型品种	苹果、梨、葡萄、猕猴桃、冬枣、石榴、胡萝卜、花椰菜、芹菜、洋葱、豌豆、萝卜、冬南瓜

5.1.2　呼吸失调

呼吸失调是指园艺产品贮藏在不恰当的气体环境中,正常的呼吸代谢受阻而造成的呼吸代谢失调,又称气体伤害(gas injury)。一般最常见的主要是低氧伤害(low-oxygen injury)和高二氧化碳伤害(high-carbon dioxide injury)。

5.1.2.1　低氧伤害

在空气中氧气的体积分数为 21%,园艺产品能进行正常的呼吸作用。当贮藏环境中氧气体积分数低于 2%时,园艺产品正常的呼吸作用就受到影响,导致产品无氧呼吸,产生和积累大量的挥发性代谢产物(如乙醇、乙醛、甲醛等),毒害组织细胞,产生异味,使产品风味品质恶化。

低氧伤害的症状主要表现为表皮局部组织下陷,产生褐色斑点,有的果实不能正常成熟,并有异味。如香蕉在低氧胁迫下产生黑斑(彩图 10);低氧条件下马铃薯出现"黑心病";苹果出现"乙醇积累中毒症";番茄表皮凹陷,褐变;蒜薹退色转黄或呈灰白色,薹梗由绿变暗发软;柑橘果实产生苦味,浮肿,橙色变黄,出现水浸状等都是典型的低氧伤害。园艺产品对低氧的忍耐力也因种类和品种而异,一般情况下氧气体积分数不能低于 2%。园艺产品在低氧条件下存放时间越长,伤害就越严重。

5.1.2.2　高二氧化碳伤害

高二氧化碳伤害也是贮藏期间常见的一种生理病害。二氧化碳作为植物呼吸作用的产物,在新鲜空气中的体积分数只有 0.03%。当环境中的二氧化碳体积分数超过 10%时,要抑制线粒体的琥珀酸脱氢酶系统,影响三羧酸循环的正常进行,导致丙酮酸向乙醛和乙醇转化,使乙醛和乙醇等挥发性物质积累,引起组织伤害,风味品质恶化。

果蔬产品的高二氧化碳伤害最明显的特征是表皮凹陷和产生褐色斑点。如某些苹果品种在高二氧化碳浓度下出现"褐心"(彩图 11);柑橘果实出现浮肿,果肉变苦;草莓表面出现水浸状,果色变褐(彩图 12);番茄表皮凹陷,出现白点并逐步变褐,果实变软,迅速坏死,并有浓厚的酒味;叶类菜出现生理萎蔫,细胞失去膨压,水分渗透到细胞间隙,呈现水浸状;蒜薹开始出现小黄斑,逐渐扩展下陷,呈不规则的圆坑,进而软化和断薹。不同果蔬品种和不同成熟度的

果实对二氧化碳的敏感性也不一样，如李、杏、柑橘、芹菜、绿熟番茄对二氧化碳较敏感，而樱桃、龙眼、蒜薹对二氧化碳的忍耐力相对较强，如甜樱桃、龙眼果实在体积分数为10%～15% CO_2 的气调环境下贮藏1～2个月不会产生任何伤害。

因此，气调贮藏期间，或运输过程中，或包装袋内，都应根据不同品种的生理特性，控制适宜的氧气和二氧化碳体积分数，否则就会导致呼吸代谢紊乱而出现生理伤害。而这种伤害在较高的温度下将会更为严重，因为高温加速了果实的呼吸代谢。

5.1.3　其他生理失调

5.1.3.1　衰老

衰老(senescence)是果实生长发育的最后阶段，果实在采后衰老过程中出现明显的生理衰退，也是贮藏期间常见的一种生理失调症，如苹果采收太迟，或贮藏期过长都会出现内部崩溃(彩图13)；桃贮藏时间过长，果肉出现木质化、发绵和褐变(彩图14)；衰老的甜樱桃出现果肉软化(flesh soften)；花椰菜包叶(wrapper leaf)和茄子萼片(calyx)脱落；有的蔬菜出现组织老化(tissues toughening)和风味恶化(flavor deterioration)等。因此，根据不同果蔬品种的生理特性，适时采收，适期贮藏，对保持果蔬产品固有的风味品质非常重要。

5.1.3.2　营养失调

营养物质亏缺也会引起园艺产品的生理失调，称为营养失调(nutritional disorder)。因为营养元素直接参与细胞的结构和组织的功能，如钙是细胞壁和细胞膜的重要组成成分，缺钙能导致产品生理失调、褐变和组织崩溃。如苹果苦痘病(彩图15)、苹果虎皮病(彩图16)、水心病(彩图17)，以及番茄花后腐烂和莴苣叶尖灼伤等都与缺钙有关。另外，甜菜缺硼会产生黑心，番茄果实缺钾不能正常后熟。

因此，加强田间管理，做到合理施肥、灌水、采前喷营养元素对防止果蔬产品的营养失调非常重要。同时，采后浸钙处理对防治苹果的苦痘病也很有效。

5.1.3.3　二氧化硫毒害

二氧化硫(SO_2)通常作为一种杀菌剂被广泛地用于水果、蔬菜的采后贮藏，如库房消毒、熏蒸杀菌或浸渍包装箱内纸板防腐。但处理不当，容易引起果实中毒，称为二氧化硫毒害(sulfur dioxide injury)。被伤害的细胞内淀粉粒减少，干扰细胞质的生理作用，破坏叶绿素，使组织发白。如用 SO_2 处理葡萄，若浓度过大，环境潮湿时，则易形成亚硫酸，进一步氧化为硫酸，使果皮漂白，果实灼伤，产生毒害。

5.1.3.4　乙烯毒害(ethylene injury)

乙烯是一种植物成熟衰老激素，能增加呼吸强度，促进淀粉水解和糖类代谢过程，加速果实成熟和衰老，被用作果蔬(番茄、香蕉等)的催熟剂。如果乙烯使用不当，也会出现中毒，产品表现为果色变暗，失去光泽，出现斑块，并软化腐败。

5.2　侵染性病害

5.2.1　病原种类

引起新鲜园艺产品采后腐烂的病原菌主要有真菌(fungi)和细菌(bacteria)两大类。其中

真菌是最重要和最流行的病原微生物(pathogen),它侵染广,危害大,是造成水果在贮藏运输期间损失的重要原因。水果贮运期间的侵染性病害几乎全由真菌引起,这可能与水果组织多呈酸性有关。而叶用蔬菜的腐烂,细菌则是主要的病原物。

5.2.1.1 真菌(fungi)

真菌是生物中一类庞大的群体,它的主要特征是:营养体呈丝状分枝的菌丝结构;具有细胞壁和细胞核;生殖主要是以孢子进行的有性或无性繁殖;缺乏叶绿素,不能进行光合作用,属于异养型生物;以分泌酶来分解基物的方式获取营养。

园艺产品采后腐烂主要由病原真菌引起。腐烂过程可分为病原真菌的营养阶段(vegetative stage)和繁殖阶段(propagative stage):营养阶段为菌丝体(mycelium);繁殖阶段产生各种类型的有性孢子(sexual spore)和无性孢子(asexual spore)。有性孢子是通过性细胞或性器官结合而产生的,主要有合子(zygote)、卵孢子(oospore)、接合孢子(zygospore)、子囊孢子(ascospore)和担孢子(basidiospore)。大多数真菌的有性孢子是一年产生一次,多发生在田间寄主生长后期。真菌的生长发育过程由于有性孢子对不良环境具有较强的适应能力,常常是真菌越冬的器官和第二年病原菌的初次侵染源。无性孢子是直接从营养体上产生的,主要有芽孢子(blastospore)、粉孢子(oidium)、厚垣孢子(chlamydospre)、游动孢子(zoospore)、孢囊孢子(sporangiospore)和分生孢子(conidium)。无性孢子一年可产生多次,是真菌病害的主要传染源。

引起园艺产品采后病害的病原真菌主要有以下几类。

(1)鞭毛菌亚门(Mastigomycotina) 该亚门的真菌绝大多数生于水中,少数具有两栖性和陆生性,可以通过腐生或寄生获得养料。营养体是单细胞或无隔膜、多核的菌丝体;细胞壁由纤维素组成;无性繁殖形成孢子囊(sporangium),产生有鞭毛的游动孢子,有性繁殖形成卵孢子。该亚门与果蔬产品采后病害有密切关系的病原真菌有以下几种。

①腐霉属(*Pythium*):常见的采后腐霉属病害发生在西瓜、甜瓜和草莓等果蔬中,病原为瓜果腐霉(*P. aphanidermatun*)、巴特勒腐霉(*P. butler*)和终极腐霉(*P. ultimum*)。症状开始表现为水浸状,扩展迅速,病部变色,长出白色的霉状物。腐霉病是典型的土壤传染病,可直接侵入瓜果,或通过瓜果茎端切口和伤口侵入,迅速发展,造成贮藏运输期间瓜果严重腐烂。

②疫霉属(*Phytophthora*):果蔬产品采后常见的疫霉属病菌有:橘生疫霉(*P. citricola*)、柑橘疫霉(*P. citrophthora*)、恶疫霉(*P. cactorum*)和辣椒疫霉(*P. capsici*)。疫霉除了引起柑橘类果实褐腐病外,还可侵染草莓(彩图18)、苹果、梨、番木瓜、甜瓜和马铃薯,引起腐烂。表现的症状为产品病部出现水浸状,局部变色,然后扩展使整个瓜果腐烂,长出白霉状物。疫霉病通常是土壤传染病害,直接与土壤接触的瓜果容易受侵染,在湿润的瓜果表面,该菌可直接穿透果皮或通过自然开口侵入。高温高湿是发病的必要条件,而温度低于4 ℃时几乎不发病。

③霜疫霉属(*Peronophythora*):常见的霜疫霉菌是引起荔枝采后腐烂的荔枝霜疫霉(*P. litchi*)。表现的症状为荔枝果蒂开始出现不规则、无明显边缘的褐色病斑,潮湿时长出白色霉层,病斑扩展迅速,全果变褐,果肉发酸成浆,溢出褐水(彩图19)。荔枝霜疫霉病主要以卵孢子在土壤或病残果皮上越冬,次年条件适宜时,卵孢子发芽,产生大量游动孢子侵染树枝和果实。

(2)接合菌亚门(Zygomycotina) 该亚门的真菌绝大多数为腐生菌,广泛分布于土壤和粪肥上,只有少数为弱寄生菌,引起水果和蔬菜贮藏期间的软腐病。接合菌的主要特征为菌丝体发达、无隔多核；细胞壁由几丁质组成；无性繁殖形成孢子囊，产生孢囊孢子，有性繁殖产生接合孢子。本亚门与果蔬采后病害有关的病原菌有以下两个属。

①根霉属(*Rhizopus*)：常见的根霉有匍枝根霉(*R. stolonifer*)和米根霉(*R. oryzae*)两种。它们主要侵染苹果、梨、葡萄、桃、李、樱桃、油桃(彩图20)、香蕉、菠萝蜜、草莓、番木瓜、甜瓜、茄子(彩图21)、南瓜、番茄和甘蓝等果蔬，引起果蔬软腐。根霉菌不能直接穿透果蔬表皮，只能通过伤口入侵，或通过自然开孔进入成熟和衰老的组织。成熟果实对根霉菌极为敏感，症状开始表现为水浸状圆形小斑，逐渐变成褐色，病斑表面长出蓬松发达的灰白色菌丝体，有匍匐丝(stonlon)和假根(rhizoid)。孢囊梗丛生，从匍匐丝上长出，顶端形成肉眼可见的针头状子实体，即孢子囊(sporangium)，开始为白色，稍后转变成黑色。病部组织软化，易破，有酸味。贮藏温度对根霉属病原菌的生长影响很大，5 ℃以下的低温可明显地抑制该病害发生。

②毛霉属(*Mucor*)：毛霉菌没有假根，属孢囊梗单生，主要侵染苹果、梨、葡萄、草莓和猕猴桃，引起毛霉病(mucormycosis)。常见的毛霉菌主要是梨形毛霉菌(*Mucor piriformis*)，病果表皮变成深褐色，焦干状，病斑下的果肉变成灰白或褐色，逐渐变软和水化，但没有臭味(彩图22)。病菌分布在土壤中，通过伤口入侵，在湿润条件下产生大量黑色孢子囊，贮藏在0 ℃低温下的果实，也可发生由毛霉引起的腐烂。

(3)子囊菌亚门(Ascomycotina)　属于高等真菌，全部陆生，分为腐生菌和寄生菌。营养体除酵母菌是单细胞外，子囊菌菌体结构复杂，形态和生活习性差异很大。其主要特征为菌丝体发达，有分格和分枝；菌丝细胞通常为单核，也有多核的；无性繁殖主要产生分生孢子；有性繁殖产生子囊和子囊孢子。与果蔬采后病害有密切关系的子囊菌主要有以下两种。

①核盘菌属(*Sclerotinia*)：菌丝体可形成菌核，子囊盘产生在菌核上或有寄主组织的假菌核上。核盘菌主要有菌核软腐病菌(*S. scleratiorum*)和小核盘菌(*S. minor*)，引起柠檬、甘蓝、黄瓜(彩图23)、辣椒(彩图24)、大白菜叶球的腐烂。同时，核盘菌属也是引起板栗采后黑腐病的病原菌(彩图25)。该菌在板栗采收前或落地后入侵栗果，潜伏在内果皮，不表现出任何病症，待果实贮藏1～2个月后，病菌迅速蔓延，黑色斑块开始出现在栗果尖端或顶部，不断扩展，被侵染的果肉组织松散，由白变灰，最后全果腐烂，变成黑色。核盘菌属在−2 ℃低温下仍能生长和侵染寄主，腐烂果实可通过接触传染。

②链核盘菌属(*Monilinia*)：该属是引起水果采后褐腐病(brown rot)的重要病原菌，又称褐腐病菌(brown rot fungi)、有果生链核盘菌(*M. fructicola*)、仁果链核盘菌(*M. fructigena*)和核果链核盘菌(*M. laxa*)三种病菌。褐腐病菌主要侵染苹果、梨、桃、李、樱桃等果实，引起果实褐腐病(彩图26和彩图27)。果实受害初期病部表现为浅褐色软腐状小斑，数日内迅速扩大至全果，果肉松软，病斑表面长出灰褐色绒状菌丝，产生褐色或灰白色孢子，呈同心圆的轮纹状排列。该菌在0 ℃低温下也生长较快，腐烂的果实可接触传染。

(4)半知菌亚门(Deuteromycotina)　该亚门的真菌多为腐生，也有不少寄生菌。在它们的生活史中只发现无性阶段，故称为半知菌或不完全菌。当发现有性阶段时，大多数属于子囊菌，极少数是担子菌，因此子囊菌和担子菌的关系密切。该菌主要特征是：菌丝体发达，分枝分格；无性繁殖产生各种类型的分生孢子；有性阶段尚未发现。由于半知菌是非专性寄生菌，与水果蔬菜采后病害关系最为密切的最常见的有以下几种。

①交链孢菌属(*Alternaria*)：常见的有互隔交链孢菌(*A. alternaria*)、柑橘链格孢菌(*A. citri*)、苹果链格孢菌(*A. mali*)、瓜链格孢菌(*A. cucumis*)，分别引起梨、桃、杏、李、樱桃、

葡萄、草莓、番茄、甜椒、茄子、黄瓜等果蔬的黑腐病，柑橘黑心病，苹果心腐病和洋葱的紫斑病。交链孢菌通过园艺产品的伤口、衰老组织的自然开孔、冷害损伤部位等入侵，在采前潜伏侵染，到果实成熟或组织衰老时发病。病斑可以出现在果实的任何部位，发病组织的表面有一层橄榄绿色的孢子覆盖物。桃、杏、李上的病斑较硬，下陷。甜樱桃的褐色病斑上有大量的白色菌丝。柑橘果实的病斑在果蒂部呈圆形、褐色，病组织变黑，表现为黑腐、黑心，在橘子上表现为褐斑。葡萄被侵染的组织发白，呈水浸状，腐烂处产生黑褐色的孢子，孢子头肉眼可见，孢子成熟时易脱落，腐烂果有酸味。瓜果的病部呈褐色圆斑，稍凹陷，外有淡褐色晕环，逐渐扩大变黑，病斑上有黑褐色霉状物，果肉变黑，坏死，呈海绵状(彩图 28 和彩图 29)。

②葡萄孢霉属(*Botrytis*)：该菌属能侵染上百种植物，并引起果蔬产品的灰霉病(gray mould)。在贮藏期间绝大多数新鲜水果和蔬菜都能被灰霉病菌(*Botrytis* spp.)侵染(彩图 30 和彩图 31)。侵染组织呈浅褐色，病斑软化，迅速扩展，上面产生灰褐色的孢子，有时有黑色的菌核出现。该菌属的主要病原菌有灰霉菌(*B. cinerea*)和洋葱葡萄孢菌(*B. alli*)，病菌可通过伤口、裂口或自然开口侵入寄主，也可从果蔬表面直接侵染。该菌可以在田间入侵葡萄、草莓、苹果、洋葱和莴苣等果蔬产品，潜伏侵染，直到果实成熟或采收后在贮藏期间发病。由于该菌对低温有较强的忍耐力，在−4 ℃下也能生长萌发，产生孢子，引起寄主致病，常常造成园艺产品采后严重的腐烂损失。

③刺盘孢菌属(*Colletotrichum*)和盘圆孢菌属(*Gloeosporium*)：这两个属是引起水果炭疽病的主要病原菌，常合并为一个属。常见的主要有苹果炭疽病的病原菌，盘长孢刺盘孢菌(*C. gloeosporioides*)，又名果生盘孢菌(*G. frutigerum*)和香蕉刺盘孢菌(*G. musarum*)，分别引起苹果、杧果炭疽病(彩图 32)和香蕉斑点病(彩图 33)。病原菌在田间侵入果实，主要危害成熟或将成熟的果实，贮运期间发病严重。发病初期果实表面出现浅褐色圆形小斑，迅速扩大，呈深褐色，稍凹陷褶皱，病斑呈同心轮纹状排列，湿度大时，溢出粉红色黏液。果实一旦出现炭疽病斑，迅速扩展腐烂，造成极大的经济损失。

④镰刀菌属(*Fusarium*)：该菌属生活在土壤中，分生孢子在空气中传播。主要侵染蔬菜和观赏植物，特别是块茎、鳞茎，或甜瓜、黄瓜和番茄等低位果实。镰刀菌属主要有木贼镰孢菌(*F. equiseti*)、尖孢镰孢菌(*F. oxysporum*)、黄色镰孢菌(*F. culmorum*)、腐皮镰孢菌(*F. solani*)等，是引起马铃薯干腐病、洋葱和大蒜蒂腐病，生姜和甜瓜白霉病(彩图 34)的病原菌。这些病菌可在田间、采收前或采收后入侵寄主，但发病主要在贮藏期间。受害组织开始为淡褐色斑块，上面出现白色的霉状菌丝，逐渐变成深褐色的菌丛，病部组织呈海绵软木质状，有粉红色菌丝体和粉红色腐烂组织。该菌属生长最适温度为 25～30 ℃，5 ℃以下低温对镰刀菌生长有明显的抑制作用。

⑤地霉属(*Geotrichum*)：常见的主要是白地霉(*G. candidum*)，引起柑橘、番茄、胡萝卜等果蔬的酸腐病(sour rot)。地霉属菌广泛分布于土壤中，在采前或采收时沾染果蔬表面，从伤口、裂口和茎疤处侵入组织。被感染的产品表现为水浸状褐斑，组织软化，逐渐扩大至全果，果皮破裂，病斑表面有一层奶油色黏性菌层，上有灰白色孢子，果肉腐烂酸臭，溢出酸味水状物，产生白霉。在 25～30 ℃的高温高湿条件下被感染的果蔬发病迅速，10 ℃以下低温对该菌的生长有抑制作用。

⑥青霉属(*Penicillium*)：该属是引起柑橘、苹果、梨、葡萄、无花果、大蒜、甘薯等园艺产品采后青霉病(blue mould)和绿霉病(green mould)的重要病原菌。青霉属的种类很多，对寄主

有一定的专一性，如指状青霉菌（*P. digitatum*）和意大利青霉菌（*P. italicum*）是引起柑橘果实采后腐烂的病菌（彩图 35 和彩图 36），扩展青霉菌（*P. expansum*）主要侵染苹果、梨（彩图 37）、葡萄和核果类，多毛青霉菌（*P. hirsutum*）则入侵大蒜，鲜绿青霉菌（*P. viridicatum*）只侵染甜瓜。青霉属病菌主要从伤口入侵，也可通过果实衰老后的皮孔直接进入组织。侵染初期果皮组织呈水浸状，迅速发展，病部先有白色菌丝，上面长出青、绿色孢子。绿霉病菌的孢子层与菌丝体的边缘有较宽的白色菌丝带，边缘不规则，而青霉病菌的孢子层与菌丝体的边缘则较窄，边缘较清晰。病果是重要的传染源。

⑦拟茎点霉属（*Phomopsis*）：常见的有杧果拟茎点霉菌（*P. mangiferae*）和柑橘拟茎点霉菌（*P. cytosporella*），分别引起杧果和柑橘果实的褐色蒂腐病。病菌在田间从伤口或直接侵入果实蒂部和内果皮，潜伏到果实成熟或贮藏期间才发病。发病初期，果实蒂部出现褐色病斑，水浸状，不规则，病斑迅速扩展至全果，变成暗褐色，果肉软腐，病部表面有许多小黑点，即病原菌的分生孢子器。采后的贮藏低温可延缓病害的发生。

5.2.1.2 细菌（bacteria）

细菌是原核生物，单细胞，不含叶绿素。细菌属于异养，绝大部分不能自己制造养料，必须从有机物或动、植物体上吸取营养来维持生命活动。细菌的结构比较简单，外面有一层具韧性和强度的细胞壁。大多数植物病原细菌都能游动，只有少数细菌不能游动。细菌的繁殖方式一般为裂殖，繁殖速度很快。生长最适温为 26～30 ℃，细菌能耐低温，在冰冻条件下仍能保持生活力，但对高温敏感，一般致死温度是 50 ℃左右。

细菌不能直接入侵完整的植物表皮，一般是通过自然开口和伤口侵入。植物细菌病害的症状可分为组织坏死、萎蔫和畸形。有关果蔬采后细菌病害的报道较少，引起果蔬采后腐烂的细菌主要是欧氏杆菌属（*Erwinia*）和假单胞杆菌属（*Pseudomonas*）。

（1）欧氏杆菌（*Erwinia* spp.） 菌体为短杆状，不产生芽孢，革兰氏反应为阴性，在有氧或无氧条件下均能生长。在欧氏杆菌属的 6 个种中有 2 个引起果蔬采后软腐病。

①大白菜软腐病杆菌（*E. carotovora* subsp. *carotovora*）可以引起各种蔬菜的软腐病，如辣椒腐烂病（彩图 38）和花椰菜腐烂病（彩图 39），特别是大白菜软腐病。

②黑胫病杆菌（*E. carotovora* var. *atroseptica*）可以引起大多数蔬菜黑腐病，特别是马铃薯的黑胫病和番茄的茎断腐病。

由欧氏杆菌引起的病害症状基本相似，感病组织开始为水浸状斑点，在条件适宜时迅速扩大，引起组织全部软化腐烂，并产生不愉快的气味。

（2）假单胞杆菌（*Pseudomonas* spp.） 也不产生芽孢，革兰氏染色阴性反应，是好气性病菌。其中的边缘假单胞杆菌（*P. marginalis*）发病较普遍，可引起黄瓜、芹菜、莴苣、番茄和甘蓝软腐。假单胞杆菌引起的软腐症状与欧氏杆菌很相似，但不愉快的气味较弱。

细菌软腐病菌主要是分泌各种分解组织的胞外酶，如果胶水解酶、果胶酯酶和果胶裂解酶等，引起植物细胞死亡和组织解体。软腐病部表皮常常破裂，汁液外流，侵染相邻果蔬，造成果蔬成片的腐烂。

5.2.2 侵染过程

病原菌通过一定的传播介体到达园艺产品的感病点上，与之接触，然后侵入寄主体内取得营养，建立寄生关系，并在寄主体内进一步扩展使寄主组织破坏或死亡，最后出现症状。这种接触、侵入、扩展和出现症状的过程,称为侵染过程。

真菌孢子在适宜的培养基上,先膨胀,经数小时后芽管萌发,开始生长,形成菌丝体。孢子从萌发到菌丝形成的这段时间称为滞生阶段(lag phase)。随后,菌丝快速生长,菌落不断扩大,并达到一个相对平稳的生长,这段时间叫速生阶段(log phase)。病菌从滞生阶段到速生阶段的变化过程呈"S"形。在园艺产品上病菌孢子的滞生阶段称为潜伏侵染(latent penetration),在这段时间寄主并不表现出病状,随后病菌进入速生阶段,在寄主表面出现病症。一般而言,在寄主上病菌的滞生阶段和速生阶段都比在培养基上时间长,因为病菌孢子在生物体中萌发和生长要受到寄主表面和内部组织的抗性阻挠。因此,病菌在生物体中的生长曲线一般都比较平缓。通常将这种传染性病害的浸染过程划分为:侵入期(penetration phase)、潜育期(latent phase)和发病期(decay phase)三个阶段。

5.2.2.1 侵入期

病原菌接触到植物的感病部位(感病点),在适当的条件下,才能进行侵染。从病原菌侵入寄主开始,到与寄主建立寄生关系为止的这一段时期,称为侵入期。

1.侵入途径

病菌或是被动地通过自然开孔和伤口,或是主动地借助自身分泌的酶和机械力(mechanical force)入侵植物的过程称为侵染,前者称为被动侵染(passive penetration),后者称为主动侵染(active penetration)。

(1)被动侵染

①通过自然孔口侵染。植物体表面的气孔(stomates)、皮孔(lenticels)、叶缝(leaf traces)、毛孔(trichomes)、水孔(hydathodes)等自然孔口,是绝大多数细菌和真菌入侵的门户。有的细菌几乎可以从关闭的气孔侵入,由于这些气孔的形态结构足以让细菌通过。如柑橘溃疡病细菌(*Xanthomonas citri*)可通过气孔、水孔或皮孔侵入;梨火疫病细菌(*Erwinia amylovora*)可以由蜜腺、柱头侵入;葡萄霜霉病菌(*Plasmopara viticola*)的游动孢子在萌发后可以从气孔侵入。

②通过伤口侵染。园艺产品表面的各种伤口,如昆虫的虫伤,采收时的机械伤,贮运过程中的各种碰伤、擦伤、压伤和低温冷害产生的冻伤等,都是一些病原细菌以及许多寄生性比较弱的真菌入侵的主要途径。大多数果蔬贮藏期间的病害都与各种伤害紧密相关,因为新鲜伤口的营养和湿度为病菌孢子的萌发和入侵提供了有利条件。如青霉属(*Penicillium* spp.)、根霉属(*Rhizopus* spp.)、葡萄孢霉属(*Botrytis* spp.)、地霉属(*Geotrichum* spp.)和欧氏杆菌属(*Erwinia* spp.)等都是从伤口入侵;焦腐病菌主要从果蒂细胞受损处入侵。同时,冷害和冻伤常常加速贮藏期间各种腐烂病的发生。

(2)主动侵染

主动侵染又称直接入侵,是病原真菌借助于自身的力量,进入寄主细胞。主动侵染包括:①许多植物病原菌产生一些特殊的酶,溶解或分泌毒素破坏寄主细胞壁进而入侵寄主;②有的病菌借助于包在囊内的游动孢子直接产生的吸附器(haustoria)或侵染栓(penetration pegs)来完成侵染;③还有的病菌在孢子萌发的芽管前长出一个附着孢(appressorium),通过它长出菌丝,进入寄主。如苹果黑星病菌(*Fusicladium dendriticum*)的分生孢子和梨锈病菌(*Gymnosporangium haraeanum*)的担孢子发芽后都能直接入侵。同时,甜菜的黑腐病菌(*Phoma beata*)、桃褐腐病菌(*Monilinia* spp.)、草莓灰霉病菌(*Botrytis cinerea*)等都可以通过接触传染,这类病害在贮藏期间蔓延迅速,危害十分严重。

2.入侵步骤

病原真菌大多是以孢子萌发后形成的芽管或菌丝侵入。典型的步骤是:孢子的芽管顶端与寄主表面接触时膨大形成附着器,附着器分泌黏液将芽管固定在寄主表面,然后从附着器产生较细的侵染丝入侵寄主体内。直接侵入和由自然孔口侵入的真菌,产生附着器比较普遍;从伤口和自然孔口侵入的真菌也可以不形成附着器和侵染丝,直接以芽管侵入。从表皮直接侵入的病原真菌,其侵染丝先以机械压力穿过寄主表皮的角质层,然后通过酶的作用分解细胞壁进入细胞内。

细菌个体可以被动地落到自然孔口里或随着植物表面的水分被吸进孔口;有鞭毛的细菌靠鞭毛的游动也能主动侵入。

5.2.2.2　潜育期

从病原物侵入与寄主建立寄生关系开始,直到表现明显的症状为止的一段时间称为病害的潜育期。潜育期是病原菌在寄主体内吸取营养和扩展的时期,也是寄主对病原菌的扩展表现不同程度抵抗的过程。无论是专性寄生和非专性寄生的病原菌,在寄主体内进行扩展时都要消耗寄主的养分和水分,并分泌酶、毒素、有机酸和生长刺激素,扰乱寄主正常的生理代谢活动,使寄主细胞和组织遭到破坏,发生腐烂,最后导致症状出现。症状的出现就是潜育期的结束。

有许多病原菌是在田间或在生长期间就侵入园艺产品,它们长期潜伏,并不表现任何症状,直到果实成熟采收或环境条件适合时才发病。如:板栗的黑霉病菌(*Ciboria baschiana*)就是在树上或栗果落地时侵入果实,贮藏前期不表现症状,1～2个月后开始发病,引起果实变黑、腐烂;柑橘、杧果或香蕉炭疽病(*Colletotrichum* spp.)的孢子在幼果表面萌发,直接入侵果实,以菌丝体潜伏果内,当环境条件适宜或果实成熟时才发病;洋葱的灰霉病菌(*Botrytis allii*)也是在田间便入侵洋葱叶内,随着洋葱的采收,自上而下进入鳞皮,贮藏期间大量发病。

5.2.2.3　发病期

植物被病原菌侵染后,经过潜育期即出现症状,便进入发病期。此后,症状的严重性不断增加,真菌病害在园艺产品的受害部位产生大量的无性孢子,成为新的侵染源,引起再度侵染,使病害迅速蔓延扩大。

5.2.3　发病原因

传染性病害的发生是寄主和病原菌在一定的环境条件下相互斗争,最后导致园艺产品发病的过程,并经过进一步的发展而使病害扩大和蔓延。病害的发生与发展主要受三个因素的影响或制约,即病原菌(pathogen)、寄主(host)和环境条件(environmental factor)。当病原菌的致病力强,寄主的抵抗力弱,而环境条件又有利于病菌生长、繁殖和致病时,病害就严重。反之,病害就会受到抑制。因此,认识病害的发生、发展规律,必须了解病害发生发展的各个环节,并深入分析病原菌、寄主和环境条件三个因素在各个环节中的相互作用,认识病害发生、发展的实质,才能有效地制定其防治方法。

5.2.3.1 病原菌

病原菌的寄生性是病原菌从寄主活的细胞和组织中获取营养物质的能力。致病性是指病原菌对寄主组织的破坏和毒害的能力,也称为致病力(pathogenicity)或毒力(virulence)。

引起园艺产品采后腐烂的病原菌(真菌和细菌)属于异养生物。它们自己不能制造营养物质,必须依赖自养生物供给现成的有机化合物来生活。异养生物获得营养物质的方式又分为腐生和寄生两种。营腐生生活的称为腐生物,营寄生生活的称为寄生物。腐生物一般不是病原物,因为它们只能利用其他生物的尸体或由其分解出来的有机物和无机物作为营养物质。寄生物有从其他生物的活体内取得营养的寄生能力,必然对寄主产生不良影响,因此寄生物一般也是病原物。

根据寄生物对寄主的寄生能力,又分为专性寄生物和非专性寄生物两大类。专性寄生物的寄生能力很强,只能从活的宿主细胞中获得养分。当宿主细胞和组织死亡后,病原物也停止生长和发育。这类植物病原物主要包括病毒、部分真菌(如霜霉菌、白粉菌和锈菌)和大部分植物病原线虫。非专性寄生物既能营寄生生活,也能营腐生生活,而且它们寄生性的强弱有很大差别。引起园艺产品采后腐烂的主要病原菌都属于这一类寄生物,如引起柑橘腐烂的青霉菌、绿霉菌的寄生性极弱,一般营腐生生活,当果实成熟并具有伤口的情况下才能侵入,引起果实发病腐烂。

5.2.3.2 病原菌致病机制

病原菌致病力的形成和调控是一个十分复杂的过程。采后病原菌在侵染寄主的过程中会向胞外分泌大量的胞外蛋白,有数百种之多,其中包含许多重要的致病因子。例如,果胶酶、果胶甲基酯酶、纤维素酶等在降解寄主细胞壁多糖的过程中发挥着重要的作用;胞外蛋白酶具有降解植物细胞壁蛋白的功能。这些细胞壁降解酶类不仅可以帮助病原菌杀死寄主细胞,还可以将植物组织分解转化为病原菌生长所需的营养物质。因此,胞外蛋白的分泌调控过程对病原菌的致病力有着重要影响。在灰霉菌(*B. cinerea*)和刺盘孢菌(*Colletotrichum* spp.)中调控胞外蛋白分泌的 Rab 家族基因缺失后,导致其致病力显著下降。近年来,大量研究表明活性氧(reactive oxygen species,ROS)在病原菌-寄主植物的互作过程中起着重要的作用。一方面,寄主植物在受到病原菌侵染时可以通过调节自身代谢而产生大量的 ROS,对病原菌造成氧化胁迫并杀死病原菌;另一方面,病原菌在入侵寄主时也能自主性地产生 ROS,这些 ROS 作为信号分子,能够调控病原菌的生长、细胞分化等生理过程。

5.2.3.3 寄主的抗性

植物对病菌进攻的抵抗能力叫抗病性(resistance)。植物的抗病性与品种种类、自身的组织结构和生理代谢有关。采后园艺产品的抗性主要与成熟度、伤口和生理病害等因素有关。一般来说,没有成熟的果实有较强的抗病性,如未成熟的苹果不会感染焦腐病和疫病,但随着果实成熟度增加,感病性也增强。伤口是病菌入侵园艺产品的主要门户,有伤的产品极易感病。果实产生生理病害(冷害、冻害、低氧或高二氧化碳伤害)后对病菌的抵抗力降低,也易感病,发生腐烂。

5.2.3.4 环境条件

影响采后园艺产品发病的环境条件主要有温度、湿度、pH 和气体成分。

(1)温度　病菌孢子的萌发力和致病力与温度密切相关,病菌生长的最适温度一般为

20～25 ℃，温度过高、过低对病菌都有抑制作用。在病菌与寄主的对抗中，温度对病害的发生起着重要的调控作用。一方面温度影响病菌的生长、繁殖和致病力；另一方面也影响寄主的生理、代谢和抗病性，从而制约病害的发生与发展。一般而言，较高的温度加速果实衰老，降低果实对病害的抵抗力，有利于病菌孢子的萌发和侵染，从而加重发病；相反，较低的温度能延缓果实衰老，保持果实抗性，抑制病菌孢子的萌发与侵染。因此，贮藏温度的选择一般以不引起果实产生冷害的最低温度为宜，这样能最大限度地抑制病害发生。

(2)湿度　也是影响发病的重要环境因子，如果温度适宜，较高的湿度将有利于病菌孢子的萌发和侵染。尽管在贮藏库里的相对湿度达不到饱和，但贮藏的果品上常有结露，这是因为当果品的表面温度降低到库内露点以下时，果实表面就形成了自由流动的水。在这种高湿度的情况下，许多病菌的孢子就能快速萌发，直接侵入果实发病。要减少果蔬产品表面结露，应充分地预冷。

(3) pH　是生命活动中最重要的环境参数，它通过调节酶的活性影响细胞对赖以生存的营养物质的摄取和吸收。微生物对周围环境 pH 的变化十分敏感，因此环境 pH 对于病原菌的侵染也非常重要。不同种类的植物，以及同一植物的不同器官的 pH 有很大的差异。一般，水果的 pH 较低(如番茄果实的 pH 约为 4)，而叶片的 pH 较高(如番茄叶片的 pH 约为 6)，因此喜欢偏高 pH 的细菌很少引起水果采后病害的发生。病原菌在与寄主的长期互作中逐渐形成了特定的机制，用于感受和应对环境 pH 的变化。研究发现灰霉病菌可以根据番茄果实和叶片组织 pH 的不同来调控分泌的水解酶种类，实现对不同寄主组织的成功侵染。在生产上，一些碱性的化学物质(如碳酸氢钠)可以用来控制水果采后病害的发生。

(4)气体成分　低氧和高二氧化碳对病菌的生长有明显的抑制作用。果实和病菌的正常呼吸都需要氧气，当空气中的氧气体积分数降到 5%或以下时，对抑制果实呼吸，保持果实品质和抗性非常有利。空气中低氧气体积分数(2%)对灰霉病、褐腐病和青霉病等病菌的生长有明显的抑制作用。高二氧化碳体积分数(10%～20%)对许多产品采后病菌的抑制作用也非常明显，当 CO_2 体积分数>25%时，病菌的生长完全停止。由于果蔬产品在高二氧化碳下存放时间过长要产生毒害，因此一般采用高二氧化碳短期处理以减少病害发生。另外，果实呼吸代谢产生的挥发性物质(乙醛等)对病菌的生长也有一定的抑制作用。

5.2.4　防治措施

5.2.4.1　物理防治(physical control)

园艺产品采后病害的物理防治主要包括控制贮藏温度和气体成分，以及采后热处理或辐射处理等。

1. 低温处理

低温可以明显地抑制病菌孢子萌发、侵染和致病力，同时还能抑制果实呼吸和生理代谢，延缓衰老，提高果实的抗性。因此，果实、蔬菜采后及时降温预冷和采用低温贮藏、冷链运输和销售，对减少采后病害的发生和发展都极为重要。但是，园艺产品采后贮藏温度的确定应以该产品不产生冷害的最低温度为宜。

2. 气调处理

园艺产品采后用高 CO_2 体积分数短时间处理，和采用低 O_2 体积分数、高 CO_2 体积分数的贮藏环境条件对许多采后病害都有明显的抑制作用。特别是高 CO_2 浓度处理对防止某些贮藏病害和杀死某些害虫都十分有效。如用 30%(体积分数)CO_2 处理柿 24 h 可以控制黑斑病的发生;板栗用 60%～75%(体积分数)CO_2 处理 48～72 h 可减少贮藏期间的黑霉病的发生。

3. 其他处理

(1)热处理　采后热处理也是一种非化学药物控制果蔬采后病害的方法。大量的试验证明,它可以有效地防治果实的某些采后病害,利于保持果实硬度,加速伤口的愈合,减少病菌侵染。同时,在热水中加入适量的杀菌剂或 $CaCl_2$ 溶液还有明显的增效作用。热处理的方法分为热水浸泡和热蒸汽处理,使用的温度和时间因水果种类和处理方法而异(表 5-3)。

表 5-3　热处理对果蔬采后病害的控制

品种	处理温度/℃	处理时间/min	处理方法	控制病害	参考资料
苹果	45	15	热蒸汽	青霉病	Edney 和 Burchill,1967;
	38	96 h	热水	青霉病	Fallik, Aharoni, Yekutieli 等,1995
梨	47	30	热水	毛霉病	Michailides 和 Ogawa,1989
桃	52	2.5	热水	褐腐病	Smith 和 Anderson,1975
	54	15	热蒸汽	软腐病	Sommer 和 Eckert,1967
李	52	3	热水	褐腐病	Jones 和 Burton,1973
樱桃	52	2	热水	褐腐病	Johnson,1968
草莓	43	30	热蒸汽	灰霉病,黑腐病	Smith 和 Worthington,1965
甜橙	53	5	热水	蒂腐病	Smoot 和 Melvin,1965
柠檬	52	5～10	热水	青霉病	Houck,1967
葡萄柚	48	3	热水	疫病	Schiffmann-Nadel 和 Cohen,1966
荔枝	52	2	热水	霜疫霉病	Scott, Brown, Chaplin 等,1982
杧果	52	5	热水	炭疽病	Spalding 和 Reeder,1972
甜瓜	30～90	35	热蒸汽	霉菌病	Teitel, Aharoni, Barkai-Golan 等,1989
辣椒	53	1.5	热水	软腐病	Johnson 等,1968
青豆	52	0.5	热水	白腐病	Wells 和 Harvey,1970

(2)辐射处理　电离辐射 (ionizing radiation)是利用 γ、β、X 射线及电子束对农产品进行照射、杀菌的一种物理方法。自 1943 年美国研究人员首次用射线处理汉堡以来,辐射处理便逐步成为食品加工和贮藏中的一种常用的防治措施。由于 ^{60}Co 或 ^{137}Cs 产生的 γ 射线可以直接作用于生物体大分子,产生的电离能可以激发化学键断裂,使某些酶活性降低或失活,膜系统结构被破坏,引起辐射效应,从而可以抑制或杀死病原菌。

电离辐射还能够通过破坏活细胞的遗传物质导致基因突变引起细胞死亡,其主要作用位点是核 DNA。电离辐射对病原物菌落生长、孢子萌发、芽管伸长和产孢能力均具有一定的影响。病原物对辐射的反应受诸多因素影响,不同病原菌的遗传特异性决定其抗辐射能力的差异。用 2 kGy 的 γ 射线处理能完全抑制 *Colletotrichum musae* 的生长,而 4 kGy γ 射线对 *Fusarium* spp. 生长的抑制效果较小。辐射处理对病原真菌的抑制作用将随剂量的增加而增强。对于相同处理剂量,辐射频率对孢子的存活和菌落的生长也具有一定的影响。一般而言,高频率可以提高辐射的处理效果，因此，通常采用低剂量高频率的方法来处理农产品。

目前，以^{60}Co作为辐射源的γ射线照射应用最广，其原因在于^{60}Co制备相对容易，γ射线释放能量大，穿透力强，半衰期较适中。同时，γ射线能够有效控制采后病害、杀灭检疫性害虫、延缓成熟及衰老、抑制发芽，在果蔬防腐保鲜中得到了广泛的研究和应用。用400 $Gy \cdot min^{-1}$的γ射线处理柑橘，当照射总计量达到1 250 Gy时，可有效地防止其在贮藏期间的腐烂；用250 $Gy \cdot min^{-1}$的γ射线处理桃，当照射总计量达到1 250～1 370 Gy时，能防止褐腐病的发生。γ射线也用于草莓、杧果和番木瓜的防腐处理。另外，电子加速器产生的β射线是带负电的高速电子流，穿透力弱，常用于果实的表面杀菌。X射线管产生的射线能量很高，可穿透较厚的组织，也用于果蔬产品采后的防病处理。利用高频电离辐射，使两个电极之间的外加交流高压放电，可产生臭氧，对果蔬表面的病原微生物也有一定的抑制作用。

(3)紫外线处理　是一种常用的杀菌消毒方法，一般分为短波紫外线(UV-C，波长小于280 nm)、中波紫外线(UV-B，波长280～320 nm)和长波紫外线(UV-A，波长320～390 nm)三种。许多研究表明：低剂量的短波紫外线(UV-C)照射果蔬产品后，贮藏期间它们的腐烂率可明显降低。目前，UV-C处理已经广泛应用于许多果蔬产品(如柑橘、苹果、桃、葡萄、杧果、草莓、蓝莓、番茄、辣椒、洋葱、胡萝卜、甘薯、马铃薯、蘑菇等)的采后病害控制。用254 nm的短波紫外线处理苹果、桃、番茄、柑橘等果实，可减少它们对灰霉病、软腐病、黑斑病等的敏感性。但是，UV-C的处理效果受果蔬种类、品种、成熟度、病原物种类、剂量、辐照后贮藏温度等诸多因素的影响，照射剂量也因产品种类和品种而异。UV-C属于非电离辐照，仅能穿透寄主表面50～300 nm厚的数层细胞，UV-C处理的抑病机理包括：提高果蔬产品多种抗性酶的活性，增强其抗病性；诱导果蔬表皮形成物理屏障，阻止病菌的入侵；以及破坏病原物DNA的结构，干扰细胞的分裂，导致蛋白质变性，引起膜的通透性增大，导致膜内离子、氨基酸和碳水化合物的外渗。

5.2.4.2　化学防治(chemical control)

化学防治是通过使用化学药剂来直接杀死或抑制园艺产品上的病原菌。化学药剂一般具有内吸或触杀作用，使用方法有喷洒(spray)、浸泡(dip)和熏蒸(fumigation)。

1. 化学杀菌剂的种类

目前生产上常用的化学杀菌剂主要有以下几种。

(1)碱性无机盐　如四硼酸钠(硼砂)和碳酸钠溶液，是20世纪50年代用于果蔬采后防病的杀菌剂。用6%～8%的硼砂溶液可控制色二孢和拟茎点霉菌引起的柑橘果实蒂腐病。用0.4%硼砂溶液处理绿熟番茄后用塑料薄膜袋包装进行自发性气调贮藏(MA)，可明显地减少腐烂。

(2)氯、次氯酸和氯胺　氯对真菌有很强的杀伤力，氯和次氯酸被广泛用于水的消毒和果蔬表面杀菌，用0.2～5 $mg \cdot L^{-1}$的活性氯(FAC)处理数分钟，能杀死蔬菜表面和水中的细菌。次氯酸盐也被广泛用于控制桃的软腐病和褐腐病，以及马铃薯和胡萝卜的细菌病害，生产中常使用浓度为100～500 $mg \cdot L^{-1}$的有效氯。三氯化氮被用于柑橘贮藏库的熏蒸，一般每周按54～106 $mg \cdot m^{-3}$熏蒸3～4 h，可减少果实在贮藏期间的腐烂。

(3)硫化物　只有少数几种水果蔬菜能够忍耐达到控制病害的SO_2质量浓度，如葡萄、荔枝和龙眼等。用SO_2处理葡萄的方式有：①定期用体积分数为0.25%～0.5 %的SO_2熏蒸贮藏库 20 min;②将亚硫酸氢钠或焦亚硫酸钠,加入一定量的黏合剂制成药片,按葡萄鲜重0.2%～0.3%放入;③用 SO_2 发生纸,分阶段释放 SO_2,前期快速释放 SO_2 体积比达到 70～100 μL·L^{-1},杀死葡萄表面的病菌和防止早期侵染,中期使 SO_2 体积比维持在 10 μL·L^{-1} 左右,抑制潜伏侵染的灰霉菌生长。但使用 SO_2 发生纸必须控制贮藏期间的温度(－0.5～0 ℃)和湿度,防止因 SO_2 浓度过高而对葡萄产生伤害。

(4)脂肪胺　常用的有仲丁胺(橘腐净),它是一种脂肪族胺。仲丁胺既可作为熏蒸剂,也可制成仲丁胺盐溶液对产品进行浸淋,或加入蜡制剂中使用。仲丁胺对青霉菌有强烈的抑制作用,一般仲丁胺盐使用浓度为 0.5%～2%,仲丁胺体积比在空气中达到 100 μL·L^{-1} 时,可明显地抑制柑橘果实的青霉病。

(5)酚类　邻苯酚(HOPP)是 20 世纪 60 年代常用的一种广谱杀菌剂,对微生物的致死限度和对新鲜果蔬损伤质量浓度为 200～200 mg·L^{-1},杀菌效果取决于溶液的温度与接触时间。利用邻苯酚浸纸包裹产品,可抑制多种采后病害。用 0.5%～1%的邻苯酚钠(SOOP)溶液处理果实,可控制柑橘、苹果、梨、桃等果实的腐烂。同时,1%的水杨酰苯胺钠对引起甜橙和香蕉腐烂的青霉菌及拟茎点霉菌有明显的抑制作用。

(5)联苯　用联苯 $(C_6H_5)_2$ 浸渍包装纸包装单果,或在箱底部和顶部铺垫联苯酚纸来控制柑橘的果实青霉病已有 40 多年的历史,但长期使用联苯也出现了抗性菌株,从而减低了杀菌效果。

(7)苯并咪唑及其衍生物　20 世纪 60 年代以后使用的苯并咪唑及其衍生物主要有苯来特、托布津、多菌灵、噻苯唑(TBZ)等,这类药物具有内吸性,对青霉菌、色二孢、拟茎点霉菌、刺盘孢、链核盘菌都具有很强的杀死力,被广泛地用作控制苹果、梨、柑橘、桃、李等水果采后病害的杀菌剂。

(8)其他杀菌剂　①抑菌唑,是第一个麦角甾醇 $(C_{28}H_{40})$ 的生物合成抑制剂,从 20 世纪 80 年代开始在世界许多柑橘产区用作杀菌剂,其防腐效果优于苯并咪唑类,特别对苯来特、TBZ、SOPP 及仲丁胺产生抗性的青霉菌株和链格孢菌有很强的抑制作用。抑菌唑的使用质量浓度一般为 1 000～2 000 mg·L^{-1},可浸洗或喷雾处理。②双胍盐,其化学名称为 2-(8-胍基-辛基)胺乙酸酯,双胍盐对青绿霉菌、酸腐菌,以及对苯并咪唑产生抗性的菌株有强抑制作用,一般使用质量浓度为 250～1 000 mg·L^{-1}。③咪鲜胺,又叫扑菌唑,化学名称为 1-[N-丙基-N-2(2,4,6-三氯苯基)乙基] 咪唑-1-甲酰胺,咪鲜胺的抗菌谱与抑霉唑相似,但对青霉菌及对苯来特和 TBZ 产生抗性的菌株有很好的抑制效果,使用质量浓度为 500～1 000 mg·L^{-1}。④抑菌脲,商品名为扑海因,化学名称为 3-(3,5-二氯苯基)-N-异丙基-2,4-二氧咪唑烷-1-羧酰胺。抑菌脲可抑制根霉菌和链格孢菌等苯并咪唑类药剂所不能抑制的病菌,同时还可抑制灰葡萄孢菌和链核盘菌,而对青霉菌的抑制效果与抑菌唑相同。⑤瑞毒霉,又叫甲霜安,化学名称为甲基-N-(2-甲氧乙酰)-N-(2-甲氧乙酰)-N-(2,6-二甲基苯基)-*dl*-丙氨酸甲酯。瑞毒霉有较强的内吸性能,对鞭毛菌亚门有特效,可控制疫霉引起的柑橘褐腐病。还可与三唑化合物混合使用,能有效地防治青霉菌、酸腐病和褐腐病等多种采后病害,使用质量浓度为 1～2 g·L^{-1}。⑥乙膦铝,商品名为霜霉净,化学名称为三乙膦基磷酸铝。乙膦铝是良好的内吸药剂,对人畜基本无毒,对植物也安全。用 2～4 g·L^{-1} 的 40%～90%乙膦铝可湿性粉剂对疫霉菌及抗瑞毒霉菌株均有抑制作用。

目前园艺产品采后常用的化学杀菌药剂主要有以下几种(表 5-4)。

表 5-4　果蔬产品采后常用的化学杀菌药剂

名称	使用质量浓度/($mg \cdot L^{-1}$)	使用方法	应用范围
联苯	100	浸纸或纸垫、熏蒸	柑橘青霉病、绿霉病、褐色蒂腐病、炭疽病等
仲丁胺(2-AB)	200	洗涤、浸渍、喷洒果及熏蒸	柑橘青霉病、绿霉病、蒂腐病、炭疽病等
多菌灵	1 000	浸果	柑橘青霉病、绿霉病
甲基托布津	1 000	浸果	柑橘青霉病、绿霉病
抑霉唑	500～1 000	浸果	青霉病、绿霉病、蒂腐病、焦腐病等
特克多(TBZ)	750～1 500	浸渍、喷洒	灰霉病、褐腐病、青霉病、绿霉病、蒂腐病、焦腐病等
乙膦铝(疫霉灵)	500～1 000	浸渍、喷洒	霜霉病、疫霉病等
瑞毒霉(甲霜灵)	600～1 000	浸渍、喷洒	对疫病有特效
扑海因(咪唑霉)	500～1 000	喷洒、浸渍	褐腐病、黑腐病、蒂腐病、炭疽病、焦腐病等
普克唑	1 000	喷洒、浸渍	青霉病、绿霉病、黑腐病等

5.2.4.3　生物防治(biological control)

生物防治是利用微生物之间的拮抗作用(antagonism)，选择对园艺产品不造成危害的微生物来抑制引起产品腐烂的病原菌的致病力。由于化学农药对环境和农产品的污染直接影响人类的健康，世界各国都在探索能代替化学农药的防病新技术。生物防治是近年来被证明很有成效的新途径。生物防治的研究主要包括以下三方面。

(1)拮抗微生物(antibiont)的选用　果蔬采后病害生物防治的研究工作始于 20 世纪 80 年代，经过 10 多年的研究已从实验室向生产应用的商业化发展，许多研究都证明利用拮抗微生物来控制病害是一项具有很大潜力的新兴技术。目前已经从植物和土壤中分离出许多具有拮抗作用的细菌、小型丝状真菌和酵母菌，用于果蔬产品采后病害防治的生物拮抗菌主要有 *Bacillus subtilis*，*Candida oleophila*，*C. saitoana*，*C. sake*，*C. tenuis* 等。这些微生物对引起苹果、梨、桃、甜樱桃、柑橘、枣等果实采后腐烂的许多病原真菌都具有明显的抑制作用。尽管它们的作用机理(mode of action)还不完全清楚，但一般认为有的细菌是通过产生抗生素(antibiotics)来抑制病菌的生长。如枯草芽孢杆菌(*B. subtilis*)产生的伊枯草菌素对引起核果采后腐烂的褐腐病菌(*M. fracticola*)、草莓灰霉菌(*B. cinerea*)和柑橘青霉菌(*P. italicum*)有抑制作用；而酵母菌则主要是通过在伤口处快速繁殖，与病菌营养竞争来抑制其生长，控制病害发生。如季也蒙假丝酵母(*C. guilliermondii*)能在果实伤口处迅速繁殖，在 25 ℃、15 ℃ 和 3 ℃ 下分别培养 3 d、5 d 和 7 d 时，酵母数量可增加 45.6 倍、34.4 倍、33.1 倍，并对果实不产生任何伤害。丝孢酵母(*Trichosporon* spp.)也能在苹果伤口迅速繁殖，以 25 ℃下最初的 48 h内和 1 ℃下的最初 5 d 内增长最快，分别增加 50 倍和 20 倍以上。另外，酵母拮抗菌还具有直接寄生的作用，可以产生抑菌酶(如细胞壁水解酶)和抑菌物质。同时，拮抗菌 *C. laurentii* 和 *P. membranefaciens* 处理还能提高桃和甜樱桃果实中 CAT，POD 和 β-1，3-葡聚糖酶活性，诱导 *CAT*，*GPX* 和 *Glu* 基因的表达，增强抗氧化蛋白和 PR 蛋白的表达，抑制蛋白的氧化损伤，从而提高果实对病原菌的抵抗力。

由于大多数果蔬产品采后都是低温贮藏，有的采后病原菌在 0 ℃ 以下的低温环境也能生长、繁殖和致病。但是，在低温下有的拮抗菌的生活力和拮抗力降低，如：*B. subtilis* 在低温贮藏环境下对 *B. cinerea* 和 *P. italicum* 病菌的抑制效果明显下降。由此可见，生物防治的有效性和应用前景还取决于拮抗菌对果蔬产品采后贮藏环境（如低温、低氧和高二氧化碳）的适应性，并且最好能与果蔬采后商品化处理相配合。一般来说，理想的拮抗菌应具有：①以较低的浓度在果蔬表面上生长和繁殖的能力；②能与其他采后处理措施和化学药物相容，甚至在低温和气调环境下也有效；③能利用低成本培养基进行大规模生产；④遗传性稳定；⑤具有广谱抗菌性，不产生对人有害的代谢产物；⑥抗杀虫剂，对寄主不致病等特点。

(2)自然抗病物质的利用　几百年前人们就已经知道植物的药用和治疗的功效。事实上植物为人类提供了广泛的药材资源，但目前只有少部分植物的器官被用作药剂的研制材料。近年来，由于化学药剂（如 DDT）残毒对人类健康的影响，昆虫学家开始利用植物产生的自然抗性物质来杀虫，经过多年的努力，研制出了除虫菊酯等有效的杀虫剂。然而，以植物为原料生产杀菌剂的研究工作则进展缓慢。植物群体是一个含有自然杀菌成分的巨大资源库，许多研究都表明一些植物的根和叶的提取物对病菌有明显的抑制作用，有的国家传统地利用植物自然抗病物质来控制病虫害，到目前为止已证明至少有 2%的高等植物具有明显的杀虫作用。

近年来，利用植物自然抗病物质来控制采后腐烂的研究也较多，Wilson 及其合作者们发现有 43 个科的 300 多种植物对 *B. cinerea* 病菌有拮抗作用，这些植物的提取物都表现出较强的抑菌活性。利用植物的提取物防治果实的采后病害是近年来世界各国的研究热点，Ark 和 Thompson 在 1959 年就报道了大蒜的提取物对引起桃采后腐烂的 *M. fracticola* 病菌有明显的抑制作用，从日本柏树中提取的日柏醇对防治草莓和桃果实采后病害的效果显著，实验表明 19～44 $\mu g \cdot mL^{-1}$ 质量浓度的日柏醇就能有效地控制 *B. cinerea*，*M. fructicola* 和 *P. expansum* 病菌孢子的萌发。

植物产生的一些油和挥发性物质对产品的采后病害也有明显地抑菌功效，EI-Ghoauth 和 Wilson 报道一些植物油对 *B. cinerea* 和 *P. expansum* 病菌的生长有抑制作用，他们还发现红棕榈、红百里香、樟树叶和三叶草都能明显地抑制 *B. cinerea* 和 *P. expansum* 病菌孢子的萌发和菌丝的生长，以这些植物为原料制作的烟熏剂可有效地减少果实和蔬菜的采后病害。另外，果实成熟过程中产生的一些挥发性代谢产物也能抑制病菌的生长，苹果和桃使用苯甲醛处理后，贮藏期间的发病率明显地减少，并且不伤害果肉的组织。Vaugh 等报道了植物挥发性物质的抑病效果，在他们测试的 15 种物质中，只有苯甲醛、己醇、E-2-己烯醛、Z-3-己烯-1-醇和 2-壬酮五种物质对抑制草莓和树莓的采后病害有效。同样用乙醛气体处理苹果、草莓和樱桃果实也能控制其采后的腐烂。

自然抗病物质可以从微生物的代谢物和动物产品中提取，但几乎没有利用动物产品来控制采后病害的报道。Pusey 和 Wilson 发现 *B. subtilis* 产生的伊枯草菌素对减少桃褐腐病特别有效。同样，使用 *P. cepacea* 产生的吡咯菌素处理苹果、梨和草莓能明显地减少采后腐烂。尽管微生物产生的抗生素对园艺产品采后腐烂的控制效果很好，但它们作为特殊杀菌剂在农业上的应用潜力还取决于病原菌能否对它们产生抗性。

此外，人们发现动物产生的一种聚合物——脱乙酰几丁质是很好的抗真菌剂，它能形成半透性的膜，抑制许多种病菌的生长。同时，还能激化植物组织内一系列的生物化学过程，包括几丁质酶的活性、植物防御素的积累、蛋白质酶抑制剂的合成和木质化的增加，脱乙酰几丁质中的多聚阳离子被认为是提供该物质生理化学和生物功能的基础。目前，脱乙酰几丁质已经被应用于许多水果的采后处理，如利用它的生物特性来防止 *B. cinerea* 和 *P. stolonifer* 病菌引起的采后腐烂，以及利用它成膜的透气性来延迟草莓、辣椒和黄瓜的成熟。脱乙酰几丁质的防病效果是由于它本身具有的抗菌特性，实验室的研究表明，脱乙酰几丁质不仅能抑制主要病原菌在园艺产品体外的生长，还能诱导 *B. cinerea* 和 *P. stolonifer* 病菌的形态变化，增强病菌细胞的透性和干扰病菌原生质膜的正常功能。脱乙酰几丁质的抑病效果在园艺产品体内也得到了证实，用脱乙酰几丁质处理辣椒能抑制 *B. cinerea* 的侵染力，引起病菌细胞的损伤。尽管有关脱乙酰几丁质生物活性的研究报道很多，但对它增加寄主抗性和阻碍病菌在植物体内侵染的机理并不完全清楚。只有进一步了解脱乙酰几丁质作为一种真菌抑止剂和植物抗性诱导剂的作用机理和成膜特性，才能更好地发挥其防腐保鲜的作用。许多研究还证明脱乙酰几丁质对哺乳动物没有毒性，但它对人体的安全性还需要进一步验证。尽管与化学药剂相比动植物产生自然抗病物质是相对安全的，仍然需要做详细的毒性研究以确定每一种自然抗病物质成分的安全性。

(3)采后产品抗性的诱导　植物对病菌的侵染有着天然的防御反应，这些反应伴随着一系列的生理生化过程。植物在遭到病菌侵染时，常常是通过体内的木质素、胼胝体和羟脯氨酸糖的沉积、植物抗生素的积累、蛋白质酶抑制剂和溶菌酶(几丁质酶和脱乙酰几丁质酶等)的合成来增强细胞壁的保卫反应，采用生物和非生物的诱导剂处理也能够刺激这些生物化学过程的防御反应。近年来，许多研究都致力于提高植物的免疫力和诱导产品的抗性，并以此作为增强植物抗病性的一个重要途径。大量的基础和应用研究都证明可以通过物理和化学处理来诱导植物的自然防御机能，烟草和黄瓜的免疫力就与体内的防卫蛋白质极为有关。

采后的产品也具有自然的防卫机能，表现在快速减缓成熟，但这个防卫潜力并没有引起人们足够的重视，所以很少知道果实和蔬菜采后的自然防御机理和调节方法。关于采后产品组织中的防御机理是否与生长期相同，仍是一个值得研究的问题，由于营养器官与生殖器官的功能不同，它们的自然防病机理也不能相提并论。近年来，人们通过采前使用无毒的非生物和生物诱导剂处理来调控产品采后的防御机能，以此达到控制病害的目的。毫无疑问，如果在病菌侵染前对产品进行定向的抗性诱导可行，就能够提高产品采后的抗病性。最近的许多研究表明：果实采后用外源化学物质(如水杨酸、茉莉酸、草酸、硅、壳聚糖等)处理，能显著诱导果实 *CAT* 基因，*POD* 基因和 β-1，3-葡聚糖酶基因的表达，提高果实抗氧化蛋白和 PR-相关蛋白表达和酶的活性，延缓了果实衰老，增强了果实对病原菌入侵的抗性，说明通过增强组织的抗病机能来控制采后的腐烂是一条行之有效的途径。

5.2.4.4　综合防治(integrative control)

果蔬产品采后病害的有效防治是建立在综合防治措施基础上的，它包括采前田间的栽培管理和采后系列化配套技术处理。采前的田间管理包括合理的修剪、施肥、灌水、喷药、适时采收等措施，这对提高果实的抗病性，减少病原菌的田间侵染十分有效。采后的处理则包括及时预冷，病果、虫果、伤果的清除，防腐保鲜药剂的应用，包装材料的选择，冷链运输，选定适合于不同水果蔬菜生理特性的贮藏温度、湿度、氧气和二氧化碳体积分数,以及确立适宜的贮藏时期等系列商品化处理的配套技术。这些对延缓果蔬产品衰老,提高抗性,减少病害和保持风味品质都非常重要。

思考题

1. 简述引起果实生理病害的原因及防治方法。
2. 简述常见采后果蔬的主要病害种类,并举例说明引起病害的主要病原菌。
3. 简述影响果蔬采后病害发生的主要因素和防治措施。
4. 简述果蔬采后生物防治的特点、意义和应用前景。

推荐参考书

[1] 毕阳. 果蔬采后病害:原理与控制. 北京:科学出版社,2016.

[2] 李怀芳,刘凤权,郭小密. 园艺植物病理学. 北京:中国农业大学出版社,2001.

[3] 田世平. 果蔬产品产后贮藏加工与包装技术指南. 北京:中国农业出版社,2000.

[4] 田世平,罗云波,王贵禧. 园艺产品采后生物学基础. 北京:科学出版社,2011.

参考文献

[1] 毕阳. 果蔬采后病害:原理与控制. 北京:科学出版社,2016.

[2] 韩晋,田世平. 外源茉莉酸甲酯对黄瓜采后冷害及生理生化的影响. 园艺学报,2006,33(2):289-293.

[3] 李怀芳,刘凤权,郭小密. 园艺植物病理学. 北京:中国农业大学出版社,2001.

[4] 田世平. 果蔬产品产后贮藏加工与包装技术指南. 北京:中国农业出版社,2000.

[5] 田世平,罗云波,王贵禧. 园艺产品采后生物学基础. 北京:科学出版社,2011.

[6] 田世平,范青. 果蔬采后病害的生物学技术. 植物学通报,2000,17(3):193-203.

[7] 郑小林,田世平,李博强,等. 草酸对冷藏期间桃果实抗氧化系统和活性的影响. 园艺学报,2005,32(5):788-792.

[8] 郑小林,田世平,李博强,等. 外源草酸延缓采后杧果成熟及其生理基础的研究. 中国农业科学,2007,40(8):1767-1773.

[9] An B,Li B Q,Qin G Z,et al. Function of small GTPase Rho3 in regulating growth, conidiation and virulence of *Botrytis cinerea*. Fungal Genetics and Biology,2015,75:46-55.

[10] Chan Z L,Qin G Z,Xu X B,et al. Proteome approach to characterize proteins induced by antagonist yeast and salicylic acid in peach fruit. Journal of Proteome Research,2007, 6(5):1677-1688.

[11] Chan Z L,Wang Q,Xu X B,et al. Functions of defense-related proteins and dehydrogenases in resistance response induced by salicylic acid in sweet cherry fruit at different maturity stages,Proteomics,2008,8(22),4791-4807.

[12] He C,Zhang Z Q,Li B Q,et al. Effect of natamycin on Botrytis cinerea and Penicil-

lium expansum-Postharvest pathogens of grape berries and jujube fruit. Postharvest Biology and Technology,2019,151:134-141.

[13] Jin T, Li B Q,Zhang Z Q,et al. Inhibitory of grey mold on green pepper and winter jujube by chlorine dioxide (ClO_2) fumigation and its mechanisms. LWT - Food Science and Technology,2019,100:335-340.

[14] Li B Q,Wang W H,Zong Y Y,et al. Exploring pathogenic mechanisms of *Botrytis cinerea* under different ambient pH based on comparative proteomic analysis of secretome. Journal of Proteome Research,2012,11:4249-4260.

[15] Liu C H,Zheng H H,Sheng K L,et al. I Effects of postharvest UV-C irradiation on phenolic acids, flavonoids, and key phenylpropanoid pathway genes in tomato fruit. Scientia Horticulturae, 2018,241:107-114.

[16] Lutz J M,Hardenburg R E. The commercial storage of fruits,vegetables,and florist and nursery stocks. Washington D C:US Department of Agriculture,1968.

[17] Moh T,Amir K,Mohd A,et al. Biological control:a sustainable and practical approach for plant disease management. Acta Agriculturae Scandinavica,2020,70(6):507-524.

[18] Pantastico E B. Postharvest physiology,handling and utilization of tropical and subtropical fruits and vegetables. Westport: The AVI Publishing Co. Inc. ,1975.

[19] Qin G Z,Meng X H,Wang Q,et al. Oxidative damage of mitochondrial proteins contributes to fruit senescence:A redox proteomics analysis. Journal of Proteome Research, 2009,8:2449-2462.

[20] Tian S P,Chan Z L. Potential of induced resistance in postharvest disease control of fruits and vegetables. Acta Phytopathology Sinica,2004,34(5):385-394.

[21] Tian S P. Management of Postharvest Diseases in Stone and Pome Fruit Crops//Ciancio A,Mukerii K G. Integrated Pest and Disease Management. Berlin: Springer Publishers, 2007:131-147.

[22] Tian S P."Microbial Control of Postharvest Diseases of Fruits and Vegetables:Current Concepts and Future Outlook"//Ranesh C R,Owen P W. Microbial Biotechnology in Horticulture. Enfield:Science Publishers,2006:163-202.

[23] Tian S P,Wan Y K,Qin G Z,et al. Induction of defense responses against *Alternaria* rot by different elicitors in harvested pear fruit. Applied microbiology and biotechnology, 2006,70:729-734.

[24] Tian S P,Yao H J,Deng X,et al. Characterization and expression of β-1,3-glucanase genes in jujube fruit induced by the biocontrol microbial agent,*Cryptococcus laurentii*. Phytopathology,2007,97(3):260-268.

[25] Wang Q,Qin G Z,Lai T F,et al. Response of jujube fruit to exogenous oxalic acid treatment based on proteomic analysis. Plant and Cell Physiology,2009,50(2):230-242.

[26] Wang Y,Ji D C,Chen T,et al. Production,signaling and scavenging mechanisms of

reactive oxygen species in fruit-pathogen interactions. International Journal of Molecular Science,2019,20(12):2994.

[27] Williamson B,Tudzynski B,Tudzynski P,et al. *Botrytis cinerea*:The cause of grey mould disease. Molecular Plant Pathology,2007,8(5):561-580.

[28] Yao H J,Tian S P,Wang Y S. Sodium bicarbonate enhances biocontrol efficacy of yeasts on fungal spoilage of pears. International Journal of Food Microbiology,2004,93(3):297-304.

[29] Zhang Z Q,Qin G Z,Li B Q,et al. Knocking out Bcsas1 in *Botrytis cinerea* impacts growth,development,and secretion of extracellular proteins,which decreases virulence. Molecular Plant-Microbe Interactions,2014,27 (6):590-600.

第6章

园艺产品贮藏方式与管理

本章学习目的与要求

1. 了解简易贮藏的主要类型和特点。
2. 理解代表性简易贮藏方式的管理要领。
3. 理解机械冷藏的概念和原理。
4. 了解机械冷藏库设计和建造的要求。
5. 掌握机械冷藏管理的要点。
6. 理解气调贮藏的概念和优点。
7. 了解气调贮藏对库体和设备的要求。
8. 掌握气调贮藏的管理操作要点。
9. 了解减压、辐射、O_3 处理等贮藏方式的特点和原理及在生产实践中应用的现状。

新鲜园艺产品生长发育到符合一定的品质要求时就应收获。收获的园艺产品由于脱离了与母体或土壤的联系,不能再获得营养和补充水分,且易受其自身及外界一系列因素的影响,品质不断下降甚至很快失去商品价值。为了保持新鲜园艺产品的品质,减少损失,克服消费者长期均衡需要与季节性生产的矛盾,园艺产品必须进行贮藏。

新鲜园艺产品贮藏的方式很多,常用的有常温贮藏、机械冷藏和气调贮藏等。新鲜园艺产品贮藏时不管采用何种方法,均应根据其生物学特性,创造有利于产品贮藏所需的适宜环境条件,降低导致新鲜园艺产品品质下降的各种生理生化及物质转变的速度,抑制水分的散失,延缓成熟衰老和生理失调的发生,控制微生物的活动及由病原微生物引起的病害,达到延长新鲜园艺产品的贮藏寿命和市场供应期、减少产品损失的目的。

6.1 常温贮藏

常温贮藏(normal temperature storage)通常指在构造相对简单的贮藏场所,利用环境条件中的温度随季节和昼夜变化的特点,通过人为措施使贮藏场所的贮藏条件达到或接近产品贮藏要求的一种方式。

6.1.1 新鲜园艺产品常温贮藏的方法

6.1.1.1 沟坑式(french storage)

其做法通常是在符合要求的地点,根据园艺产品贮藏量的多少挖沟或坑,铺垫细沙、秸秆等,而后将产品堆放于沟坑中,然后覆盖以土、秸秆或塑料薄膜等,并随季节改变(外界温度的变化)增减覆盖物厚度。这类贮藏方法的代表有苹果、梨、萝卜等的沟藏、板栗的坑藏(pit storage)和埋藏(mound storage)等。

6.1.1.2 窑窖式(cellar or cave storage)

窑窖式即在山坡或地势较高的地方挖地窖或土窑洞,也可采用人防设施,将新鲜园艺产品散堆或包装后堆放在窑窖内。产品堆放时注意留有通风道,以利通风换气和排除热量。根据需要增设换气扇,人为地进行空气交换。同时注意做好防鼠、虫、病害等工作。这类贮藏方法的代表案例有四川南充地区用于甜橙贮藏的地窖,西北黄土高原地区用于苹果、梨等贮藏的土窑洞,以及江苏、安徽北部及山东、山西等苹果、梨种植区结合房屋建设兴建用于贮藏此类果品的地窖等。

6.1.1.3 通风库贮藏(ventilation storage)

通风库贮藏指在有较为完善隔热结构和较灵敏通风设施的建筑中,利用库房内外温度的差异和昼夜温度的变化,以通风换气的方式来维持库内较稳定和适宜的贮藏温度的一种贮藏方法。在气温过高和过低的地区和季节,通风库贮藏如果不加其他辅助设施,仍难以达到和维持理想的温度条件,且湿度也不易精确控制,因而贮藏效果不如机械冷藏。通风库有地下式、半地下式和地上式三种形式,其中地下式与我国西北地区的土窑洞极为相似。半地下式在北方地区应用较普遍,地上式以南方通风库为代表。

6.1.1.4 其他贮藏方式

其他贮藏方式包括缸藏(jar storage)、冰藏(ice storage)、冻藏(frozen storage)、假植贮藏

(fake plant storage)、挂藏(hang storage)等。

常温贮藏方式在我国园艺产品上应用的历史悠久，经济简便，不需专门的贮藏设施和机械，可根据各地的自然条件，因地制宜，灵活运用，操作简单，且常温贮藏所需的投资少、管理费用低，所以常温贮藏在许多地方的新鲜园艺产品贮藏中有应用并获得成功。但是常温贮藏方式受地区和气候等自然条件的限制，使用有地域性，也不能周年使用。如在冬季短、气温高的我国南方地区，常温贮藏方式在春夏秋季使用的效果不佳，特别在高温的夏季。常温贮藏虽方法多样，但一种具体方法往往仅适用一定范围的产品，而不能适应绝大多数新鲜园艺产品贮藏的要求。所以，常温贮藏无论从地域、季节考虑还是从适用的对象考虑，均缺乏应用的广泛性。另外，常温贮藏因不能使贮藏条件(温度、相对湿度)达到理想状况，且会发生较大波动，故应用于新鲜园艺产品贮藏时，产品品质下降的速度较快、贮藏寿命不能得到最大限度延长。因此，常温贮藏方式主要用于新鲜园艺产品的短期和临时性贮藏。

6.1.2　常温贮藏方式的管理

常温贮藏是利用环境温度的变化来调节贮藏场所温度的，且相对湿度会随温度的改变而变化，选择具体的简易贮藏方法时应充分考虑当地的地形地貌、气候条件和需贮藏对象的生物学特性。常温贮藏开展前，应对贮藏场所进行彻底的清洁和消毒；同时，贮藏前可采用防腐剂、被膜剂或植物生长调节物质等处理新鲜园艺产品，以提高贮藏效果，减少产品的腐烂损失。

常温贮藏以温度管理最为重要。温度管理大致可分为降温和保温两个阶段，即在贮藏环境温度高于贮藏要求时，采取一切行之有效的措施尽快降温；温度达到贮藏要求后，尽可能地保持温度的稳定。

采用沟坑式贮藏新鲜园艺产品时，在产品入贮后，白天用秸秆、草帘等覆盖，防止太阳光的直接照射；晚上掀开覆盖物让冷空气进入沟坑中，降低贮藏环境温度和产品的品温。为提高降温速度和效果，可在贮藏沟坑中设置通气孔或在产品中间插通气草把。当温度降至接近贮藏要求时在覆盖物上增加泥土、塑料薄膜或秸秆等物。覆盖时应在沟坑的适当位置按需要插秸秆束或草把等，以利于沟坑内产品与外界环境的通气。

窑窖式或通风库贮藏园艺产品时，当产品入贮后，在一天中温度低于贮藏环境时尤其在温度最低的一段时间内进行通风换气。通风时间的长短和通风量以贮藏空间温度降至最低和最大限度地排除湿热空气为原则。通风可由建造过程中设置的通风系统自然进行，也可通过安装通风扇强制进行。在贮藏环境的温度达到规定要求后的维持、稳定阶段，根据外界温度下降的速度和程度，及时增加沟坑的覆盖物厚度、缩短通风时间或减少通风量，以维持通风库和窑窖内温度的稳定，防止因温度太低对产品造成伤害。

常温贮藏方式贮藏新鲜园艺产品时，会因降水等原因一定程度上和阶段性时间内(尤其在降温阶段)造成湿度偏高，可用加强通风方法除去。更常见情况是贮藏环境因相对湿度太低而造成产品失重，贮藏期间需采用一定方法进行增湿，如向沟坑覆盖物上喷水、通风库地坪洒水、空气喷雾、在贮藏环境中以容器盛水自然蒸发等。

常温贮藏期间还应做好病虫和鼠害的预防工作，以免造成损失。此外，必须重视常温贮藏过程中的产品检查。

6.2 机械冷藏

起源于19世纪后期的机械冷藏(refrigerated storage)是当今世界上应用最广泛的新鲜园艺产品贮藏方法。改革开放40多年来,随着我国农业种植业结构调整,园艺作物种植面积不断扩大、产量稳定增加,许多专业公司和各类企业纷纷兴建大中型的商业冷藏库,以及个人投资者和农民建立了众多的中小型冷藏库和微型冷库。新鲜园艺产品冷藏技术得到了快速发展和普及、机械冷藏现已成为我国新鲜园艺产品贮藏的主要方法,也是新鲜园艺产品冷链建设中的核心环节,为繁荣园艺产品商品流通和供应,发展园艺产业发挥了重要作用。

目前,世界范围内机械冷藏库向操作机械化、规范化,控制精细化、自动化方向发展。

6.2.1 机械冷藏的概念和机械冷藏库的类型

机械冷藏指的是利用制冷剂的相变特性,通过制冷机械循环运动的作用产生冷量,并将其导入有良好隔热效能的库房中,根据不同贮藏产品的要求,控制库房内的温、湿度条件在合理的水平,并适当加以通风换气的一种贮藏方式。

机械冷藏以控制环境温度进而控制产品的温度为主要手段,达到有效保持产品的品质、延长贮藏时间、减少损失的目的。适宜的低温下,新鲜园艺产品包括呼吸在内的代谢强度降低,物质转变速度变慢且消耗减少,水分蒸发减慢,成熟衰老延缓,病害减轻。

机械冷藏要求有坚固耐用的贮藏库,且库房设置有专门的隔热层和防潮层,以满足人工控制库房内的温度和湿度。机械冷藏适用产品的对象和使用的地域较广,库房可以周年使用,贮藏效果好。然而,机械冷藏的贮藏库和制冷机械设备需要投入较多的资金,运行成本较高,且贮藏运行要求有良好的管理技术。

机械冷藏库根据制冷要求不同分为高温库(0 ℃左右)和低温库(低于−18 ℃)两类,用于贮藏新鲜园艺产品的冷藏库为前者。冷藏库根据贮藏容量大小划分,虽然规模标准尚未统一,但大致可分为四类(表6-1)。目前我国贮藏新鲜园艺产品的冷藏库中,大型、大中型库占的比例较小,中小型、小型库较多。近年来,个体投资者和园艺产品生产者建设的多为中型、小型冷藏库和微型库(<100 t),大型专业性新鲜果蔬生产和流通企业建设的冷库则多倾向于大型、大中型库。

表6-1 机械冷藏库的贮藏容量分类

规模类型	贮藏容量/t
大型	>10 000
大中型	5 000~10 000
中小型	1 000~5 000
小型	<1 000

6.2.2 机械冷藏库的组成和设计

6.2.2.1 机械冷藏库的组成

机械冷藏库常为一组建筑群,由主体建筑和辅助建筑两大部分组成。按照构成建筑物的用途不同可分为冷藏库房、生产辅助用房、生产附属用房和生活辅助用房等。

冷藏库房是贮藏新鲜园艺产品的场所，根据贮藏规模和对象的不同，冷藏库房可分为大小相同或不同的若干贮藏间，以满足贮藏不同果蔬对温度和相对湿度差异的要求。

生产辅助用房包括装卸站台、穿堂、楼梯、电梯间和过磅间等，对于配套完善的企业来说，生产辅助用房还包括预冷、分级、包装等商品化处理用房等。果蔬生产附属用房主要是指与冷藏库房主体建筑和生产操作密切相关的生产用房，包括整理间、制冷机房、变配电间、水泵房、产品检验室等。生活辅助用房主要有生产管理人员的办公室、员工的更衣室和休息室、卫生间及食堂等。

6.2.2.2　冷藏库房的设计

机械冷藏库的设计，广义包括建筑群整体的合理规划和布局，及生产主体用房——冷藏库房库体的设计两部分，狭义(下文)仅指后者。

整个建筑群的合理规划直接关系到企业生产经营的效果，在库房建造前的库址选择时就必须认真研究，反复比较。适于建造冷藏库的地点通常应具有以下条件：①靠近新鲜园艺产品的产地或销售地；②交通方便，地形开阔，留有一定的发展空间；③有良好的水、电源；④四周卫生条件良好。

在确定了库址的基础上，根据允许占用土地的面积、生产规模、冷藏工艺流程、产品装卸运输方式、设备和管道布置要求等来决定冷藏库房的建筑形式(单层、多层)，确定各库房的外形和各辅助用房的平面建筑面积和布局，并对相关部分的具体位置进行合理的设计。

生产主体用房——冷藏库房的设计总体要求有：①满足冷藏库规定的使用年限，结构坚固；②符合生产流程要求，运输线路(物流、冷流等)要尽可能短，避免迂回和交叉；③冷藏间大小和高度应适应建筑模数、贮藏商品包装规格和堆码方式等规定；④冷藏间应按不同的设计温度分区(分层)布置；⑤尽量减少建筑物的外表面积。

根据新鲜园艺产品的特点和生产实践经验，大型、中型冷藏库房采用多层、多隔间的建筑方法，小型冷藏库房采用单层多隔间的方法，且贮藏间容量从相对较大(如300～500 t)向小型化(如100～250 t)发展。库房的层高传统上多在4.5～5.0 m，随建筑技术的提高、建筑材料特性的改进、果蔬包装材料的更新、贮藏操作条件的改善和货架的推广应用，层高可增加至8～10 m，甚至更高。层高增加尤其适合大型、中型冷藏库和先进的新型冷藏库。小库容、高层间距的贮藏间既可满足新鲜园艺产品不同贮藏条件和贮藏目的的要求，又有利于提高库房的利用率，便于冷藏管理。

6.2.3　冷藏库房的围护结构

机械冷藏库投资大、使用年限长，且要求达到较高的控制温度、湿度要求，其围护结构至关重要。在建造冷藏库房时，除必须保证坚固外，围护结构还需具备良好的隔热性能，以最大限度隔绝库体内外热量的传递和交换(通常是外界热量侵入和库内冷量向外损失)，维持库房内稳定而又适宜的贮藏温度、湿度条件。由于一般建筑材料阻止热量传递的能力都较弱，通常采用在建筑结构内敷设一层隔热材料来达到隔热要求。隔热层设置是冷藏库房建筑中一项十分重要的工作，不仅冷库的外墙、屋面和地面应设置隔热层，而且有温差存在的相邻库房的隔墙、楼面也要作隔热处理。

用于隔热层的隔热材料应具有如下的特征和要求：导热系数(λ)小(或热阻值大)，不易吸水或不吸水,质量轻、不易变形和下沉,不易燃烧,不易腐烂、被虫蛀和被鼠咬,对人和产品安全且价廉易得。隔热材料常不能完全满足以上要求,必须根据实际需要加以综合评定,选择合适的材料。常用隔热材料的特性见表6-2,目前新建果蔬冷藏库采用的隔热材料主要为聚氨酯泡沫塑料和聚苯乙烯泡沫塑料,传统贮藏中使用的稻壳、炉渣、膨胀珍珠岩、蛭石等已逐步被淘汰。

隔热材料的导热性能是决定其是否被采用的主要指标。导热系数(λ)指的是单位时间通过厚度1 m面积1 m^2 相对面内外温差为1 ℃材料的热流量,单位是 $W \cdot m^{-1} \cdot K^{-1}$。导热系数也称为热导率,导热系数小,表明材料的隔热性能好。导热系数的倒数即为热阻(R),即 $R=1/\lambda$。冷藏库房围护结构在相同热阻要求下,因材料的导热系数不同,则所需材料厚度不同。热阻值的要求是有差别的,在冷库使用期间,围护结构内外温差越大,则热阻值要求越大,隔热层所用材料的厚度也应增加。厚度不够,虽然节省了隔热材料的费用,但冷藏库房保温性能差,耗电多,运行成本提高,设备投资及维修费用相应增加。因此,根据各地实际情况和具体条件决定冷库围护结构合理的热阻值(选择合理的隔热材料和决定其采用的厚度)是工程设计人员必须认真考虑和加以解决的问题。

表6-2 常见隔热材料的特性

材料名称	导热系数 $\lambda/(W \cdot m^{-1} \cdot K^{-1})$	防火性能
软木	0.05~0.058	易燃
聚苯乙烯泡沫塑料	0.029~0.046	易燃,耐热70 ℃
聚氨酯泡沫塑料	0.023~0.029	离火即灭,耐热140 ℃
稻壳	0.113	易燃
炉渣	0.15~0.25	不燃
膨胀珍珠岩	0.04~0.10	不燃
蛭石	0.063	难燃

冷藏库房在不同温差条件下使用时,围护结构所需的总热阻要求见表6-3。

表6-3 不同温差条件下围护结构所需的总热阻

室内外温差	设计时允许的最大单位面积传入热量/$(kJ \cdot m^{-2} \cdot h^{-1})$				
Δt/ ℃	7月	8月	9月	10月	11月
50	29.93	26.16	23.23	20.93	19.05
40	23.23	20.93	18.21	16.74	14.86
30	18.21	15.49	14.02	12.56	11.30
20	11.93	10.47	9.21	8.37	7.53

防潮层的有无与品质好坏,对于冷藏库房围护结构的性能起着极其重要的作用。冷藏库房运行时,其内外温度差使围护结构的两侧产生水蒸气压力差,且贮藏期间库外高温空气中的水蒸气会随时间的延长慢慢穿透隔热材料向库内渗透(由热端向冷端转移),同时也侵入隔热层内部,使其隔热性能显著降低。为确保隔热材料的隔热性能,必须在围护结构内设置防潮层以隔绝水蒸气的渗透。

防潮层设置不合理，不管隔热层采用何种材料和厚度，都难以取得满意的隔热效果。如若仅仅隔热层性能差，可采取增加制冷装置的制冷量加以弥补；而若防潮层设计和施工不良，外界空气中的水蒸气不断侵入隔热层，这不仅增大了装置的制冷负荷，而且导致围护结构的损坏，严重时甚至造成整个冷藏库房建筑报废。因此，防潮层的设置应完全包围隔热材料，隔热层的两侧均应铺设，至少在隔热层的高温一侧必须具有，并且施工时要保持防潮层的完整性。目前生产实施中常用的防潮层材料有油毛毡、水柏油、防水涂料、聚乙烯和聚氯乙烯薄膜及合金材料（金属板）等。

冷藏库房的围护结构包括隔热防潮层均随建筑结构的改进、材料的更新等不断发生变化，由传统的6～7层简化为2～3层。现列举几个例子说明冷藏库房的围护结构（由外至内）。

（1）石灰砂浆抹面→砖外墙（承重）→防潮层→隔热层→砖内墙→石灰砂浆抹面

（2）混凝土抹面→砖外墙→防潮层→隔热层→木板层

（3）钢筋混凝土层→空心砖层→防潮层→塑料贴面

（4）金属薄板层→（聚苯乙烯/聚氨酯）泡沫塑料层→金属薄板层

（5）钢筋混凝土层→（聚氨酯）泡沫塑料层

值得注意的是，当建筑结构中导热系数较大的构件（如柱、梁、管道等）穿过或嵌入冷藏库房围护结构的隔热层时，可形成“冷桥”。冷藏库运营期间，“冷桥”处容易出现结冰、结霜现象。“冷桥”的存在破坏了隔热层和防潮层的完整性和严密性，从而使隔热材料受潮失效，必须采取有效措施消除“冷桥”的影响。常用的方法有两种，即外置式隔热防潮系统（隔热防潮层设置在地坪、外墙屋顶上，把能形成“冷桥”的结构包围在其里面）和内置式隔热防潮系统（隔热防潮层设置在地板、内墙、天花板上）（图6-1）。如做好管道穿墙的处理、采用拉杆增强隔热效果、在库温较高侧的间隔墙顶部做隔热层等。

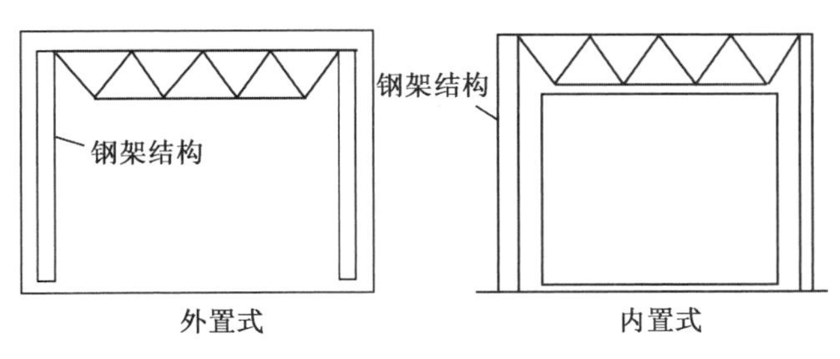

图6-1　消除“冷桥”的方法

6.2.4　机械冷藏库的制冷系统

机械冷藏库达到并维持适宜低温依赖于制冷系统的工作。通过制冷系统持续不断运行，排除贮藏库房内各种来源的热能，包括新鲜园艺产品进库时带入的田间热，新鲜园艺产品作为活的有机体在贮藏期间产生的呼吸热，通过冷藏库的围护结构而传入的热量，产品贮藏期间库房内外通风换气而带入的热量，及各种照明、电机、人工和操作设备产生的热量等。制冷系统的制冷量要满足以上热源的耗冷量（冷负荷）的要求，选择与冷负荷相匹配的制冷系统是机械冷藏库设计和建造时必须认真研究和解决的主要问题之一。

机械冷藏库的制冷系统是指由制冷剂（refrigerant）和制冷机械（refrigerated machine）组

成的一个密闭循环制冷系统。制冷机械是由实现制冷循环所需的各种设备和辅助装置组成,制冷剂在这一密闭系统中重复进行着蒸发、被压缩和冷凝的过程。根据贮藏目的,人为地调节制冷剂的供应量和循环的次数,使产生的冷量与需排除的热量相匹配,以满足降温需要,保证冷藏库房内的温度在适宜水平。

6.2.4.1 制冷剂

制冷剂是指在制冷机械循环运动中起着热传导介质作用的物质,其选择应用与制冷机械的特性密切相关。理想的制冷剂应符合以下条件:汽化热大,沸点温度低,冷凝压力小,蒸发比容小,不易燃烧,化学性质稳定,安全无毒,价格低廉等。自机械冷藏应用以来,研究和使用过的制冷剂有许多种,目前生产实践中常用氨(NH_3)和氟利昂(freon),二氧化碳(CO_2)作为新型制冷剂。

氨的最大优点是汽化热达 125.58 $kJ \cdot kg^{-1}$,比其他制冷剂大许多,因而氨是大中型生产能力制冷压缩机的首选制冷剂。氨还具有冷凝压力低,沸点温度低,价格低廉等优点。由于氨自身有一定的危险性,泄漏后有刺激性味道,对人体皮肤和黏膜等有伤害,在含氨的环境中新鲜园艺产品有发生氨中毒的可能,空气中氨含量超过 16%时有燃烧和爆炸的危险。所以,利用氨制冷时对制冷系统的密闭性要求很严。另外,氨遇水呈碱性对金属管道等有腐蚀作用,使用时对氨的纯度要很高。此外,氨的比热容较小,要求制冷设备的体积较大。近年来,由于国内外氨制冷过程和管理中发生的一系列安全性问题,氨制冷剂的使用受到愈来愈严格的限制,取代型制冷剂的研究引起了关注。

氟利昂是卤代烃(halohydrocarbons)的商品名,大多数为氯氟烃(CFCs)和氢氯氟烃(HCFCs),目前最常用的是氟利昂 12(R12),氟利昂 22(R22)、氟利昂 11(R11)和氟利昂 502(R502)等。氟利昂对人和产品安全无毒,不会引起燃烧和爆炸,且不会腐蚀制冷设备等;但氟利昂汽化热小,制冷能力低,仅适用于中小型制冷机组。另外,氟利昂价格较贵、泄漏不易被发现。研究证明,氟利昂能破坏大气层中的臭氧(O_3)层,国际上正在逐步禁止使用,并积极研究和寻找替代品。目前,积极开展推广和应用的制冷剂有二氯三氟乙烷(R123,$CHCl_2CF_3$)、四氟乙烷(R134a,CF_3CH_2F)、R404A(R125、R134A 和 R143 混合而成)、R507A、溴化锂、乙二醇和 CO_2 等。尤其是前几种投入商业应用后取得了良好的效果,但这些取代品因生产成本高,实践中完全取代氟利昂并被普遍采用还有待进一步研究、完善,特别是 CO_2 作为绿色制冷剂存在制冷压力大、对设备要求高等商业化应用迫切需要解决的问题。

6.2.4.2 制冷机械

制冷机械是由实现制冷所需要的各种设备和辅助装置所组成,其中起决定作用并缺一不可的部件有压缩机(compressor)、冷凝器(condenser)、节流阀(control valve)(包括膨胀阀、调节阀)和蒸发器(evaporator)。此四部件即可构成一个最简单的压缩式制冷装置,所以它们有"制冷机械四大部件"之称。除此之外的其他部件是为了保证和改善制冷机械的工作状况,提高制冷效果及保障其工作时的经济性、可靠性和安全性而设置,它们在制冷系统中处于辅助地位。这些部件包括压缩机、冷凝器、节流阀、贮液器、油分离器、相关的阀门、仪表和管道等,制冷系统示意图如图 6-2 所示。

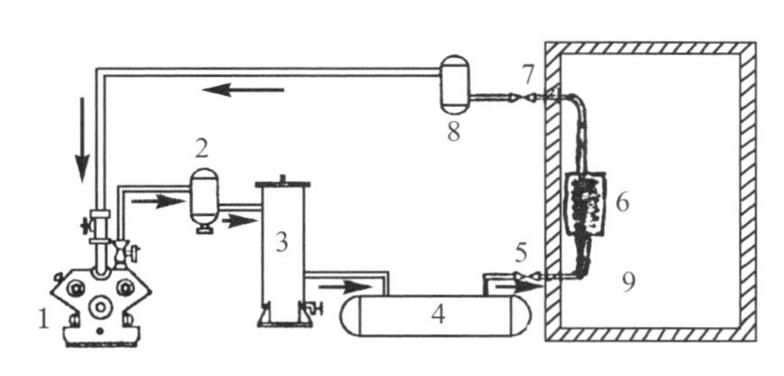

图 6-2　制冷系统示意图

1.压缩机　2.油分离器　3.冷凝器　4.贮液器　5.节流阀
6.蒸发器　7.吸收阀　8.氨分离器　9.贮藏库

制冷机械各主要部件在制冷过程中的作用分别如下。

(1)压缩机　将冷藏库房中由蒸发器蒸发吸热汽化的制冷剂通过吸收阀的辅助压缩至冷凝程度,并将被压缩的制冷剂输送至冷凝器。传统的压缩机多为活塞式,可分为开启式、半封闭式和封闭式三种。半封闭式因其具有结构紧凑、体积小、质量轻的特点是目前商业运行中应用最多的压缩机。对于需冷量大的冷库,螺杆式压缩机愈来愈普及。

(2)冷凝器　由压缩机输送来的高压高温气态制冷剂在经过冷凝器时被冷却介质(风或水)吸去热量,促使其凝结液化,而后流入到贮液器贮存起来,目前园艺产品冷藏库使用的多为单冷式冷凝器。冷凝器从结构上有螺旋板式和蒸发式等类型,从冷凝的方式上有水冷式和空冷式两种。

(3)节流阀　起调节制冷剂流量的作用。通过增加或缩小制冷剂输送至蒸发器的量控制制冷量,进而调节降温速度或制冷时间。

(4)蒸发器　液态制冷剂在高压下通过膨胀阀后,在蒸发器中由于压力骤减由液态变成气态。在此过程中制冷剂吸收周围空气中的热量,降低库房中的温度。蒸发器是制冷剂发生相变的场所,其运行期间表面会发生结霜而影响蒸发器的工作效率。

(5)贮液器　起贮存和补充制冷循环所需的制冷剂的作用。

(6)电磁阀　承担制冷系统中截断和开启管道之责,对压缩机起保护作用。电磁阀安装在冷凝器和膨胀阀之间,且启动线圈连接在压缩机和电动机的同一开关上。当压缩机的电动机启动时,电磁阀通电工作;当压缩机停止运转时,电磁阀即关闭,避免液态制冷剂进入蒸发器,从而不使压缩机启动时制冷剂液体进入压缩机发生冲缸现象。

(7)油分离器　安装在压缩机排出口与冷凝器之间,其作用是将压缩后高压气体中的油分离出来,防止流入冷凝器。

(8)空气分离器　安装在蒸发器和压缩机进口之间,其作用是除去制冷系统中混入的空气。

(9)过滤器　装在膨胀阀之前,用以除去制冷剂中的杂质,以防膨胀阀中微小通道被堵塞。

(10)仪表　它的设置有利于对制冷过程中相关条件、性能(温度、压力等)的了解和监控等。

由以上制冷机械组成的制冷系统是一个有机整体,并形成一个密闭的循环,系统中任何一个部件发生故障都会影响制冷机械的性能和系统的制冷效果,甚至导致系统失去制冷功能。

6.2.4.3　冷藏库房的冷却方式

冷藏库房的冷却方式有直接冷却和间接冷却两种方式。

(1)间接冷却　是指制冷系统的蒸发器安装在冷藏库房外的盐水槽中,先冷却盐水而后再将已降温的盐水泵入库房中吸取热量以降低库温,温度升高后的盐水流回盐水槽再被冷却,继续输至盘管进行下一循环过程,不断吸热降低库温。用以配制盐水的多是氯化钠(NaCl)和氯化钙($CaCl_2$)等。随盐水浓度的提高其冻结温度逐渐降低,可根据冷藏库房实际需要低温的程度配制不同浓度的盐水。间接冷却方式的盘管多安置在冷藏库房的天花板下方或四周墙壁上。制冷系统工作时,盘管周围的空气温度首先降低,降温后的冷空气随之下沉,附近的热空气补充到盘管周围,形成库内空气缓慢的自然对流。采用这种冷却方式由于降温需时较长,冷却效益较低,且库房内温度不易均匀,故在新鲜园艺产品冷藏专用库中很少采用。

(2)直接冷却　是指将制冷系统的蒸发器安装在冷藏库房内,直接冷却库房中的空气而达到降温目的。这一冷却方式有两种情况,即直接蒸发和鼓风冷却。直接蒸发有与间接冷却相似的蛇形管盘绕在库内,制冷剂在蛇形盘管中直接蒸发。它的优点是冷却迅速,降温速度快;缺点是蒸发器易结霜影响制冷效果,需不断冲霜,温度波动大,降温不均匀且不易控制。这种冷却方式不适合在大型、中型园艺产品冷藏库房中应用。

鼓风冷却是现代新鲜园艺产品贮藏库普遍采用的方式。这一方式是将蒸发器安装在空气冷却器内,借助鼓风机的吸力将库内的热空气抽吸进入空气冷却器而降温。冷却的空气由鼓风机直接或通过送风管道(沿冷库长边设置于天花板下)输送至冷库的各部位,形成空气的对流循环。这一方式冷却速度快,库内各部位的温度较为均匀一致,并且通过在冷却器内增设加湿装置调节空气湿度。这种冷却方式空气流速较快,如不注意湿度的调节,会加重新鲜园艺产品的水分损失,导致产品新鲜程度和品质的下降。

6.2.5　机械冷藏库的通风系统

机械冷藏库的通风系统由室内空气循环和室内外空气交换两部分组成。室内空气循环由室内通风管路和蒸发器及蒸发器内的吸气扇组成,主要保证库房内各个部分气体的畅通和温度的稳定。室内外空气交换一般由专门的通风换气管路和/或进排气孔(窗)组成,并通过计算通风量的需要设置。这是因为新鲜园艺产品因代谢旺盛,贮藏期间可产生二氧化碳、乙烯、乙醇、α-法尼烯等对产品有害气体,需要及时排除。

6.2.6　机械冷藏库的管理

机械冷藏库用于贮藏新鲜园艺产品时,效果的好坏受诸多因素的影响,在管理上特别要注意以下方面。

6.2.6.1　温度

温度是决定新鲜园艺产品贮藏成败的关键。首先,各种不同园艺产品贮藏的适宜温度是有差别的,常见新鲜园艺产品的推荐贮藏条件如表 6-4 所示,即使同一种类产品品种不同也存在差异,甚至成熟度不同也会产生影响。苹果比梨贮藏温度稍低些;苹果中晚熟品种,如国光、红富士、秦冠、青苹果、红星等应采用 0 ℃贮藏,而早熟品种则应采用 3～4 ℃的温度贮藏;完熟期的番茄贮藏温度低于绿熟期的果实。选择和设定的温度太高,贮藏效果不理想;温度太低则易引起贮藏产品冷害,甚至冻害。

其次,为了达到理想的贮藏效果和避免田间热的不利影响,绝大多数新鲜园艺产品贮藏初期降温速度越快越好,并在条件许可时进行预冷。但对于有些园艺产品由于某种原因应采取不同的降温方法,如中国梨中的鸭梨应采取逐步降温方法,避免贮藏期间冷害的发生。

另外，在选择和设定的贮藏温度适宜的基础上，需维持库房中温度的稳定。温度波动太大，往往造成产品失水加重。贮藏环境中水分过饱和会导致结露现象，这一方面增加了湿度管理的困难，另一方面液态水的出现有利于微生物的活动繁殖，致使病害发生，腐烂增加。因此，贮藏过程中温度的波动应尽可能小，最好控制在0.5 ℃以内，尤其是相对湿度较高时应格外注意(0 ℃的空气相对湿度为95%时，温度下降至−1.0 ℃就会出现凝结水)。

此外，库房所有地方的温度要均匀一致，这对于长期贮藏的新鲜园艺产品来讲尤为重要。即使微小的温度差异，长期积累造成的影响可达到令人震惊的程度。

表6-4 常见新鲜园艺产品的推荐贮藏条件

种类	温度/℃	相对湿度/%	种类	温度/℃	相对湿度/%
水果			黄瓜	10.0～13.0	95
苹果	−1.0～4.0	90～95	茄子	8.0～12.0	90～95
杏	−0.5～0	90～95	大蒜	0	65～70
鳄梨	4.4～13.0	85～90	生姜	13	65
香蕉(青)	13.0～14.0	90～95	生菜(叶)	0	98～100
草莓	0	90～95	甜玉米	0	95～98
西瓜	10.0～15.0	90	蘑菇	0	95
酸樱桃	0	90～95	洋葱	0	65～70
甜樱桃	−1.0～−0.5	90～95	青椒	7.0～13.0	90～95
无花果	−0.5～0	85～90	马铃薯	3.5～4.5	90～95
葡萄柚	10.0～15.5	85～90	萝卜	0	95～100
葡萄	−1.0～−0.5	90～95	菠菜	0	95～100
猕猴桃	−0.5～0	90～95	番茄(绿熟)	10.0～12.0	85～95
柠檬	11.0～15.5	85～90	番茄(硬熟)	3.0～8.0	80～90
枇杷	0	90	**鲜切花**		
荔枝	1.5	90～95	金合欢	4.0	—
杧果	13.0	85～90	金盏花	4.0	—
油桃	−0.5～0	90～95	山茶花	7.0	—
甜橙	3～9	85～90	菊花	−0.5～0	—
桃	−0.5～0	90～95	康乃馨	−0.5～0	—
中国梨	0～3	90～95	栀子花	0～1.0	—
西洋梨	−1.5～−0.5	90～95	唐菖蒲	2.0～5.0	—
柿	−1.0	90	丁香花	4.0	—
菠萝	7.0～13.0	85～90	百合	0～1.0	—
宽皮橘	4.0	90～95	万寿菊	4.0	—
蔬菜			水仙	0～0.5	—
石刁柏	0～2.0	95～100	兰花	7.0～10.0	—
青花菜	0	95～100	芍药	0～1.0	—
大白菜	0	95～100	一品红	10.0～15.0	—
胡萝卜	0	98～100	报春花	4.0	—
花椰菜	0	95～98	玫瑰	0.5～2.0	—
芹菜	0	98～100	郁金香	−0.5～0	—

注：—表示无推荐相对湿度。

最后,当冷藏库的温度与外界气温有较大(通常超过 5 ℃)的差异时,冷藏的新鲜园艺产品在出库前需经过升温过程,以防止“出汗”现象的发生。升温最好在专用升温间或在冷藏库房穿堂中进行。升温的速度不宜太快,维持气温比品温高 3～4 ℃即可,直至品温比正常气温低 4～5 ℃为止。出库前需催熟的产品可结合催熟进行升温处理。

对于少数冷敏性新鲜园艺产品需要特别注意贮藏期间温度的调控,为避免冷害的发生,冷藏期间常配合入库前的高温和化学物质处理、贮藏期间的间隙升温和波温处理等措施。

综上所述,冷藏库温度管理的要点是:适宜、稳定、均匀及合理的贮藏初期降温和商品出库时升温的速度。通过对冷藏库房内温度的监测,温度的控制可采用人工或自动控制系统进行。

6.2.6.2 相对湿度

对于绝大多数新鲜园艺产品来说,相对湿度应控制在 80%～95%(表 6-4),较高的相对湿度对于控制新鲜园艺产品的水分散失十分重要。水分损失除直接减轻了产品质量以外,还会使果蔬新鲜程度和外观品质下降(出现萎蔫等症状),食用价值降低(营养物质含量减少及纤维化等),促进成熟衰老和病害的发生。

与温度控制相似的是相对湿度也要保持稳定。要保持相对湿度的稳定,维持温度的恒定是关键。库房建造时,增设能提高或降低库房内相对湿度的调节装置是维持湿度符合规定要求的有效手段。人为调节库房相对湿度的措施有:当相对湿度低时需对库房增湿,采用如地坪洒水、空气喷雾等措施;对产品进行包装,创造高湿的小环境,用塑料薄膜单果套袋或以塑料袋作内衬等是常用的手段。库房中空气循环及库内外的空气交换可能会造成相对湿度的改变,管理时在这些方面应引起足够的重视。蒸发器冲霜时不仅影响库内的温度,也常引起湿度的变化。当相对湿度过高时,可用生石灰、草木灰等吸潮,也可以通过加强通风换气来达到降温目的。

6.2.6.3 通风换气

通风换气是机械冷藏库管理中的一个重要环节。新鲜园艺产品由于是有生命的活体,贮藏过程中仍在进行各种生命活动,需要消耗氧气,产生二氧化碳等气体。其中有些气体对于新鲜园艺产品贮藏是有害的,如水果蔬菜正常生命过程中形成的乙烯、无氧呼吸的乙醇、苹果中释放的 α-法尼烯等。因此,需将这些气体从贮藏环境中除去,其中简单易行的方法是通风换气。

通风换气的频率视园艺产品种类和入贮时间的长短而异。对于新陈代谢旺盛的对象,通风换气的次数可多些。产品入贮时,可适当缩短通风间隔的时间,如 10～15 d 换气一次。一般达到符合要求的贮藏条件后,通风换气一个月一次。

通风时要求做到充分彻底。通风换气时间的选择要考虑外界环境的温度,理想的是在外界温度和贮温一致时进行,防止库房内外温度不同带入热量或过冷对产品造成不利影响。生产上常在一天温度相对最低的晚上到凌晨这一段时间进行。

在冷库中安装空气洗涤装置也可以达到通风换气、清新库房内气体的目的。

6.2.6.4 库房及用具的清洁卫生和防虫防鼠

贮藏环境中的病、虫、鼠害是引起新鲜园产品贮藏损失的主要原因之一。果蔬贮藏前,库房及用具均应进行认真彻底地清洁消毒,做好防虫防鼠工作。用具(包括垫仓板、贮藏架、周转箱等)需用漂白粉溶液进行认真彻底地清洗,并晾干后入库。用具和库房在使用前需进行消毒处理，常用的方法有用硫黄熏蒸（10 g·m^{-3}，12～24 h），福尔马林熏蒸（36％甲醛 12～15 mL·m^{-3}，12～24 h），过氧乙酸熏蒸（26％过氧乙酸 5～10 mL·m^{-3}，8～24 h），0.2％过氧乙酸，0.3～0.4％有效氯漂白粉溶液或 0.5％高锰酸钾溶液进行局部喷洒等。以上处理对虫害亦有良好的抑制作用，对鼠类也有驱避作用。

6.2.6.5　产品的入库及堆放

新鲜园艺产品入库贮藏时，对于已经预冷的产品可进行一次性入库，然后建立适宜条件进行贮藏；若产品未经预冷处理，则入库时应分次分批进行。除第一批外，以后每次入贮量不应太多，以免引起库温的剧烈波动，影响降温速度。在第一次入贮前可对库房预先制冷并储存一定的冷量，以利于产品入库后品温迅速降低。入贮量第一次以不超过该库总量的 1/5，以后每次以库总量的 1/10～1/8 为好。

商品入贮时堆放的科学性对贮藏有明显影响。堆放的总要求是“三离一隙”，目的是为了使库房内的空气循环畅通，避免死角的发生，及时排除产品的田间热和呼吸热，保证各部分温度的稳定均匀。“三离”指的是离墙、离地坪、离天花板。一般产品堆放时也应距墙 20～30 cm。离地指的是产品不能直接堆放在地面上，要使用垫仓板架空以使空气能在垛下形成循环，保持库房各部位温度均匀一致。并且应控制堆的高度不要离天花板太近，一般原则是离天花 0.5～0.8 m，或者低于冷风管道送风口 30～40 cm。“一隙”是指垛与垛之间及垛内要留有一定的空隙，以保证冷空气进入垛间和垛内，排除热量。垛内留空隙的多少与垛的大小、堆码的方式有密切相关。商品堆放时要防止倒塌情况的发生，可搭架或堆码到一定高度时（如 1.5 m）用垫仓板衬一层再堆放的方式解决。

新鲜园艺产品堆放时，要做到分等分级、分批次存放，尽可能避免混贮情况的发生。不同种类的产品其贮藏条件是有差异的，即使同一种类同一品种，它们的等级、成熟度不同、栽培技术措施不一样等均可能对贮藏条件选择和管理产生影响。因此，混贮对于产品是不利的，尤其对于需长期贮藏，或相互间有明显影响（如串味、对乙烯敏感性强）的产品等，更是如此。

近年来，新鲜园艺产品的堆放出现了货架化趋势。这可以节省建设成本，提高库房利用率，方便库房管理，改善贮藏条件（库房气体流通和温度分布均匀）。但货架化会使容积率下降，同时需要配备专门设备，并且容易导致安全性问题的出现。

6.2.6.6　冷库检查

新鲜园艺产品在贮藏过程中，不仅要注意对贮藏条件（温度、相对湿度）的检查、核对和控制，并根据实际需要记录、绘图和调整等，还要组织相关人员对贮藏库房中的商品进行定期的检查，了解园艺产品的品质状况和变化，做到心中有数，发现问题及时采取相应的措施。对商品的检查应做到全面及时，对于不耐贮藏的新鲜园艺产品，间隔 3～5 d 检查一次，贮藏性好的可 15 d 甚至更长时间检查一次，检查时要做好记录。

此外，在库房设备的日常维护中应注意对制冷效果、泄漏等的检查，以采取有针对性的措施，如及时冲霜等。

6.3　气调贮藏

在 Kidd 和 West 研究基础上发展起来的气调贮藏被认为是当代新鲜园艺产品贮藏效果

最好的方式。20世纪四五十年代气调贮藏就在美国、英国等国家开始商业运行,现已在许多发达国家的多种园艺产品,尤其是在苹果、猕猴桃等果品的长期贮藏中得到广泛应用,且气调贮藏的产品量达到了很高比例(>50%)。我国的气调贮藏开始于20世纪70年代,经过不断研究探索,气调贮藏技术得到迅速发展,现已具备了自主设计、建设各种规格气调库的能力。近年来全国各地兴建了一大批规模不等的气调库,气调贮藏新鲜园艺产品的数量不断增加,取得了良好效果。总体上,我国气调贮藏技术还需进一步完善和提高,并加快实践应用。

6.3.1 气调贮藏的概念和原理

气调贮藏是调节气体成分贮藏的简称,是指改变新鲜园艺产品贮藏环境中的气体成分(通常是增加 CO_2 体积分数和降低 O_2 体积分数,以及根据需求调节其气体成分的体积分数)来贮藏产品的一种方法。通常,气调贮藏是建立在冷藏基础上的。

正常空气中 O_2 和 CO_2 的体积分数分别为20.9%和0.03%,其余的则为氮气(N_2)等。在 O_2 体积分数降低或/和 CO_2 体积分数增加等改变了气体组成的环境中,新鲜园艺产品的呼吸作用受到抑制,降低了呼吸强度,推迟了呼吸高峰的出现,延缓了新陈代谢速度,推迟了成熟衰老,减少了营养成分和其他物质的降低和消耗,从而有利于园艺产品新鲜品质的保持。同时,较低的 O_2 体积分数和较高的 CO_2 体积分数能抑制乙烯的生物合成、削弱乙烯生理作用的能力,有利于新鲜园艺产品贮藏寿命的延长。此外,适宜的低 O_2 和高 CO_2 具有抑制某些生理性病害和病理性病害发生、发展的作用,减少产品贮藏过程中的腐烂损失。以上低 O_2 和高 CO_2 浓度对园艺产品保鲜的效果在低温下更为显著,因此气调贮藏应用于新鲜园艺产品贮藏时,通过延缓产品的成熟衰老、抑制乙烯生成和作用及防止病害的发生,可以更好地保持产品原有的色、香、味、质地特性和营养价值,有效地延长园艺产品的贮藏和货架期。有报道指出,对气调反应良好的新鲜园艺产品运用气调技术贮藏时,其寿命可比机械冷藏增加一倍甚至更多。正因为如此,近年来气调贮藏发展迅速,贮藏规模不断增加。在商业性气调贮藏普及的国家,对气调贮藏制定了相应的法规和标准,以指导气调贮藏技术的推广,在市场上凡标有"气调"字样的新鲜园艺产品其价格比用其他方法贮藏的要高。

需要指出的是气调贮藏虽然技术先进,但由于有些新鲜园艺产品对气调反应不佳,过低 O_2 体积分数或过高 CO_2 体积分数会引起低 O_2 伤害或高 CO_2 伤害,不同种类、不同品种的新鲜园艺产品要求不同的 O_2 和 CO_2 配比,应单独贮存,进而需增加库房数量,加上气调库建筑投资大、运行成本高等原因制约了其在发展中国家新鲜园艺产品贮藏生产实践中的应用和普及。

6.3.2 气调贮藏的分类

气调贮藏(gas storage)自进入商业性应用以来,大致可分为两类,即自发气调(modified atmosphere storage,MA)和人工气调(controlled atmosphere storage,CA)。

MA指的是利用贮藏对象——新鲜园艺产品自身的呼吸作用降低贮藏环境中的 O_2 体积分数,同时提高 CO_2 体积分数的一种气调贮藏方法。理论上有氧呼吸过程中消耗1%的 O_2 即可产生1%的 CO_2,而 N_2 则保持不变,即 $\varphi(O_2)+\varphi(CO_2)=21\%$。生产实践中常出现的情况是消耗的 O_2 多于产出的 CO_2,即 $\varphi(O_2)+\varphi(CO_2)<21\%$。MA的方法多种多样,在我国

多用塑料袋或其他装置密封贮藏对象后，进行贮藏，如蒜薹简易气调。硅橡胶窗贮藏也属 MA 范畴。自发气调方法较简单，但达到设定 O_2 和 CO_2 的体积分数水平所需的时间较长，操作上维持要求的 O_2 和 CO_2 比例较困难，因而贮藏效果不如 CA。

CA 指的是根据产品的需要和人的意愿调节贮藏环境中各种气体成分的体积分数，并保持稳定的一种气调贮藏方法。CA 由于 O_2 和 CO_2 的比例严格控制而做到与贮藏温度密切配合，故其比 MA 先进，贮藏效果好，是当前发达国家采用的主要类型，也是我国今后发展气调贮藏的主要方向。

CA 按人为控制气体种类的多少可分为单指标、双指标和多指标三种。单指标仅控制贮藏环境中的某一种气体如 O_2、CO_2 或一氧化碳(CO)等，而对其他气体不加调节。这一方法对被控制气体体积分数的要求较高，管理较简单，需注意的是被调节气体体积分数低于或超过规定的指标时有导致伤害发生的可能。属这一类的有低 O_2 体积分数[$\varphi(O_2)<1.0\%$]气调和利用贮前高 CO_2 处理后效应气调(使用体积分数 10%～30% CO_2 短时间处理后再行正常 CA)等。双指标指的是对常规气调成分的 O_2 和 CO_2 两种气体(也可能是其他两种气体成分)均加以调节和控制的一种气调贮藏方式，目前我国的气调库多属于这一类型。依据气调时根据 O_2 和 CO_2 体积分数的不同又分三种情况：$\varphi(O_2)+\varphi(CO_2)=21\%$，$\varphi(O_2)+\varphi(CO_2)>21\%$ 和 $\varphi(O_2)+\varphi(CO_2)<21\%$。新鲜园艺产品气调贮藏中以第三种应用最多。多指标不仅控制贮藏环境中的 O_2 和 CO_2，同时还对其他与贮藏效果有关的气体成分如乙烯(C_2H_4)、CO 等进行调节。这种气调方法贮藏效果好，但调控气体成分的难度提高，需要在传统气调基础上增添相应的设备，投资增大，因而这一方法目前在生产实践中应用不多，可作为今后气调贮藏发展的方向。

气调贮藏经过几十年不断研究、探索和完善，特别是在 20 世纪 80 年代以后，有了新的发展，开发出了一些有别于传统气调的新方法，如快速 CA(rapid CA)、低氧 CA(low oxygen CA)、低乙烯 CA(low ethylene CA)、双维(动态、双变)CA(dynamic CA，two dimensional CA)等，还开展了高氧[$\varphi(O_2)>40\%$]气调的研究，大大丰富了气调贮藏理论，为生产实践提供了更多的选择。

6.3.3 气调库房的设计与建造

6.3.3.1 气调库房设计和建造要求

商业性气调贮藏库设计和建造时在许多方面遵循机械冷藏库建造的原则，同时还要充分考虑和结合气调贮藏自身的特点和需要。库址选择时一般应考虑建在新鲜园艺产品产地附近。在生产辅助用房上应增加气体贮藏间、气体调节和分配机房。应适当增加贮藏间可以满足气调贮藏产品多样化(种类、品种、成熟度、贮藏时间等)要求，且应使单间库容小型化(100～200 t/间)。贮藏库房在设计和建造时除应具备机械冷藏库的隔热、控温、增湿性能外，还应达到特殊的要求：气体密封性好，易于取样和观察，能脱除有害气体和自动控制等。另外，商业性气调贮藏库设计和建造时不需要设置专门的室内外通风换气装置。此外，气调库房设计时应适当增加气调贮藏前处理的面积和空间，以保证产品经过合适的挑选、整理等进入贮藏环节。

气密性好是气调贮藏的首要条件，它关系到气调库建设的成败和产品的贮藏寿命，满足气密性要求的方法是在气调库房的围护结构上敷设气密层。气密层的设置是气调贮藏库设计和建筑中的一大难题。选择气密层所用材料的原则有:①材质均匀一致,具有良好的气体阻绝性能;②材料的机械强度和韧性大,当有外力作用或温度变化时不会撕裂、变形、折断或穿孔;③性质稳定、耐腐蚀、无异味、无污染,对产品安全;④能抵抗微生物的侵染,易于清洗和消毒;⑤可连续施工,能把气密层制成一个整体,易于查找漏点和修补;⑥粘接牢固,能与库体粘为一体。气调库房建筑中人们曾先后用钢板、铝合金板、铝箔沥青纤维板、胶合板、玻璃纤维、增强塑料及塑料薄膜、各种密封胶、橡皮泥、防水胶布等多种材料作为气密介质。

气调库气密性能的优劣除取决于选用的材料外,还与施工质量密切相关。气密层巨大的表面经常受到温度、压力及它们波动的影响,若施工不当或黏结不牢时,气密层有可能被剥落而失去作用,尤其是当库体出现压力变化或负压时。因此,根据气调库房的特点,砖混结构式气调库设置气密层时,多数设在围护结构的内侧,以便于检查和维修;而对于装配式气调库气密层则多采用彩镀夹心板方式设置。经试验选用如密封胶、聚氨酯等专用密封材料现场施工获得了优良的气密效果,并在生产实践中得到普及。

气调贮藏库尤其是人工气调贮藏库由于要进行库房内外的气体交换而存在一定的压力差,为保障气调库的安全运行,保持库内压力的相互平稳,库房设计和建造时必须设置压力平衡装置。用于压力调节的装置主要有缓冲气囊和压力平衡器。其中前者是具有伸缩功能的塑料贮气袋,当库内压力波动较小时(小于 98.06 Pa),通过气囊的膨胀和收缩进行调节,使库内压力不致出现太大的变化;后者为一盛水的容器,当库内外压力差较大时(超过 98.06 Pa),水封即可自动鼓泡泄气(内泄或外泄)。

气调库房运行期间,操作人员不能进入库房对产品、设备及库体状况进行检查。因此,气调库房设计和建造时,必须设置观察窗和取样孔(产品和气体)。观察窗可设置在气调门上,取样孔则多设置于侧墙的适当位置。观察窗和取样孔的设置增大了保证气密性要求的难度。

6.3.3.2 气密性标准及检验

气调贮藏库并非要求绝对气体密封,允许有一定的气体通透性存在,但不能超出一定的标准。根据气调贮藏过程中气体成分和贮藏工艺的要求,在能够稳定达到气调指标的基础上,以尽量节约投资、降低运行成本和便于操作为原则。气调库建成后或在重新使用前都要进行气密性检验,检验结果如不符合规定的要求,应查找原因,进行修补使其密封达到气密标准。

气密性能检验以气密标准为依据。联合国粮食及农业组织(FAO)推荐的气调库气密标准见图 6-3。具体操作为气调库密封后,通过鼓风机等设备加压使库内压力超过正常大气压力达 294 Pa (即 29.98 mm H_2O 柱) 以上时停止加压,当压力下降至 294 Pa 时开始计时,根据压力下降的速度判定库房是否符合气密性要求。压力自然下降 30 min 后仍维持在 147 Pa 以上,气密优秀;30 min 后压力在 107.8~147 Pa,表明库房气密性良好;30 min 后压力不低于 39.2 Pa,则为合格;而压力在 39.2 Pa 以下,则气密性不合格,此种库房用于气调贮藏时无法形成气调环境,应进行修复、补漏,直至合格为止。美国采用的标准与 FAO 略有不同,其限度压力为 245 Pa(而非 FAO 的 294 Pa),判断合格与否的指标是半降压时间(即库内压力下降一半所需的时间),当半降压时间大于 30 min(或 20 min)即为合格,否则就不合格。

气密检测的方法目前有两类,即正压法和负压法。正压法如上所述用鼓风机给库房充气

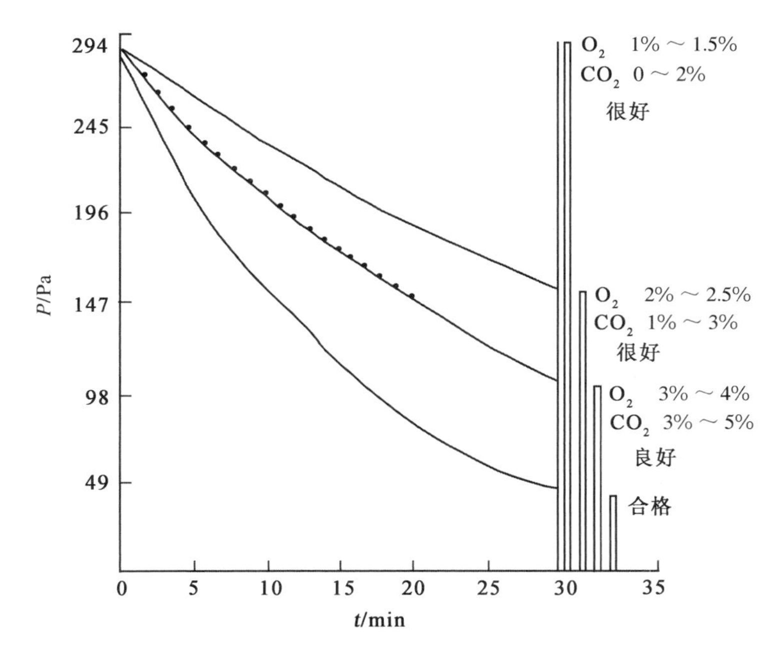

图 6-3　FAO 推荐的气调库气密标准(1995)

加压,使库内压力上升,达到限度压力后停止增压并使库内压力自发下降,根据下降速度判定气密程度。负压与正压相反,采用真空泵将气体从库房中抽出,使库内压力降低形成负压,根据压力回升的速度判定气密性。一般压力变化越快或压力回升所需时间越短,气密性越差。比较正、负压两方法的优缺点,总结生产实践中的经验,气密性检验时以正压法为好。

气调库房气密性检验及补漏时要注意以下问题:①尽量保持库房于静止状态(包括相邻的库房);②维持库房内外温度的稳定;③测试压力应尽量采用微压计的计量单位(Pa),保证测试的准确性;④库内压力不要升得太高,保证围护结构的安全;⑤气密性检测和补漏要特别注意围护结构、门窗接缝处等重点部位,发现渗漏部位应及时做好记号;⑥气密性检验和补漏过程中要保持库房内外的联系,以保证人身安全和测试补漏顺利进行。

气密性达不到要求的气调库,在查找到泄漏部位后,通常采用现场喷涂密封材料的操作方法补漏。

6.3.4　气调库的制冷系统

用于气调库运行的制冷系统其设备和性能与机械冷藏要求相同(相关内容参见机械冷藏部分)。

6.3.5　气调系统

气调贮藏具有专门的气调系统进行气体成分的贮存、混合、分配、测试和调整等,一个完整的气调系统主要包括三大类的设备。

6.3.5.1　贮配气设备

贮配气用的贮气罐、瓶,配气所需的减压阀流量计、调节控制阀、仪表和管道等。通过这些

设备的合理连接保证气调贮藏期间所需气体的供给,使得各种气体以符合新鲜园艺产品所需的速度和比例输送至气调库房中。

6.3.5.2 调气设备

真空泵、制氮机、降氧机、富氮脱氧机(烃类化合物燃烃系统、分子筛气调机、氨裂解系统、膜分离系统)、CO_2 洗涤机、二氧化硫(SO_2)发生器、乙烯脱除装置等齐全先进的调气设备的应用为高效降低 O_2 体积分数,升高 CO_2 体积分数,脱除乙烯并维持各气体组分在符合贮藏对象要求的适宜水平,有利于充分发挥气调作用。

6.3.5.3 分析监测仪器设备

采样泵、安全阀、控制阀、流量计、奥氏气体分析仪、温湿度记录仪、测 O_2 仪、测 CO_2 仪、气相色谱仪、计算机等分析监测仪器设备满足了气调贮藏过程中相关贮藏条件精确的分析检测要求,为调配气体提供依据,并对调配气进行自动监控。

6.3.6 气调贮藏的条件和管理

6.3.6.1 气调贮藏条件

应用气调技术贮藏新鲜园艺产品时,在条件掌握上除气体成分外,其他方面与机械冷藏大同小异。就贮藏温度来说,气调贮藏适宜的温度略高于机械冷藏,约 0.5 ℃。新鲜园艺产品气调贮藏时的相对湿度要求与机械冷藏相同。

新鲜园艺产品气调贮藏时,选择适宜 O_2 和 CO_2 及其他气体的体积分数和配比是保证气调贮藏效果的关键。新鲜园艺产品要求气体配比的差异主要取决于产品自身的生物学特性。根据对气调反应的不同,新鲜园艺产品可分为三类,即:①优良的,代表种类有苹果、猕猴桃、香蕉、草莓、蒜薹、绿叶菜类等;②对气调反应不明显的,如葡萄、柑橘、马铃薯、胡萝卜等;③介于两者之间气调反应一般的,如核果类等。只有对气调反应良好和一般的新鲜园艺产品才有进行气调贮藏的必要和潜力。常见新鲜园艺产品气调贮藏适宜的 O_2 和 CO_2 体积分数见表 6-5。

表 6-5 新鲜园艺产品气调贮藏时 O_2 和 CO_2 体积分数

种类	O_2/%	CO_2/%	种类	O_2/%	CO_2/%
苹果	1.5～3	1～4	番茄	2～4	2～5
梨	1～3	0～5	莴苣	2～2.5	1～2
桃	1～2	0～5	花菜	2～4	8
草莓	3～10	5～15	青椒	2～3	5～7
无花果	5	15	生姜	2～5	2～5
猕猴桃	2～3	3～5	蒜薹	2～5	0～5
柿	3～5	5～8	菠菜	10	5～10
荔枝	5	5	胡萝卜	2～4	2
香蕉	2～4	4～5	芹菜	1～9	0
杧果	3～4	4～5	青豌豆	10	3
板栗	2～5	0～5	洋葱	3～6	8～10

另外,相同种类不同品种间气体配比也有差异,不同苹果品种最适气调贮藏条件如表 6-6 所示。

表6-6 不同苹果品种最适气调贮藏条件

品种	温度/℃	O_2/%	CO_2/%
旭	2～4	1.5～3	1～4
优花皮	0～2	1.5～3	1～4
金冠	0～1	1.5～3	1～4
元帅	0～4	2～3	2～5
澳洲青苹	0～4	1.5～3	1～4
红玉	0～1	2～3	2～5
大珊瑚	0～2	3	3～5
陆奥	2～4	2～3	3～5

注：相对湿度均为90%～95%。

此外，栽培管理技术、生长发育的成熟度、生态条件等不同也会对气调贮藏条件（温度、气体配比）产生一定影响。当采用多指标气调贮藏时，还应将其他需调节的气体质量浓度考虑进去，如低乙烯气调贮藏时，乙烯的质量浓度应低于规定的界限值，如20 $mg \cdot m^{-3}$（或10 $mg \cdot m^{-3}$甚至1 $mg \cdot m^{-3}$）。必须指出，气调贮藏中O_2体积分数太低或CO_2体积分数太高会对产品造成伤害，这在决定气体组分配比时应引起重视。

气调贮藏不仅要分别考虑温度、湿度和气体成分的影响，还应综合考虑三者间的配合。三者的相互作用可概括为：①一个条件的有利影响可因结合另外有利条件进一步加强；反之，一个不适条件的危害影响可因结合另外的不适条件而变得更为严重。②一个条件处于不适状态可以使得其他原本适宜的条件作用减弱，或不能表现出其有利影响；与此相反，一个不适条件的不利影响可因改变另一条件而使之减轻或消失。因此，生产实践中必须寻找三者之间的最佳配合，当一个条件发生改变后，其他的条件也应随之改变，才能维持较适宜的综合环境。双维气调即是基于此原理而开发的气调新技术。

6.3.6.2 气调贮藏的管理

气调贮藏的管理与操作在许多方面与机械冷藏相似，包括库房的消毒、商品入库后的堆码方式、温度和相对湿度的调节和控制等，但也存在一些不同。

（1）新鲜园艺产品的原始品质　用于气调贮藏的新鲜园艺产品对品质要求很高。没有园艺产品入贮前的优秀品质为基础，就不可能获得气调贮藏的良好效果。贮藏用的新鲜园艺产品最好是由专用基地生产，并加强采前的管理。另外，要严格把握采收的成熟度，并注意采后商品化处理技术措施的综合配套应用，以利于气调效果的充分发挥。

（2）产品入库和出库　新鲜园艺产品入库贮藏时，要尽可能做到分种类、品种、成熟度、产地、贮藏时间要求等分库贮藏，不要混贮，以避免相互间的影响，确保提供最适宜的气调条件。气调条件解除后，产品应在尽可能短的时间内出库和销售。

（3）温度　气调贮藏的新鲜园艺产品在采收后有条件的应立即预冷，排除田间热后立即全部入库贮藏。产品预冷可缩短装库时间，有利于尽早建立气调条件；另外，在封库后建立气调条件期间可避免因温差太大导致内部压力急剧下降，增大库房内外压力差而对库体造成伤害。贮藏期间温度管理的要点与机械冷藏相同。

（4）相对湿度　气调贮藏过程中由于能保持库房处于密闭状态，且一般不进行通风换气，能保持库房内较高的相对湿度,降低了湿度管理的难度,有利于产品新鲜状态的保持。气调贮藏期间可能会出现短时间的高湿情况,发生这种现象即需采取除湿措施,如CaO吸收等。

(5)空气洗涤　气调条件下贮藏产品挥发出的有害气体和异味物质会逐渐积累,甚至达到有害的水平。气调贮藏期间这些物质不能通过周期性的库房内外气体交换等方法被排走,故需增加空气洗涤设备(如乙烯脱除装置、CO_2 洗涤器等)进行定期工作来达到空气清新的目的。

(6)气体调节　气调贮藏的核心是气体成分的调节。根据新鲜园艺产品的生物学特性、温度与湿度的要求决定气调的气体组分后,采用相应的方法进行调节,使气体指标在尽可能短的时间内达到规定的要求,并且在整个贮藏过程中维持在合理的范围内。气调贮藏采取调节气体成分的方法有两类,分别是调气法和气流法。

调气法是应用机械设备人为地或/和利用产品自身的呼吸作用降低贮藏环境中的 O_2 体积分数、提高 CO_2 体积分数或/和调节其他气体成分的体积分数至需要的水平。具体的做法有:呼吸降 O_2 同时升高 CO_2,除氧机和燃烧法降 O_2,充 N_2 降 O_2,充 CO_2 升 CO_2,抽真空后充 N_2 或 CO_2 以降 O_2 或同时升 CO_2,分子筛或活性炭吸收降 CO_2,抽真空后充 N_2 降 CO_2,活性炭等吸收 CO_2 等多种方式。调气法操作较复杂、烦琐、指标不易控制,所需设备较多。

气流法是采用将不同气体按配比指标要求,人工预先混合配制好后,通过分配管道输送至气调贮藏库,从贮藏库输出的气体经处理调整成分后再重新输入分配管道注入气调库,形成气体的循环。运用这一方法调节气体成分时,指标平稳、操作简单、效果好。

气调库房运行中要定期对气体成分进行监测。不管采用何种调气方法,气调条件应尽可能与设定的要求一致,气体体积分数的波动最好能控制在0.3%以内。

(7)安全性　由于新鲜园艺产品对低 O_2、高 CO_2 等气体条件的耐受力是有限度的,产品长时间贮藏在超过规定限度的气体条件下会受到伤害,导致损失。因此,气调贮藏时要注意对气体成分的调节和控制,并做好记录,防止意外情况的发生,有助于意外发生后原因的查明和责任的确认。另外,气调贮藏期间应坚持定期通过观察窗和取样孔加强对产品的检查。

除了产品安全性之外,工作人员的安全不可忽视。气调库房中的 O_2 体积分数一般低于10 %,这样的 O_2 体积分数对人的生命安全是危险的,且危险性随 O_2 体积分数降低而增大。所以,气调库在运行期间门应上锁,工作人员不得在无安全保证的情况下进入气调库。解除气调条件后应进行充分的通风,工作人员才能进入库房操作。

6.4 其他贮藏方式

6.4.1 减压贮藏

减压贮藏(hypobaric storage)又称低压贮藏,指的是在冷藏基础上将密闭环境中的气体压力由正常的大气压降低至负压,造成一定的真空度后对新鲜园艺产品进行贮藏的一种方法。减压贮藏作为新鲜园艺产品贮藏的一个创新技术,可视为气调贮藏的进一步发展。减压的程度依不同产品而有所不同,一般为正常大气压的1/10左右(10.13 kPa)。如用1/10大气压贮藏苹果,用1/15大气压贮藏桃、樱桃,用1/7～1/6大气压贮藏番茄等。

减压下贮藏的新鲜园艺产品其效果比常规冷藏和气调贮藏优越,贮藏寿命得以延长。一般的机械冷藏和气调贮藏中不经常进行通风换气,因而新鲜园艺产品代谢过程中产生的

CO_2、C_2H_4、乙醇、乙醛等气体逐渐积累，可至有害水平。而减压及其低压的维持过程中，气体交换加速，有利于有害气体的排除。同时，减压处理促使新鲜园艺产品组织内的气体成分向外扩散，且速度与该气体在组织内外的分压差及扩散系数成正比。另外，减压使空气中的各种气体组分的分压都相应降低，如气压降至 10.13 kPa 时，空气中的各种气体分压也降至原来的 1/10。虽然这时空气中各组分的相对比例与原来一样，但它的绝对含量却只有原来的 1/10，如氧气体积分数由原来的 21 %降至 2.1 %，这样就获得了气调贮藏的低氧条件。因此，减压贮藏能显著减缓新鲜园艺产品的成熟衰老过程，保持产品原有的颜色和新鲜状态，防止组织软化，减轻冷害和生理失调，且减压程度越大，作用越明显。

如何达到减压贮藏低压要求和维持稳定低压状态对库体设计和建设实施提出了比气调贮藏库更严格的要求，表现为对气密程度和库房结构强度要求更高。气密性不够，设计的真空度难以实现，无法达到预期的贮藏效果；气密性不够还会增加维持低压状态的运行成本，加速机械设备的磨损。减压贮藏由于需要较高的真空度才会产生明显的效果，库房要承受比气调贮藏库大得多的内外压力差。库房建造时所用材料必须达到足够的机械强度，库体结构合理牢固，因而减压贮藏库房建造费用大。此外，减压贮藏对设备有一定的特殊要求。减压贮藏中需重点解决的一个问题是：在减压条件下新鲜园艺产品中的水分极易散失，导致质量减轻。为防止这一情况的发生，必须保持贮藏环境有很高的相对湿度，通常应维持在 95%以上。要达到如此高的相对湿度，减压贮藏库房中必须安装高性能的增湿装置。减压贮藏要达到和维持一定真空度，要求添置真空泵及相关的设备，但可略去气调贮藏所必需的调气和检测仪器设备。

一个完整的减压贮藏系统包括 4 个方面的内容：降温、减压、增湿和通风。减压贮藏的设备见图 6-4。新鲜园艺产品置入气密性良好的减压贮藏专用库房并密闭后，用真空泵连续进行抽气来达到所要求的低压。当满足所要求的真空压力后，保持从流量调节器和真空调节器增湿后进入贮藏库的新鲜空气补充的量与被抽走的空气的量达平衡，以维持稳定的低压状态。由于增湿器内安装有电热丝，能使水加热而高于空气湿度，这样使进入冷藏库房的气体较易达

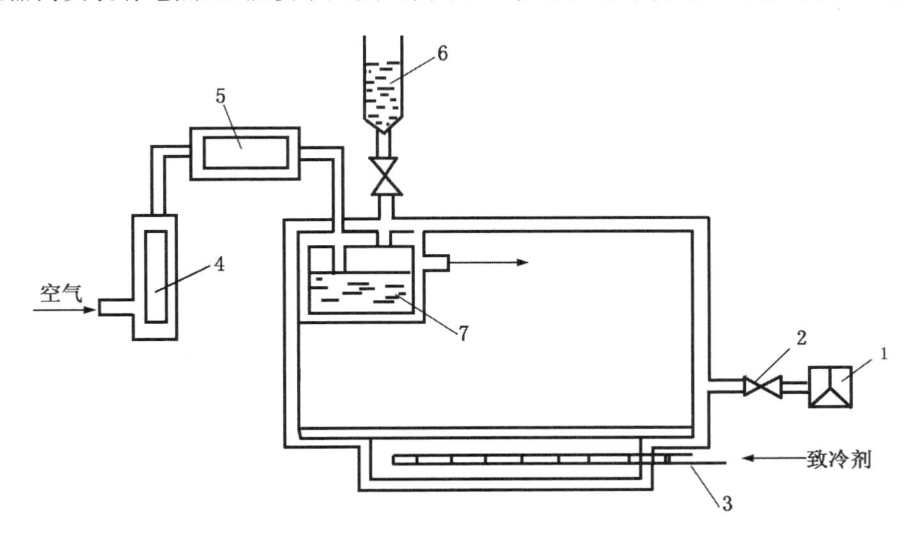

图 6-4　减压贮藏

1. 真空泵　2. 气阀　3. 冷却排管　4. 空气流量调节器
5. 真空调节器　6. 贮水池　7. 水容器

到95%的相对湿度,且进入房库的新鲜高湿气体在减压条件下迅速扩散至库房各部位,从而使整个贮藏空间保持均匀一致的温、湿度和气体浓度。由于真空泵连续不断抽吸库房中的气体,新鲜园艺产品新陈代谢过程中产生并释放出来的各种有害气体可以迅速地随同气流经气阀被排出库外。减压过程中所需的真空调节器和气阀的主要作用是调控贮藏库内所需的减压程度及库内气体流动量。

减压贮藏中为节省运行成本可以改连续式操作为间歇式操作,即规定真空度的允许范围,当低于规定真空度下限时,真空泵开始工作,达到真空度上限则关闭真空泵。不管连续式还是间歇式减压操作均较简单,且建立和解除真空均很迅速。真空泵停止工作后,只要打开真空调节器几分钟即可解除真空状态,工作人员就可进入贮藏间工作(如检查、出库等);若要恢复低压,只要打开真空泵,不需要很长时间就能达到规定的要求。

虽然试验研究中用减压技术贮藏苹果、香蕉、番茄、菠菜、生菜、蘑菇等均获得了优良的效果,延长了产品的贮藏期和货架期,但由于减压贮藏库昂贵的建筑费用,较高的运行成本及出库产品缺乏浓郁的芳香(常温下放置一段时间后可部分恢复)等原因限制了该技术在生产实践上的应用,目前仅在某些新鲜园艺产品的预冷及运输中应用。

6.4.2 辐射处理贮藏

电离辐射指的是能使物质直接或间接电离(使中性分子或原子产生正负电荷)的辐射,它包括不受电场影响的电磁辐射(如γ射线、X射线和中子辐射)和粒子辐射(如α射线、β射线和电子束)两类。电离辐射自20世纪40年代在食品上开始应用以来,由于辐射处理具有节约能源、成本低、无化学污染、能较好地保持食品原有的品质、应用范围广等优点。经过广泛研究,70年代后已逐步走向实用阶段,并在世界上许多国家和地区批准了包括水果蔬菜在内的诸多产品的商业化应用,其中包括马铃薯、洋葱、大蒜、菠菜、蘑菇、番茄、石刁柏、柑橘、板栗、草莓、杧果、番木瓜和鳄梨等,我国已批准辐射处理贮藏的水果蔬菜有马铃薯、洋葱、大蒜、蘑菇、苹果、番茄、荔枝、蜜橘等。

可用于辐射处理的电离辐射种类很多,如γ射线、β射线和X射线及电子束等。目前新鲜园艺产品的辐射处理以γ射线应用最多,且以^{60}Co作为辐射源最普遍,其原因在于^{60}Co制备相对容易,释放出的γ射线能量大,穿透力强,半衰期较适中。

由于γ射线是一种穿透力极强的射线,当其穿过活的机体组织时,会使机体中的水和其他物质发生电离作用,产生自由基,从而影响机体的新陈代谢速度,甚至会杀死机体细胞、组织、器官。辐射处理剂量的不同会产生不同的效果。应用于新鲜园艺产品辐射贮藏的剂量通常较低,一般不超过10 kGy。根据FAO和WHO等联合专家委员会的认证结论,总吸收剂量小于10 kGy辐射的食品没有毒理学上的危险,因而用此剂量处理的食品不需进行毒理学试验,在营养学和微生物学上也是安全的,对耐受力强的产品感官特性影响不大。

辐射处理新鲜园艺产品的作用包括:抑制呼吸作用和内源乙烯产生及过氧化物酶等活性而延缓成熟衰老,抑制发芽,杀灭害虫和寄生虫,抑制病原微生物的生长活动并由此而引起的腐烂,从而减少采后损失,延长产品的贮藏期。辐射处理的目的、剂量及典型园艺产品如表6-7所示。值得注意的是辐射效果与辐射剂量率(单位时间内照射的剂量)有一定关系。相同剂量辐射时,高剂量率照射时间短,反之需时较长,因此探索适宜的剂量和剂量率是新鲜园艺产品辐射处理研究的主要内容。就新鲜园艺产品来说,通常采用较高的剂量率进行处理。

表 6-7　辐射处理的目的、剂量及典型园艺产品

辐射目的	剂量/kGy	典型园艺产品
抑制发芽	0.05～0.15	马铃薯、洋葱、大蒜、板栗、甘薯、生姜
延缓成熟衰老	0.5～1.0	香蕉、苹果、菠萝、杧果、番木瓜、番石榴、人参果、石刁柏、无花果、猕猴桃、甘蓝
改善品质	0.5～10.0	银杏、柚
杀灭害虫和寄生虫	0.1～1.0	板栗、梨、杧果、椰子、番木瓜、草莓
灭菌	1.0～7.0	草莓、板栗、杧果、荔枝、樱桃

新鲜园艺产品进行辐射处理时，要考虑不同种类间耐受力的差距(表 6-8)。超出产品耐受力的辐射剂量处理不仅无法达到预期的效果，反而会带来各种不利影响，包括产品竭变加剧、变味、物质分解、组织软化、营养物质损失增加、降低产品抗病性而加重腐烂等。

表 6-8　水果对 γ 射线的耐受力

耐受力	可耐受剂量/kGy	水 果
强	>1.0	杧果、龙眼、草莓、番木瓜
中	0.3～1.0	香蕉、柑橘、苹果、荔枝、无花果、菠萝、番荔枝、番石榴、杨梅、樱桃、甜瓜
差	<0.3	梨、葡萄、桃、梅、枇杷、油桃、人参果、西番莲

引自：聂继云等，2000。

由于辐射源的独特性质以及安全性等原因，辐射处理贮藏在我国大范围应用还有难度，且商业应用时还需与其他商品化处理技术结合才能产生理想效果。

近年来，我国已利用高压电子束、低温等离子体等开展了新鲜园艺产品保鲜、贮藏的研究和商业实践，取得一定的进展。

6.4.3　臭氧和其他处理

臭氧(O_3)是一种强氧化剂，可用作优良的消毒剂。O_3 一般由专用装置对空气进行电离而获得。O_3 很不稳定，易分解产生原子氧，而这种原子氧具有比普通 O_2 大得多的氧化能力。新鲜园艺产品经 O_3 处理后，使表面的微生物发生强烈的氧化作用造成细胞膜破坏而休克甚至死亡，达到灭菌、减少产品腐烂的效果。另外，O_3 还能氧化分解果蔬释放出来的乙烯气体，使贮藏环境中的乙烯浓度降低，减轻乙烯对园艺产品的不利作用。此外，O_3 还能抑制细胞内氧化酶的活性、阻碍糖代谢的正常进行，使产品内总的新陈代谢水平有所降低。O_3 处理起到延长新鲜园艺产品贮藏期的目的。

O_3 处理效果好坏的关键是控制贮藏环境中 O_3 质量浓度的水平。O_3 质量浓度低效果不明显，过高会对贮藏产品造成伤害。试验表明，引起莴苣和草莓、苹果及桃损伤的 O_3 质量浓度均不足 10 $mg \cdot m^{-3}$。不同种类的园艺产品对 O_3 的耐受能力有一定差异，通常是皮厚的强于皮薄的，内质致密的强于内质疏松的。

O_3 的防腐作用与温度和相对湿度也有关。温度高，O_3 分解快，处理效果较差；而当环境温度低于 10 ℃时，防腐效果明显增强。O_3 处理时，适宜的相对湿度为 90%～95%。

O_3 处理浓度不同，效果不同。延长贮藏期所用质量浓度一般为 1～10 $mg \cdot m^{-3}$，防腐杀菌所需质量浓度相对高些,为 10～20 mg·m^{-3}。要达到相同的效果,贮藏量多、贮藏容积大及处理浓度低时,时间相对较长(如 3～4 h);相反,贮藏量少、贮藏容积小及处理浓度大时,则时间较短(0.5～2 h)。

O_3 处理可与机械冷藏、通风库贮藏或塑料大帐贮藏等结合使用。处理的方法是定期开启 O_3 发生装置,保持一定时间密闭后通风即可。

试验研究了使用化学物质、高压电场和结构水等处理对新鲜园艺产品贮藏的影响,并在某些产品上取得了较好的效果,这些技术单独或与其他技术结合,在生产中应用还需进一步实践。

思考题

1. 园艺产品贮藏的主要方式有哪些? 各有什么特点?
2. 园艺产品贮藏中用于库房消毒的常用药剂有哪些? 它们的使用方法有何不同?
3. 比较机械冷藏库和气调贮藏库建筑上的异同,并说明原因。
4. 叙述机械冷藏库贮藏时温度和湿度管理的要点。
5. 气调贮藏时气体管理如何进行? 比较不同方法的优缺点。
6. 气调贮藏时的安全性体现在哪些方面? 试举例说明。
7. 新鲜园艺产品长期贮藏成功的关键有哪些? 试举例说明。
8. 调查商业运行中不同类型园艺产品的机械冷藏库和气调贮藏库,分析运行的成功经验或/和存在的不足及问题,提出针对性的改进建议。

推荐参考书

[1] 北京农业大学. 果品贮藏加工学. 2 版. 北京:农业出版社,1990.

[2] 杜玉宽,杨德兴. 水果蔬菜花卉气调贮藏及采后技术. 北京:中国农业大学出版社,2000.

[4] 华中农业大学. 蔬菜贮藏加工学. 2 版. 北京:农业出版社,1991.

[3] 商业部济南果品研究所,商业部科技质量司,商业部土特产品管理司. 国际及国外果品标准汇编. 北京:中国标准出版社,1992.

[5] 周山涛. 果蔬贮运学. 北京:化学工业出版社,1998.

参考文献

[1] 北京农业大学. 果品贮藏加工学. 2 版. 北京:农业出版社,1990.

[2] 杜玉宽,杨德兴. 水果蔬菜花卉气调贮藏及采后技术. 北京:中国农业大学出版社, 2000.

[3] 华中农业大学. 蔬菜贮藏加工学. 2 版. 北京:农业出版社,1991.

[4] 聂继云,马智勇,杨振锋,等. 水果辐射之保鲜应用. 中国果菜,2000(2):19.

[5] 商业部济南果品研究所,商业部科技质量司,商业部土特产品管理司. 国际及国外果品标准汇编. 北京:中国标准出版社,1992.

[6] 周山涛. 果蔬贮运学. 北京:化学工业出版社,1998.

第7章

园艺产品贮藏案例

本章学习目的与要求

1. 掌握主要蔬菜、果品、花卉品种的贮藏特性、采收标准及采收方法。
2. 了解主要蔬菜、果品、花卉品种的采后损失原因及其控制方法。
3. 掌握主要蔬菜、果品、花卉品种的贮藏方法及管理要点。

7.1 蔬菜贮藏技术

7.1.1 蒜薹

蒜薹(*Allium sativum* L.),英文名 garlic shoot,为大蒜的幼嫩花茎。蒜薹的营养价值很高,且含有杀菌力很强的大蒜素,是我国目前果蔬贮藏保鲜业中贮藏量最大、贮藏供应期最长、经济效益颇佳和极受消费者欢迎的一种蔬菜,全国总贮藏量已超过 2×10^{8} kg。我国山东、安徽、江苏、四川、河北、陕西、甘肃等省均盛产蒜薹。目前,随着贮藏技术的发展,蒜薹已可以做到季产年销。

7.1.1.1 问题的提出

某冷库欲贮藏蒜薹长期供应市场,如何贮藏?

7.1.1.2 问题的解决

(1)了解蒜薹的贮藏特性　蒜薹采后新陈代谢旺盛,表面缺少保护层,加之采收期为高温季节,所以在常温下极易失水、老化和腐烂。蒜薹在 25 ℃以上放置 15 d,薹苞会明显增大,总苞也会开裂变黄、形成小蒜,薹梗自下而上退绿、变黄、发糠,蒜味消失,失去商品价值和食用价值。蒜薹适宜贮藏条件包括以下几点。

①温度:蒜薹的冰点为-1.0～-0.8 ℃,因此贮藏温度控制在-1～0 ℃为宜。温度是贮藏的重要条件,温度过高,蒜薹的呼吸强度增大,贮藏期缩短;温度太低,蒜薹会出现冻害;贮藏温度要保持稳定,波动过大,会严重影响贮藏效果。

②湿度:蒜薹的贮藏 RH 以 90%为宜。湿度过低蒜薹易失水,过高又易腐烂。由于蒜薹的适宜贮藏温度在冰点附近,温度稍有波动就会出现凝结水而影响湿度。

③气体成分:蒜薹贮藏适宜的气体成分为 2%～3% O_2、5%～7% CO_2。O_2过高会使蒜薹老化和霉变,过低会使其出现生理病害。CO_2过高会导致比缺氧更严重的 CO_2 中毒。

当然不同产地和不同年份的蒜薹贮藏条件也会有差异。目前普遍采用冷库气调贮藏方法,保鲜效果良好,贮藏期可达 7～10 个月。

(2)入贮蒜薹选购　蒜薹田间生长的好坏将直接影响贮藏效果。实践证明,田间生长健康无病的蒜薹,贮藏效果好,贮藏期长,这是保证贮藏效果的基础。田间生长品质除靠品种、施肥、病害防治等栽培管理技术保证外,气候条件也是一个重要因素。例如,山东苍山一带的蒜薹在 1995 年由于天气原因,田间生长品质不好,薹条上锈斑严重,贮藏过程中变化大,品质不好;而 1996 年苍山蒜薹的薹条上没有锈斑,贮藏效果非常好。

气候上的影响应注意以下几点:一是采前 1 个月左右雨水充足,气温正常,蒜薹田间生长品质良好;若遇到春旱,或早春低温寡照,蒜薹品质下降。二是采前有晨雾的天数少,蒜薹品质就比较好;如果雾多雾大同样蒜薹品质下降。三是采收期无雨,适时采收,蒜薹品质正常;若此时遇雨,推迟了采收期,可能使薹苞膨大,成熟度偏高,会明显影响贮藏的质量和效果。

近几年的贮藏经验表明,不同产区的蒜薹贮藏性能上有差异。新产区的蒜薹优于老区的蒜薹。不同产地之间,山东、安徽、苏北的蒜薹耐贮性较好;江苏太苍一带的蒜薹虽鲜度好,但耐贮性差一些;河北永年的蒜薹品质良好。

(3)贮藏设施的准备

①贮藏库:贮藏蒜薹必须用标准冷库,即库体隔热良好、库温控制稳定的冷库。冷库的设计和要求见本书6.2部分。蒜薹入库前提前10 d左右开始缓慢降温,入库前两天将库温降至0～2 ℃。库内温度如采用温度计人工观测记录,应采用每度1/5或1/10刻度较精确的水银玻棒温度计,不能选用刻度粗的红色酒精温度计。

②贮藏架:蒜薹冷库贮藏架多用角钢制作,应注意贮藏架承重牢固,彼此焊接拉扯,防止倒架。一般地,单个贮藏架宽110 cm,长依据库内宽度定,每袋横向占位在50～55 cm,贮藏架彼此间距60～70 cm,贮藏架每层高度在35～40 cm,最下层离地15～20 cm,最上层摆放蒜薹后应离库顶30 cm以上。贮藏架上应用削光棱角的竹杠铺底,用旧塑料膜缠绕,以免刺破贮藏袋。蒜薹入贮前,应用0.5%～0.7%的过氧乙酸水溶液喷洒墙壁、货架、地面,亦可用0.5%的漂白粉液刷洗菜架,最后将各种容器、架杆一并放在库内,每立方米用300 mg的二氧化氯密闭熏蒸消毒24 h,再通风排尽残药。

③包装袋:蒜薹贮藏属塑料薄膜袋小包装气调冷藏。最早使用的是高压聚乙烯膜制袋,薄膜厚0.06～0.08 mm,幅宽700～800 mm,袋长100～120 cm,装物量为20～30 kg。要求袋子抗拉、抗撕裂、耐低温,低温下不硬脆、耐揉搓,具韧性,柔软,确保袋子不漏气。塑料袋子应注意热合封口严密,特别注意袋子两个底角封严,不能开缝。

硅窗袋是一种减少人工开袋放风调气的自动调节气体的贮藏袋,在贮藏期内维持一定较平稳的气体组成。硅窗袋与塑料膜之间热合要牢固,防止贮藏时在低温下开合。开窗位置在纵向距袋口1/3处较合适。开窗面积为:贮藏15 kg蒜薹,硅窗面积为70 cm^2;贮藏20～25 kg蒜薹,硅窗面积为100 cm^2。硅窗袋贮藏技术要求库温很稳定,蒜薹充分预冷,在贮藏中后期通风1～2次,防止气体出现问题。另外,库内湿度不能过低,否则硅窗口下的蒜薹脱水严重。

(4)采收、收购、装运

①采收:贮藏用蒜薹适时采收是确保贮藏品质的重要环节。蒜薹的采收季节由南到北依次为4—7月份,往往每一个产区采收期只有3～5 d,在一个产区适合采收的3 d内采收的蒜薹品质好,稍晚1～2 d采收,薹苞便会偏大,薹基部发白,质地偏老,入贮后效果不佳。贮藏用蒜薹品质标准如下:色泽鲜绿,质地脆嫩,成熟适度,薹梗不老化,无明显虫伤,粗细均匀,薹苞不膨大、不坏死。

贮藏蒜薹的适宜采收成熟度应为薹梢打弯,薹苞基部发白,采收要求不用刀割无伤提薹,采收时间应以早晨露水干后为宜,雨后、浇水后不能采收。

②收购:收购时应注意,划薹和刀割的普遍带叶鞘的薹,薹条基部受伤不耐贮运,均不能收购;采后堆码时间过长,不加遮阴,直接在阳光下暴晒,蒜薹萎蔫、退色、堆内发热,或堆放期间遇大雨,明显过水,甚至被水泡过的均不能收购。

③装运:蒜薹采后应尽快组织运输,最好当天运走。近年来,越来越多的贮藏库采用汽车装运,基本可以保证入贮薹的品质变化不大。汽车运薹最好早晚装车,封车时上面覆盖不可太严,四周应适当通风,不能用塑料膜覆盖,装量大的汽车堆内最好设置通风道。总之,不论采用火车或汽车装运,都应注意通风散热、防晒、防雨、防热,昼夜兼程,尽量缩短在途中的时间。

(5)挑选和整理　蒜薹运至贮藏地,应立即放在已降温的库房内,或在遮阴棚下开包,尽快整理、挑选、修剪。不能将蒜薹先入冷库再拿出来挑选,否则会引起结露。整理时要求剔除机械伤、病虫、老化、退色、开苞、软条等不适合贮藏的蒜薹,理顺薹条,对齐薹苞,解开辫梢,除去

残余的叶鞘,然后用塑料绳按 1 kg 左右在薹苞下 3～5 cm 处扎把,松紧要适度。薹条基部伤口大、老化变色、干缩的均应剪掉,剪口要整齐,不要剪成斜面。若断口平整、已愈合成一圈干膜的可不剪,整理好后即可入库上架。

(6)预冷和防霉处理　预冷的目的是尽快散除田间热,抑制蒜薹呼吸,减少呼吸热,降低消耗,保持鲜度。因此收购后要及时预冷,迅速降温。目前最佳的预冷方式是将经过挑选处理的蒜薹上架摊开、均匀摆放。每层架摆放的蒜薹数量与装袋数量相近即可,不同产地、不同收购时间的蒜薹,应分别上架、装袋,以利于贮藏期管理和销售。预冷时间以冷透时的时间为准,堆内温度达到−0.3 ℃后才能装袋。

蒜薹贮藏期间,薹梢易发生霉变腐烂,可在入库预冷时、装袋前用防霉剂处理。具体方法可按药剂说明进行。TBZ 烟剂,浓度为 3～5 $g \cdot m^{-3}$,或用 TBZ 液剂稀释 100 倍后处理薹梢,500 mL TBZ 液剂可处理 8 t 蒜薹。

(7)装袋　蒜薹预冷之后,可进行装袋。装袋时应注意以下几点:

①保鲜袋使用之前先检查是否漏气,以免影响贮藏品质;

②每袋应按标准装量装入蒜薹,不可过多或过少,以免造成气体不适;

③为了方便测气,可在近袋口处或扎口时安上取气嘴,不同库房、不同部位、不同产地、不同批次的蒜薹均应设代表袋测气。装袋时工人应剪掉指甲,戴薄手套,专人上架装袋,薹条理顺整齐全部装入袋中,薹苞要与架沿平齐,薹梢松散下垂,袋口与薹梢要留出空隙,待库温和薹温均降至贮藏适温时,用撕裂膜将袋口扎紧,防止漏气。

(8)贮藏期管理

①普查漏袋:为了确保蒜薹处于气密条件下,待全部入贮装袋后,要安排管理人员逐袋查漏,即用手从袋口处向上,使袋子鼓胀呈气球状,用耳朵贴在袋上听声,若听到漏气声即为漏袋。查出漏袋,立即粘补或换袋。

②开袋排热:入贮装袋后的前两周,不管袋内气体组成如何,一周左右即打开袋子通一次风,连续通风两次,目的是排除袋内蒜薹的余热和蒜薹入贮后较高的呼吸热,避免结露。经过这样两次开袋排热后,再依据设计要求的气体指标进入正常的人工管理阶段。

③严格控制稳定的低温和适宜的湿度:控制稳定的低温是蒜薹贮藏很重要的一项技术措施,这对有效抑制蒜薹呼吸强度,维持其缓慢而正常的生理代谢活动,延缓其衰老,保持其鲜嫩品质十分必要。贮藏蒜薹的适宜库温为(−1±0.5) ℃,但要注意库内的温差,应经常开动冷风机,加强库内冷空气对流循环,以减少各部位的温度差。靠近冷风机、冷风嘴的蒜薹要用棉被或麻袋进行遮挡,防止受冻。

库内相对湿度保持在 85%～90%为宜,以利于保鲜袋适当渗透出过多的湿气而又不产生太大的干耗。

④定期测定袋内气体体积分数并检查贮藏情况:将不同来源、不同批次、不同库房的蒜薹分别设立代表袋,每隔 5～7 d 用奥氏气体分析仪测定一次袋内 O_2 和 CO_2 体积分数,蒜薹袋扎口后 10～20 d 内气体浓度趋于稳定。正常条件下 O_2 体积分数在 1.0%～3.0%,CO_2 体积分数在 4.8%～7.2%内。当 O_2 体积分数小于 1%或 CO_2 体积分数大于 12%～15%时,及时开袋放气 4～5 h,贮藏期间每隔 1～2 个月可通风 1 次,每次 2 h 左右。

贮藏期间,根据市场的需求和价格的涨落,随时准备供应市场,以获得较好的经济效益和社会效益。

7.1.1.3 蒜薹采后贮藏主要病害及控制

(1)蒜薹采后侵染性病害:蒜薹采后贮藏过程中的病害主要有两大类,采后侵染性病害和采后生理性病害。目前认为蒜薹贮藏期间腐烂的主要原因是大蒜灰霉菌(*Botrytis allii*)、青霉菌(*Penicillium* px.)和枝孢霉属(*Cladosprium* sp.)导致的侵染性病害,且薹梢是发病的关键部位。

(2)蒜薹采后病害控制前,人常用一些化学药剂进行蒜薹贮藏期间病害的控制,但化学杀菌剂的残留及对人体危害性日益显现。近年来一些生物及低毒的抑菌剂对蒜薹病害进行控制的方法成为新的研究热点。

研究发现一定浓度的丁香精油对蒜薹葱鳞葡萄孢的抑菌率可达85.7%。此外,纳他霉素和橘皮提取物对分离得到的7种蒜薹病原菌有明显的抑制作用。

7.1.2 番茄

番茄(*Lycopersicon esculentum* Mill.),英文名tomato,又称西红柿、洋柿子,属茄科蔬菜,食用器官为其浆果,起源于秘鲁,在我国已经有近百年的栽培历史。栽培种包括普通番茄、大叶番茄、直立番茄、梨形番茄和樱桃番茄五个变种,后两个果形较小,产量较低。果实形状有圆球形、扁圆形、卵圆形、梨形、桃形等,栽培上多以圆球形居多,近年来樱桃番茄的种植也日渐增多。

番茄的营养丰富,经济价值较高,是人们喜爱的水果兼蔬菜品种。番茄的贮藏,可以"以旺补淡",满足市场需求。

7.1.2.1 贮藏特性

番茄性喜温暖,不耐0 ℃以下的低温,但不同成熟度的果实对温度的要求不一样。用于长期贮藏的番茄,一般选用绿熟果,适宜的贮藏温度为10~13 ℃,温度过低,则易发生冷害;用于鲜销和短期贮藏的红熟果,其适宜的贮藏条件为0~2 ℃,RH为85%~90%,O_2和CO_2体积分数均为2%~5%。在适宜的温湿度条件下,采用气调方法贮藏,绿熟果可贮藏60~80 d,红熟果可贮藏40~60 d。

用于贮藏的番茄首先要选择耐贮藏品种,不同的品种耐贮藏性差异较大。一般耐贮品种有以下一些特点:抗病性强,不易裂果,果形整齐,果实种腔上皮厚,肉质致密,干物质含量和含糖量、含酸量高。通过试验发现,沈农2号、上海大红、苏研Ⅱ号、中华粉霸、北京大粉及其他一些早熟品种不耐贮藏,而利生一号、强力米寿、久比利、佳宾、橘黄佳辰、雄风168F1、玉满堂、千粉F1、巨粉宝石等中晚熟品种比较耐贮藏。加工品种中较耐贮藏的品种有东农706、扬州24、罗城1号、渝红2号、罗城3号、满天星等。

7.1.2.2 采收

番茄在采收前7~10 d可喷一次杀菌剂,对预防采后病害效果较好。杀菌剂有:40%乙膦铝可湿性粉剂250倍加菌灵湿性粉剂500倍或25%代森锰锌胶悬剂300倍。另外,遇雨不宜立即采收,否则容易腐烂。

番茄采收的成熟度与耐贮性密切相关,采收的果实过青,累积的营养物质不足,贮后品质不良;果实过熟,则很快变软,而且容易腐烂,不能久藏。番茄果实在植株上生长至成熟时会发生一系列的变化,叶绿素逐渐降解,类胡萝卜素逐渐形成,呼吸增加,乙烯产生,果实软化,种子成熟。但最能代表成熟度的是外表的着色程度。根据色泽的变化,番茄的成熟度可分为绿熟期、破色期、转色期、粉红期、红熟期五个时期(彩图40)。

绿熟期(green mature stage):全果浅绿或深绿,已达到成熟。

破色期(breaker stage):果实表面开始微显红色,显色小于10%。

转色期(turning stage):果实浅红色,显色小于80%。

粉红期(pink stage):果实近红色,硬度大,显色率近100%。

红熟期(red stage):又称软熟期,果实全部变红而且硬度下降。

采收番茄时,应根据采后不同的用途选择不同的成熟度,鲜食的番茄应达到转色期至粉红期,但这种果实开始进入或已处于生理衰老阶段,即使在10 ℃低温也难以长期贮藏。绿熟期至转色期的果实,已充分长成,此时果实的耐贮性、抗病性较强,在贮藏中完成完熟,可以获得接近植株上充分成熟的品质,故长期贮藏的番茄应在这一时期采收,并且在贮藏中尽可能滞留在这一阶段,实践中称为“压青”。随着贮藏期延长,果实逐渐达到红熟期。

7.1.2.3 主要贮藏病害及其防治

番茄贮藏中主要的侵染性病害有以下几种。

(1)番茄交链孢果腐病　多发生在成熟果实裂口处或日灼处,也可发生在其他部位。受害部位首先变褐,呈水浸状圆形斑,后发展变黑并凹陷,有清晰的边缘。病斑上生有短绒毛状黄褐色至黑色霉层,在番茄遭受冷害的情况下,尤其容易感病。一般是从冷害引起的凹陷部位侵染,引起腐烂。

(2)番茄根霉腐烂病　番茄软腐的部位一般不变色,但因内部组织溃烂,果皮皱缩,其上长出污白色至黑色小球状孢子囊,严重时整个果实软烂呈一泡水状。该病害用药防治,药适量在田间几乎不发病,仅在收获后引起果实腐烂。病菌多从裂口处或伤口处侵入,患病果与无病果接触可很快传染。

(3)番茄绵腐病　被害果表现为较大的水浸状斑,有时果皮破裂,表面产生纤细而茂密的白霉,造成腐烂。

(4)番茄灰霉病　多发生在果实肩部,病部果皮变为水浸状并有皱缩,产生大量土灰色霉层,在果实遭受冷害的情况下更易大量发生。

除以上介绍的几种外,常发生的病害还有番茄炭疽病、细菌性软腐病等。

7.1.2.4 贮藏方法

(1)常温贮藏　利用常温库、地下室、土窑洞、通风贮藏库、防空洞等阴凉场所进行贮藏。将番茄装在浅筐或木箱中平放于地面;或将果实堆在菜架上,每层架放2～3层果实。要经常检查,随时挑出已成熟的或不宜继续贮藏的果实。此法可贮藏20～30 d,作为调节市场短缺的短期贮藏措施是适宜的。

(2)气调贮藏　番茄在蔬菜中研究气调效应最早,也是迄今为止积累资料最多的一种果实。一般认为,绿熟期番茄在10～13 ℃,RH 85%～90%,O_2 和 CO_2 的体积分数均为2%～5%,可以贮藏100 d以上;转色期果实在此条件下可贮藏45～60 d。气调贮藏的具体方法有以下几种。

①适温快速降氧贮藏:利用制氮机或工业氮气调节气体,制冷机调节温度,将贮藏条件控制在10～13 ℃,RH 85%～90%,O_2 和 CO_2 的体积分数均为2%～5%,可以得到较理想的贮

藏效果。

②常温快速降氧法：只控制贮藏条件下的 O_2 的体积分数为2%～4%，CO_2 的体积分数在5%以下，一般可贮藏 25～30 d。这种方法贮藏效果不及方法①，但可在无机械降温条件下进行。

③自然降氧法：番茄进帐密封后，待帐内的 O_2 体积分数由果实自行吸收到3%～6%或2%～4%，再采用人工调节控制，不使氧含量继续下降而稳定在这一范围，温度力求维持在贮藏适宜的范围内。

④硅窗气调法：国内多使用甲基乙烯橡胶薄膜。在一定范围内，硅窗的渗透性随着帐内 CO_2 体积分数升高或降低而增大或减少，这样就能迅速排除帐内过高的 CO_2，并有限地补入 O_2，从而使 O_2 和 CO_2 保持适当的比例。硅橡胶薄膜还能使番茄代谢产生的乙烯很快排至帐外。对比试验表明，使用0.08 mm厚的硅窗，帐内 O_2 体积分数维持在6%左右，CO_2 在4%以下，效果较好。

⑤自发气调贮藏法：果实采收并用药剂处理后，便可以装保鲜袋贮藏，保鲜袋规格为25 cm宽，35 cm长，容量1.5 kg，因番茄易被挤压受伤，而且成熟后逐渐变软，因此不能用大袋包装贮藏。用塑料绳扎紧口，平摆在架子或放入菜筐中即可。此法也可以贮藏果实15～25 d。

(3)亚硫酸、石灰石溶液浸泡贮藏：将6%亚硫酸配制成0.3%水溶液，再用饱和石灰水澄清液将其pH调至4.0～5.5，而后将全红番茄放入其中，确保浸泡液高出果实2～3 cm，然后密封容器，置于低温处。

7.1.3 甘蓝

甘蓝(*Brassica oleracea* L.)，英文名 cabbage，又名结球甘蓝，俗称洋白菜、圆白菜、卷心菜、莲花白等，属于十字花科蔬菜。它原产于地中海至北海沿岸，引入我国已有300多年历史，现全国各地都有栽培。甘蓝的品种按照叶球的形状，大致可分为平头种甘蓝、尖头种甘蓝和圆头种甘蓝三种类型。其中以平头种甘蓝品质优良，产量高，较耐贮藏。

甘蓝的生长发育可分为两个时期，即营养生长期和生殖生长期。种子发芽到叶球形成时期称为营养生长期；从花芽分化到现蕾、抽薹、开花、结果、种子成熟的过程称为生殖生长期。甘蓝成熟后形成其固有品质。一般而言，晚熟品种比早熟品种耐贮藏，叶球外部叶片颜色深者较浅者耐贮藏。近年来，由于甘蓝育种工作的进展，甘蓝在许多地区基本能做到常年生产，周年供应。

7.1.3.1 贮藏特性

甘蓝性喜冷凉，具有一定的抗寒能力，作为营养贮藏器官的叶球也是在冷凉条件下形成的，所以甘蓝的贮藏需要低温条件。其适宜的贮藏条件为：温度0～1 ℃，相对湿度90%～95%，气体成分 O_2 体积分数2%～5%、CO_2 体积分数0～5%。一般贮藏寿命为60～150 d。

7.1.3.2 采收

(1)采收成熟度的确定　甘蓝的采收期要因地而异。北方一般在霜降前后采收，或在立冬到小雪期间采收，江淮地区要更晚采收，而长江以南地区的晚熟品种可留在田间，根据市场需要分期分批采收。但早熟品种成熟后仍留在田间会加剧抽薹、脱帮及腐烂现象发生。甘蓝采收过早，影响产量，同时因气温和库温都较高，对其贮藏不利；采收过晚，易在田间受冻。贮藏的甘蓝要选晚熟、结球紧实、外叶粗糙并有蜡粉的品种,且要尽量晚采。

当甘蓝贮量太大时,可适当提前采收入窖,采用人工降温的办法降低窖温,以减轻集中采收、贮藏的压力。

(2)采收方法　假植贮藏的甘蓝,要求带根收获。其他方法贮藏的甘蓝,可在3～4 cm长的根上砍断。选择无虫蛀、无烂根、无病叶、不开裂的叶球,保留二、三层外叶。另外,采前10 d内应停止灌水。

7.1.3.3　采后损失及控制

(1)侵染性病害　病害主要由一些真菌感染引起。病部最初呈半透明水浸状,随后病部迅速扩大、表面略陷、组织逐渐变软、黏滑,色泽为浅灰至浅褐,腐烂部有腥臭味,真菌一般不能由寄主表面直接侵入,大多数由伤口侵入致病,且高温高湿条件下发病率高。因此,在采收和贮运过程中尽量避免机械伤,采后及时晾晒、合理堆码、贮藏库内保持空气流畅等措施皆有助于防治侵染性病害的发生。另外,采后用0.2%托布津与0.3%过氧乙酸混合液蘸根,可防止病菌从根部切口侵入。

(2)脱帮　指叶帮基部形成离层而脱落,主要发生在贮藏初期。贮藏温度过高,或湿度过高、晾晒过度都会促进脱帮。因此,适宜的温湿度,合理的晾晒,或采前辅以药剂(如NAA)处理都有利于减轻脱帮。

(3)失水　主要因为贮藏温度偏高或相对湿度偏低,且晾晒过度也易脱水。适宜的低温高湿有利于防止其失水。

7.1.3.4　贮藏方法

(1)假植贮藏　主要适用于包心还未完全成熟或包心不够充实的晚熟品种。假植贮藏可使甘蓝进一步生长成熟,增加质量。

该方法在贮藏前事先挖好一长方形沟,大小根据贮量而定。采收时将菜连根拔起,带土露天堆放2～3 d,进行晾晒和预贮。然后,在沟内一棵紧靠一棵排列栽好,再向沟内浇少量水,在植株顶上覆盖些老叶。每隔7～8 d后覆盖6～8 cm厚的土,共覆土3次。覆土要求均匀实在。贮藏期间当覆土干燥时需适量浇水。

(2)简易贮藏　主要适用于菜农小规模短期贮藏,其方式主要有沟藏、堆藏、架藏等。沟藏要求选择地势高、排水畅的地块,进行开沟贮藏;堆藏即用板条箱、柳条管等容器装菜或将菜着地堆呈长方形贮藏;架藏就是将甘蓝直接一棵棵斜放在预先制成的贮藏架上进行贮藏。贮藏过程中注意通风散热。

(3)冷库贮藏　冷库使用前要进行杀菌消毒。入贮的甘蓝事先要在0～5 ℃的预冷间或冷库通道处预冷1～2 d,待甘蓝品温下降后,再入贮到温度已降到0 ℃的冷库中。入库要分批进行,一次入贮量不能过大,以防库温波动太大,影响贮藏效果。特别是没有预冷的甘蓝,每次进贮量一定要控制好。在冷库中,将菜筐码成通风垛,或直接着地堆放成宽50～60 cm,高70～80 cm的长方体。冷库温度保持0～1 ℃,相对湿度以95%～97%为宜。这样的贮藏方法可贮2～6个月。

入库后,贮藏初期以降温为主,贮藏中期以保温防冻为主,贮藏后期以降温翻菜防烂为主。另外,10～100 $mL \cdot L^{-1}$的乙烯就可使甘蓝脱叶和失绿,故在贮存中应注意通风换气。

(4)气调贮藏　目前采用的现代化气调技术,对控制甘蓝的失水、失绿,防止抽薹、脱帮均

有很显著的效果。据报道，在3～18 ℃、O_2 体积分数2%～5%、CO_2 体积分数0～6%条件下，贮藏100 d，甘蓝外叶略黄，球心发白，但未发现抽薹、腐烂等不良现象。

7.1.4 花椰菜

花椰菜（*Brassica oleraces* L. var. botrylis DC.），英文名cauliflower，又名花菜、菜花，属十字花科植物，是甘蓝的一个变种。花椰菜的供食器官是花球，花球质地嫩脆，营养价值高，味道鲜美，而且食用部分粗纤维少，深受消费者的喜爱。

7.1.4.1 贮藏特性

花椰菜喜冷凉且温和湿润的环境，忌炎热，不耐霜冻，不耐干旱，对水分要求严格。花椰菜的花球由肥大的花薹、花枝和花蕾短缩聚合而成。贮藏期间，外叶中积累的养分能向花球转移而使之继续长大充实。花椰菜在贮藏过程中有明显的 C_2H_4 释放，这是花椰菜衰老变质的重要原因。花球外部没有保护组织，而有庞大的贮藏营养物的薄壁组织，所以花椰菜在采收和贮运过程中极易失水萎蔫，并易受病原菌感染造成腐烂。

花椰菜适宜的贮藏条件为：

（1）温度　花椰菜适宜的贮藏温度为0～1 ℃。温度过高会使花球变色，失水萎蔫，甚至腐烂；但温度过低（<0 ℃），花椰菜容易受冷害。

（2）相对湿度　花椰菜贮藏适宜的相对湿度为90%～95%。湿度过低，花球易失水萎蔫；湿度过大，有利于微生物生长，容易发生腐烂。

（3）气体成分　花椰菜贮藏适宜的气体成分为 O_2 体积分数3%～5%，CO_2 体积分数0～5%。低 O_2 对抑制花椰菜的呼吸作用和延缓衰老有显著作用，且花球对 CO_2 有一定的忍受力。在此气体条件下，花椰菜一般可贮藏1～3个月。

7.1.4.2 采收

（1）采收成熟度的确定　从出现花球到采收的天数，因品种、气候而异。早熟品种在气温较高时，花球形成快，20 d左右即可采收；而中晚熟品种，在秋冬季需1个月左右。采收的标准为：花球硕大，花枝紧凑，花蕾致密，表面圆整，边缘尚未散开。花球大而充实，收获期较晚的品种适于贮藏；球小松散，收获期较早的品种，收获后气温较高，不利于贮藏。

（2）采收方法　用于假植贮藏的花椰菜，要连根带叶采收。用于其他方法贮藏的花椰菜，要选择花球直径约15 cm的中等花，表面圆整光洁，边缘尚未散开，没有病虫害的植株，保留距离花球最近的3～4片叶子，连同花球割下，将菜头朝下，放入筐中。因为花球形成不一致，所以要分批采收。

7.1.4.3 采后损失及控制

（1）侵染性病害　花椰菜贮藏过程中易受病菌感染，引起腐烂，主要是黑斑病，染病初期花球变色，随后变褐。此外，还有霜霉病和菌核病。病菌主要通过伤口侵入，在采收和贮运中要尽量避免机械伤。另外，采后给花球喷洒3 000 $mg \cdot L^{-1}$ 苯来特、多菌灵或托布津药液，晾干后入贮，可有效减轻腐烂。

（2）失水变色　失水主要是因为贮藏期相对湿度过低，导致水分大量蒸发；变色主要原因是在采收和贮运中受机械伤或贮温过高所致。另外，贮藏期间 C_2H_4 浓度高也会使花球变色。防治方法主要是控制适宜的温湿度，避免机械损伤，添加 C_2H_4 吸收剂。

7.1.4.4 贮藏方法

(1)假植贮藏　入冬前后,利用贮藏沟等场所,将尚未长成的小花球假植其内,用稻草等物捆绑包住花球,进行适当覆盖,注意防热防冻,适当灌水,适当通风。一般至春节时,花球可长大到 0.5 kg 左右。

(2)冷库贮藏　选择优质花椰菜,经充分预冷后入贮。冷藏库温度控制在 0.5～1 ℃,相对湿度控制在 90%～95%。花椰菜在冷库中要合理堆码,防止压伤和污染。冷藏的整个过程中要注意库内温湿度控制,避免波动范围太大。同时,还要及时剔除烂菜。此种方法在低温季节一般可贮存 60 d。

(3)气调贮藏　因为花椰菜在整个贮藏期间乙烯的合成量较大,采用低 O_2 高 CO_2 可以降低花椰菜的呼吸作用,从而减少了乙烯的释放量,有效防止花椰菜受乙烯伤害。因此,气调法贮藏花椰菜能有较好的效果。气调贮藏花椰菜的气体成分一般控制在 O_2 体积分数 2%～4%、CO_2 体积分数 5%左右。采用袋封法或帐封法均可,严格控制 O_2 和 CO_2 的体积分数,并在封闭的薄膜帐内放入适量的饱和高锰酸钾以吸收乙烯。气调贮藏对保持花椰菜的花球洁白、外叶鲜绿有明显效果。采用薄膜封闭贮藏时,要特别注意防止帐壁或袋壁的凝结水滴落到花球上。

此外,还可采取一些辅助措施,进一步增强保鲜效果。为了防止叶片黄化和脱落,可用 50 $mg \cdot kg^{-1}$ 2,4-D 或 5～20 $mg \cdot kg^{-1}$ 6-BA 溶液浸蘸花球根部。为了减轻腐烂,可在入贮前给花球喷洒 3 000 $mg \cdot kg^{-1}$ 苯来特、多菌灵或托布津药液,其中以苯来特的效果更为明显。

7.1.5 黄瓜

黄瓜(*Cucumis sativus* L.),英文名 cucumber,属葫芦科甜瓜属一年生植物,原产于中南半岛及南洋一带,性喜温暖,在我国已有 2 000 多年的栽培历史。幼嫩黄瓜质脆肉细,清香可口,营养丰富,深受人们的喜爱。

7.1.5.1 贮藏特性

黄瓜每年可栽培的有春、夏、秋三季。春黄瓜较早熟,一般采用南方的短黄瓜品系;夏、秋黄瓜提倡耐热抗病,一般用北方的鞭黄瓜和刺黄瓜品系,还有一种专门用来加工的小黄瓜品系。贮藏用的瓜,一般以秋黄瓜为主。黄瓜采后数天即出现后熟衰老症状,受精胚在其中继续发育生长,吸取果肉组织的水分和营养,以致果梗一端组织萎缩变糠,蒂端因种子发育而变粗,整个瓜形呈棒槌状;同时出现绿色减退,酸度增高,果实绵软。刺瓜类品种,瓜刺易被碰脱造成伤口流出汁液,使其易受病菌的侵染。黄瓜采收时节气温较高,表皮无保护层,果肉脆嫩,易受机械伤害。在黄瓜的贮藏中,要解决的主要问题是后熟老化和腐烂。

黄瓜适宜的贮藏条件为:

(1)温度　黄瓜的贮藏适温为 10～13 ℃。低于 10 ℃,2 d 即会出现冷害;高于 13 ℃,黄瓜代谢旺盛后熟加快,品质劣变。但在一些简易贮藏中,如北方各地秋、冬季的缸贮、窖贮、大白菜包黄瓜贮藏也可见温度低于 10 ℃,甚至接近 0 ℃,黄瓜未见冷害,这可能与多种因素有关。

(2)湿度　贮藏适宜的相对湿度为 90%～95%。黄瓜果实多汁,表面无保护层,采后呼吸旺盛,极易造成组织脱水、萎蔫、变形、变糠,因此黄瓜贮藏必须保持高湿。鲜销黄瓜通常要打蜡防失水或用聚乙烯收缩膜包装以延缓萎蔫。

(3)气体成分　适宜的气体体积分数为 O_2 2%～5%,CO_2 0～5%。CO_2 体积分数高于 10%会引起产品的高 CO_2 伤害。黄瓜对乙烯敏感,1 $mL·L^{-1}$ 乙烯在一天之内会使黄瓜衰老变黄,果柄端表现最明显,因此要采取一定的措施除去乙烯。有些试验表现黄瓜经气调贮藏后,维管束变褐,瓜肉也呈淡黄色,并有苦味。这种情况可能与品种有关,或者是气体成分不当所致。

7.1.5.2　采收及采后处理

采收成熟度对黄瓜的耐贮性有很大影响,一般嫩黄瓜贮藏效果较好,越大越老的黄瓜越容易衰老变黄。贮藏用瓜最好采用植株主蔓中部生长的果实(俗称"腰瓜"),果实应丰满壮实、瓜条匀直,全身碧绿;下部接近地面的瓜条畸形较多,且易与泥土接触,果实带较多的病菌,易腐烂;植株衰老枯竭时所结果实,有的顶端大,有的底部细小,果实内含物质不足,贮藏寿命短。黄瓜采收期多在雌花开花后 8～18 d,此时较成熟上市的黄瓜稍微嫩些,但已具有该品种特有的果型、果色和风味。同一品种不同采收期贮藏试验表明:耐贮性未熟期采收(授粉后 8 d)>适熟期(授粉后 11 d)>过熟期(授粉后 14 d)。采摘宜在晴天早上进行。最好用剪刀将瓜带 3 cm 长果柄摘下,放入筐中,注意不要碰伤瘤刺;若为刺瓜,最好用纸包好放入筐中。认真选果,剔除过嫩、过老、畸形和受病虫侵害、机械损伤的瓜条。将合格的瓜条整齐地放入消过毒的筐中,每放一层,用薄的塑料制品隔层,以防瓜刺互相刺伤,感染病菌。瓜筐不宜装得过满,留出 1/3 的空间,以便通风散热。避免码垛压伤瓜条,气温较高季节贮藏黄瓜还应预冷,除去田间热,以防黄瓜在温差较大时"出汗"。

入库前,用软刷将 0.2%甲基托布津和虫胶 4 倍稀释液混合或用 1%壳聚糖液涂在瓜条上,阴干,对贮藏有良好的防腐保鲜效果。

7.1.5.3　采后损失及控制

黄瓜贮藏期多发生炭疽病、疫病和绵腐病。炭疽病发生时,瓜面出现褐色圆形小病斑,略有凹陷。表面有红褐色黏质物,其中含大量的分生孢子。此病菌属霉菌属,最适生长温度 24 ℃,最适相对湿度为 97%。可通过降低温度减少病菌的感染,也可使用托布津、百菌清、炭疽福美等药剂处理加以防治。若瓜面呈水浸状,出现明显凹陷,表现长出霜状灰白色霉,有腥味则为疫病病菌感染所致。此病的防治可在栽培前选用抗病品种,也可田间栽种时喷洒甲霜灵、乙膦铝等加以防治。绵腐病常使瓜面变黄,病部长出长毛绒状白霉,应严格控制温度,防止温度波动太大凝结水滴在瓜面上,也可结合使用一定的药剂处理。

黄瓜的适宜贮藏温度范围窄,极易造成低温冷害。据报道,在 0～5 ℃下放置 8～16 d 即受严重伤害;温室栽培黄瓜 10 ℃下,1 周即出现明显冷害,腐烂率较贮藏在 13 ℃要高。因此需严密控制温度。50%～70%的湿度,高二氧化碳体积分数均可增加黄瓜对冷害的敏感性。冷害的主要症状表现为:瓜面出现大小不等的凹陷斑,随时间推移,瓜面呈水浸状,继而因镰刀菌感染而腐烂。针对黄瓜冷害的影响因素可采取几种方式加以防治:①根据品种选取适宜的贮温;②维持高湿状态,相对湿度应达到 90%～95%;③采用适当的气调贮藏,但氧气体积分数不能低于 3%,二氧化碳体积分数也应控制在 10%以下,否则气调黄瓜会产生异味。

7.1.5.4　贮藏方法

(1)简易贮藏　在北方多采用缸藏或冰窖贮藏,两者原理相同,在缸底或窖底有一定深度的水起调温保湿作用。常用的贮窖长 6～10 m,宽 0.5～3 m,深 1～2 m,将挖出的土堆在窖四周以减少外界温度对窖温的影响。沿南侧挖一条深 30 cm 的土沟以备贮水。窖底依次铺竹竿、稻草、塑料薄膜和瓜条,窖顶绑设竹架、铺塑料薄膜防渗漏雨水;然后盖 1～2 cm 厚稻草帘 2～3 层防外温对窖内温度的影响。窖内黄瓜采取纵横交错方式堆码,不宜放置过满应留有一定空间。入贮初期,贮窖应夜间通风降温;天气转凉时,则白天通风,并设置风障防止窖内温度过低。贮藏期间,应经常下窖检查剔除烂果、伤果。

(2)气调贮藏　北京西城区菜站通过试验得出黄瓜气调贮藏的适宜参数为:①温度为 10～13 ℃;②气体组分是 O_2、CO_2 体积分数均为 2%～5%,采用快速降氧法;③封闭垛内混入瓜重 1/40～1/20 的高锰酸钾泡沫砖载体,分放在上层空间以除去乙烯;④黄瓜使用 1∶5 虫胶水液加 3 000～4 000 $mg\cdot kg^{-1}$ 托布津涂被;⑤使用垛内空气体积 0.2%的氯气消毒,每 2～3 d 进行一次。

在此条件下,黄瓜贮藏期可达 45～60 d,好瓜率高达 85%。不同的品种气调贮藏效果有所差异。津研一号、津研二号、北刺等品种优于长春密刺、八杈。在气调贮藏过程中要严格控制 O_2 和 CO_2 的体积分数,O_2 体积分数最低不能少于 2%,CO_2 体积分数最高不能超过 5%。还要特别注意库内湿度变化,以防形成凝结水在瓜条上引起腐烂。另外也有报道采用塑料薄膜袋贮藏取得良好的效果。

(3)辐射保藏　有报道用 ^{60}Co γ-射线照射,辐射剂量为 84～250 Gy 时,可明显抑制黄瓜种子的发育。

7.1.6　茄子

茄子(*Solarvum melongena* L.),英文名 eggplant,又名落苏,为茄科茄属的一年生草本植物,在热带为多年生植物。它原产于印度,在我国已有 1 000 多年栽培历史。茄子适应性强,在我国南北各地都普遍栽培,为夏秋季主要蔬菜品种之一。

7.1.6.1　贮藏特性

茄子有圆茄、长茄、矮茄三个变种。一般果实大而圆的品种多属晚熟型,果实小且植株矮小的多属早熟型,品种之间的耐贮性有较大差异,晚熟且含水量较低的品种耐贮藏,仲夏成熟的品种不耐贮藏。从颜色和果型看耐贮性为:紫色圆型>紫色长型>绿色圆型>绿色长型。贮藏时要选择晚熟耐贮藏的品种。贮藏用茄子的种植应适当晚育苗、晚定植,避免重茬和重施氮肥,及时防治病害,应在霜冻前采摘。

对茄子采后营养损失的研究较少。据报道,茄子采后酶活性迅速升高,如多酚氧化酶、过氧化氢酶、乙醇脱氢酶、过氧化物酶等酶活性在采后迅速成倍增加,引起果实品质劣变。茄子在贮藏中存在的主要问题有:①果梗连同萼片湿腐或干腐,蔓延至果实或与果实分离。②果面出现各种病斑,不断扩大,甚至全果腐烂,主要是褐纹病、绵疫病等。③5 ℃以下出现冷害,果面出现水浸状或脱色的凹陷斑块,内部种子和胎座薄壁组织褐变。也有报道有的茄子在 10 ℃即出现冷害症状,可能与品种成熟度、大小、收获季节有关。采用低 O_2,低 CO_2 指标气调贮藏,可防果梗脱落;用 50～100 $mg\cdot kg^{-1}$ 2,4-D 浸果梗可防梗萼脱落。

茄子适宜的贮藏条件为:

(1)温度　茄子性喜温暖,不耐霜冻,最适贮温为 10～13 ℃。它对低温的敏感性与品种、成熟度、收获季节等有关。一般来说,秋天采收的生长温度较低的茄子敏感性小于仲夏采收的茄子。据报道,秋天采收的茄子 8 ℃下能贮藏 10 d,而仲夏采收的茄子在 12 ℃以下只能贮藏 7 d。

(2)湿度　茄果含水量高,因此应放于高湿环境中贮藏,贮藏最适相对湿度为90%～95%。湿度过高会导致各种病菌对果实的侵染。在贮藏管理时要严格控制湿度,使它处于较理想的范围内,用收缩膜包装茄子有良好的保湿效果。

(3)气体成分　在气调贮藏中,一般O_2体积分数为2%～5%,CO_2体积分数为0～5%,具有较好的效果。茄子对乙烯敏感,乙烯处理可加速其腐烂变质。

7.1.6.2　采收及采后处理

茄子以嫩果供食用,早熟品种定植后40～50 d可开始采收;中熟品种需50～60 d;晚熟品种60～70 d。按茄子在植株上的生长部位及先后次序,第一层果称为"门茄",第二层果称为"对茄",第三层果称为"四门斗",第四层果称为"八面风",再往上称为"满天星"。贮藏用果多采用生长在植物中部的中等大小果实,如"四门斗""八面风"为宜。晚熟品种呈深紫色,圆果形、果肉细嫩、种子少,含水量低者也常用作贮藏用果。

茄子的采收宜在早、晚气温较低时进行。待果实充分长大并且果皮光亮平滑时即可采收。采收也可通过萼片上的带状环判断,若茄萼片与果实相连接地方有明显白色或淡绿色环状带,则表明果实正快速生长、组织柔嫩、不宜采收;若这条环状带已趋于不明显或正在消失,则果实已停止生长应及时采收。茄子采收时宜保留完整的萼片和一小段柄把;采后宜置于阴凉通风处,降低品温,散去田间热。

7.1.6.3　采后损失及控制

采后病害主要为真菌、霉菌侵染所致的绵疫病、褐纹病、灰霉病等,冷害茄子放回常温状态极易受交链孢菌的侵袭而腐烂变质。

绵疫病为茄子感染绵疫病菌所致,此病原微生物属于真菌类,最适生长温度为28～30 ℃,最适相对湿度为90%。茄子患此病后,果实上出现1～2 cm大的水浸状圆形病斑,无光泽;逐渐可扩大到3～4 cm,中央暗褐,边缘淡白,表面平陷,出现绵丝状白色菌丝,果肉变黑腐烂。若气温较高,4～5 d后病害可蔓延至整个果实。防治方法主要栽培时选用优良抗病品种,加强田间管理,雨季不收获,贮藏期间采取通风、降温、排湿措施。另外还可采用药剂防治,常用药液有1∶1∶(160～200)波尔多液,5%克菌丹可湿性粉剂500倍稀释液等。

褐纹病是茄子褐纹病菌感染所致。发病时果实出现圆形或椭圆形病斑,呈淡褐色与健康部分界明显,后期病斑上生出许多黑点,排列成轮纹状,果肉呈海绵状。褐纹病菌属于霉菌类,最适生长温度为21～33 ℃,高温高湿可诱发此病害。因此,要注意降温、排湿,同时可用多种药剂交替使用进行防治,常用药品有30%甲基托布津、百菌清、波尔多液等,每隔7～10 d喷洒1次。

7.1.6.4　贮藏方法

(1)简易贮藏　民间常用的传统方法有窖藏、沟藏、煤末贮藏等,都取得了一定的贮藏效果。贮藏时应注意严格选果,严密观察温度,以防冷害的发生;定期察看果实,及时剔除病果、烂果。采取上述几种措施后一般贮藏期可达40～50 d。

(2)冷库贮藏　贮前应进行预冷,茄子预冷不能采用水冷法,此法易导致病菌的传播,一般用空气预冷法散去田间热。在12～13 ℃的温度和90%～95%的相对湿度条件下,可贮藏20 d左右,冷藏时应注意防止冷害发生。

(3)气调贮藏　在低氧、高二氧化碳条件下茄子组织产乙烯能力下降,同时还能阻止空气中的乙烯对茄子果实的影响，具有较好的防腐保鲜效果。有试验表明，将茄子在库房堆码成垛，用塑料薄膜帐密封，在 20～25 ℃的常温下，帐内 O_2 体积分数 2%～5%，CO_2 体积分数 5%的条件下，贮藏 30 d，能很好地保持茄果的商品价值。

(4)涂膜保鲜法　据日本专利报道，下列两种试剂涂于茄子果柄部，可防止脱把现象，有良好的保鲜效果。①按 10:2:1的比例(质量比)将蜜蜡、酪朊、蔗糖脂肪酸 3 种组分充分混合成乳状保鲜剂;②并按 70:20:10 的比例(质量比)，将蜜蜡、阿拉伯胶和蔗糖脂肪酸酯加热至 40 ℃，充分混合成糊状保鲜剂。

7.1.7　菜豆

菜豆(*Phaseolus vulgaris* L.)，英文名 bean，又称四季豆、扁豆、豆角、芸豆、玉豆、京豆属豆科蔬菜，原产于中美洲热带地区。供食用的嫩豆荚，蛋白质含量高，其中富含赖氨酸、精氨酸，还含有丰富的维生素、糖和矿物质，是深受人们喜爱的蔬菜。菜豆在调节蔬菜种类，增加淡季蔬菜供应上具有重要作用。

7.1.7.1　贮藏特性

食用豆荚柔嫩多汁，采后很容易后熟老化。随着时间的推延，豆荚叶绿素逐渐消失变成黄色，纤维化程度增加，豆荚变坚韧，荚内籽粒长大使豆荚膨大，尖端萎蔫;豆荚表面出现褐色锈斑。豆荚性喜温暖，不耐霜冻、酷暑，低于 8 ℃容易发生冷害;温度过高，呼吸代谢旺盛，容易老化，继而腐烂等是菜豆保鲜难和贮藏期短的根本原因。

菜豆适宜的贮藏条件为:

(1)温度　最适贮温为 8～10 ℃。温度低于 8 ℃，豆荚表面出现锈斑、水浸状斑块等冷害症状。所以贮藏中应严格控制温度，防止温度波动而产生冷害。但高于 10 ℃又易老化、腐烂。因此，采取“宁冷害而不老化腐烂”的贮藏措施。温度关系与冷害发生时间是 0～1 ℃为 2 d、2～3 ℃为 4～5 d、4～7 ℃为 12 。受冷害的菜豆的货架期仅 1～2 d。

(2)湿度　最适空气相对湿度为 90%～95%。如湿度过低则很快造成菜豆的失水萎蔫，营养价值和商品价值下降。湿度过大，容易形成凝结水，加重锈斑和腐烂。

(3)气体成分　O_2 体积分数为 5%，CO_2 体积分数为 1%～2%。在这种低 O_2 体积分数下，有利于抑制呼吸作用，延缓菜豆的后熟老化;同时对微生物的生长也有一定抑制效果。也有将 O_2 体积分数降至 2%～3%取得良好贮藏效果而无明显的副作用的报道。由于高体积分数 CO_2 会加重冷害症状，所以体积分数一般不超过 2%。

7.1.7.2　采收及采后处理

菜豆属热敏性植物，夏季高温多雨不利于开花结荚;它不耐霜冻，可适当调节栽培时间，在无霜期栽培并在霜冻前进行采收。菜豆分为两个种:大菜豆和小菜豆，其中每个种又分为蔓生型和矮生型两种。菜豆在开花后 13～14 d 即可开始摘豆荚，其成熟标准为:荚由细变粗，色由绿变白绿，豆粒略显，荚大而嫩。贮藏用菜豆一般选择纤维素少、不易老化、豆荚肉厚、抗病性强早菜豆的晚熟品种或秋菜豆，在种子未充分发育之前采摘。选择一般秋豆比夏豆耐贮藏，紫色的比绿色的耐贮藏，白色的居中，如“法国芸豆”“青岛架豆”“丰收一号”“架豆王”等。

采收时应轻拿轻放。避免挤压，防止折断菜豆尖端。采收后菜豆应迅速预冷除去田间热，可采用真空预冷、强制通风预冷或水冷法。其中以水冷法效果最好，它的冷却速度快，还可防止菜豆的萎蔫、皱缩。

7.1.7.3 采后损失及控制

采收期低温多雨，采后未及时预冷等均可导致炭疽病的发生。发病初期豆荚上生出褐色小斑，不久发展为5～10 mm的凹陷褐色圆斑，其中产生大量小黑粒点为分生孢子盘，严重时各病斑相互连接成片状。湿度高时病斑边缘出现深红色的晕圈，病斑内部分泌出肉红色的黏稠物。此病发生的适温为14～18 ℃，对空气湿度要求高，要达到95%以上。菜豆贮藏期过长，贮温过高会发生严重腐烂。可选用无病种子进行播种，或选用抗病品种，也可选用百菌清、多菌灵、托布津、炭疽福灵等药剂进行喷洒，防止此病的发生。

7.1.7.4 贮藏方法

(1)窖藏　贮藏前对采摘的豆荚进行挑选，剔除老荚、有病斑、有伤口、虫蛀者再行入窖贮藏。贮藏用具一般为容积15～20 kg的荆条筐。若使用的旧荆条筐还需用石灰水浸泡消毒，晾干使用。筐底及四周铺垫塑料薄膜，以防荆条扎伤菜豆，塑料薄膜略长于筐高以便于密封。在筐四周的塑料薄膜均匀打20～30个直径5 mm左右的小孔，以利于CO_2的排出。菜豆中间还需放2个圆形通气筒散热，豆荚装入筐内密封后还需用1.5～2.0 mL仲丁胺熏蒸防病。豆荚入窖后应注意夜间通风，使窖温维持在9 ℃左右；还应定期倒筐挑拣，及时剔除腐烂豆荚。利用此法一般可贮藏30 d左右。

(2)气调贮藏　可采用0.1 mm厚的聚乙烯薄膜袋进行小包装贮藏，袋内装入消石灰吸收凝结水，用0.01 mL的仲丁胺熏蒸防腐，2周左右检查一次。贮藏期可达1个月，好荚率为80%～90%。据报道，用下述气调贮藏方法也可取得良好的效果：用垫有蒲包的消毒筐，装入筐容积1/2左右的菜豆，外套0.1 mm厚的聚乙烯塑料袋，袋上半部装有调气孔。用工业氮气输入密封筐内，使O_2含量降至5%。当O_2低于2%时，从气孔中放入空气提高含氧量至5%。CO_2体积分数超过5%时，用N_2调节至1%。每垛之间留一定空隙，库房温度保持在13 ℃左右。这种方法贮藏期可达30～50 d。

7.1.8 洋葱

洋葱(*Allium cepa* L.)，英文名onion，又称葱头、圆葱，属百合科植物，起源于中东和地中海沿岸。洋葱可分为普通洋葱、分蘖洋葱和顶生洋葱三个类型，我国主要以栽培普通洋葱为主。普通洋葱一般可根据其鳞茎的形状而分为扁球形、圆球形、卵圆形及纺锤形；按其鳞茎颜色，可分为红皮种、黄皮种和白皮种。其中黄皮种属中熟或晚熟品种，品质佳、耐贮藏；红皮种属晚熟种，产量高、耐贮藏。白皮种为早熟品种，肉质柔嫩，但产量低、不耐贮藏。其中耐贮性为黄皮种＞红皮种＞白皮种，扁圆形＞凸圆形。

7.1.8.1 贮藏特性

洋葱的食用部分为肥大的鳞茎，具有明显的休眠期。休眠期长短因品种而异，一般1.5～2.5个月。处于休眠期的洋葱，外层鳞片干缩成膜质，能阻止水分的进入和内部水分的蒸发，呼吸强度降低，具有耐热和抗干燥的特性。通过休眠期的洋葱遇到合适的外界环境条件便能出芽生长，贮藏的大量养分被利用，呼吸作用旺盛，有机物被大量消耗，鲜茎部分逐渐干瘪、萎缩而失去原有的食用价值。所以，如果能有效延长洋葱的休眠期，就能有效延长洋葱的贮藏期。

洋葱适宜的贮藏条件为:温度−1～0 ℃,相对湿度65%～75%,O_2体积分数为3%～6%,CO_2体积分数为5%～8%。贮藏温度过低,容易造成洋葱组织冻伤,温度、湿度过高,会促进洋葱发芽,缩短贮藏期。

7.1.8.2 采收及采后处理

为了提高洋葱的耐贮性,除了选择较好的耐贮品种外,还应注意洋葱在大田生长期间的管理工作,一般要求在叶片迅速生长阶段和鳞茎肥大阶段及时追肥浇水,并适当增施磷肥、钾肥,要求采收前10 d停止浇水。

采收时期对洋葱的耐贮性影响很大。一般在洋葱田约有2/3植株出现假茎松软,地上茎倒伏,近地面1～2片叶枯黄,第3、4片叶部分变黄,葱头外部1～2片鳞片变干为最适收获期。采收过早,不仅影响产量,而且水分含量高,不耐贮;采收过晚,地上假茎容易脱落,不利于编辫,鳞茎外皮也易破裂,不利于贮藏。采收应选择晴天进行。

采收后的洋葱,经过严格挑选,去除掉头的、抽薹的、过大过小的以及受机械损伤和雨淋的洋葱。挑选出用于贮藏的洋葱,首先要摊放晾晒。具体方法是:在干燥向阳的地方,把洋葱整齐地排放在地上,后一排的叶子正好盖在前一排的鳞茎上,不让葱头裸露暴晒。每隔2～3 d翻动一次,一般晾晒6～7 d,当叶子发黄变软,能编辫子时停止晾晒。然后,编辫晾晒,用晒软了的茎叶编成长辫子,每挂约有葱头60个,晾晒5～6 d,晒至葱叶全部退绿,鳞茎表皮充分干燥时为止。晾晒过程中,要防止雨淋,否则易造成腐烂。

7.1.8.3 贮藏方法

(1)吊挂贮藏　将经过挑选晾晒的洋葱装入吊筐内,吊在室内或仓库的通风凉爽之处贮藏。此法虽然贮藏量小,但简便易行,适合于家庭贮藏。挂藏是在通风干燥的房中或阴棚内,将洋葱辫子挂在事先搭好的木架上,葱辫下端距地面30 cm左右,如挂在阴棚内,需用席子等物围好,以防雨淋。贮藏到12月底移至室内,一般可再贮藏到来年的春季。

(2)冷库贮藏　在洋葱脱离休眠、发芽前半个月,将葱头装筐码垛,贮于0 ℃冷库内。根据试验认为:洋葱在0 ℃冷库内可以长期贮藏,有些鳞茎虽有芽露出,但一般都很短,基本上无损于品质。存在的问题是冷库湿度较高,鳞茎常会长出不定根,并有一定的腐烂率。针对这两个问题,库内可适当使用吸湿剂,如无水氯化钙、生石灰等吸湿。防止洋葱长霉腐烂,可在入库时用0.01 $mL \cdot L^{-1}$的克霉灵熏蒸。

(3)气调贮藏　将晾干的葱头装筐,用塑料帐封闭,每垛贮藏5 000～10 000 kg,塑料帐应在洋葱脱离休眠之前封闭,利用洋葱自身的呼吸作用,降低贮藏环境中的O_2体积分数,提高CO_2体积分数,一般维持O_2体积分数3%～6%,CO_2体积分数8%～12%,堆垛时垛内湿度较高,特别是在秋季的昼夜温差大,密封帐内易凝结大量水珠,对贮藏不利。所以,一方面应尽量减少昼夜气温变化的影响,力求维持贮藏环境中的温度稳定,并配合使用吸湿剂;另一方面可以配合药物消毒,采用ClO_2消毒效果较为理想。

试验表明,采用此法贮藏到10月底,发芽率可控制在5%～10%,即使气体管理较为粗放,但仍明显地优于不封闭处理。

(4)辐射贮藏　对洋葱进行^{60}Co γ-射线处理,能有效抑制洋葱的发芽,其抑制率可达90%,并且辐射处理简单易行。

照射剂量因品种不同,照射时间及剂量率也应有所不同,适宜的照射剂量一般为60～

120 Gy,照射在休眠结束前进行最合适。经辐射处理的洋葱,对其体内糖、维生素C等营养成分的保存及食用品质均无不良影响。郑州市一家蔬菜公司采用此法贮藏洋葱226 d,其发芽率不到2%;而对照组未经辐照的洋葱贮藏100 d,则已全部发芽。

(5)化学贮藏　洋葱收获前10～15 d,用0.25%的青鲜素进行田间喷洒,每公顷喷液750 kg;喷药前3～5 d田间最好不要灌水,以免影响药物的作用;喷后一天内遇雨应重喷。经青鲜素处理的洋葱有较好的抑制发芽的作用,但在贮藏后期鳞茎易腐烂。

7.1.9　马铃薯

马铃薯(*Solanum luberosum* L.),英文名potato,又名土豆、洋芋、山药蛋,属茄科蔬菜。在我国各地都有栽培,是调节市场余缺的大宗蔬菜之一。它既可作为粮食、蔬菜直接食用,也是食品加工的重要原料。贮藏的马铃薯既可食用,也可作为种薯用。

7.1.9.1　贮藏特性

马铃薯含淀粉量很高。我国现有品种的淀粉含量为12%～20%。淀粉和糖在酶的作用下互相转化,温度较低,薯块内单糖积累,温度升高,单糖又可转化成淀粉。

马铃薯表皮薄,肉皮嫩,含水量大,不耐碰撞,易受病菌感染而腐烂,造成大量损失。

马铃薯有休眠特性。马铃薯采收后,呼吸强度大,新陈代谢活动旺盛,水分散失,以后进入生理休眠阶段。马铃薯生理休眠之后,一旦条件适宜就会发芽。发芽后的马铃薯会降低种用和食用价值。马铃薯的休眠期长短与品种、成熟度、湿度、温度等因素有关。总的来说,晚熟品种比早熟品种休眠期长,低温贮藏的比高温贮藏的休眠期长,未成熟的块茎较已成熟的休眠期长。另外,同一品种在南北方的休眠期会因气候条件的变化而变化。所以,马铃薯贮藏的关键:一是防止病害,二是延长薯块休眠期。

马铃薯适宜的贮藏条件为:菜用的贮藏温度为3.5～4.5 ℃,加工用的贮藏温度为10～12 ℃,相对湿度85%～90%。温度低于0 ℃会引起生理失调,出现低温伤害。湿度过大,易引起发芽及腐烂,湿度过小,会使块茎失水萎缩。在贮藏过程中应注意通风换气。另外,马铃薯应避光贮藏,块茎暴露在光下,表皮易生成叶绿素,使马铃薯发绿。马铃薯的贮藏期一般可达150～240 d。

7.1.9.2　采收及采后处理

马铃薯的采收一般在地上部枯黄后开始,此时薯块发硬,周皮坚韧,淀粉含量高,采收后容易干燥,耐贮性好。用于贮藏的马铃薯宜选沙壤土栽培,增强有机肥控制氮肥用量,收获前10～15 d内控制浇水。采收时如遇高温和大雨,薯块易腐烂。

马铃薯的表皮薄,易受伤害,受伤后容易感染细菌、霉菌、真菌,不利于贮藏,导致腐烂。所以马铃薯采收时工人应进行深挖,不能伤及薯块,注意轻拿轻放,防止机械损伤。采收后的马铃薯应放在阴凉通风处晾晒几天,至表皮干燥时即可进行贮藏。

7.1.9.3　贮藏病害及控制

马铃薯在贮藏时易发生的侵染性病害,主要有:①环腐病,是薯块在田间由马铃薯环腐细菌侵染引起的,在贮藏期间发病蔓延。该病害多由伤口侵入,不能从自然孔道侵染;②脱疫病,又称马铃薯疫病,它是全株性病害,主要从田间带菌,在贮藏期间发病;③炭疽病,为侵染性真菌病害,感染后马铃薯在5 ℃干燥条件下腐烂率最高,在贮藏期间可用仲丁胺熏蒸抑制。

7.1.9.4 贮藏方法

马铃薯在我国除北方为一季栽培外,在华中、中原、西南等地区的采用二季栽培法,于是就有夏季贮藏和冬季贮藏两类。

在夏季收获的马铃薯,因气温高,采后应尽快摊放在凉爽通风的室内、窖内或遮阴棚下预贮,尽快让薯块散热和蒸发过多的水分,并使伤口愈合。预贮期间视天气情况,不定期翻动薯块,以免薯块热伤,翻动时要轻拿轻放避免产生机械损伤。2～3 周后薯皮充分老化和干燥,剔除腐烂薯块,即可贮藏。此时马铃薯已处于休眠期,不需制冷降温。将薯块放在通风良好的室内或通风贮藏库内堆成高 0.5 m 以下,宽不超过 2 m 的薯堆即可。后期可结合降温措施,进一步延长其休眠期。

对于秋收的马铃薯,先在田间晾晒 1～2 d,蒸发部分水分,使薯块略有弹性,以减少贮运中的机械损伤。在我国秋冬季节气温低,不像春天那样容易腐烂,应以防冻保温贮藏为主。冬季贮藏形式很多,西北、东北地区农村多用沟藏;华东、华中地区采用通风阴凉的室内贮藏或窖藏;城市商业系统常用通风贮藏库散堆贮藏。

常用的贮藏方法有:

(1)通风库贮藏　马铃薯经过预贮入库后,在前 2 个月内,每周通风换气 2～3 次。2 个月之后,生理休眠期结束,马铃薯呼吸又开始旺盛,要采用制冷措施,使库温降到 1～2 ℃,并保持库温稳定。

(2)沟藏法　在高地势且干燥的地方,挖宽 0.8～1.5 m,深 0.9 m 的沟。将在冷凉处即将结冻的预贮马铃薯入沟贮藏,散放,并将厚度控制大概为 40～50 cm,每隔 1 m 放根竹竿做成高出地面 0.5 m 的通气筒,盖上草帘。当环境温度下降时要盖土并确保其厚度高于冻土层,沟的顶部要隆起。

(3)药剂贮藏　马铃薯在贮藏后期易发芽,因此防止发芽是其贮存中的主要问题。抑制马铃薯发芽,常用喷洒萘乙酸甲酯溶液或粉剂的方法。此药剂对抑制发芽有明显的效果,也能略微抑制病原微生物的繁殖,有一定的防腐作用。药物要现用现配,每万千克马铃薯用药 0.4～0.5 kg,加 15～30 kg 细土制成粉剂撒在薯块中。

近年研究发现,施用外源乙烯以及 1-MCP 均有较好的抑芽作用。将西伯利亚花楸提取液、香芹酮喷施于马铃薯上能很好抑制发芽。包装膜和刺槐豆胶(LBG)在马铃薯条品质保鲜方面有比较好的效果。

(4)辐射贮藏　用 80～150 Gy 的 ^{60}Co γ 射线照射马铃薯有明显的抑芽效果,同时能抑制晚疫病或环腐病的病原菌繁殖,是目前贮藏马铃薯抑芽效果较好的一种技术。处理后的马铃薯在 0～26 ℃的仓库内贮藏即可。

(5)乙醇熏蒸　乙醇熏蒸与 N_2 处理结合,有效地提高了在光下贮藏土豆的整体视觉品质和口感评价。

(6)冷藏　主要步骤包括以下三点。①贮藏库消毒:用 40%福尔马林与 1%高锰酸钾配成的药剂均匀喷洒贮藏库四周,或用硫黄粉发烟熏蒸。②预贮:将新马铃薯块茎放在 15～20 ℃通风良好的库房中,促进表皮木栓化。③冷库贮藏:对经过预贮的马铃薯块茎进行挑选后贮藏于冷库中,期间要通风散热,贮藏量为 60%～65%。

(7)生物防治　在病害防治中主要应用和研究较多的是"以菌治菌"。在马铃薯种植期间用枯草芽孢杆菌处理,贮藏期间用嘧菌酯、咯菌腈、苯醚甲环唑处理均可降低马铃薯干腐病的发病率。马铃薯贮藏期间使用细菌性斑点病菌菌株 ESC-11 和 ESC-10 处理，可以有效防治干腐病和银腐病。

7.1.10　姜

姜(*Zingiber officinale* Roscse.)，英文名 ginger，又名生姜，在我国栽培历史悠久，栽培面积大。姜的营养丰富，除了含有大量的维生素和矿物质外，还含有一些特殊的营养物质，如姜酮、姜烯等。这些物质具有特殊的芳香气味，所以常被作为一种调味品而广泛运用。姜能使人增强食欲、帮助消化、去寒，在烹调中还具有除腥解毒的功效。目前，市场上生姜的加工制品，如姜糖、姜片、姜粉等，深受广大消费者的欢迎。

7.1.10.1　贮藏特性

姜起源于中南半岛和东南亚地区，性喜温暖多湿，不耐低温和高温。当贮藏环境温度低于 10 ℃时，姜易遭受冷害，受冷害的姜块在温度回升时易腐烂。如温度过高，因姜皮薄、肉嫩，水分易蒸发而引起萎缩，使耐贮性和抗病性减弱，容易被微生物侵染，发生各种病害，造成腐烂。一般来说，姜的贮藏温度应控制在 15 ℃左右为宜。另外，贮藏环境的空气相对湿度对生姜的贮藏也有较大影响，空气相对湿度在 90%以下，姜会因严重失水而萎缩干瘪。通风也不宜过多、过大，如被冷风直吹，会引起姜的“伤风”。姜适宜的贮藏空气相对湿度为 95%～100%。

7.1.10.2　采收

根据不同的目的，姜可以在不同时期采收，供鲜食的姜一般在其幼嫩时采收，这时采收的姜水分含量高，不耐贮运。用于贮藏的姜要求在霜降至立冬期间收获，不能在地里受霜冻，收获时带土太湿可稍晾晒，但不可日晒过度，一般是收获后立即下窖贮藏。

7.1.10.3　贮藏方法

姜在贮藏期间病虫害较多，主要有瘟病、霉菌病、眼蕈蚊虫害。为防止病菌侵染，在采收姜时，应对姜进行严格的挑选，凡用于贮藏的应选择大小一致、无品质问题、无病害的健壮姜块，剔除受冻、受伤、干瘪、病害及受雨淋的姜块，受霜冻的姜不能入窖。姜喜温湿不耐低温，现在一般采用的方法有窖藏法、堆藏法、冷库贮藏法将各种保鲜剂与保鲜技术结合处理的方法等。

(1)地窖贮藏　窖藏是姜贮藏的一种较为理想的方法，该法简单易行，所需费用少，经贮藏的姜可保持 95%左右的完好率。

①建窖和消毒：见本书 6.1 部分。

②入窖：选择健康、无机械损伤、无病虫害的姜用于贮藏。先将姜除去泥，置阳光下暴晒 1～2 d，以晒干表皮水分，有利于贮藏。然后在窖内离地 30 cm 高处用木条架设姜床，姜床上铺放稻草，再在稻草上放置待贮的姜，姜的上面盖河沙或沙质土，厚 15 cm，贮量因不同窖型而定。坑窖贮藏一般贮量较大，为 5 000 kg 左右。土窖则因高出地面，易受气温影响，一般要求贮量较大，否则冬季难以保持正常温度。姜块散堆坑内，每 500 kg 姜中应插入一个用细竹竿等捆成的直径约为 10 cm 的通风束，姜块一直堆到窖口呈馒头形，上面覆盖姜叶并加覆一圈土，另外还要搭建防雨棚，四周挖排水沟。

③贮藏期间的管理：窖内温度应控制在 10～15 ℃，相对湿度为 95%左右，当日平均气温降到 5 ℃以下时，要密封洞口，防止冷空气进入，以免冻伤姜块。另外，还要定期检查，剔除腐烂姜，一般间隔时间为 15 d。

(2)堆藏　首先对姜进行严格挑选,剔除病变、受伤、雨淋以及受风寒的姜块,留下品质较好的散堆于仓库中,用草包或草帘遮盖好,以防受冻。然后在朝南方向垒砌砖墙,严防冷风吹入,并立即用泥或草包封闭。一般贮藏量为 10 000 kg,姜堆高 2 m 左右,堆内均匀地放入若干用芦苇扎成的通风束以利于通风。堆藏时,墙四周不要留空隙,中间可以略松些。窖温控制在 18～20 ℃,相对湿度控制在 95%。当气温过高时,可以减少覆盖物以散热降温;气温过低时,可增加覆盖物保温。

此外,将经过挑选的生姜装入竹筐,进行堆码贮藏,堆高以 3 只筐高即可。贮藏中经过高温季节,姜块容易出芽,一般可分批剥芽,陆续供应市场。

(3)冷库贮藏　可将 10 月下旬至 11 月上旬收获的姜先在田间挖沟埋藏预贮一段时间,然后入库贮藏。具体做法是:挖宽 50～80 cm、深 50～60 cm 的沟,在沟内一层姜一层土码 4 层,上部盖 20～30 cm 厚的土,如此放置 15～20 d。为了防止低温伤害,这种预贮可在塑料大棚内进行,预贮可以增强姜的耐贮性。

入库后要用沙土和姜一起层积保藏,层积高不超过 1 m。贮藏库的温度应控制在 15 ℃左右。冬季温度不够时加温,夏季温度过高时制冷。库内需保持高湿,可在库内地面洒水,以提高湿度,如果层积的沙土较干燥,也可在土上洒水,利用土的保水性保持姜周围的高湿度。

(4)其他保鲜技术　以上传统的姜保鲜技术都是通过控制环境温湿度条件来达到良好保鲜效果,而在控制环境条件的基础上结合其他保鲜技术可以达到更好的保鲜效果。

①1-甲基环丙烯(1-MCP)是一种效果较显著的保鲜剂,它可以延缓果实成熟衰老进程,并减少低温胁迫对果蔬的品质影响。张曼等采用 0.5 $\mu L \cdot L^{-1}$ 的 1-MCP 处理姜效果显著,可有效抑制低温胁迫对姜的影响,姜的多酚氧化酶活力、总酚、DPPH 自由基清除能力和 6-姜酚含量分别都升高了,纤维素含量也降低了,生理调控效果显著。

②姜腐败主要是由青霉属、镰刀菌属和被孢霉属的真菌引起的。肉桂精油对这些真菌具有高度抑制性,结合百里香可抑制全部真菌的生长。因此肉桂精油熏蒸结合 12 ℃的贮藏条件,可延长姜的货架期。壳聚糖和寡壳聚糖作为天然的诱导物,在贮藏过程中显著地抑制了根茎的腐烂,减少了姜根茎中的水分流失。壳聚糖或寡壳聚糖是一种化合物,可以部分替代合成杀菌剂的使用,用于采后疾病预防与控制。

③ 国外利用辐照技术控制姜贮藏期的研究较多。用 5 kGy 辐照剂量处理姜后在 10 ℃贮藏,可使其货架期由 40 d 延长至 70 d,且处理后 6-姜酚和辣味物质含量与对照组相比无显著性差异。

姜将低温高湿贮藏技术与保鲜剂、气调、热处理、臭氧、5 $g \cdot m^{-3}$ TBZ 烟熏剂熏蒸处理等先进的保鲜技术结合使用,也会保障姜的贮藏品质,有效延长姜货架期。

7.1.11　莲藕

莲藕(*Nelumbo nucifern* Gaertn.),英文名 hindu lotus,又名藕、荷等。原产于中国和印度,在中国已有 5 000 多年的种植历史。它主要分为子莲、藕莲和花莲三大类型。

7.1.11.1　贮藏特性

莲藕从幼嫩时期到老熟时期都可食用,但用于贮藏的莲藕要求老熟、藕节完整。损伤的莲藕易被真菌感染造成腐烂。另外,要求藕身带泥,因为藕如果长时间暴露在空气中,表面易变为淡紫色,进而变成铁锈色,影响品质,带泥的目的是减少藕与外界空气的接触。

莲藕中含有多种酚类化合物，其损伤部位或将用于加工的藕片暴露在空气中，极易发生褐变，影响外观品质，所以一般要进行护色处理，常用的方法是用抗坏血酸、柠檬酸、亚硫酸钠进行联合护色。

莲藕适宜的贮藏条件为：温度 10～15 ℃，相对湿度 95%～100%，贮藏期可达 30～60 d。

7.1.11.2　采收

一般在霜前荷叶枯黄后，挖取老藕，选择健壮、完整、无损伤稍带泥的莲藕用作贮藏。在采收过程中，注意轻拿轻放，防止对藕节造成伤害。

7.1.11.3　贮藏方法

(1)埋藏　首先用固体支持物，如砖、木料、石棉瓦等材料构建埋藏室，然后一层莲藕一层泥土，堆 5～6 层后，再覆盖 10 cm 左右的细泥，贮藏用的泥土要有一定的湿度，以手捏不成团为宜。另外所用泥土要进行消毒处理，以免微生物浸染莲藕造成腐烂，常用消毒剂为稀释 40 倍的福尔马林溶液，或进行日光照射消毒处理。

如利用有水泥地的房屋埋藏，坑底需先用木板或竹架垫高 10 cm，形成一个隔底。然后在底部铺一层约 10 cm 厚的泥土，再按上法层层堆起和覆盖泥土，这样莲藕既可利用泥土的呼吸，又可防止外界微生物的侵入。

贮藏期间要定期检查，一般每隔 20～30 d 进行一次，翻桩要轻拿轻放，以防折断，并及时去除腐烂、受伤藕。

(2)大帐法贮藏　大帐能为莲藕提供一个有利的贮藏环境，通过其自身的呼吸作用提高环境中的 CO_2 体积分数，降低 O_2 体积分数，通过降低呼吸强度，从而有效延长其贮藏期。为了防止莲藕的无氧呼吸，用塑料薄膜贮藏时，要定时透气使湿度和气体成分保持在一定范围内。透气一般隔天进行一次。根据试验，采用此法贮藏 50 d 后，莲藕完好无损，自然损耗在 2.5% 左右；贮存 76 d，约有 10%的藕头出现腐烂，表皮较干，自然损耗在 3.8%左右；76 d 以后脱帐继续贮藏，到 113 d 时，大部分根茎面上有白花，脱水现象较为严重，表现为外形干瘪，甚至莲藕内部也被霉菌侵染，引起组织变质，发霉变黑，损耗较大(80%左右)。由此可见，此法只适合于莲藕大量上市时的短期调节贮藏。

(3)冷藏　有资料显示：对青无节莲藕进行贮藏保鲜试验，莲藕去泥洗净，并经特克多等不同药剂处理，晾干后分装于 100 cm×30 cm，厚 0.03 mm 的聚乙烯塑料袋和有硅窗的聚乙烯塑料袋内，每袋 5 kg，再分贮于两种不同的温度环境中，贮藏 30 d 后进行调查。结果表明，低温(5 ℃)下贮藏的莲藕失重率、腐烂率均比常温下低，其中以特克多、杀毒矾药剂处理并辅以充氮气贮藏效果最佳，失重率和腐烂率比常温对照显著降低，冷库贮藏的莲藕淀粉含量显著高于常温下贮藏。

(4)氧化电解水保鲜　氧化电解水是指水经特殊装置中的电场处理后，其 pH、有效氯浓度、氧化还原电位等指标发生改变，产生具有特殊功能的碱性离子水和酸性离子水的总称。微酸性电解水处理鲜切莲藕时，可以明显减少莲藕上的各类微生物，抑制褐变，保持整体色泽和品质。

(5)涂膜技术　将可成膜的材料附着在鲜切果蔬表面，形成一层具有透性的膜，调节内外的气体交换，从而可抑制水分散失及呼吸作用，延缓果实衰老。2%壳聚糖、植酸对鲜切莲藕有较好的保鲜效果。

(6)超高压处理　超高压处理能够较好地杀灭微生物，经过一定压力和时间的超高压处理也能减少营养成分的流失。500 MPa 超高压处理鲜切莲藕能够有效地杀灭微生物，更好地保存营养成分。

(7)辐射处理　辐射对鲜切莲藕也有较好的保鲜效果。0.3 kGy $^{60}Co\gamma$ 辐射真空包装鲜切莲藕片后，可贮藏至 12 d 。

(8)保鲜剂处理　保鲜剂有化学保鲜剂与天然保鲜剂，现在研究的大多数化学保鲜剂都是一些护色剂、抗氧化剂和具有抑菌效果的化学物质，如 *L*-半胱氨酸、抗坏血酸和柠檬酸等，将这些保鲜剂协同使用效果更好。1.5%柠檬酸、0.08%异抗坏血酸钠洋葱提取液和 2,4-表油菜素内酯等处理鲜切莲藕能够显著降低失重率及抑制褐变，延缓衰老。0.5%柠檬酸和 250 $mg \cdot kg^{-1}$ 的 Nisin 混合溶液处理鲜切莲藕，具有很好的保鲜效果。

用于莲藕的化学保鲜剂还有：二氧化氯、硫化氢、一氧化碳等。二氧化氯具有较强的氧化能力，能够杀灭微生物。Du 等发现高浓度二氧化氯处理时间越长，抑制褐变的效果较好。175 $mg \cdot kg^{-1}$ 的 CO 处理鲜切莲藕一定时间能够抑制褐变。用 15×10^{-3} $mL \cdot L^{-1}$ H_2S 的处理鲜切莲藕片，使其的抗氧化能力增强。

7.1.12 蘑菇

蘑菇(*Agaricus bisporus* Sing.)，英文名 mushroom，又称双孢蘑菇、口蘑等。它是世界上栽培地域最广，生产规模最大的一种著名食用菌，有“世界菇”之称，最早栽培始于法国。蘑菇除了直接食用之外，也是一种重要的加工原料，重要的加工品有蘑菇罐头、健肝片、肝血康复片和蘑菇糖浆等。

7.1.12.1 贮藏特性

鲜蘑菇含水量高，组织幼嫩，各种代谢活动非常活跃，采后如不及时进行处理，因其呼吸作用快速消耗体内养分而迅速衰老，水分大量蒸发，子实体出现萎蔫。另外，蘑菇体内的邻苯二酚氧化酶非常活跃，采后容易引起蘑菇变色。常温下，在正常的空气中，采后蘑菇一两天之内就会变色变质，菌柄伸长，菌盖开伞，颜色暗褐，降低食用品质和商品价值。蘑菇组织结构的特点使它容易遭受病菌、害虫侵染和机械损伤，因此引起腐烂变质。常见的贮藏病害有：菌洼、菌斑、褐腐病等。

蘑菇对贮藏环境的温度、湿度、O_2 浓度、CO_2 浓度的变化反应敏感。一般适宜的贮藏条件为：温度 0～3 ℃，相对湿度 95%～100%，O_2 体积分数 0～1%，CO_2 体积分数大于 5%。

7.1.12.2 采收及采后处理

在蘑菇子实体充分长成，体积增加不明显时采收。采收过早，子实体未充分长成，品质不佳，产量低；采收过晚，子实体易老化、开伞，变色。采收时要轻拿，轻放，轻装，尽可能减少机械损伤，采收用具、包装容器使用前要进行消毒处理。

蘑菇采收后，剪去菌柄，如菇色发黄或变褐可放入 0.5%的柠檬酸溶液中漂洗 10 min，捞出沥干，再将蘑菇迅速预冷，以防在较高温度下蘑菇体内养分消耗，水分散失，后熟老化，褐变加重。

7.1.12.3 贮藏方法

(1)低温气调贮藏　预冷后的蘑菇装入 0.025 mm 厚的聚乙烯薄膜袋中，每只贮藏袋装量约1 kg,密封袋口后放入冷库中贮藏,在4～5 h内将菇体温度降至0～3 ℃,保持相对湿度95%～100%。蘑菇在1% O_2体积分数,10%～15% CO_2体积分数时,贮藏效果好,菇色洁白,开伞较少。在蘑菇刚入库时,温度较高,一般为10 ℃左右,蘑菇的呼吸作用较旺盛。所以在入库后降温,入贮后的4～5 h内贮藏袋中O_2体积分数可迅速降低到3%以下,CO_2体积分数升高10%以上;当温度降低到适宜贮藏温度0～3 ℃时,这时呼吸作用也逐渐减弱,贮藏袋中O_2体积分数缓慢下降,CO_2体积分数缓慢上升,1 d后袋中的O_2体积分数可达1%,CO_2体积分数可达13%。用细针在袋上刺一小孔,可基本上保持O_2和CO_2体积分数相对稳定。此后,还需对贮藏环境采取增湿措施,以保证袋中相对湿度保持在95%以上。

贮藏过程中应注意:①蘑菇贮藏期间必须保持稳定低温,否则会加速其变色和老化;②蘑菇含水量高,表面保护组织不完善,水分蒸发剧烈,可用塑料袋包装,既可保持湿度,防止水分蒸发,减少失重,保持新鲜度,同时可起到气调贮藏效果;③降低O_2体积分数和提高CO_2体积分数可抑制蘑菇呼吸作用,但不适宜的O_2体积分数或CO_2体积分数对蘑菇生长有刺激作用,如4% O_2体积分数可刺激菇盖的生长,造成蘑菇开伞,5% CO_2体积分数时能刺激菇柄伸长,但O_2体积分数降低到1%或CO_2体积分数上升到10%可完全抑制菇盖、菇柄生长,同时还能抑制呼吸作用。所以在蘑菇贮藏时应控制适宜的气体指标。

(2)辐射保藏　辐射处理可有效延长蘑菇贮藏期,且处理方便、快捷。实验表明:用1～10 Gy处理可推迟蘑菇开伞10～14 d。Bakrai-Golan等报道用γ-射线辐射可延长蘑菇的货架期,在15 ℃下,2.5～20 Gy剂量可抑制开伞和菌柄伸长;15～20 ℃时,50 Gy的γ-射线可有效抑制褐变,从而可使蘑菇在15 ℃下贮藏36 d,使其有相应的货架期。

(3)化学保藏　用化学药剂处理蘑菇,在一定程度上也能延长其贮藏期,目前常用的保鲜剂有亚硫酸钠、柠檬酸、半胱氨酸、二氧化氯、过氧化氢、抗坏血酸等。常见的化学药剂配方有:将蘑菇用0.1%～0.2%的焦亚硫酸钠浸泡30 min,再密封包装贮运;或将蘑菇浸泡于0.03%～0.07%的焦亚硫酸钠溶液中,或用0.01%的焦亚硫酸钠漂洗5～6 min,均可有效地抑制其变色和衰老。

为了达到最好的效果,应发挥保鲜剂的协同作用。用200 $mg \cdot L^{-1}$ ClO_2、20～50 $mL \cdot L^{-1}$ NaClO和3%～5% H_2O_2处理的蘑菇在0 ℃下贮藏20 d,能够显著降低其褐变率和开伞率,延长蘑菇的货架期。EDTA、抗坏血酸、组氨酸和脯氨酸配制的复合保鲜剂,能有效地延长蘑菇的保鲜期,对人体无毒副作用且操作简单。用0.4% NaCl、1.0%柠檬酸、0.03%植酸、50 $mg \cdot L^{-1}$ ClO_2配制的复合保鲜液处理蘑菇后在常温下可使其贮藏7 d。

(4)涂膜保鲜　用壳聚糖和$CaCl_2$、卡拉胶、羧甲基纤维素钠涂膜保鲜蘑菇能够有效维持其白度。将天然成分精油(ZEO)添加在涂层黄芪胶(TG)配方中,能保持蘑菇组织的硬度、感官品质。

(5)臭氧保藏　臭氧具有很强的氧化能力、杀毒杀菌和保鲜作用,在水中和空气中会逐渐分解成氧气,无任何残留。用O_3处理蘑菇10min,能使蘑菇在3 ℃下贮藏15d左右。

(6)1-MCP保鲜　1-甲基环丙烯(简称1-MCP)是一种高效、无残留的乙烯效应抑制剂。用10 μg/L 1-MCP处理蘑菇可改善包装袋内的气体环境,减少贮藏期间蘑菇的风味流失,抑制褐变和菌盖变软。

(7)乙醇熏蒸保藏　乙醇是植物天然产生的次生代谢物质之一,植物缺氧时,积累过多的乙醇会对植物造成伤害。但有研究表明,适量的外源乙醇处理,能延缓果蔬成熟、衰老进程,改善果蔬品质,延长货架期。用乙醇熏蒸处理双孢蘑菇能保持较高的营养品质。乙醇结合1-MCP处理,能更好地保持双孢蘑菇的品质。

(8)速冻保藏　将采摘后的蘑菇,在30 min内由常温快速降至−40～−30 ℃,之后在−20 ℃下贮藏,这样可以长期保持蘑菇特有的风味和品质,是最经济且比较常见的方法之一。

(9)盐水保藏　将烫煮后的蘑菇,放置在一定浓度的食盐水中浸泡,食盐产生高渗透作用,促使蘑菇菌体组织中的可溶性物质和水分从菌体细胞中渗出,使得菌体含盐量浓度和盐水浓度达到平衡,使蘑菇菌体停止生长,起到防腐和保鲜的作用。

(10)清水保藏　将采摘后的新鲜蘑菇,先放进清水中浸泡一段时间,利用水隔绝空气的特性使蘑菇变色慢,并且保持体态饱满。但此法要求水质含铁量低,不能使用铁器皿,仅适用于短期贮存。

(11)其他方法　还可以采用多种保藏方法结合的方式协同作用,如高氧气调包装、减压处理、热处理等。这种处理方式不会导致蘑菇的生理损害,从而更好地延长蘑菇的保鲜期。

7.1.13　其他蔬菜

主要蔬菜的最适贮藏条件及可能贮藏期见表7-1。

表7-1　主要蔬菜的最适贮藏条件及可能贮藏期

品种	最适贮藏条件				可能贮藏期/d	
	温度/℃	相对湿度/%	O_2/%	CO_2/%	冷藏	气调
番茄(绿熟)	12.8～21.1	85～90	2～5	2～5	10～21	20～45
番茄(红熟)	7.2～10	85～90	2～5	2～5	4～7	7～15
黄瓜	12～13	90～95	2～5	0～5	10～14	20～40
茄子	12～13	90～95	2～5	0～5	7	20～30
青椒	8～10	90～95	2～8	1～2	20～30	30～70
青豌豆	0	90～95			7～21	
甜玉米	0	90～95			4～8	
菜豆	8～12	85～95	6～10	1～2	20～30	20～50
花椰菜	0	90～95	3～5	0～5	15～30	30～90
青花菜	0	95～100	1～2	0～5	10～14	20～40
甘蓝(春天收)	0	90～95	2～5	0～5	20～50	60～90
甘蓝(秋天收)	0	90～95	2～5	0～5	90～120	60～150
大白菜	0	90～95	1～6	0～5	60～90	120～150
莴苣	0	95			14～21	
菠菜	0	90～95	11～16	1～5	10～14	30～90
芹菜	0	90～95	2～3	4～5	60～90	60～90
洋葱	0	65～75	3～6	0～5	60～180	90～240
大蒜	−3～−1	65～75			180～300	
蒜薹	0	85～95	2～5	0～5	90～150	90～250
胡萝卜	0	90～95	1～2	2～4	60～100	100～150

续表 7-1

品种	最适贮藏条件				可能贮藏期/d	
	温度/℃	相对湿度/%	O_2/%	CO_2/%	冷藏	气调
萝卜	0	90～95			30～60	
蘑菇	0	90	0～1	>5	3～4	7～10
莲藕	10～15	95～100			30～60	
姜	12.8	65			30～150	
南瓜	10～12.8	70～75			60～90	
马铃薯	2～3	85～90			150～240	

注：表中数据仅为参考数据，具体贮藏条件应根据品种、栽培条件等因素进行试验确定。

7.2　果品贮藏技术

7.2.1　苹果

苹果(*Malus pumila* Mill)，英文名 apple，是我国栽培的重要落叶果树，栽培历史悠久，分布范围广泛，尤其在我国北方，其面积和产量占果品生产的第一位。由于苹果的贮藏性比较好，加之以鲜销为主，是周年供应市场的主要果品。做好苹果贮藏保鲜，对于促进生产发展、繁荣市场、保障供给以及外贸出口等都具有重要意义。

7.2.1.1　贮藏前准备

(1)选择耐贮藏、商品性状好的品种　苹果各品种由基因所决定的贮藏性和商品性状存在着明显的差异。早熟品种(七八月份成熟)采后因呼吸旺盛、内源乙烯产生量大等原因，因而后熟衰老变化快，表现不耐贮藏，一般采后立即销售或者在低温下进行短期贮藏。中熟品种(八九月份成熟)如元帅系、金冠、乔纳金、葵花等栽培比较多，其中许多品种的商品性状可谓上乘，贮藏性优于早熟品种，在常温下可存放 2 周左右，在冷藏条件下可贮藏 2～3 个月，气调贮藏期稍长一些。但不宜长期贮藏，目前生产上中熟品种采后也以鲜销为主，有少量的进行短、中期贮藏。晚熟品种(10 月份以后成熟)由于干物质积累多、呼吸水平低、乙烯产生晚且水平较低，因此一般具有风味好、肉质清脆而且耐贮藏的特点，如红富士、秦冠、王林、北斗、秀水、胜利、小国光、寒富等。目前在生产中栽培较多，红富士以其品质好、耐贮藏而成为我国各苹果产区栽培和贮藏的当家品种。其他晚熟品种都有各自的主栽区域，生产上也有一定的贮藏量。晚熟品种在常温库一般可贮藏 3～4 个月，在冷库或气调条件下，贮藏期可达到 5～8 个月，用于长期贮藏的苹果必须选用晚熟品种。

果实的商品性状如色泽、风味、质地、形状等对其商品价值及销售影响很大。因此，用于长期贮藏的苹果品种不仅要耐贮藏，而且必须具有良好的商品性状，以求获得更高的经济效益。

(2)适时无伤采收　采收期对苹果贮藏影响很大，贮藏的苹果必须适时采收。适时采收从概念上很容易理解，但实际应用并不简单，应根据品种、贮藏期、贮藏条件、运输距离以及产品的用途等来决定。如早熟品种不能长期贮藏，只作为当时食用或者短期贮藏，可适当晚采；晚熟品种长期贮藏后陆续上市，故应适当早采；预定贮藏期较长或采用气调贮藏，可提早几天采收;预定贮藏期较短或一般冷藏,可延缓几天采收。一般来说,晚采可以增加苹果的果重和干物质含量,但贮藏中的腐烂率显著增加;采收过早,果实中的干物质积累少,不但不耐贮藏,而且自然损耗较大。

机械损伤是造成苹果腐烂的最重要原因,在采收、分级、包装、运输、贮藏的各个环节都应予以重视,尽量减少因损伤而造成的贮藏损失。

(3)采后处理　苹果的采后处理措施主要有分级、包装和预冷。

①分级:苹果的采收期一般在9—10月,苹果采收后,集中在包装场所进行分级包装。分级按不同要求如外贸、内销、长期贮藏、短放、鲜销等有所不同。对于外贸和长期贮藏的苹果,一般按果实的大小严格分级,有时还须兼顾果实的着色面积。分级时必须严格剔除伤果、病果、畸形果、过大过小果及其他不符合要求的果实。

②包装:将符合贮藏要求的果实用一定规格的纸箱、木箱或塑料箱包装,其中以瓦楞纸箱包装在生产中应用最普遍。纸箱的规格应按内销习惯或外贸要求而定,出口苹果包装应符合国家标准。纸箱分层装果时,每层用纸板或泡沫塑料等材料制成的果垫将果实逐个隔开,使之在箱内不易移动而减少碰撞摩擦损伤。装箱后纸箱合缝处用胶带封严,并用塑料带条交叉在箱腰部捆扎牢固。纸箱既可用于贮藏包装,也可用于销售包装,木箱和塑料箱通常用于贮藏包装。目前许多大、中型冷库是将分级后的苹果装入大木箱(250~300 kg/箱),用叉车在库内堆码存放,出库上市时再用纸箱定量包装。

③预冷:预冷处理是提高苹果贮藏效果的重要措施,国外果品冷库一般都配有专用的预冷间。我国一般将分级包装好的苹果放入冷藏间,采用强制通风冷却,迅速将果温降至接近贮藏温度后再堆码存放。用纸箱包装的果实因散热受阻大而预冷速度较木箱、塑料箱慢,实践中对此应予以注意。

④预贮:适宜苹果的预贮方法是在果园内选择阴凉、地势高、交通方便处,修建一个上有防雨遮阳设备、四周通风的预贮果库,把经过初选的果实堆放起来,堆高30 cm左右,经2~3 d后再行挑选,陆续入窖贮藏。

7.2.1.2　贮藏方式

苹果的贮藏方式很多,短期贮藏可采用沟藏、窑窖贮藏、通风库贮藏等常温贮藏方式。对于长期贮藏尤其是外贸出口的苹果,应采用冷藏或者气调贮藏。

(1)机械冷库贮藏　苹果冷藏的适宜温度因品种而异,大多数晚熟品种以−1~0 ℃,空气相对湿度90%~95%为宜。苹果采收后,必须尽快冷却至0 ℃左右,最好在采后1~2 d内入库,入库后3~5 d冷却到−1~0 ℃。库温波动最好不超过±0.5 ℃。

(2)塑料薄膜封闭贮藏　主要有塑料薄膜袋贮藏和塑料薄膜帐贮藏两种方式,在冷藏条件下,这种方式贮藏苹果的效果较常规冷藏更好。

①塑料薄膜袋贮藏:是在果箱或筐中衬以塑料薄膜袋,装入苹果,缚紧袋口,每袋构成一个密封的贮藏单位。一般用PE或PVC薄膜制袋,薄膜厚度为0.04~0.07 mm。薄膜袋包装贮藏,一般初期CO_2体积分数较高,以后逐渐降低,这对苹果贮藏是有利的。冷藏条件下袋内的CO_2和O_2体积分数较稳定,在贮藏初期的2周内,CO_2即达最高体积分数,以后维持在一定的水平。对多数品种而言,在贮藏中控制O_2的下限体积分数2%、CO_2的上限体积分数7%较为安全,但富士苹果的CO_2体积分数应不高于2%。

②塑料薄膜帐贮藏:在冷库用塑料薄膜帐将果垛封闭起来进行贮藏,薄膜大帐一般选用

0.1～0.2 mm 厚的高压聚氯乙烯薄膜，黏合成长方形的帐子，可以装果几百到数千千克。控制帐内 O_2 体积分数可采用快速降氧、自然降氧和半自然降氧等方法。在大帐壁的中下部粘贴上硅橡胶扩散窗，可以自然调节帐内的气体成分，使用和管理都较方便。硅窗的面积是根据贮藏量和要求的气体比例，经过实验和计算确定。例如贮藏 1 t 金冠苹果，为使 O_2 体积分数维持在 2%～3%、CO_2 体积分数 3%～5%，在约 5 ℃条件下，扩散窗面积为 0.6 mm×0.6 mm 较为适宜。

塑料大帐内因湿度高而经常在帐壁上出现凝水现象，凝水滴落在果实上易引起腐烂病害。凝水产生的原因固然很多，其中果实罩帐前散热降温不彻底、贮藏中环境温度波动过大是主要原因。因此，减少帐内凝水的关键是在果实罩帐前要充分冷却和保持库内稳定的低温。

(3)气调库贮藏　气调贮藏库是密闭条件很好的冷藏库，设有调控气体成分、温度、湿度的机械设备和仪表，管理方便，容易达到贮藏要求的条件。对于大多数品种而言，控制 O_2 体积分数为 2%～5%和 CO_2 体积分数为 3%～5%比较适宜。但富士系苹果对 CO_2 比较敏感，目前认为该品系贮藏的气体成分为 O_2 2%～3%和 2%以下的 CO_2。

苹果气调贮藏的温度可比一般冷藏高 0.5～1 ℃，对 CO_2 敏感的品种，贮温还可再高些，因为提高温度既可减轻 CO_2 对果实伤害，又可减轻对易受低温伤害的品种的冷害。

臭氧因其强氧化性，在果蔬贮运过程中，间断性地使用臭氧并将其浓度控制在 4.0 $mg \cdot m^{-3}$ 内为最优。臭氧水处理对苹果表面的三氟氯氰菊酯、毒死蜱、氟硅唑、戊唑醇、多菌灵等农药均有不同程度的降解作用。

硅窗气调技术对‘红富士’苹果有较高的保鲜效果，‘红富士’苹果的贮藏条件为 0 ℃，硅窗面积 20 cm^2，可以显著维持果实的新鲜品质，并提高‘富士’苹果的贮藏品质，维持营养成分，保证口感，贮藏 135 d 基本无腐烂。

(4)辐照贮藏　主要利用 ^{60}Co、^{137}Cs 等放射性元素的 γ 射线来辐射果品，杀灭有害物质，从而达到保鲜的效果。7.5 $kJ \cdot m^{-2}$ 剂量的短波紫外线在常温(20 ℃)或低温(0 ℃)环境下均能有效保鲜‘红富士’苹果。

(5)沟藏贮藏　一般的做法是在适当场地上沿东西方向挖沟，宽 1.0～1.5 m，深 1.0 m 左右，长度随贮量和地形而定，一般长 20～25 m，可贮藏苹果 10 t。沟底要整平，在沟底铺 3～7 cm 厚的湿沙。果实在 10 月下旬至 11 月上旬入沟贮藏，经过预贮的果实温度应为 10～15 ℃，果堆厚度为 33～67 cm。苹果入沟后的一段时间果温和气温都较高，应该在白天遮盖，夜晚揭开降温。至 11 月下旬气温明显下降时，用草苫等覆盖物进行保温，此后随着气温的逐步下降，应该逐渐加厚保温层至 33 cm。入冬后要维持果温在 −2～2 ℃，一般贮藏至次年 3 月左右。春季气温回升时，苹果需迅速出沟，否则会很快腐烂变质。

(6)窑窖贮藏　窑内年均温度不超过 10 ℃，最高月均温度不超过 15 ℃；如在结构上进一步改善，在管理水平上进一步提高，可达到窑内年均温度不超过 8 ℃，最高月均温度不超过 12 ℃。窑洞内装备的制冷设备应在入贮后运行 2 个月左右，当外界气温降到可以通过通风管理而维持窑内适宜贮温时，制冷设备即停止运行，待翌年气温回升时再开动制冷设备，直至果实全部出库。

(7)1-MCP 处理　将当天采收，分级后的苹果分层装入内衬 0.01～0.03 mm 厚 PE 保鲜膜的箱中，每箱装量在 15～20 kg，箱内加入 1-MCP 释放剂使其浓度达到 0.5～1 $mg \cdot kg^{-1}$，有效保持苹果的硬度和新鲜程度，延长苹果保鲜期；也可在苹果装入镂空塑料箱入库码垛后，整库密闭熏蒸，使 1-MCP 浓度达到 0.5～1 $mg \cdot kg^{-1}$，密闭 24 h 以上，才能通风。

(8)涂膜保鲜技术　利用涂膜覆于果实表面,阻隔外界环境的有害影响。涂膜材料有糖类、蛋白质、多糖类蔗糖酯、聚乙烯醇、单甘脂,以及由多糖、蛋白质和脂类组成的复合膜。用2%浓度的壳聚糖对'金冠'苹果进行涂膜,可有效抑制其呼吸作用,减少水分和营养成分的损失,从而延长贮存期。

(9)杀菌剂保鲜技术　只有当果实有较强抗病性、环境条件又不适宜病原菌生长时,杀菌剂才能发挥最大效能。常用的杀菌剂有硼砂、次氯酸、二氧化硫、联苯、邻苯酚、仲丁胺(洁腐净)、苯并咪唑类杀菌剂等。

(10)天然提取物保鲜　蜂胶是由蜜蜂分泌的天然物质,其含有的黄酮类物质可杀菌消毒,且蜂胶具有良好的成膜性,故可用来保鲜。杜仲叶中的绿原酸保鲜液(绿原酸提取物∶淀粉=1∶10),山茱萸提取液、黄酮含量为 0.05 $mg\cdot mL^{-1}$ 的芦荟粗提液、海藻酸钠及从丁香中提取的天然防腐保鲜剂均对苹果有较好的保鲜效果。

7.2.1.3　运输和销售

苹果运输时的温度、装卸及运行管理是运输中应着重注意的几个方面。冷库和气调库贮藏的苹果出库上市时,如果库内外温差较大(>10 ℃),应在出库的前几天停止制冷,让库温缓慢回升至接近外界气温后再上市。当然,这只能适用于整个贮藏室一次出库上市的情况,如果是分批出库,则应将果实搬到冷凉的场所,待果温稍回升后再装车运输。也有的将果实从冷库搬出后直接装普通运输车,车顶用棉被或草帘覆盖严实,最上层用篷布遮盖,如此在运输过程中果实逐渐升温,到销地后果温与气温的差距就可缩小。冷藏苹果在 3 月份以后上市,尤其是运往温暖地区的,常用冷藏车运输,车内温度控制在 3~5 ℃,不应高于 10 ℃。外贸出口的苹果应采用冷链运输,而且各转接环节的运输温度应基本一致。总之,低温运输是冷藏苹果安全到达销地、并具有较长货架期的重要保证。

苹果装车、装船或装飞机运输时,如果是未经预冷或冷藏的果实,包装箱必须合理堆码,留有充分的空隙,以利于通风散热;如果是冷藏或者已经预冷的果实,堆码时包装箱之间的距离可小些,运输时间短时也可不留间距,以增加装载量。另外,轻装轻卸以减少损伤,这是无论何时何地都要求做到的。

运输中应做到快装快运、平稳缓行、防热防冻,使货物快速、安全地到达销地。货物到达销地之前,应事先做好批发或中转等衔接工作,不能让货物在车站、码头或批发市场长时间滞留。

7.2.1.4　总结

要做好苹果的长期贮藏,为外贸及内销提供优质充足的货源,首先要选择商品性状好、耐贮藏的品种;其次要做到适时采收,采后严格分级,合理包装堆码,做好库内温度、湿度、气体的管理以及出库上市等各个环节的工作;最后,对于苹果产地的选择也不能忽视,应选优质产区如我国西北黄土高原地区,选择当地栽培管理水平高、盛果期果园的苹果,这无疑有助于提高贮藏的效果和经济效益。

7.2.2　葡萄

葡萄(*Vitis vinifera* L.),英文名 grape,是世界四大果品之一,意大利、法国、美国、智利、德国等国为葡萄的主产国家。我国自汉代张骞出使西域引种回来,至今已有 2 000 多年的栽培历史,主产区在长江流域以北。

葡萄是浆果类中栽植面积最大、产量最高、特别受消费者喜爱的一种果品。随着人们生活水平的提高，鲜食葡萄的需求量增长很快。目前国际上解决鲜食葡萄周年供应的途径有：培育极早熟和极晚熟品种、保护地栽培和贮藏保鲜。根据我国的实际情况，目前和今后相当长时期内，贮藏保鲜是解决鲜食葡萄供应的主要途径。随着人们对物质生活水平的追求越来越高，对鲜食葡萄的品质要求也越来越高。

7.2.2.1　贮藏特性

(1)品种　葡萄品种很多，其中大部分为酿酒品种，适合鲜食且耐贮藏的品种有巨峰、黑奥林、龙眼、牛奶、黑汉、玫瑰香、保尔加尔等。用于贮藏的品种必须同时具备商品性状好和耐贮运两大特征。品种的耐贮运性是其多种性状的综合表现，晚熟、果皮厚韧、果肉致密、果面和穗轴上富集蜡质、果刷粗长、糖酸含量高等都是耐贮运品种具有的性状。一般来说，晚熟品种较耐贮藏，中熟品种次之，早熟品种不耐贮藏。近年我国从美国引种的红地球(又称晚红，商品名为美国红提)、秋红(又称圣诞玫瑰)、秋黑等品种颇受消费者和种植者的关注，是我国目前栽培的所有鲜食品种中经济性状、商品性状和贮藏性状均较佳的品种。

葡萄品种不同，耐贮性有很大的差异，就葡萄种群来说，欧亚种较美洲种耐贮藏，欧亚种里的东方品种群较耐贮藏。这些品种果皮厚韧，果面及果梗覆有一层蜡质果粉，含糖量较高，故较耐贮藏 。另外，有色品种比无色品种耐贮藏，有色品种果皮较厚，果粉和蜡质层致密均匀，能阻止水分的损失和病害的侵染。含糖量高、果梗穗轴易木质化及具较长果刷的品种耐贮藏。同一品种不同结果次数，耐贮性也有较大差异，一般二三次果就比一次果耐贮。我国目前选育了很多耐贮藏葡萄品种，主要是一些果皮厚，肉质较硬，含糖量高，果面有蜡质，粉质覆盖的中晚熟品种，如龙眼、紫玫瑰香、河北宣化的李子香、黑龙江的美洲红和红香水等。

(2)生理特性　葡萄属于非呼吸跃变型果实，无后熟变化，应该在充分成熟时采收。充分成熟的葡萄色泽好，香气浓郁，干物质含量高，果皮厚，大多数品种果粒表面覆有粉状蜡质，因而贮藏性增强。在气候和生产条件允许的情况下，采收期应尽量延迟，以求获得品质好、耐贮藏的果实。

(3)贮藏条件　葡萄贮藏中发生的主要问题是腐烂、干枝与脱粒。腐烂主要是由灰霉菌引起的，干枝是因蒸腾失水所致，脱粒与病菌危害和果梗失水密切相关。在高温、低湿条件下，浆果容易腐烂，穗轴和果梗易失水萎蔫，甚至变干，果粒脱落严重，对贮藏极为不利。所以，降低温度和增大湿度对解决以上问题均有一定效果。葡萄贮藏的适宜条件是温度−1～1 ℃、相对湿度90%～95%。

O_2和CO_2的体积分数对葡萄贮藏产生的积极效应远高于其他非跃变型果实，在一定的低O_2和高CO_2条件下，可有效地降低果实的呼吸水平，抑制果胶质和叶绿素的降解，从而延缓果实的衰老。低O_2和高CO_2对抑制微生物病害也有一定作用，可减少贮藏中的腐烂损失。目前有关葡萄贮藏的气体指标很多，尤其是CO_2指标的高低差异比较悬殊，这可能与品种、产地以及试验的条件和方法等有关。一般认为O_2体积分数为3%～5%和CO_2体积分数为1%～3%组合，对于大多数葡萄品种具有良好的贮藏效果。

7.2.2.2　贮藏方式

我国民间贮藏葡萄的方式很多，但由于贮量少、贮藏期短、损失严重，已不适应现代葡萄商品化和大生产的需要，目前贮藏葡萄的主要方式有冷库贮藏和气调贮藏。

(1)冷库贮藏　葡萄采收后迅速预冷至 5 ℃以下,随后在库内堆码贮藏。或者控制入库量,直接分批入库贮藏,比如容量为 50～100 t 的冷藏间,可在 3～5 d 内将库房装满,这样有利于葡萄散热,避免热量在堆垛中蓄积。葡萄装满库后要迅速降温,力争 3 d 之内将库温降至 0 ℃,降温速度越快越有利于贮藏。随后在整个贮藏期间保持－1～1 ℃,并保持库内相对湿度 90%～95%。葡萄在冷藏过程中,结合 SO_2 处理,贮藏效果会更好。

(2)气调贮藏　由于葡萄是非呼吸跃变型果实,对其气调贮藏目前有肯定与否定两种认识。对葡萄的贮藏,各国常用的方法不同,如美国主要采用冷藏,而法国、俄罗斯气调贮藏却比较普遍,我国近年在冷库采用塑料薄膜帐或塑料薄膜袋贮藏葡萄获得了明显的成功。这可能与各国的栽培条件、品种特性、贮藏习惯与要求等的差异有关。所以,在商业性大批量气调贮藏葡萄时,应该慎重选择。

葡萄气调贮藏时,首先应控制适宜的温度和湿度条件,在低温高湿环境下,大多数品种适宜的气体指标是 O_2 体积分数为 3%～5%和 CO_2 体积分数为 1%～3%。用塑料袋包装贮藏时,袋子最好用 0.03～0.05 mm 厚聚乙烯薄膜制作,每袋装 5 kg 左右。葡萄装入塑料袋后,应该敞开袋口,待库温稳定在 0 ℃左右时再封口。塑料袋一般是铺设在纸箱、木箱或者塑料箱中。

采用塑料帐贮藏时,先将葡萄装箱,按帐子的规格将葡萄堆码成垛,待库温稳定在 0 ℃左右时罩帐密封。定期逐帐测定 O_2 和 CO_2 含量,并按贮藏要求及时进行调节,使气体指标尽可能接近贮藏要求的范围。气调贮藏时亦可用 SO_2 处理,其用量可减少到一般用量的 2/3～3/4。

(3)辐射处理贮藏　通过辐射诱导果实,不但能降低果实的呼吸速率,消除贮藏环境中的乙烯气体,杀死病菌,还能提高果实自身抗病性,减轻采后腐烂损失,延缓果蔬的成熟衰老,延长其贮藏保鲜期,是一种无化学残留、方法简单而又不损伤果实的贮藏方法。0.125～0.5 $kJ\cdot m^{-2}$ 照射剂量的 UV-C 处理能够增强葡萄的抗病性;10～20 Gy 的 γ 射线处理'无核白'葡萄,可减轻果实褐变,增强果实抗病性。

(4)二氧化氯杀菌剂保鲜　浓度为 5 $g\cdot kg^{-1}$ ClO_2 处理'夏黑'葡萄,可延长葡萄果实贮藏保鲜期。

7.2.2.3　贮藏期间的管理

葡萄贮藏期间的管理措施主要是降温、调湿、调节气体成分和防腐处理。如上所述,控制温度 0 ℃左右,相对湿度 90%～95%,气体成分 O_2 体积分数为 3%～5%和 CO_2 体积分数为 1%～3%。此外,对于中、长期贮藏的葡萄,SO_2 防腐处理似乎是目前不可缺少的措施。现在生产中使用的许多品牌的葡萄防腐保鲜剂,实际上都属于 SO_2 制剂。鉴于目前葡萄贮藏中 SO_2 处理的必要性和普遍性,故对此项技术着重予以叙述。

SO_2 气体对葡萄上常见的真菌病害有显著的抑制作用,只要使用剂量适当,对葡萄皮不会产生不良影响。用 SO_2 处理过的葡萄,其呼吸强度也受到一定的抑制,而且有利于保持穗轴的鲜绿色。

SO_2 处理葡萄的方法有用 SO_2 气体直接熏蒸、燃烧硫黄熏蒸、用重亚硫酸盐缓慢释放 SO_2 熏蒸,其中以燃烧硫黄熏蒸方法使用较多,可视具体情况选用。将入冷库后箱装的葡萄堆码成垛,罩上塑料薄膜帐,每立方米帐内容积用硫黄 2～3 g,使之完全燃烧生成 SO_2,熏蒸 20～30 min,然后揭帐通风。在冷库中也可以直接用燃烧硫黄熏蒸。为了使硫黄能够充分燃烧,硫黄可加硝石和锯末(硫黄∶硝石∶锯末＝30∶22∶8)助燃。将药放在陶瓷盆中,盆底放一些炉灰或者干沙土,药物放于其上点燃。每贮藏间内放置数个药盆,药盆在库外点燃后迅速移入库内，然后将库房密闭，待硫黄充分燃烧后熏蒸约 30 min。

用重亚硫酸盐如亚硫酸氢钠、亚硫酸氢钾或焦亚硫酸钠等缓慢释放 SO_2 气体，达到防腐保鲜的目的。将重亚硫酸盐与研碎的硅胶按 1∶2的比例混合，将混合物包成小包或压成小片，每包 3～5 g，根据容器内葡萄的质量，按大约含重亚硫酸盐 0.3%的比例放入混合药物。箱装葡萄上层盖 1～2 层纸，将小包混合药物放在纸上，然后堆码。还可用湿润锯末代替硅胶作重亚硫酸盐的混合物，锯末事前要经过晾晒、降温，用单层纱布或扎孔塑料薄膜包裹后即可使用。药物必须随配随用，放置时间长会因 SO_2 挥发而降低使用效果。

葡萄因品种、成熟度不同而对 SO_2 的耐受性有差异。SO_2 浓度不足达不到防腐目的，浓度太高又会造成果实 SO_2 伤害，使果粒漂白退色，严重时果实组织结构也受到破坏，果粒表面生成斑痕。SO_2 在果皮中的残留量为 10～20 $\mu g \cdot g^{-1}$ 比较安全，故 SO_2 处理大规模用于贮运时，有必要先进行实验，以确定 SO_2 的适宜用量。在冷藏期间发生的药害往往不明显，但当葡萄移入温暖环境后则发展很快。SO_2 只能杀灭果实表面的病菌，对贮藏前已侵入果实内部的病菌则无效。

SO_2 熏蒸也存在一些弊病，例如库内或者塑料帐、塑料袋内的空气与 SO_2 不易混合均匀，局部存在 SO_2 浓度偏高，将使葡萄表皮出现退色或产生异味等 SO_2 伤害；SO_2 溶于水生成 H_2SO_3，对库内的铁、铝、锌等金属器具和设备有很强的腐蚀作用；SO_2 对人呼吸道和眼睛的黏膜刺激作用很强，对人体健康危害较大；熏蒸后为除去 SO_2 要进行通风，通风影响库内温度和湿度的正常状态。对于 SO_2 熏蒸带来的这些负面影响应有足够的认识，并注意设法减少由此而产生的不良影响。

7.2.3　猕猴桃

猕猴桃（*Actinidia chinensis* Planch.），英文名 Chinese gooseberry，kiwi fruit。猕猴桃树是原产于我国的一种藤本果树，目前其他国家种植的猕猴桃都是直接或间接引自中国。猕猴桃属浆果，外表粗糙多毛，颜色青褐，其貌不扬，但是其风味独特，营养丰富，每 100 g 果肉含维生素 C 100～420 mg，是其他水果的几倍至数十倍，被誉为“水果之王”或“长生果”。

我国从 20 世纪 70 年代开始重视猕猴桃资源的开发、保护及发展，近年来陕西、河南、四川、湖北等省猕猴桃人工栽培发展很快，陕西秦岭北麓至渭河流域已建成全国规模最大的猕猴桃商品生产基地。猕猴桃在我国的发展一直比较落后，作为经济水果的栽培时间只有 30 余年。目前我国猕猴桃人均消费量远低于其他国家。截至 2014 年全国猕猴桃生产面积为 1.45×10^5 hm^2、产量约为 1.8×10^9 kg。随着猕猴桃栽培面积和产量的逐年扩大，猕猴桃运输、贮藏及其加工技术已引起当地政府和果农的重视。

7.2.3.1　贮藏特性

猕猴桃种类很多，我国现有 52 种，其中有经济价值的 9 种，以中华猕猴桃在我国分布最广、经济价值最高。中华猕猴桃包括很多品种，各品种的商品性状、成熟期及耐贮性差异甚大。早熟品种 9 月初即可采摘，中、晚熟品种的采摘期在 9 月下旬至 10 月下旬，这一时期的气温较高，若对猕猴桃的预处理不合适，则很容易使得猕猴桃腐烂，这对于猕猴桃的市场销售以及加工来说是一个很大的问题。从耐贮性看，晚熟品种明显优于早、中熟品种，其中秦美、亚特、海沃德等是商品性状好、比较耐贮藏的品种，在最佳条件下能贮藏 5～7 个月。

猕猴桃是呼吸跃变型的浆果,采后必须经过后熟软化才能食用。刚采摘的猕猴桃内源乙烯含量很低,一般在 1 $\mu g \cdot g^{-1}$以下,并且含量比较稳定。经短期存放后,迅速增加到 5 $\mu g \cdot g^{-1}$左右,呼吸高峰时达到 100 $\mu g \cdot g^{-1}$以上。与苹果相比,猕猴桃的乙烯释放量是比较低的,但对乙烯的敏感性却远高于苹果,即使有微量的乙烯存在,也足以提高其呼吸水平,加速呼吸跃变进程,促进果实的成熟软化。

温度对猕猴桃的内源乙烯生成、呼吸水平及贮藏期影响很大,乙烯发生量和呼吸强度随温度上升而增大,贮藏期相应缩短。例如,'秦美'猕猴桃在 0 ℃能贮藏 3 个月,而在常温下 10 d 左右即进入最佳食用状态,此后进一步变软,进而衰老腐烂。大量研究和实践表明,－1～0 ℃是贮藏猕猴桃的适宜温度。

空气湿度是贮藏猕猴桃的重要条件之一,适宜湿度因贮藏的温度条件不同而稍有差异,常温库 RH 85%～90%比较适宜,在冷藏条件下 RH 90%～95%为宜。

对猕猴桃贮藏而言,控制环境中的气体成分较之其他种果实显得更为重要。由于猕猴桃对乙烯非常敏感,并且易后熟软化,只有在低 O_2 和高 CO_2 的气调环境中,才能明显使内源乙烯的生成受到抑制,呼吸水平下降,果肉软化速度减慢,贮藏期延长。猕猴桃气调贮藏的适宜气体组合是 O_2 2%～3%和 CO_2 3%～5%。

7.2.3.2 贮藏方式

猕猴桃的贮藏方式很多,在沟藏、窑窖贮藏等常温条件下,可以有 1 个月左右的贮藏期,冷库(0～2 ℃)可以贮藏 2 个多月。由于以上方式的有效贮藏期都比较短,所以,目前生产上在冷库内多采用 MA 贮藏,也有少量的 CA 贮藏,使猕猴桃的贮藏效果明显提高。

(1)简易贮藏　在平坦、阴凉的地方铺 15 cm 厚的干净细沙,按照一层果一层沙顺序放置。沙的湿度以能握成团、松手微散为宜,沙层厚度以盖住果实为准,果与果间留 1 cm 空隙,总高度控制在 1.2～1.5 m 范围,最外层要盖 10～20 cm 厚的湿沙。此法可贮藏 2 个月。

(2)气调贮藏　是通过改变贮藏环境的气体成分,限制果蔬的呼吸强度,延缓其衰老变质。气调贮藏与冷藏相比,更能降低乙烯的释放量,从而有效地保持了果实的硬度和品质。目前我国由于条件的限制,除极少量果实采用气调库贮藏外,大多采用塑料薄膜帐或薄膜包装、硅窗、减压抽气方法等调节贮藏环境中 O_2 及 CO_2 体积分数。猕猴桃气调贮藏的适宜条件为温度－1～1 ℃、RH 90%～95%、O_2 的体积分数为 2%～3%和 CO_2 的体积分数为 3%～5%。

(3)热处理　是控制果蔬采后病害和虫害的方法,可以延缓其冷害的发生、抑制乙烯的产生,并且可抑制果蔬采后病原菌的生长繁殖。贮藏前用 44～46 ℃的水处理 10 min 能切实有效地降低'红阳'猕猴桃的冷害指数、降低乙烯的释放率与果实的呼吸速率。热处理在一定程度上可以有效地增强果实硬度,抑制果蔬的呼吸作用,但目前热处理的贮藏保鲜方法还不成熟,可作为一种辅助的采后处理方式。

(4)臭氧　作为杀菌剂具有速度快、易操作、无残留、无死角等特点,近年来使用较广泛。氧化能力极强的臭氧,可以损伤细菌、真菌等微生物的细胞膜、细胞壁,将菌体的蛋白质变性,破坏酶系统,使菌体休克死亡,从而达到灭菌、消毒与防腐等效果。采用质量浓度为 10.7 $mg \cdot m^{-3}$ 的臭氧处理'皖翠'猕猴桃,在冷藏(1～3 ℃)条件下,猕猴桃果实的呼吸强度被显著抑制。

(5)1-甲基环丙烯(1-MCP)处理　虽然能延缓猕猴桃果实衰老,但和气调贮藏相比仍有一定差距。且对于不同品种和产地的猕猴桃,其所适宜的 1-MCP 浓度不一致,以'徐香'猕猴桃为例，用0.9 μL·L^{-1} 1-MCP处理可减缓果实硬度下降速率；对‘红阳’猕猴桃，1-MCP处理的最适宜体积比为0.25 μL·L^{-1}；其他品种猕猴桃的1-MCP最佳浓度仍需进一步试验确定。

7.2.3.3 贮藏期间的管理

猕猴桃贮藏期间的管理可参照苹果贮藏的相应方式进行。以下着重强调猕猴桃采收和贮藏中几个其他技术问题。

选择耐藏品种和适期采收是做好猕猴桃贮藏的基础性工作，它们对猕猴桃贮藏具有较之苹果、柑橘等许多果实更为重要的影响。目前，秦美、亚特、金魁、海沃德等品种以其品质好、耐贮藏而用于长期贮藏。猕猴桃的采摘适期因品种、生长环境条件等有所不同。用眼睛观察时，果皮褐色程度加深、叶片开始枯老时为采摘适期。但是，有些品种成熟时果皮颜色变化不甚明显，凭视觉很难准确判断采摘期，目前国内外普遍认为，以可溶性固形物含量为标准判断猕猴桃的采摘期更为可靠，例如‘秦美’猕猴桃可溶性固形物含量6.5%～7%是长期贮藏果采摘期的指标。当然，猕猴桃的用途不同，采摘时的可溶性固形物含量也应有所不同，如用于采后即食、鲜销或加工果汁的，可溶性固形物含量达到10%左右采摘比较合理。

猕猴桃采收后应及时入库预冷，猕猴桃为浆果，果实皮薄肉嫩，含水量高，碰伤后极易腐烂，若运输操作不当，会造成较大损失。因此，在果实运输途中应注意快装轻装，防热防冷，迅速运达，有条件的可用冷藏车运输，一般要求运输途中温度保持在4 ℃左右。最好在采收当日入库，库外最长滞留时间不应超过3 d。同一贮藏室应在3～5 d内装满封库，封库后2～3 d内将库温降至贮藏适温，然后将果实装入0.05～0.07 mm厚的PE袋或其他保鲜袋中，封口后进行贮藏。采用塑料大帐贮藏时，降温接近0 ℃时封帐贮藏，有条件的可进行充氮降氧处理。在贮藏期间应保持适宜而稳定的低温，库房内的相对湿度不低于85%。另外，要定期测定帐、袋内的O_2和CO_2含量，一般要求O_2体积分数不低于1%，CO_2体积分数不高于5%，如果其中某一种气体指标不适当时，应及时进行调节，以免造成气体伤害。每隔2～3天检查库温，注意通风调节。果实入库20天后检查1次，挑出软化果等不宜贮藏果实，再封库贮藏；气调库内温度保持 −0.5～0.5 ℃，浮动不超过0.5 ℃（各品种温度略有不同），湿度保持在98%以上，O_2体积分数为2%～3%，CO_2体积分数为3%～5%，一般可贮藏6～8个月。

由于猕猴桃对乙烯非常敏感，故不能与易产生乙烯的果实，如苹果等同贮一室。另外，气调贮藏中脱除乙烯是一项很重要的措施，一般是用$KMnO_4$载体来脱除乙烯，也有其他脱除乙烯的专用配方或者物理吸附法。

7.2.4 哈密瓜

哈密瓜（*Cucumis melo* L.），英文名Hami cantaloupe，Hami melon，以其清香味美、甘甜多汁而享誉国内外。哈密瓜在植物学上属厚皮甜瓜，相传清代康熙时期新疆哈密王曾以此瓜进贡朝廷，故将新疆产的厚皮甜瓜统称为“哈密瓜”。然而哈密瓜主产区地处我国西北边陲，运往国内其他地区或国外路途遥远，运输时间长，如果在采后及运输过程中处理不当则极易受到病原微生物的污染而引起腐烂，故采后腐烂成为哈密瓜在生产和流通过程中遇到的主要问题之一。

7.2.4.1 贮藏特性

哈密瓜按成熟期分为早、中、晚熟三个品种群，新疆当地分别称为瓜蛋子、夏瓜和冬瓜。用于长途运输和贮藏的主要是夏瓜品种群和冬瓜品种群。夏瓜是夏季成熟的中熟品种，冬瓜为秋季成熟的晚熟品种。冬瓜品种群中的黑眉毛蜜极甘、炮台红、老铁皮、青麻皮蜜极甘等品种具有果形大、采收时肉质硬风味差但贮藏后肉质变软而风味明显好转、极耐贮藏等特点，是长期贮藏的主要品种，可贮藏至次年的3—4月份。夏瓜品种群的生育期比较短，虽然品质较优，但贮运性不及冬瓜品种群，一般是采后鲜销或者进行短期贮藏，代表品种有纳西干、白皮脆、红心脆、香莉黄、网纹香梨等。

哈密瓜具有后熟作用，低温可抑制后熟变化，延长贮藏期。贮藏温度因品种的成熟期而有所不同，晚熟品种3～4℃为宜，2℃以下易发生冷害，早、中熟品种5～8℃较为安全。贮藏环境湿度以80%～85%较为适宜，一般不要超过90%，湿度过高促使其发生腐烂病害。现有的研究结果表明，气调贮藏能抑制哈密瓜的呼吸代谢、延缓后熟衰老，但哈密瓜对CO_2比较敏感，气调贮藏适宜的气体组合为O_2 3%～5%和CO_2 0～2%。

7.2.4.2 贮藏方式

(1)窖藏　是新疆产地民间传统的贮藏方式，目前在生产中仍然应用，在窖内多采用吊藏或隔板架藏。贮藏初期窖内温度高，夜间应通风降温。气候变冷时应采取保温措施，不让寒冷空气大量、长时间流入窖内，以免温度过低使瓜受冷害甚至冻害。窖内保持RH 80%～85%，湿度低时在地面洒水增湿。

(2)冷库贮藏　是目前产地和销地多采用的贮藏方式，贮藏效果较传统窖藏显著提高。将哈密瓜装入专用的纸箱、木箱或塑料箱中，将果箱在冷库内合理堆码，控制适宜的温度(晚熟品种3～4℃、中熟品种5～8℃)和湿度(RH 80%～85%)条件，即可进行比较长期的贮藏。

(3)气调贮藏　哈密瓜可采用气调库、塑料大帐、塑料保鲜袋以及塑料袋单瓜包贮藏，其中塑料袋单瓜包贮藏方式因简便易行、效果好而在冷藏中广泛采用。气调库和塑料大帐贮藏时，尽可能控制O_2体积分数3%～5%、CO_2体积分数不超过2%。由于哈密瓜不耐高CO_2和高湿度，在用塑料保鲜袋或者单瓜包贮藏时，不应选择透气透湿性差的聚乙烯(PE)膜，而应选择透气透湿性好的聚氯乙烯(PVC)薄膜，薄膜厚度0.03 mm左右。

7.2.4.3 贮藏期间的管理

(1)采收　用于贮藏或远销的哈密瓜应比鲜食瓜早采4～6 d，即八成熟时采收。判断成熟度最科学的方法是计算雌花开放至采收时的天数，在新疆早、中、晚熟品种分别为35 d左右、40～50 d、55 d以上。另外，还可根据果实的外观特征，如果皮由绿色转变为品种成熟时固有的色泽、网纹清晰、开始释放香气、手指轻压脐部有弹性、稍用力拉瓜柄即脱落等均可作为判断成熟度的参考指标。也有以可溶性固形物含量作为判断采收期的重要指标，即贮藏用瓜的可溶性固形物含量应不小于10%。采收时应轻拿轻放，严禁在地上滚动和空中抛掷，不能堆放过高，尽量避免瓜受损伤。

(2)贮藏前处理　采收后将瓜就地晾晒1～2 d，散失部分水分，可增强瓜皮的韧性和抗病性，有利于运输和贮藏。经过晾晒后，从中选择无病虫伤害和机械损伤、大小适中、瓜形整齐的瓜用于贮藏。为了控制贮藏中的腐烂病害，对计划长期贮藏的瓜，可用0.1%特克多、苯来特、多菌灵、托布津，或者0.05%抑霉唑等防腐剂浸泡30～60 s，晾干瓜面水分后再贮藏。

(3)贮藏期间的管理　哈密瓜如同其他瓜果蔬菜一样，贮藏中的管理工作是控制适宜的温度、湿度和气体条件。有关哈密瓜贮藏的温度、湿度以及气体条件上面已经述及，不再重复。

这里强调两点：一是哈密瓜不耐湿、对 CO_2 比较敏感，采用塑料保鲜袋或单瓜包贮藏时，必须选用透气透湿性好的塑料薄膜，采用气调库或塑料大帐贮藏时，要严格控制环境中的 CO_2 浓度。二是哈密瓜是个体较大的产品，贮藏中个体之间的变化差异很大，故贮藏中尤其是贮藏期较长时，应在贮藏中、后期定期逐个进行检查，及时剔除有病害的瓜，并将已经成熟的瓜及时上市销售，以免造成严重损失。

7.2.5 荔枝

荔枝(*Litchi chinensis* Sonn.)，英文名 lichi，原产于我国华南地区，是久负盛名的美味佳果。荔枝树为南亚热带常绿果树。荔枝主要分布在广东、广西和福建三省。果实以其鲜艳的色泽、独特的芳香、风味和丰富的营养而备受人们喜爱。我国目前荔枝的栽培品种有三月红、白蜡、白糖罂、圆枝、妃子笑、状元红、大造、黑叶、桂味、糯米糍、淮枝、挂绿等。

7.2.5.1 贮藏特性

荔枝果的形状分为长卵圆形、心脏形、圆形。果皮的主要颜色为鲜红色，因品种不同有深浅之差。果皮上有龟裂片，果肉为假种皮，乳白色，透明或半透明，肉嫩、多汁，甜美，味清香。内有黑褐色种子 1 粒，光滑。

荔枝营养丰富，味鲜美，每 100 g 果肉含碳水化合物 14～17 g，酸 0.2%～0.3%，蛋白质 0.7 g，脂肪 0.6 g，维生素 C 36 mg，钙 6 mg，磷 32 mg，铁 0.5 mg，烟酸 0.4 mg，热量 268 kJ。荔枝除鲜食以外，还可制成荔枝干、荔枝汁、荔枝酒和荔枝罐头。

荔枝果实色艳汁多，成熟季节正值高温高湿，不仅果实自身的生理活动和呼吸代谢旺盛，营养物质和风味品质变化快，果色易变褐，加之果皮易失水破裂而丧失保护作用，容易滋生病害。由此而来，荔枝便有了"一日色变，二日香变，三日霉变"的说法。

荔枝采收季节气温高，荔枝果实的呼吸强度大，因此，必须迅速预冷，尽快排除田间热，使果实温度尽快降至贮藏室温(3～5 ℃)，以降低旺盛呼吸。荔枝的适宜贮藏温度为 1～5 ℃，相对湿度 85%～90%，气体成分为 O_2 体积分数为 5%～6%，CO_2 体积分数为 3%～5%，在这样的贮藏条件下一般可贮藏 15～45 d。

7.2.5.2 主要的贮藏病害

荔枝采后的病害有霜疫霉病(*P. litchi*)，炭疽病(*C. gloeosprioides*)和酸腐病(*G. candidu*)。其中霜疫霉病危害最大，果实受害部位初期出现褐色不规则病斑，潮湿时上面长满白色霉状物，低温贮藏前期症状不明显，后期病斑迅速扩展，全果变褐，果肉发酸，造成严重腐烂。霜疫霉病的防治方法有以下 2 种。

(1)做好田间管理　定期喷药(冬季喷 30%氧氯化铜 600 倍液；花蕾期、幼果期和果实成熟前喷 90%乙膦铝 400～500 倍液，或 58%瑞毒霉锰锌和 64%杀毒矾 600 倍液)，减少侵染原，采前 10 d 喷 40%乙膦铝喷 300 倍液，防治霜疫霉病的效果可达到 60%～80%。

(2)采后用杀菌剂处理　可直接杀死果实表面的病原菌，用于荔枝果实采后处理的主要杀菌剂有含硫药剂、施保克、特克多、乙膦铝、苯来特、扑海因等。

7.2.5.3 采后系列化处理

(1)采收期　荔枝的采收期因品种而异，一般可从 5 月初持续到 8 月中旬。荔枝的采收时间根据运销情况而定,立即销售的果实以九成熟采收为好,用于远途运输或贮藏的果实可在八成熟时采收。成熟度确定的依据是果实的表面色泽,或内果皮的颜色,以及果实的含糖量。如八成熟的果实,其果皮基本转红,龟裂纹嫩绿或稍带黄绿色,内果皮仍为白色。

(2)采后处理 荔枝的采收应选择早、晚,或阴天为好,避免雨天和炎热的中午采果。采下的荔枝果实要进行修枝选果,去掉病虫害果、裂果和伤果,并尽快预冷,降低田间热。预冷的方式有水冷和风冷。①水冷:在水中加入冰块,使水温在 5 ℃左右,将果实在冰水中浸泡 10~15 min;②风冷:将荔枝果实装入塑料箱内,在 2~5 ℃冷库中预冷 5~10 h,以降低果实温度。另外,荔枝果实采后入库越快其贮藏效果就越好,而且最好实行冷链运销,可抑制果实褐变,减少腐烂和延长销售期。

(3)防腐处理 目前用于荔枝的杀菌方法主要有:①中科院植物所研制的 LS 保鲜剂 1 000 $mg\cdot L^{-1}$ 或北京营养源研究所研制的 GS 生物药剂 100 $mg\cdot L^{-1}$ 喷果或浸果 3~5 min;②乙膦铝 1 000 $mg\cdot L^{-1}$ 和特克多 1 000 $mg\cdot L^{-1}$,在 10 ℃冰水中浸果 10 min;③德国研制的施保克 1 000~2 000 倍冰水溶液(<10 ℃)浸果 0.5 min;④美国研制的特克多 300~450 倍溶液浸果 1 min;⑤法国研制的扑海因 250 倍溶液浸果 1 min,捞取晾干后,用保鲜膜包装低温冷藏,对防治霜疫霉病也非常有效;⑥苯来特溶液,在 50~52 ℃热水中浸果 2 min,可有效地防止荔枝贮藏病害的发生;⑦固体保鲜剂(活性炭∶氯酸钠∶硫酸亚铁∶氧化锌=6∶2∶1∶1,制成 2~3 cm 大小的颗粒),使用量占荔枝果的 2%~4%,该药除具有杀菌作用以外,还能分解和吸收荔枝贮藏期间释放的有害气体。

(4)防褐变处理 荔枝采后应立即进行护色处理,防止果色褐变。荔枝的防褐变方法主要有:①中科院植物所研制的荔枝护色剂 LS-1,使用浓度为 2%,浸果 5 min;②2%亚硫酸钠+1%柠檬酸+2%氯化钠溶液浸果 2 min;③用 N-二甲胺琥酸(比久)100~1 000 $mg\cdot L^{-1}$ 溶液浸果 10 min;④用 SO_2 熏蒸后,再用稀盐酸溶液浸果 2 min;⑤SO_2 熏蒸后,再用 10%柠檬酸+2%氯化钠溶液浸果 2 min,能较好地保持果实颜色;⑥将果实在沸水中烫 7 s,再用 5%~10%柠檬酸+2%氯化钠溶液浸果 2 min,可抑制果皮褐变,达到保持红色的目的。由于荔枝变色与果皮失水有关,采后将果实迅速预冷降温,实行冷链运输和低温贮藏也可阻止荔枝褐变。

7.2.5.4 贮藏

(1)常温贮藏 荔枝果实采后在室温下存放 2~3 d 就变褐、变味。用 SSC(1%NaCl+2% Na_2SO_3 +5%柠檬酸)药剂浸泡'糯米糍'荔枝果实后加乙烯吸收剂贮藏,在常温下可放 7~8 d;用 800 $mg\cdot L^{-1}$ 灭菌威溶液加热到 60 ℃浸果 1~2 min,捞出后浸入 3%柠檬酸液中 2~3 min,再装入 0.05 mm 厚的聚乙烯薄膜袋内,加乙烯吸收剂可在 26~30 ℃的室温下存放 7 d;用中科院植物所研制的荔枝复合防腐保鲜剂处理白蜡、黑叶和妃子笑等品种荔枝,果实用薄膜袋密封包装,袋内加入乙烯和纳米吸收剂,在室温下可存放 8 d,果实不变色,但风味要变淡。

(2)低温贮藏 荔枝果实采后通过预冷、药剂处理和塑料薄膜袋包装,在 1~3 ℃的低温条件下可贮藏 45~50 d,并能保持荔枝果实正常的色泽和风味品质。

(3)气调贮藏

①自发气调贮藏:荔枝自发气调贮藏即用塑料薄膜包裹荔枝,借助荔枝自身呼吸作用及包

装材料调节包装内部氧气与二氧化碳的比例，相关研究表明不同包装材料如聚乙烯（PE）、聚氯乙烯（PVC）、聚丙烯（PP）等对荔枝采后品质有一定的影响，例如单侧厚度为0.02 mm的双向拉伸聚丙烯（BOPP）薄膜对‘怀枝’荔枝低温贮藏有较好效果；0.014 mm的聚氯乙烯（PVC）薄膜包装结合0.5%壳聚糖处理荔枝，能显著降低其采后品质损失并保持色泽；开孔率为1%的聚乙烯包装袋可显著抑制‘妃子笑’荔枝的失水和褐变。

②气调贮藏：控制气调在荔枝保鲜中的应用也较多，具有一定的保鲜作用。如表7-2所示，气调保鲜相比其他保鲜方式能显著地提高荔枝好果率，延长保鲜期。不同荔枝品种适宜的气调参数不同（表7-3），且不同的气调参数对同一品种荔枝采后品质影响也不同。

表7-2　荔枝气调保鲜

气调参数	其他保鲜方式	保鲜效果
3～5 ℃，RH 90%～95%，O_2 3%～6%	25 ℃室温；3～5 ℃低温	硬度下降由慢到快为气调<低温<室温；且气调保鲜时间与其他两种保鲜方式相比延长至少4 d
3～6 ℃，RH 85%～95%，O_2 3%～5%，CO_2 3%～5%	3～5 ℃低温	贮藏至42 d，气调样品氨基酸总量为3.13 $mg\cdot g^{-1}$，而冷藏样品为2.93 $mg\cdot g^{-1}$，说明气调保鲜效果较好。
3～5 ℃，RH 90%～95%，O_2 3%～6%	控温控湿（3～5 ℃，90%～95% RH）；仅控温（3～5 ℃）	贮藏20 d后，气调模式好果率接近100%，控温控湿模式为81%，仅控温模式为59%
2 ℃，RH 92%～95%，O_2 3.5%，CO_2 3.5%	2 ℃，92%～95%RH；常温	整个贮藏期（56 d）中，用CA贮藏的果实所获的评价均为良好

引自：王欲翠，2017。

表7-3　不同荔枝品种适宜气调参数

荔枝品种	适宜O_2体积分数	适宜CO_2体积分数	延长贮藏期/d
妃子笑	5%	5%	24
兰竹	6%	5%	17
乌叶	6%	3%	12～15
Gola	1%	5%	14
Shahi	5%	5%	13～16
糯米糍	5%	3%	28
淮枝	5%	3%	24
桂味	5%	5%	33
Jugkapat	5%	5%	18
印度孟买荔枝	3.5%	3.5%	28
福建同安荔枝	6%	3%	20～23

引自：王欲翠，2017。

7.2.6 香蕉

香蕉(*Musa paradisiaca* L. var. sapientum),英文名 banana,原产于亚洲东南部,包括我国南方。香蕉在世界上作为生产性栽培的区域比较狭窄,我国主产于广东、广西、福建、台湾、云南和四川等地。在正常年景中香蕉可周年开花结果,具有投产早、产量高、风味好等特点,为周年市场提供充足的果源。香蕉的栽培品种有高把、矮把、油蕉、遁地雷、天宝蕉、大蕉、粉蕉等。

7.2.6.1 贮藏特性

香蕉果实质地柔软清甜,营养价值很高,具有特殊的芳香,深受人们喜爱。据分析可知,每百克果肉中含碳水化合物 20 g,蛋白质 1.2 g,脂肪 0.6 g,粗纤维素 4 g,维生素 C 24 mg,磷 28 mg,钙 18 mg,铁 0.5 mg。

香蕉为典型的呼吸跃变型果实,果实采后要经过后熟过程才能食用,期间有一个明显的呼吸高峰和乙烯高峰,高峰之后,香蕉皮色变黄,果实变软,涩味消失,果肉变甜,散发香味,达到良好的食用品质。香蕉除鲜食以外,还可制香蕉干、香蕉酱、香蕉粉、酿酒和提制酒精。

香蕉是热带、亚热带水果,在贮运过程中既怕热又怕冷,对低温十分敏感。冬季运销北方时,易发生冷害和冻害,果皮变黑、难以催熟,或者受冻后发僵、解冻后软腐,失去商品价值。在高温下(20 ℃以上),香蕉易腐烂损失。适宜的贮藏条件为:温度 11~13 ℃,相对湿度 90%~95%,气体成分 O_2 3%~5%,CO_2 5%~7%,在这样的条件下一般可贮藏 30~60 d。

7.2.6.2 主要的贮藏病害

香蕉果实采后的病害有炭疽病(*C. musae*)、蒂腐病(*F. roseum*)、蕉腐病(*B. theobromae*)和黑心病(*P. musae*)等,采用的药物有特克多、苯来特、扑海因和抑霉唑等,目前多使用多菌灵、咪鲜胺和异菌脲等低毒低残留农药。炭疽病是最主要的病害,该病菌能侵染未成熟的果实,开始并不表现任何症状,经过一个较长潜伏期后才发病,造成大量的果实腐烂。炭疽病菌也可在香蕉果实采后通过伤口入侵,在 13 ℃下 10 d 左右就发病,在催熟过程中病斑迅速扩大,这是造成香蕉在贮运期间大量腐烂的主要原因。香蕉果实炭疽病的防治要注意以下几点。

(1)搞好栽培管理和果园卫生,在果实生长期间适当喷药,减少病菌的田间侵染。

(2)在香蕉的采收、运输和包装处理等过程中,要尽量避免或减少伤口的产生,以减少病菌的采后侵染。

(3)香蕉果实采后用 0.1%的多菌灵或托布津浸果,或用 0.1%的噻苯咪唑或苯来特处理果柄,都可有效地控制采后炭疽病的危害。

7.2.6.3 采后系列化处理

(1)采收期　香蕉果实的采收期是根据蕉果的饱满度来决定的,而且蕉果的饱满度与其保持青绿硬度的时间,也就是贮藏期密切相关,作为较长时间贮藏或较远路途运输的香蕉,果实采收的饱满度相对较低。如我国出口的香蕉,果实采收时的饱满度为 70%~75%;在国内销售的香蕉,果实采收的饱满度是 70%~85%。同时,香蕉采收的饱满度还与果实的产量和品质直接相关,因此,若要保证香蕉的高产优质和较长的贮藏期,就必须严格控制果实的饱满度。

(2)采收处理　香蕉采后需要去轴梳蕉,剔除品质较差的尾梳,以及有病虫害或机械伤的蕉果,再进行防腐保鲜处理,并根据不同的用途,进行包装。香蕉采后最好用瓦楞纸箱,内加塑料薄膜袋密封包装,不但可以有效地保护蕉果在贮运期间不受损伤,而且还能利用果实自身的

呼吸降低袋内 O_2 体积分数，提高 CO_2 体积分数，起到自发气调的作用。

(3)贮藏方式　香蕉对温度也非常敏感，温度较高会加速乙烯产生和香蕉的后熟；温度较低香蕉容易产生冷害，影响后熟和品质风味。所以香蕉的贮藏温度以 11～13 ℃为宜，蕉果采后经防腐保鲜处理，用薄膜袋包装可贮藏 60 d。

(4)控制乙烯　香蕉采后能产生乙烯，实现自我催化而成熟，在成熟的过程中又产生大量的乙烯刺激周围的香蕉成熟。由于这种连锁反应使得很微量的乙烯(<1 $mg\cdot L^{-1}$)也能催熟大量的香蕉，使香蕉成熟后的存放时间很短，因此控制乙烯非常重要。具体措施有：①做好通风换气，减少库内乙烯的积累；②采用聚乙烯塑料薄膜袋包装香蕉，通过自发气调作用提高 CO_2 体积分数(0.5%～7%)和减低 O_2 体积分数(0.5%～10%)，达到控制乙烯生成及活性的目的；③在贮藏库或包装袋内增添乙烯吸收剂；④采用控制气调贮藏，将贮藏环境中的 O_2 和 CO_2 体积分数分别控制在 2%和 6%～8%，可使香蕉的贮藏期达到 6 个月，并能在空气中正常成熟。

(5)控制生理失调　高温(>35 ℃)和低温(<10 ℃)都会导致香蕉伤害，使果实不能正常成熟和失去原有的风味。香蕉采后应在适宜的温度下存放，避免出现冷害和高温伤害。另外，高 CO_2 体积分数(>15%)会导致果实中乙醇和乙醛积累，使香蕉产生异味。在气调环境中要控制 CO_2 体积分数不能高于 14%。

(6)香蕉的催熟　香蕉采后必需要经过一个催熟过程才能食用，如果让其自然成熟则需要较长的时间，而且果实易失水萎蔫，着色不均，香味逸散，品质较差。香蕉催熟的方法主要有以下 2 种。

①乙烯气态催熟：将香蕉装入一个密封室内，按 1∶1 000(乙烯与催熟室的空气容积比)的浓度输入乙烯气体，在温度 20 ℃和相对湿度 85%下，经过 24 h 的处理即可达到催熟效果。

②乙烯利催熟：将乙烯利配制成一定质量浓度的溶液(17～19 ℃用 2 000～4 000 $mg\cdot L^{-1}$；20～23 ℃用 1 500～2 000 $mg\cdot L^{-1}$；23～27 ℃用 1 000 $mg\cdot L^{-1}$)，直接喷洒或浸蘸，以每个蕉果都蘸到药液为宜，处理后让其自然晾干，一般晾 3～4 d 即可。

7.2.6.4　贮藏方式

(1)冷藏　采后的香蕉于冷库进行贮藏，在贮藏过程中保持库温在 11～13 ℃，当温度低于 10 ℃时，香蕉就会发生冷害。要经常进行库房的通风换气，防止乙烯的积累。

(2)塑料薄膜袋贮藏　将香蕉放入厚度为 0.03 mm 的塑料袋中，每袋装果 10～15 kg，再放入 200 g 吸透高锰酸钾溶液的碎砖块和 100 g 消石灰，扎紧袋口，贮藏于 11～13 ℃下，用此法可贮藏香蕉 62 d。

(3)气调贮藏　香蕉在 O_2 体积分数为 10%，CO_2 体积分数为 10%气体条件下贮藏 50 d 后，果实一直维持在较低的呼吸代谢水平，没有发生呼吸跃变，但在 O_2 1%以下或 CO_2 10%以上气体条件中贮藏会导致伤害发生。

香蕉气调贮藏的气体成分指标：O_2 体积分数为 2%～8%，CO_2 体积分数为 2%～5%。不同品种或同一品种不同产地的香蕉，其贮藏期间的气体成分指标有所不同。可以采用塑料大帐密封，然后用碳分子筛进行气体成分调节；也可采用大型气调库，用燃烧式气调机或中空纤维制氮机进行气体成分调节。

(4)1-MCP 贮藏　0.01～1.00 $\mu L\cdot L^{-1}$ 1-MCP 处理香蕉 24 h，可抑制香蕉采后呼吸和乙烯释放，延缓果实软化后熟；1-MCP 结合 0.03 mm 聚乙烯薄膜包装使香蕉保鲜期最长可达 58 d。

(5) 辐射贮藏保鲜　100～500 Gy 的 γ 射线照射呼吸跃变前的果实，可使呼吸高峰推迟

10～12 d 出现,延缓果皮变黄。辐射还可以控制细胞内的各种代谢过程。如果在果实呼吸跃变之前进行辐射处理,就有可能干扰果实的正常后熟,延迟呼吸高峰的出现。辐射能杀死附着在果实表面的病原菌,减少病害的发生。

(6)冷激处理　－2 ℃冷空气处理'巴西'香蕉 2.5 h,明显降低了果实的呼吸强度,抑制乙烯的形成和释放,同时也延缓了其后熟软化。此外,冷激处理诱导了香蕉的耐热性,较好地维持其细胞膜的完整性,从而减轻热伤害。

(7)热激处理　香蕉采后用 45～47.5 ℃处理 15～30 min,可使香蕉冠腐病的两种致病菌受到明显抑制。

7.2.7　板栗

板栗(*Castanea mollissima* Blume),英文名 chestnut,又称栗子。板栗树属三毛榉科落叶乔木。我国是板栗的原产地,早在 6 000 多年以前我们的祖先就已开始采食栗子了。板栗是我国著名的特产干果之一,也是一种良好的木本粮食,在我国分布很广,从东北、西南到长江流域皆为其产区,其中比较集中的产区有河北、山东、湖北、河南、安徽、陕西、山西等省。板栗营养丰富、风味独特,是我国传统的出口产品之一。

7.2.7.1　贮藏特性

板栗品种对贮藏性影响很大。大部分板栗品种是在 9 月中至 10 月初成熟,也有少数在 10 月下旬成熟。从成熟期来看,一般早熟品种贮藏性较差;从栽培地域来看,总体南方品种较北方品种贮藏性差。板栗中较耐藏的品种有九家种、锥栗、红栗、油栗、毛板红、镇安大板栗等。贮藏性不同的品种要分开贮藏,不要混贮。

板栗的成熟度对贮藏也有重要影响。贮藏用板栗宜在栗苞呈黄褐色、苞口开裂、果实赤褐色、种仁发育成熟时采收。未成熟的板栗,水分含量高,代谢旺盛,易失水和衰老,加上采收时温度较高,不利于贮藏。收获后的栗苞通常应除去外壳,并经精细挑选,剔除腐烂、霉变、裂开、虫蛀和不饱满(浮籽)的果实后用于贮藏。

据报道辽宁、河北的栗果在贮藏期间发芽少、霉烂少;山东、江苏、湖北次之;湖南、浙江、广西等产区的栗果,在贮藏期间霉烂和发芽都较多。而海拔 1 900 m 以上地带生产的板栗病虫害很少,耐贮藏,有的可以贮藏到翌年 5～6 月。

板栗是种子,虽属干果,但呼吸作用较强。呼吸中产生的呼吸热如不及时除去会使栗仁"烧死"。"烧坏"的种仁组织僵硬、发褐、有苦味,还可能出现石灰化现象。板栗中的酶类活动旺盛,淀粉水解快,不利于贮藏。板栗有外壳和涩皮包裹种仁,但其对水分的阻隔性很小,又由于呼吸热较多,扩散时促进了水分的散失,尤其是在温度高、湿度低、空气流动快的情况下,栗实很快干瘪、风干。板栗是一种水分含量较高的坚果,在贮运期间,极易失水、腐烂、发芽,而导致经济损失严重。失水是板栗贮藏中质量减轻的主要原因。

板栗自身的抗病性较差,当其在采前及采后的商品化处理中受到微生物的侵染,易发霉腐烂,故板栗在脱栗苞后和贮藏前最好进行防腐处理。

板栗上常带有如板栗象鼻虫的虫卵,贮藏期间会发生因虫卵生长而蛀食栗实的情况。

此外,板栗虽有一定的休眠期,但当贮藏到一定时期会因休眠的结束而发芽,缩短了贮藏寿命,造成损失。

板栗适宜的贮藏条件为：温度－2～0 ℃，相对湿度90%～95%，气体成分O_2体积分数3%～5%，CO_2体积分数1%～4%。在这样的条件下，一般可贮藏8～12个月。

7.2.7.2　贮藏方法

板栗贮藏有“五怕”，即怕热、怕干、怕闷、怕水和怕冻。板栗贮藏适宜的温度是0 ℃左右，相对湿度应保持在80%～90%。贮藏过程中要求通风良好，防止呼吸热的累积。

板栗贮藏的方法目前以简易贮藏和机械冷藏为主。简易贮藏的方法多种多样，最常用的是沙藏法。选择符合一定要求的室内场所，或在室外挖沟、坑等，用湿沙(含水量以用手捏沙能成团，落到地上能散开为宜)将板栗分层堆埋起来。湿沙的用量为板栗的2～3倍。具体做法是：在地面或沙坑底部先铺一层秸秆再铺一层7～10 cm的湿沙，其上加一层板栗，然后一层沙一层板栗相间堆高，至总高度达60～70 cm时为止，然后再覆一层沙，厚度为7～10 cm。为防止堆中的热不能及时散失出来和加强通风，可扎草把插入板栗和沙中。管理上注意：表面干燥时要洒水，底部不能有积水。为防止日晒雨淋，需用覆盖物(草帘、塑料薄膜等)覆盖。当外界温度低于0 ℃时，要增加覆盖物的厚度。为了提高沙藏的效果，可在沙中加入少量松针以利于通气，同时松针能散发出抑菌物质起到防腐作用。由于蛭石、锯木屑等保湿性较好，实际生产中以它们取代沙子可提高板栗的贮藏效果。

板栗机械冷藏时将处理并预冷好的板栗装入包装袋或箱等容器，置于冷藏库中贮藏。堆放时要注意留有足够的间隙，或用贮藏架架空，以保证空气循环畅通，使果实的品温迅速降低。贮藏期间库温应保持在0 ℃左右，相对湿度85%～90%，空气循环速度适宜。板栗包装时在容器内衬一层薄膜或打孔薄膜袋，对于减少失重效益较好。贮藏期间需定期检查果实品质变化情况。

气调技术用于板栗贮藏时O_2体积分数为3%～5%，CO_2体积分数不超过10%，在以上气体条件下贮藏良好。也有人用体积分数1%的O_2不加CO_2取得了成功。方法多是用0.06 mm以上的塑料薄膜包装板栗，结合机械冷藏进行简易气调进行。

日本科学家采用50～60 ℃热水浸果，置于CO_2∶O_2为98∶2的多层聚乙烯袋中贮藏，并获得了专利。

7.2.7.3　辅助处理

及时冷却对板栗贮藏极为重要，这在南方地区尤为突出，田间热除去不及时和呼吸热积累会造成板栗种仁被“烧死”。防止的措施是在采收后迅速摊晾降温，如有可能采用强制通风的预冷方法，促使板栗的品温迅速降至符合贮藏要求的温度。预冷前最好解除包装，因板栗降温过程中，会出现大量的凝结水，附着在果实表面致使板栗贮藏中霉烂增加。预冷达到要求并包装后整齐堆放，不要太“实”，防止垛中热量散发不出来。

板栗贮藏中常见的病害有黑腐病、炭疽病和种仁斑点病等，它们主要发生在采后1个月内，且在高温、高湿下明显。减少病害发生的办法主要是化学药剂处理，如使用2 000 $mg \cdot L^{-1}$甲基托布津、500 $mg \cdot L^{-1}$ 2,4-D加2 000 $mg \cdot L^{-1}$甲基托布津或1 000 $mg \cdot L^{-1}$特克多浸泡果实。沙藏板栗时也可用500～1 000 $mg \cdot L^{-1}$特克多处理沙子，同样有效。板栗采收时的天气条件对腐烂发生也有一定影响，阴雨天、带潮采收的栗实通常更易发生腐烂。

为害板栗的害虫主要是栗象鼻虫，防治通常是在预贮期间用化学药剂熏蒸。抑制板栗发芽可用1 000 $mg \cdot L^{-1}$ MH、1 000 $mg \cdot L^{-1}$ NAA等浸果，也可用0.25～0.5 kGy γ射线处理。经 6.89 Gy·min^{-1} 的剂量率,150 Gy 剂量的^{60}Co辐射处理后的板栗,发芽率明显降低,且果实的淀粉酶和过氧化氢酶活性降低,保持了较高的淀粉含量。控制水分散失除用低温高湿条件和用塑料薄膜包装外,还可结合防腐处理对板栗涂被。

7.2.8 柑橘

柑橘(*Citrus reticulata* Blanco),英文名 citrus,organge,是世界上主要的水果之一,1997 年产量达到 7×10^7 t,居各种果品产量之首。我国是柑橘的主要原产地,已有 4 000 多年的栽培历史,品种资源丰富,现有的品种、品系约 800 种,市场上常见的有 30~50 种,柑橘的栽培面积占世界第一,产量在巴西、美国之后,居第三位。柑橘除了具有丰富的营养外,还是重要的中药材原料。因此,柑橘的栽培和采后处理具有十分重要的意义。按果实性状特征可划分为橘、柑、橙三大类型。

7.2.8.1 贮藏前准备

(1)品种的选择　柑橘类包括柠檬、柚、橙、柑、橘五个种类,每个种类又有许多品种。各类主要品种及成熟期、贮藏性见表 7-4,由表中可知,不同品种之间贮藏性有很大差异。贮藏时应选择当地最耐贮的品种,并根据其品种特性确定贮存时间。

表 7-4　柑橘品种及成熟期、贮藏性

品种	别名	主产地	成熟期	贮藏性
早橘	黄岩蜜橘	浙江黄岩	10 月下旬	
本地早橘	大台山蜜橘	浙江黄岩、临海	11 月上中旬	
乳橘	金钱蜜橘	浙江黄岩、温州	11 月上中旬	不耐贮藏
南丰蜜橘	贡橘	江西南丰、南城	11 月上中旬	
红橘	福橘、川橘	四川、福建	10 月下旬至 12 月上旬	不耐贮藏,易枯水变味
柑	蜜橘、芦柑	浙江、广西、云南、湖北、四川	11 月下旬至次年 2 月中旬	不耐贮藏
蕉柑	招柑、桶柑	广东汕头、广西柳州	中熟种 12 月上旬至次年 1 月份,晚熟种次年三四月份	较耐贮藏
温州蜜柑	温州蜜橘	浙江、广西、湖北、四川、江西	早熟系 10 月份,中熟系 11 月份,晚熟系 11 月下旬至 12 月上旬	不耐贮藏
欧柑	春橘	浙江温州	12 月上旬	耐久藏可至次年四五月份
四会柑	杏柑、黄柑	广东四会和新会	11 月下旬至 12 月份	耐贮藏
新会橙	滑身橙	广东新会、梅县	11 月下旬至 12 月份	稍耐贮藏
雪橙	雪柑、广橘	广东汕头、福建福州	11 月份至 12 月份	耐贮藏
广柑		四川、湖南、江西	12 月份	耐贮藏
华盛顿脐橙	无核橙	四川、浙江、广东	11 月中下旬	不甚耐贮藏
靖县西橙		湖南靖县	12 月份	耐贮藏
九月橙	五月红	重庆等地	次年四五月份	耐贮藏

(2)采收期与预贮　柑橘的绝大多数品种贮后品质得不到改善,因此应在成熟时采收,此时采收的柑橘对于贮藏期的生理病害和微生物侵染都有较高的抗性。据报道,黄色的甜橙比半黄色的甜橙对生理病害的抗性高,四川红橘11月下旬采收的比11月中旬采收的枯水率大大降低。此外,大多数贮藏期的微生物腐烂都是由伤口侵入导致的。因此,采收、包装、运输过程要严格防止机械损伤,这是决定贮藏成败的关键,必须高度重视。

新采的果实,果皮鲜脆,容易受伤,必须先经过预贮,即果实初选后,放在通风良好、干燥的室内,装筐或摊放在稻草上,日夜开窗通风,使果实催汗、愈伤和预冷。发汗时间的长短可用果实失重率来控制,一般控制宽皮橘失重率3%～5%,甜橙失重率为3%～4%,果实经预贮后再转入低温贮藏。华南农业大学园艺系的研究报告表明,采用预贮方法可大大减轻低温贮藏的甜橙的褐斑病。具体做法是:果实进入2～4 ℃贮藏前,经药物防腐后,不包薄膜,在10～15 ℃、相对湿度为85%～90%的环境下持续7～14 d,果实重耗达2.5%～4.0%,预贮时保持空气清新,然后进入低温贮藏,这样可使褐斑发病率从对照的61.7%～66.0%降至4.7%～6.7%。

(3)采后热激处理　热激处理能在一定程度上取得与化学药品处理相似的保鲜效果,使果实采后病害得到一定控制,并对果实采后生理代谢有一定的影响。温州蜜柑在52 ℃热水浸泡2 min后,可在一定程度上抑制果实蒂腐病和黑斑病的发生,降低果实腐烂。目前,国内外用于果实采后热处理的方法有:热水浸泡、热蒸汽、热水冲刷、干热空气、强力湿热空气、红外辐射及微波辐射等。

(4)贮藏条件　柑橘类果实通常产于热带亚热带高温多雨地区,喜欢温暖湿润的气候条件,因此贮藏的温湿度和气候条件与苹果、梨等北方水果明显不同,而且随着果实种类、品种、栽培条件和成熟度不同,最适贮藏条件也不同。不同地区和不同品种的柑橘果实,都必须通过试验来确定最佳贮藏条件,表7-5仅供参考。从南方各省运输至北方地区的柑橘,由于经过长途运输,抗病性大大降低,对这种柑橘应采用较低的贮温,减少果实的生理病害。贮藏环境相对湿度的大小,直接影响水分的蒸发,果实蒸发量大,容易产生干疤病,柑橘果实要求较高的湿度,而高湿环境病菌适于繁殖,因此必须相应地采取防腐措施。对柑橘的气调贮藏尚没有统一的观点,一般认为,柑橘对CO_2很敏感,不能气调贮藏,也有的认为适宜高CO_2可减少冷藏中的果皮凹陷病。因此,柑橘是否适于气调贮藏,必须针对各品种进行试验后再下结论。

表7-5　几种主要柑橘的贮藏条件和贮藏期

品种	贮藏温度/℃	相对湿度/%	气体条件	贮藏期/月
柠檬	12～14	85～90		4～6
葡萄柚	0～10	85～90		1～2
甜橙	3～5	90～95	$\varphi(O_2)\geqslant19\%$,$\varphi(CO_2)\leqslant3\%$	3～5
红橘	10～12	80～85	$\varphi(O_2)\geqslant19\%$,$\varphi(CO_2)\leqslant3\%$	2～3
蕉柑	7～9	85～90	$\varphi(O_2)$为18%～20%,$\varphi(CO_2)$为0～1%	3～5
柑	9～12	85～90	$\varphi(O_2)\geqslant18\%$,$\varphi(CO_2)$为0	3～5
南丰蜜橘	5～10	85～90		2～3
温州蜜橘	3～5	80～85		3～5
伏令夏橙	3～8	85～90		2～4

7.2.8.2 贮藏方式

(1)柑橘留树贮藏　在冬季气温较高的地区有6年以上树龄的果树可采用此法。即在柑橘基本成熟时(果实由绿转黄,一般红橘在10月上旬,甜橙在10月中下旬),应用2,4-D(20～40 mg·L^{-1})、赤霉素和氯化钾等混合喷施于树体上,以后每隔25～30 d喷施1次,共喷施3次。同时加强栽培管理,施以较多的磷、钾和氮素肥料,提高果树的抗寒能力。一般甜橙可留树保鲜至翌年3月份,红橘可保鲜到翌年2月份。一般以留树贮藏2～3个月为宜,采收过迟,会造成果实枯水、含糖量减少、品质下降、腐烂和落果严重等。

(2)地窖贮藏　四川省南充甜橙地窖贮藏法在此类贮藏方式中最具代表性,其历史悠久,经验丰富,效果良好,至今仍在生产中发挥着作用。管理的具体技术措施归纳为以下几点。

①入窖前的准备:在入窖前30 d修窖,并根据窖的干湿程度适当灌水,保持窖内RH 90%～95%。入窖前2～3 d用托布津或其他药剂对窖内进行消毒。

②入窖:果实未摆放之前在窖底铺一薄层稻草,果实整齐地沿窖壁摆放,在稻草上摆放五六层,果蒂向上,大果放在下层,小果放上层,在窖底留一块空地,以便检查人员翻卸果实。

③管理:果实入窖2 d后将草垫放在窖口周围,盖上石板密封,此后每间隔10 d左右开窖检查一次。检查应安排在窖外温度较低的时候进行,以便开窖时散热降温。另外,检查人员进窖前应向窖内扇风,以免窖内CO_2过高而对人造成伤害。检查时仔细剔除伤果病果,并注意做到轻拿轻放,避免造成新的损伤。

根据对南充甜橙地窖内温度和湿度的调查,结果显示,整个贮藏期的平均温度为15 ℃,12月以前高于15 ℃,1～2月最低12 ℃,3～4月一般在18 ℃左右。不难看出,各时期的温度均高于柑橘贮藏的适温,故定期开启窖口,让外界冷凉空气进入窖内降温是贮藏中一项非常重要的工作。窖内的湿度状况可根据窖内土壤的含水量进行判断,含水量15～18 ℃,即手握泥土成团而不溢水时,窖内的湿度基本能满足贮藏需要。如果土壤干燥,可在窖壁上喷洒清水,或者在窖底放容器盛水。

(3)通风库贮藏　通风库是利用季节以及昼夜之间的温度变化,通过通风换气的形式降低库内温度的。这种贮藏方式20世纪六七十年代在国内柑橘贮藏上采用比较广泛,至今在许多地方仍不失为贮藏柑橘的一种主要方式,主要贮藏季节在晚秋至次年春季。

果实入库后的主要管理工作就是适时通风换气,以降低库内温度。所谓适时,一般是指在库外温度低于库内温度时。当然,降温是有限度的,降至贮藏种类及品种要求的贮藏适温时即可减少通风。在温暖地区或者温暖季节,通风量应适当加大,通风时间可适当长一些,一般在夜间通风比较好。在寒冷地区或者寒冷季节,当库温降至要求温度后,应减少通风量,缩短通风时间,做好保温防冷,避免温度过低而对果实造成生理损伤。

由于通风换气时库内的水汽随气流被带至库外,故通风库内常常湿度偏低。为此,有条件时可在库内安装加湿器,通过喷布水雾提高湿度。也可通过向地面、墙壁上洒水的方式,或者在库内放置盛水器,通过水分蒸发增加库内的湿度。洒水时注意不要将水洒落在果实上,否则易引起腐烂病害。

(4)冷库贮藏　可根据需要控制库内的温度和湿度,又不受地区和季节的限制,是保持柑橘商品品质,提高贮藏效果的理想贮藏方式。柑橘类果实的冰点虽然均在0 ℃以下,但因亚热带果实不耐低温,所以不能采用一般温带果实的贮藏温度(0 ℃左右)。由于柑橘的种类、品种以及生长发育条件不同,贮藏的适宜温度亦非一致,故冷库贮藏的温度应依贮藏的种类和品种而定。库内湿度也应适当，不可过高或过低，一般保持 RH 85%～90%，需每天进行换气，补充 O_2，排出过多的 CO_2，一般保持 CO_2 体积分数不超过 1%，O_2 体积分数不低于 17%。

7.2.8.3　主要病害及防治方法

柑橘果实采后严重腐烂的主要原因是真菌侵染。病原真菌(菌丝或分生孢子)可通过果实上的皮孔、气孔等，或者伤口入侵果实而引起腐烂，主要有青绿霉菌、蒂腐菌、酸腐菌、黑腐菌等。

(1)枯水病

症状：在柑橘类中表现为果皮发泡，果肉淡而无汁，在甜橙类表现为果皮呈不正常饱满，油胞突出，果皮变厚，囊瓣与果皮分离，且囊壁加厚，汁液失水，但果实外观与健康果无异。柑橘果实贮藏后期普遍出现枯水现象，这是限制贮藏期的主要原因。

枯水病的发生与柑橘种类、品种(红橘、温州蜜橘发生严重)以及气候因素、栽培条件、贮藏条件等密切相关。

防治方法：①适时采摘，采前 20 d 用 20～50 $mg \cdot L^{-1}$ 赤霉素喷施树冠；②采后用 50～150 $mg \cdot L^{-1}$ 赤霉素、1 000 $mg \cdot L^{-1}$ 多菌灵、200 $mg \cdot L^{-1}$ 的 2,4-D 浸果；③采后用前述方法预贮，用薄膜单果包装。

(2)甜橙褐斑病　是甜橙类贮藏中普遍发生的生理病害，一般贮藏 1 个月后开始出现，多发生在果蒂周围，病部果皮下陷皱缩，呈红褐色，严重时病疤破裂干缩，另一种为果面干疤，初为圆形红褐色小斑点，后逐渐扩大成片状，形成大而边缘不规则的深褐色革质病斑。华南农业大学的研究发现，甜橙褐斑病与低温及其诱发的内源乙烯积累密切相关，内源乙烯积累最多的果蒂部位褐斑病发生最严重。采用贮前预处理的方法，可以影响甜橙果实贮藏期间多种生理生化变化，适当的预处理可使褐斑发病率从对照的 61.7%～66%降到 4.7%～6.7%(参考采收期与预贮时的数据)。

(3)微生物病害　引起柑橘腐烂主要是真菌病害，常见的病害及主要防治方法见表 7-6，其侵染主要是从伤口和果蒂部开始，因此贮前严格选果，剔除无果蒂和有机械伤的果实。并应用有关药剂，进行采前或采后处理，减少病菌侵染，达到保鲜目的。

①柑橘青霉病、绿霉病：是危害贮藏期柑橘果实最严重的病害，也是最早发生的病害，其引发的腐果数占贮藏期总腐果数的 80%左右。初期病果主要症状均呈水渍状，淡褐色圆形病斑，发病部位湿润柔软，病部果皮易破裂。发病部位长出白色菌丝，青霉菌繁殖生成青色或绿色霉层，白色霉层较窄、腐烂速度 较慢，有发霉气味；绿霉菌繁殖生成青色或绿色霉层，白色霉层较宽，腐烂速度较快，有芳香气味。这 2 种病害经常同时出现，在高温高湿条件下，从开始发病到全果腐烂只需 1～2 周。

②柑橘蒂腐病：主要在多雨、潮湿的地区和年份发生，主要发生在柑橘贮藏后期。病原菌开始从果蒂入侵，沿果心向下侵染，直至整个果心全部腐烂。此病症状特征为绕果蒂出现水渍状，淡褐色病斑，逐渐变成深褐色，发病组织向脐部扩展，边缘呈波纹形，全果腐烂。高温条件下，发病果实果皮坚韧，成为黑色僵果。当病斑扩展到果实的 1/3～1/2 时，果肉腐烂流出黄色液汁，有恶臭。

③柑橘黑腐病：是宽皮柑橘类果实在贮藏中后期发生的一种重要病害。主要症状一般在果实外部看不出，由果实内部开始，果肉发生黑褐色腐烂，长出了黑绿色的绒状霉丝。外部表现为果实果蒂处初始时呈水渍状，淡褐色病斑，扩大后稍凹陷，黑褐色，边缘不规则。天气潮湿时，病部为白色，后变为墨绿色霉层，腐烂果实的果心长有墨绿色霉层。部分果实的外表没有

症状,但是果心和果肉已腐烂。此病有采收愈迟,发病愈重的趋势。

④柑橘酸腐病:主要发生在柑橘贮藏中、后期,其病原菌一般从伤口或果实蒂部入侵,发病部位首先发软,变色呈水渍状,极柔软,用手指轻按即可压破,在适宜的温度下,发病组织迅速扩大,遍及全果。张小凤的研究发现果实感染酸腐病后,会腐烂变形,产生酸臭味,同时长出白色、致密的薄霉层,略皱褶,它是病菌的分生孢子及气生菌丝,腐烂的果实最后成为一堆溃不成形的胶粘物。

不同柑橘品种采后及贮藏期发生的病害各有不同。一般情况下,橙类果实易发生青霉病和绿霉病;宽皮柑橘类以青霉病、绿霉病、蒂腐病和黑腐病发生较多;柠檬类以酸腐病和黑腐病发生为主。

表 7-6 柑橘微生物病害及主要防治方法

病害种类	侵染途径	主要防治方法
青霉病	伤口	1. 采前树冠打药(多菌灵、苯来特、2,4-D 等); 2. 减少机械损伤; 3. 维持适宜的贮藏温度、湿度; 4. 采后用 200 $\mu g \cdot L^{-1}$ 2,4-D 溶液加各种防腐剂浸果; 5. 薄膜单果包装,减少接触侵染。
绿霉病	伤口	
褐色蒂腐病	果蒂	
黑腐病	伤口及花期柱头	
疫菌黑腐病	伤口及果蒂	
酸腐病	伤口	

7.2.8.4 总结

柑橘贮藏技术要点:

(1)选择适宜的贮藏品种,适期采收。

(2)严格挑选,剔除病、残、次果和有伤果,把好质量关。

(3)采后及时用防腐剂和植物生长激素处理,以预防和减少微生物侵染造成的腐烂。

(4)提供适宜的贮藏条件,避免温度过低和不适气体条件造成的伤害,控制生理病害的发生。

(5)注意运销环节,及时上市销售,获得较好效益。

7.2.9 桃

桃(*Amygdalus persica* L.),英文名 peach,又名桃子,原产于我国黄河上游。桃外观艳丽、肉质细腻、营养丰富,深受人们的喜爱。

7.2.9.1 贮藏特性

桃属于典型的呼吸跃变型果实,果皮薄、果肉软、汁多、含水量高,收获季节多集中于七八月份的高温季节,采收后后熟迅速,极易腐烂,是较难贮藏的果品。

桃的品种繁多,品种间的耐贮性差异大,一般晚熟品种耐贮藏,中熟品种次之,早熟品种最不耐贮藏。用于贮藏和运输的桃,必须选择品质优良,果体大,色、香、味俱佳,并且耐贮藏的品种。一般按贮藏期长短,大致可分为以下几类。

(1)耐贮品种　如陕西冬桃、中华寿桃、青州蜜桃、肥城桃、河北的晚香桃、辽宁雪桃等,一般可贮 2～3 个月。

(2)较耐贮品种　沙子早生、大久保、深州蜜桃、肥城水蜜、绿化9号、京玉、北红、白凤等，一般可贮50～60 d,贮后品质较好。

(3)不耐贮品种　如岗山白、岗山白500号、橘早生、晚黄全、离核水蜜、麦香、红蟠桃、春雷等，贮藏时间短，贮后风味较差，易发生果肉褐变。

桃的适宜贮藏条件因不同品种而异。一般地，温度−0.5～2 ℃，相对湿度90%～95%，气体成分O_2 1%～2%，CO_2 4%～5%，在这样的条件下一般可贮藏15～45 d。

7.2.9.2　采收、预冷与运输

用于贮运的果实，必须选择适宜的采收成熟度，一般八九成熟即可，现将桃采收时的几种成熟标准简述如下。

七成熟：绿色大部分退去，白肉品种底色呈绿白色，黄肉品种呈黄绿色，果面已平展，局部稍有坑洼，毛茸稍密，有色品种开始着色，果肉很硬。

八成熟：绿色基本上退去，白肉品种底色呈绿白色，黄肉品种呈黄绿色，果面已平展，无坑洼，毛茸稍稀，果实仍比较硬，稍有弹性。

九成熟：绿色全部退去，白肉品种底色呈乳白色，黄肉品种呈浅黄色，界面平展，毛茸稀，果肉弹性大，有芳香味，里面充分着色，桃尖变软。

十成熟：白肉品种果实底色呈乳白色，黄肉品种呈金黄色，果肉柔软，毛茸易脱落，芳香味浓郁，已到最佳食用期。

成熟时带柄精细采收。成熟度应掌握好，果实必须带柄，采收、装箱、运输过程中一定要精细，因为桃很容易受到机械伤。

在高温下采摘的桃，不能立即进入1～2 ℃冷藏，否则容易发生冷害，应先在5～10 ℃预冷2～3 d。

目前，果蔬预冷有真空预冷、冷水预冷、加冰预冷和通风预冷等多种方式，可以迅速排除果实采收后的田间热，降低果实呼吸速率，延缓其成熟衰老的进程，极利于保持其营养成分与新鲜度。预冷至果实温度为6～8 ℃，并维持1周，再将温度降至0 ℃。

采后用100～1000 $mL \cdot L^{-1}$的苯莱特和450～900 $mL \cdot L^{-1}$二氯硝基苯胺混合液浸果，可防褐腐病和软腐病。用仲丁胺熏蒸，需要仲丁胺0.05～0.1 $mL \cdot L^{-1}$，使用时可将药液粘在棉球上，再将棉球挂在库中、帐内或袋内。利用臭氧及负离子空气处理果实，也可起到杀菌，延长贮藏期，降低果实腐烂损耗的作用。

桃的长途运输最好采用冷藏车，温度以5～12 ℃为宜，常温运输时间7～10 d，不宜过长，并应结合适当的防腐保护措施。

桃在贮运中应加适当的塑料保鲜包装，一方面保持高湿，避免桃失水干缩；另一方面维持一定的低氧和高二氧化碳浓度，可大大延迟果实衰老，减少果实腐烂。

7.2.9.3　贮藏方法

机械冷库加简易气调贮藏即塑料薄膜袋包装冷藏，是我国目前贮藏桃中应用最普遍的一种方式。采后按降温程序迅速降温，在冷藏条件下，晚熟和极晚熟桃的贮藏期一般为30～45 d。

(1)常温贮藏　虽然桃不宜采取常温贮藏方式，但由于运输和货架保鲜的需要，采用一定的措施尽量延长桃的常温保鲜寿命还是必要的。

①钙处理:将桃果实用0.2%～1.5%的$CaCl_2$溶液浸泡2 min或真空渗透数分钟,沥干液体,裸放于室内,对中、晚熟品种一般可提高耐贮性。如吕昌文(1995)等以此法处理'大久保'桃,第七天调查好果率与果实硬度分别为对照的4.86倍、4.17倍,且比对照减少失水62.4%。钙处理是桃保鲜中简便有效的方法,但是不同品种宜采用的$CaCl_2$浓度应慎重筛选,浓度过小无效,浓度过大易引起果实伤害,表现为果实表面逐渐出现不规则褐斑,整果不能正常软化,风味变苦。资料报道,大久保、布目早生、早香玉分别用1.5%、1.0%、0.3%浓度的$CaCl_2$溶液处理较适宜。

②热处理:用52 ℃恒温水浴浸果2 min,或用54 ℃热蒸汽保温15 min。研究人员用该法处理'布目早生'桃,比清水对照延长保鲜期2倍以上,且室内存放8 d还可维持好果率80%,果实饱满,风味正常。生产上大规模处理时宜用热蒸汽法,可把果实置于二楼地板上,一楼烧蒸汽通过一处或多处进汽口进入二楼,这样避免了桃果小批量地经常搬动,比热水处理操作简便、省工。适宜的热水处理(48 ℃,20 min)和热空气处理(48 ℃,4 h)均可较好地抑制中华寿桃低温贮藏中由于冷害导致的果肉褐变和组织绵化。

③薄膜包装:0.02～0.03 mm厚的聚氯乙烯袋单果包可单独使用,亦可与钙处理或热处理联合使用,效果更好。

④SO_2处理:采用每5 kg水蜜桃使用SO_2防腐保鲜剂5包的方法,在温度为(0±0.5) ℃条件下贮藏28 d后效果最佳。

⑤1-MCP处理:在0 ℃冷藏条件下用1-MCP熏蒸肥桃能显著降低乙烯产生速率。1 $\mu L \cdot L^{-1}$的1-MCP处理对水蜜桃果实保鲜效果最佳。

⑥NO处理:NO熏蒸处理可以延缓肥桃果实软化,避免果实絮败,缓解低温下桃果实的冷害。但NO处理具有时效性,对果实的作用随时间的延长而逐渐降低。

⑦水杨酸(SA)处理:室温(22～24 ℃)下SA处理能明显抑制肥桃硬度、可溶性固形物和含酸量的变化;在冷藏条件下SA处理对肥桃的影响均低于室温条件下,但低温加贮藏前处理更能有效地抑制肥桃硬度下降,提高维生素C含量,延长保鲜期。

⑧生物保鲜技术:将壳聚糖、青刺果乙醇提取液、BP生物保鲜剂、香椿叶提取液等涂于桃果实表面能保持良好的新鲜度。用1.0%壳聚糖+1.5%维生素C涂布油桃果实,保鲜效果良好,在室温条件下保鲜期由自然存放的5 d延长到11 d。

(2)冰温贮藏:在0 ℃以下果实冻结点以上的温度范围内进行贮藏保鲜,结合塑料薄膜小包装的气调特性,显著地延长了桃果实的贮藏寿命。

(3)变温贮藏

①热激处理:在采后适宜温度(一般为35～50 ℃)处理果蔬,如将果蔬置于热水、热空气、热蒸发等热的环境中,可杀死或抑制病原菌的活力。结合气调贮藏,桃果实在聚乙烯包装袋中有较低的二氧化碳和乙烯释放量。

②间歇升温贮藏:将在0 ℃下冷藏的桃贮藏间隔15 d进行回温(20±1) ℃ 24～48 h,再放回原来气调室,能较好地保持桃的品质,避免或减少贮藏伤害,贮藏期回温2次,可以延迟贮藏期达60～70 d,期间果实保持较好的品质风味,果肉不发生褐变,但是较0 ℃恒温贮藏,果实硬度下降。

③冷激处理：0 ℃冷空气处理3.5 h可延迟'秦光2号'油桃的后熟衰老。用0 ℃的冰水浸泡黄桃30 min，然后置于(0±1) ℃下贮藏，可以降低果实的呼吸强度，保持硬度，降低丙二醛含量和电解质渗出率。

(4)冷库贮藏　包括塑料薄膜气调贮藏、硅窗气调贮藏、催化燃烧降氧气调贮藏、充氮降氧气调贮藏和低乙烯气调贮藏。桃在温度0 ℃、O_2 2%、CO_2 5%下，可贮藏6～8周或更长的时间，并能减轻低温伤害。如果在气调帐或气调袋中，加入浸过饱和高锰酸钾溶液的砖块或碘石吸收乙烯则效果更佳。低温结合简易气调和防腐措施，也可提高桃的耐贮性。在0 ℃、相对湿度90%的条件下，桃可贮藏15～30 d，贮藏过久会丧失风味，果肉发糠，汁液减少。采收后迅速预冷并采用冷链运输的桃，贮藏时间可长一些。桃预冷有风冷和0.5～1.0 ℃冷水冷却两种形式，常用冷风冷却。

(5)气调贮藏　采用冷藏与改良气调结合的方式，桃可以贮藏60 d以上，并未发生果实衰败，最长贮藏期为4个月。在没有条件实现标准气调(CA)时，可采用桃保鲜袋加气调保鲜剂进行简易气调贮藏(MA)。具体做法为：桃采收预冷后装入冷藏专用保鲜袋，附加气调剂，扎紧袋口，袋内气体成分保持在O_2 0.8%～2%，CO_2 3%～8%，大久保、燕红、中秋分别可贮藏40 d、55～60 d、60～70 d，果实保持正常后熟能力和商品品质。1%～5%的O_2与CO_2可以抑制桃果实软化和色泽的变化。肥桃适宜的气体指标为O_2 5%和CO_2 5%。

(6)减压贮藏　又称低压贮藏，是在冷藏基础上将密闭环境中的气体压力由正常的大气降低至负压，造成一定的真空度后进行贮藏的一种方法。果实在10～20 kPa高真空压力处理7 d，调节真空压力至20～30 kPa再处理7 d后，移入常压冷库冷藏的效果比单独采用10～20 kPa处理7 d移入常压冷库冷藏的效果更佳。

7.2.10　其他果品

其他主要果品的最适贮藏条件及可能贮藏期见表7-7。

表7-7　其他主要果品的最适贮藏条件及可能贮藏期

果品种类	贮藏温度/℃	相对湿度/%	气体成分/%		贮藏期/d
			CO_2	O_2	
鸭梨	0	90～95	0	7～10	210
仕梨	0	90～95	3～5	3～5	120
砀山酥梨	0～2	90～95	3～5	3～5	200
库尔勒香梨	−1～0	90～95	1	5	240
巴梨	0	80～85	0～0.5	2～4	100
21世纪梨	0～1	85～90	0～3	3	180
柿	−1～0	85～90	3～8	2～5	120
杏	−0.5～0	90～95	2.5～3	2～3	20
李	−0.5～0	90～95	2～5	3～5	28
石榴	4～5	90～95	—	—	150
樱桃	0～1	90～95	10～25	3～5	50～60
草莓	0～1	90～95	10～20	5～10	7～10
无花果	−0.5～0	90～95	—	—	7～10

续表 7-7

果实种类	贮藏温度/℃	相对湿度/%	气体成分/%		贮藏期/d
			CO_2	O_2	
枣	-1～0	90～95	—	—	60～100
核桃	0～5	50～60	—	—	180～360
龙眼	2～4	85～90	4～6	6～8	30～45
菠萝	10～13	85～95	—	—	20～28
杧果	11～13	85～95	2～8	5～10	21～35
枇杷	0～1	85～90	0～1	2～5	15～30
番木瓜	10～15	85～90	0～5	1～4	14～28
西瓜	8～14	75～80	—	—	21～35
哈密瓜	3～4	75～85	0～2	3～8	90～120
白兰瓜	5～8	75～85	—	—	28～80

7.3 花卉贮藏技术

切花(cut flower)是指具有观赏价值的新鲜根、茎、叶、花、果,用于花卉装饰的植物材料。切花主要用于插花、花篮、花圈、花环、襟花、头饰、新娘捧花、桌饰、商店和橱窗装饰及其他花卉装饰等。

切花保鲜是采用物理或化学方法延缓切离母体的花材衰老、萎蔫的技术,是切花作为商品流通的重要技术保证,是缓解产销矛盾、促进周年均衡供应市场的重要手段。切花采收之后,水分代谢失去平衡,输导组织中产生微生物或侵染物、大分子生命物质,使得结构物质降解、乙稀含量增加,从而造成花材的衰老和萎蔫。切花保鲜就是针对这些问题,通过改变贮藏条件、扩大吸水面积及运用化学药剂的调节作用而使花材延缓衰老,尽可能长时间地保持新鲜状态。

中国古代就有许多延长花卉瓶插寿命的方法。如梅花、水仙放盐水养;海棠花在切口处缚扎薄荷叶,并在薄荷水中插养;栀子花将切口敲碎,在瓶中放盐干养;将牡丹、芍药、蜀葵、萱草花枝的切口烧灼等。随着花卉生产的日益发展,切花保鲜在近半个世纪以来得到了长足发展,其技术措施可分为物理方法和化学方法两类。物理方法包括贮藏技术和切取技术,化学方法是用化学药品制备保鲜药剂来延长切花的新鲜状态。

适时采收切花(harvesting cut flower)是提高切花品质的重要保证之一。

以一定的标准对采收的切花材料进行分级并按要求对其进行包装,是切花采收与销售之间的重要环节,也是提高花材商品价值的重要手段。

贮藏条件对切花的生理调节,贮藏保鲜可部分调节市场需求与旺季的损耗,增加淡季供应或为节日作贮备,利于长途运输等。贮藏条件主要有温度、气压和空气成分等。①低温贮藏:可防衰老与抑制微生物繁殖等,一般如 0.5～1 ℃,接近冰点而不能结冰,相对湿度 85%～95%。热带切花,如兰花不能低于 10 ℃;亚热带切花,如唐菖蒲、茉莉等以 2～8 ℃为宜。②低压贮藏:促进植物体内不同气体向外扩散,降低由氧调节的呼吸与代谢,一般气压为 5.3～8.0 kPa。荷兰采用真空冷却贮藏月季、香石竹、郁金香等,虽经长途运输,保鲜效果良好。③气调贮藏:控制 O_2 体积分数为 0.5%～1%和 CO_2 体积分数为 0.35%～10%,减少乙烯产生,降低切花呼吸速率,保存呼吸基质。

保鲜剂有预处理液、催花液和瓶插液三种剂型。①预处理液是在采收、分级之后,贮运之前所用的保鲜剂。目的是促进花枝吸水,提供营养物质,杀菌,抑制乙烯产生。常用蔗糖、硝酸银、硫代硫酸银(STS)等。②催花液是促使蕾期采收切花开放的保鲜剂,成分与预处理液相似,蔗糖含量稍低。③瓶插液又称保持液,是瓶插观赏期切花时用的保鲜剂,其组成成分因切花种类而异。在切花生产应用中,一般应三剂配套,但有时也有将预处理液和催花液合二为一的。在实际应用中,常将贮藏方法、切取技术与保鲜剂配合使用,形成系列配套保鲜技术,才能达到最佳效果。切花保鲜设备也相继出现,如切花保鲜柜、切花保鲜封口瓶、塑料包装袋、网袋、充氧保鲜花瓶等。

切花插瓶后,使用适当的保鲜剂,可对抑制切口病菌繁殖、确保水分吸收、补充营养、减少养分消耗、延缓衰老、控制气孔关闭、减少蒸腾等起作用。保鲜剂成分有水、糖、杀菌剂、无机盐及植物生长调节剂等。切花种类与品种不同,其保鲜剂的配方不同,常见有:①硝酸银、硫代硫酸银(STS),其中STS毒性较小,可抑制乙烯产生,抑制脱落酸产生,改善木质部对水分与养分的传导,有明显的杀菌作用。②2,8-羟基喹啉盐(2,8-HQC):克服生理堵塞维管束的酸化剂,有防腐作用。③植物生长调节剂:如细胞分裂素、赤霉素、生长素等可延缓组织蛋白质与叶绿素分解,减慢呼吸速率,维持细胞活力;丁酰肼、矮壮素(CCC)等能降低组织代谢作用,抑制微生物生长,增加对不良环境的抗性,延缓切花衰老。④无机盐类:NH_4NO_3、KNO_3与KCl可延缓细胞渗透浓度的降低;$Ca(NO_3)_2$可保持原生质体黏性和渗透性,是各种元素进入细胞的调节剂;铝离子诱导气孔关闭,可改进水分平衡。贮藏前用抗蒸腾剂处理,可阻止切花贮藏时气孔全部张开,减少蒸腾,增加切花抗旱能力。STS等预处理可起防腐作用,防止微生物蔓延,抑制乙烯合成。

商业性花卉保鲜剂常用于特定的切花或处理目的,若被用于说明书上未提及的切花种类,可能产生伤害。因此,在大量使用某种保鲜剂之前,宜做少量试验较为安全。在试验中应评估该保鲜剂对切花瓶插寿命,以及花蕾开放和贮藏表现的影响。

7.3.1　月季

月季(*Rosa chinensis* Jacp.),英文名China rose, Chinese monthly rose, bengalrose,花型优美,色彩艳丽,深受世界各国人民的喜爱,是一些国家的国花,也是我国30多个城市的市花。月季品种有数千种,是插花中的主要用材之一。切花月季的花枝和花柄硬挺直顺,支撑力强,花枝长达50 cm以上,花瓣质地厚,耐瓶插。高心翘角型与高心卷边型品种更为人们所钟爱,红色月季既是“情人节”的佳品,也是客人参加主人宴请的常备礼品。

7.3.1.1　采切与分级包装

适时采切多在清晨天气凉爽、湿度大时进行,采后损失小。根据花的发育程度判断,红色、粉红色品种的花以萼片反卷为宜,头两片花瓣开始展开时采切最好;黄色品种略早于红色和粉红色品种;白色品种则要稍晚于红色和粉红色品种。采收过早,花枝发育不充实,易产生“弯颈”现象,影响切花品质;过晚采切则缩短切花寿命。通常以萼片向外反折到水平以下(即反折大于90°),有1～2个花瓣微展时采切为宜。采切时间和品种也有关系,如‘墨西得斯’月季,花萼反转时即可采切,‘红成功’月季则需花萼反转到大于90°时采切,而‘索尼亚’则需花萼反转近180°时采收,夏季花朵发育快,可比凉爽季节适当早采。用于贮藏的切花要早采1～2 d,采后立即插入 500 mg·L^{-1} 柠檬酸溶液中,并在 0～1 ℃下冷藏分级(分级标准见表 7-8),每 10 枝一束捆扎。分级后的切花,再剪裁插入含有 1%～3%蔗糖(S)、100～200 mg·L^{-1} 8-羟基喹啉硫酸盐(8-HQS)及硫酸铝、柠檬酸(CA)或硝酸银溶液中 3～4 h,然后取出贮藏。贮运前,应切除茎基部 1 cm,并插入含糖溶液处理 4～6 h,然后包装运输。

表 7-8　切花月季产品质量分级标准

评价项目	等级			
	一级	二级	三级	四级
整体感	整体感、新鲜程度极好	整体感、新鲜程度好	整体感、新鲜程度好	整体感、新鲜程度一般
花形	完整优美,花朵饱满,外层花瓣整齐,无损伤	花形完美,花朵饱满,外层花瓣整齐,无损伤	花形整齐,花朵饱满,有轻微损伤	花瓣有轻微损伤
花色	花色鲜艳,无焦边、变色	花色好,无退色失水,无焦边	花色良好,不失水,略有焦边	花色良好,略有退色,有焦边
花枝	①枝条均匀、挺直;②花茎长度 65 cm 以上,无弯颈;③质量 40 g 以上	①枝条均匀、挺直;②花茎长度 55 cm 以上,无弯颈;③质量 30 g 以上	①枝条挺直;②花茎长度 50 cm 以上,无弯颈;③质量 25 g 以上	①枝条稍有弯曲、挺直;②花茎长度 40 cm 以上,无弯颈;③质量 20 g 以上
叶	①叶片大小均匀,分布均匀;②叶色鲜绿有光泽,无退绿叶片;③叶面清洁,平整	①叶片大小均匀,分布均匀;②叶色鲜绿,无退绿叶片;③叶面清洁,平整	①叶片分布较均匀;②无退绿叶片;③叶面较清洁,稍有污点	①叶片分布不均匀;②叶片有轻微退色;③叶面有少量残留物
病虫害	无购入国家或地区检疫的病虫害	无购入国家或地区检疫的病虫害,无明显病虫害斑点	无购入国家或地区检疫的病虫害,有轻微病虫害斑点	无购入国家或地区检疫的病虫害,有轻微病虫害斑点
损伤	无药害、冷害、机械损伤	基本无药害、冷害、机械损伤	有轻度药害、冷害、机械损伤	有轻度药害、机械损伤
采切标准	适用开花指数 1～3	适用开花指数 1～3	适用开花指数 2～4	适用开花指数 3～4
采后处理	①立即入保鲜剂处理;②依品种 12 枝捆绑成扎,每扎中花枝长度最长与最短的差别不可超过 3 cm;③切口以上 15 cm 去叶、去刺	①保鲜剂处理;②依品种 20 枝捆绑成扎,每扎中花枝长度最长与最短的差别不可超过 3 cm;③切口以上 15 cm 去叶、去刺	①依品种 20 枝捆绑成扎,每扎中花枝长度最长与最短的差别不可超过 5 cm;②切口以上 15 cm 去叶、去刺	①依品种 30 枝捆绑成扎,每扎中花枝长度的差别不可超过 10 cm;②切口以上 15 cm 去叶、去刺

注:开花指数 1 为花萼略有松散,适合于远距离运输和贮藏;开花指数 2 为花瓣伸出萼片,可以兼作远距离和近距离运输;开花指数 3 为外层花瓣开始松散,适合于近距离运输和就近批发出售;开花指数 4 为内层花瓣开始松散,必须就近很快出售。

用塑料膜包好,以防花瓣受损。包好的月季可在低温下保存,这一过程既包含整枝分级,也包含去除切花的田间热。如有真空预冷设备,也可在去叶分级后用真空预冷设备降温。对田间采切的月季迅速降温,除去田间热可降低代谢活动,延缓衰老,是保鲜工作的第一步。

7.3.1.2　贮藏

月季贮藏尚无十分满意的方法,一般在低温下湿藏 3～7 d,湿藏即把切花置于盛有水或保鲜剂溶液的容器中贮藏，通常用于切花的短期(7～28 d)贮藏，贮藏过久将减少开花时间。有人在1～2 ℃下湿藏2周或用低温减压法(1 333.22～4 666.27 Pa)贮藏4周，开花品质下降，瓶插开花时间仅为鲜花的60%。湿藏用水以酸性为宜，水中可加柠檬酸500 $mg \cdot L^{-1}$，花茎下部叶片宜去掉，以防叶片中多酚类化合物溶于水中，缩短瓶插开花时间。

保鲜月季花蕾可在人工条件下开放。将经过预冷的切花插入特制的催花液中[2%蔗糖+200～300 $mg \cdot L^{-1}$ 8-羟基喹啉柠檬酸盐(8-HQC)]，在23～25 ℃的温度、80%的相对湿度和1 000～3 000 lx连续光照下处理6～7 d，切花花蕾即可达到出售要求。

(1)冷藏贮藏保鲜　主要包括湿藏和干藏2种。湿藏法不需要包装，切花组织可保持高紧张度，但需占据冷库较大空间。干藏即将切花包装于纸箱、聚乙烯薄膜袋或用铝箔包裹表面的圆筒中，通常用于切花的长期贮藏。此种方法温度比湿藏温度略低，营养消耗较慢，花蕾发育和老化也慢，且能节省贮库空间。但对切花品质和包装要求高，需花费较多劳动力和包装材料。

(2)气调贮藏保鲜　与其他切花的气调贮藏保鲜相同，月季切花气调贮藏保鲜有人工气调和自发气调2种。用塑料薄膜包装和硅橡胶窗气调是2种常见的自发调节方法。此方法是通过控制切花贮藏地的O_2及CO_2含量，降低切花呼吸速率，减少养分消耗，抑制乙烯产生，以延长其寿命。

(3)减压贮藏保鲜　在低压条件下，植物组织中O_2含量降低，乙烯释放速度及其浓度也低，从而延缓贮藏室内切花的衰老过程。但降压贮藏保鲜会造成切花一定程度脱水，安装低压贮藏系统成本较高，管理也有一定困难，因此较少投入应用。

(4)化学贮藏保鲜

目前，化学贮藏保鲜以应用保鲜剂最为普遍，保鲜剂的主要生理功能是改善水分平衡，降低乙烯生成，降低细胞膜透性，抑制花瓣中丙二醛的生成等。

在使用保鲜剂时，要用切花的专用保鲜剂，并且要严格按照说明书处理切花，不能超过浓度。尽量不要使用金属容器，因为有些金属离子会钝化保鲜剂中的某些成分。切花插好后，要远离炉子、烘箱、散热器、灯具等发热装置，且保持一定的室内空气湿度，如室内空气太干燥，应对切花每天或隔天喷雾。不要将花瓶放置在室内风口和空气流通快、窗口或其他光线过强的地方，避免因空气流动、光照等加速切花的失水。也要远离成熟的蔬菜和水果，因为蔬菜和水果会散发乙烯，促进切花衰老。并及时清理花瓶中落下的花瓣和叶子，以免腐烂后滋生细菌等。

7.3.1.3 瓶插液

关于切花月季保鲜剂的研究报道很多，由于月季花品种繁多，其代谢类型也存在着一定的差异，因而尚无适于各类月季品种的通用瓶插液配方，下列配方仅供参考：①2%蔗糖+200 $mg \cdot L^{-1}$ 8-HQC+200 $mg \cdot L^{-1}$硝酸钙；②4%蔗糖+50 $mg \cdot L^{-1}$ 8-HQS+100 $mg \cdot L^{-1}$异抗坏血酸；③5%蔗糖+200 $mg \cdot L^{-1}$ 8-HQS+50 $mg \cdot L^{-1}$乙酸银；④2%～6%蔗糖+1.5 mmol/L硝酸钙；⑤3%蔗糖+130 $mg \cdot L^{-1}$ 8-HQS+200 $mg \cdot L^{-1}$柠檬酸+25 $mg \cdot L^{-1}$硝酸银；⑥10 mmol/L的顺式丙烯基磷酸(PPOH)水溶液浸泡茎基12 h，再移入2%蔗糖+300 $mg \cdot L^{-1}$ 8-HQC中；⑦3%蔗糖+50 $mg \cdot L^{-1}$硝酸银+300 $mg \cdot L^{-1}$硫酸铝+250 $mg \cdot L^{-1}$ 8-HQC+100 $mg \cdot L^{-1}$ 6-苯甲胺-9-(2-四氢化吡喃基)-9-H-嘌呤(PBA)。

月季瓶养易发生“弯颈”(花柄弯曲)现象，使花不能正常开放。若品种花茎细长，开花时花朵重剧增易引起弯曲。氮肥施用过多,钾肥不足,水分控制不合理,致枝条发育细弱,易“弯颈”。有报道,瓶插液中加入 360 mg·L^{-1}的硝酸钴[$Co(NO_3)_2$]或氯化钴($CoCl_2$)可获得满意的结果,也有人建议在开花前半个月喷施 1 mmol/L α-萘醌可促进木质部的形成,有利于花茎的发育,克服“弯颈”现象。

7.3.2 香石竹

香石竹(*Dianthus caryophyllus* L.),别名康乃馨。香石竹为石竹科石竹属的多年生草本植物,通常作 2 年生栽培。株高 60～100 cm,茎直立,茎叶清秀,花型亮丽,花色娇艳丰富,常见的有红、黄、粉、白、紫、橙及复色多种。它的用途极为广泛,产量高,价格较为便宜。单花期长,为世界五大切花之一,与月季、菊花、唐菖蒲齐名,香石竹是母亲节用花。

在西方国家香石竹被誉为“穷人的玫瑰”,象征着最无私的爱。香石竹按花茎上花朵数目分大花香石竹(一枝一花,即单花枝)与散枝香石竹(一枝一般有 5～7 朵花)两类。大花香石竹更为流行。

7.3.2.1 采切与分级包装

采切时间选在清晨与傍晚均可。大花品种,半开或几乎全开时采切;散枝品种,花茎上有两朵花全开放时采切。一般以呈“绘画笔”状阶段采切最为适宜。长期贮藏和长途运输时,宜采用大花蕾期(2～2.5 cm 直径)采切。采切后根据花蕾大小和茎长度分级,大花香石竹切花产品质量等级标准如表 7-9 所示,除去茎基 2～3 对叶,20～25 枝花捆成一束。每束切花花头对齐,花茎剪截整齐一致,以使花枝具有相同的光照和花茎浸液深度。

表 7-9 大花香石竹切花产品质量等级标准

评价项目	等级			
	一级	二级	三级	四级
整体感	整体感、新鲜程度极好	整体感、新鲜程度好	整体感、新鲜程度好	整体感一般
花形	①花形完整优美,外层花瓣整齐;②最小花直径:紧实 5.0 cm;较紧实 6.2 cm;开放 7.5 cm	①花形完整,外层花瓣整齐;②最小花直径:紧实 4.4 cm;较紧实 5.6 cm;开放 6.9 cm	①花形完整;②最小花直径:紧实 4.4 cm;较紧实 5.6 cm;开放 6.9 cm	花形完整
花色	花色纯正带有光泽	花色纯正带有光泽	花色纯正	花色稍差
茎秆	①坚硬,圆满通直,手持茎基平置,花朵下垂角度小于 20°;②粗细均匀,平整;③花茎长度 65 cm 以上;④质量 25 g 以上	①坚硬,挺直,手持茎基平置,花朵下垂角度小于 20°;②粗细均匀,平整;③花茎长度 55 cm 以上;④质量 20 g 以上	①较挺直,手持茎基平置,花朵下垂角度小于 20°;②粗细欠均匀;③花茎长度 50 cm 以上;④质量 15 g 以上	①茎秆较挺直,手持茎基平置,花朵下垂角度小于 20°;②节肥大;③花茎长度 40 cm 以上;④质量 12 g 以上
叶	①排列整齐,分布均匀;②叶色纯正;③叶面清洁,无干尖	①排列整齐,分布均匀;②叶色纯正;③叶面清洁,无干尖	①排列整齐,分布均匀;②叶色纯正;③叶面清洁,稍有干尖	①排列稍差;②稍有干尖
病虫害	无购入国家或地区检疫的病虫害	无购入国家或地区检疫的病虫害,无明显病虫害症状	无购入国家或地区检疫的病虫害,有轻微病虫害症状	无购入国家或地区检疫的病虫害,有轻微病虫害症状

续表 7-9

评价项目	等级			
	一级	二级	三级	四级
损伤	无药害、冷害、机械损伤等	几乎无药害、冷害、机械损伤等	轻微药害、冷害、机械损伤等	轻微药害、冷害、机械损伤等
采切标准	适用开花指数1～3	适用开花指数1～3	适用开花指数2～4	适用开花指数3～4
采后处理	①立即入保鲜剂处理；②依品种10枝捆为一扎，每扎中花茎长度最长与最短的差别不可超过3 cm；③切口以上10 cm去叶；④每扎需套袋或纸张包扎保护	①保鲜剂处理；②依品种10枝或20枝捆为一扎，每扎中花茎长度最长与最短的差别不可超过5 cm；③切口以上10 cm去叶；④每扎需套袋或纸张包扎保护	①依品种30枝捆为一扎，每扎中花茎长度最长与最短的差别不可超过10 cm；②切口以上10 cm去叶	①依品种30枝捆为一扎，每扎中花茎长度最长与最短的差别不可超过10 cm；②切口以上10 cm去叶

注：开花指数1为花瓣伸出花萼不足1 cm，呈直立状，适合于远距离运输；开花指数2为花瓣伸出花萼1 cm以上，且略有松散，可以兼作远距离或近距离运输；开花指数3为花瓣松散，开放程度小于水平，适合于就近批发出售；开花指数4为花瓣全面松散，开放程度接近水平，宜尽快出售。

7.3.2.2 贮藏

香石竹对乙烯敏感，在贮藏前或销售前用STS或其他乙烯抑制剂作脉冲处理，可延长其瓶插寿命。更新剪口后，在温度0 ℃，相对湿度90%～95%下，可贮藏3～4周；蕾期采切的一般可贮藏8～10周，最长可达24周。

使用1 mmol·L^{-1}硫代硫酸银(STS)溶液浸茎10 min，香石竹瓶插寿命延长5～10 d。处理20 min后，再插入1.5%～2%蔗糖＋200 mg·L^{-1} 8-羟基喹啉(8-HQ)的瓶插液中，瓶插寿命延长近4倍。另外还可使用1～2 mmol·L^{-1} STS处理0.5 h，经STS处理后可明显延长开花时间和贮藏期。香石竹抗压挤性强，可不用塑料膜包装。

对香石竹贮藏的研究较多，已有成功的经验。已开花的香石竹，暂时不能销售的，可置于3～5 ℃条件下贮藏数日。贮藏时温度不可过低，否则将使花瓣受伤害。蕾期花枝抗冻性强，可于0～1 ℃贮藏。长期贮藏的香石竹，宜选健康且花蕾大的花枝，花蕾刚露色，发育成十字形阶段。花枝应在采前或采后喷杀菌剂或浸入杀菌剂几秒钟，然后晾干，置于5 ℃左右的低温暗室中，茎基插入含0.3 mmol·L^{-1} STS＋10%蔗糖＋50 mg·L^{-1}硝酸银，或200 mg·L^{-1} 8-HQC的溶液中5 cm，时间为1 d，使其吸收糖及银离子。这些处理可在贮藏期间减弱乙烯对切花的伤害并补充切花所需的营养基质。经这样处理的花枝取出晾干，每20枝为一束用报纸包裹，每几束花放入一个聚乙烯塑料袋中，去除空气，扎紧袋口，平放于0～1 ℃的冷藏室中。一般可贮存2～3个月，应十分注意室温不能有大的波动，以免影响贮存效果。

经贮藏的香石竹应经催花处理，在花朵开放时才能销售。催花前先在5～10 ℃的条件下放置0.5 d，以避免突然移入高温条件下的逆境伤害。催花室温度为25 ℃左右，湿度90%以上，每日2 000 lx光照照射16 h。催花液用70 g·L^{-1}蔗糖＋200 mg·L^{-1} 8-HQC＋25 mg·L^{-1}硝酸银；或5%蔗糖＋200 mg·L^{-1} 8-HQC＋(20～50) mg·L^{-1} IBA。

经贮藏的切花处理后约一周可正常开放。催花前花枝的茎基应剪去3 cm左右，以促进催花液的吸收。催花室空气要流通,以免开花时产生乙烯对花造成伤害,并防止霉菌的滋生。散枝香石竹长期贮藏,应在第一朵花显色时采收,其他可参考大花香石竹的贮藏及催花方法。

香石竹预处理:①1 000 $mg \cdot L^{-1}$ $AgNO_3$,10 min;②4 $mmol \cdot L^{-1}$ STS,10 min。

香石竹在采切或鲜切花的市场收购过程将不可避免地出现不同成熟度的产品,它们在一起贮藏时是否互有影响还有待检验。香石竹切花在贮藏前必须把感病的花枝挑出,否则将会引起整个贮藏袋中鲜花的病变,从而导致袋内 O_2 浓度偏低,而 CO_2 浓度的大幅度上升;在香石竹贮藏处理过程中,预冷后的花材必须保证在低温环境下进行操作。另外,相关的聚乙烯膜包装袋等也要预冷,这有助于减少贮藏过程中的冷凝水现象。鲜切花贮藏过程中要尽量避免冷库温度的波动,否则会产生较多冷凝水,对切花的品质也会有一定影响。香石竹在贮藏过程中加入 CO_2 吸收剂可延长贮藏后香石竹切花的瓶插寿命,促进花朵的充分开放。贮藏时用聚乙烯膜密封包装可降低袋内的 O_2 浓度,提高 CO_2 浓度,起到一定的气调作用。香石竹切花贮藏后用切花通用瓶插液进行瓶插,切花品质要远好于直接用清水瓶插。

7.3.2.3 瓶插液及使用方法

①10 $mg \cdot L^{-1}$ 赤霉素+2 $mg \cdot L^{-1}$ 激动素+900 $mg \cdot L^{-1}$ 比久+450 $mg \cdot L^{-1}$ 氨基氧乙酸(AOA)+1 000 $mg \cdot L^{-1}$ Tritonx-100 处理 1 h,然后移入 2%蔗糖+300 $mg \cdot L^{-1}$ 8-HQC 溶液中;②5~20 $mmol \cdot L^{-1}$ 的顺式丙烯基磷酸(PPOH)水溶液浸泡茎基 1 h,再移入 2%蔗糖+300 $mg \cdot L^{-1}$ 8-HQC 中;③5%蔗糖+200 $mg \cdot L^{-1}$ 8-HQS+(20~50)$mg \cdot L^{-1}$ 苄基腺嘌呤;④3% 蔗糖+300 $mg \cdot L^{-1}$ 8-HQS+500 $mg \cdot L^{-1}$ 比久+20 $mg \cdot L^{-1}$ 苄基腺嘌呤+10 $mg \cdot L^{-1}$ 青鲜素(MH);⑤4 $mmol \cdot L^{-1}$ STS 处理 10 min 后,移入 5%蔗糖+200 $mg \cdot L^{-1}$ 8-HQC+50 $mg \cdot L^{-1}$ 乙酸银(或硝酸银)或 2%蔗糖+300 $mg \cdot L^{-1}$ 8-HQC 中;⑥3%蔗糖+300 $mg \cdot L^{-1}$ 8-HQ+500 $mg \cdot L^{-1}$ 比久+20 $mg \cdot L^{-1}$ BA+ 10 $mg \cdot L^{-1}$ MH;⑦550 $mg \cdot L^{-1}$ STS+100 $g \cdot L^{-1}$ 蔗糖,可作瓶插液亦可作催花液使用;⑧5%蔗糖+500 $mg \cdot L^{-1}$ 杀藻铵+45 $mg \cdot L^{-1}$ 柠檬酸+15 $mg \cdot L^{-1}$ 叠氮化钠;⑨4%蔗糖+0.1%明矾+0.02%尿素+0.02% KCl+0.02% NaCl。

7.3.3 唐菖蒲

唐菖蒲(*Gladiolus hybridus* Hort.),英文名 sword lily,为多年生球茎花卉,由于叶片硬挺且形如剑,又名剑兰、菖兰、十样锦等。穗状花序,通常应具花 13 朵以上,花从下向上依次开放,漏斗状,花大,质地如绢,花形美观,颜色娇媚,红、粉、紫、白、双色等一应俱全。常用作瓶插及各种插花艺术品,为世界五大切花之一,在市场中受到人们的广泛欢迎,需要进行常年的供应。因此,在一年当中需要分批次进行唐菖蒲的种植,这就要求种子供应商在每年的不同季节都能提供种球。在实际的贮藏过程当中,一般贮藏两个月之后,唐菖蒲种球就会发生腐烂的现象。

花少而花序细弱者通常是栽培不当或病毒引起的退化所致,应加强采前的栽培技术管理。

7.3.3.1 采切与分级包装

采切时间一般在清晨,花序基部第一朵花将近开放时即可采切。采切时,植株上应保留 2~3 片叶,以保证新球茎的充分发育。如果需要外运,花序基部第一朵花显色时即可采切,但应进行预处理(用 20%蔗糖液浸泡茎基 1 d),否则花序上部的花不能开放,花序易折。采切的唐菖蒲应根据切花分级标准进行包装,一般 20 枝为一束。表 7-10 是北美的唐菖蒲分级标准,我国的切花质量等级标准见表 7-11。

表 7-10 北美唐菖蒲分级标准

级别	一级	二级	三级	四级
穗状花序长/cm	>107	96～107	81～95	<81
小花数/朵	≥16	≥14	≥12	≥10

表 7-11 我国唐菖蒲切花质量等级标准

评价项目	等级			
	一级	二级	三级	四级
整体感	整体感、新鲜程度极好	整体感、新鲜程度好	整体感一般，新鲜程度好	整体感、新鲜程度一般
小花数	20朵以上	16朵以上	14朵以上	12朵以上
花形	①花形完整优美；②基部第一朵花茎12 cm以上	①花形完整；②基部第一朵花茎10 cm以上	①略有损伤；②基部第一朵花茎12 cm以上	①略有损伤；②基部第一朵花茎12 cm以上
花色	鲜艳、纯正、带有光泽	鲜艳、无退色	一般，轻微退色	一般，轻微退色
花枝	①粗壮、挺直，匀称；②长度130 cm以上	①粗壮、挺直，匀称；②长度100 cm以上	①挺直略有弯曲；②长度85 cm以上	①略有弯曲；②长度70 cm以上
叶	叶厚实、鲜绿、有光泽，无干尖	叶色鲜绿，无干尖	有轻微退绿或干尖	有轻微退绿或干尖
病虫害	无购入国家或地区检疫的病虫害	无购入国家或地区检疫的病虫害，有轻微病虫害斑点	无购入国家或地区检疫的病虫害，有轻微病虫害斑点	无购入国家或地区检疫的病虫害，有轻微病虫害斑点
损伤	无药害、冷害、机械损伤等	几乎无药害、冷害、机械损伤等	有极轻度药害、冷害、机械损伤等	有轻度药害、冷害、机械损伤等
采切标准	适用开花指数1～3	适用开花指数1～3	适用开花指数2～4	适用开花指数2～4
采后处理	①立即入保鲜剂处理；②依品种每10枝、20枝扎捆绑成一扎，每扎中花梗长度最长与最短的差别不可超过3 cm；③每5扎、10扎为一捆	①保鲜剂处理；②依品种每10枝、20枝捆成一扎，每扎中花梗长度最长与最短的差别不可超过5 cm；③每5扎、10扎为一捆	①依品种每10枝、20枝捆成一扎，每扎中花梗长度最长与最短的差别不可超过10 cm；②每10扎、5扎为一捆	①依品种每10枝、20枝困成一扎，每扎基部切齐；②每5扎、10扎为一捆

注：开花指数1为花序最下部1～2朵小花都显色而花瓣仍然紧卷时，适合于远距离运输；开花指数2为花序最下部1～5朵小花都显色，小花花瓣未开放，可以兼作远距离和近距离运输；开花指数3为花序最下部1～5朵小花都显色，其中基部小花略成展开状态，适合于就近批发出售；开花指数4为花序下部7朵以上小花露出苞片并都显色，其中基部小花已经开放，必须就近很快出售。

捆扎好的唐菖蒲宜置于低温冷库的保鲜液中。唐菖蒲平放易引起花序弯曲，故宜立放，以保障切花品质。

7.3.3.2 贮藏

唐菖蒲耐贮性强，一般置于20%蔗糖液中经过1 d预处理，置于0 ℃低温下贮存半个月仍可保持鲜花品质。经1 000 mg·L^{-1}硝酸银处理10 min后可置于2%蔗糖+300 mg·L^{-1} 8-HQC的瓶插液中。如果需要催花，可将花枝插于以下溶液中处理2～3 d，再放到瓶插液中：

①2%蔗糖+200 mg·L^{-1} 8-HQC+50 mg·L^{-1}硝酸银+50 mg·L^{-1}硫酸铝;②4%蔗糖+300 mg·L^{-1} 8-HQC(此液既可作促花用,也可作瓶插液用)。另外还有瓶插催花液,如①4%蔗糖+600 mg·L^{-1} 8-HQC,24 h;②20%蔗糖+200 mg·L^{-1} 8-HQC+50 mg·L^{-1} $AgNO_3$+50 mg·L^{-1} $Al_2(SO_4)_3$。

除此之外,现有的贮藏方式还有:催花液处理、插瓶液处理、杀菌剂处理、乙烯拮抗剂处理、金属盐处理等。

7.3.4 菊花

菊花[*Dendranthema morifolium* (Ramat.)],英文名 florist's chrysanthemum,是我国十大传统名花之一,深受人们的喜爱,是世界主要的切花种类之一,占国际正常生产量和消费量的 30%,位于五大切花产量之首。与其他切花相比,菊花的花型种类多,色彩缤纷,瓶插寿命较长。其中菊切花有黄色、白色、淡紫粉及红色品种.经园艺工作者的努力,已育出一批光周期不敏感的品种,可周年生产菊切花,使菊花的供销期延长。菊切花茎秆粗壮、顺直,植株高大,通常可达 1 m 高。花瓣质地厚,耐瓶插,也耐冷藏。花柄短粗,不易发生“弯颈”现象。菊花对乙烯不敏感。

7.3.4.1 采切与采后处理

清晨或傍晚采切,切口距地面 10 cm 左右。这样既不影响地下部分生长,花茎也不过于木质化。采收前应喷一次杀虫剂,以防虫害在切花中滋生。切花应具 50~80 cm 的长度,除去花枝下部 1/3 左右的叶片,以减少水分蒸发。如果近处供应,可在花开四五成至盛开时采切;远途运输的可在花开两三成时采切。采收的花枝在冷凉处进行采后处理,用塑料薄膜将花头罩好,以防花朵挤压碰伤。表 7-12 是美国大菊的现行分级标准,表 7-13 是标准菊切花产品质量分级标准,供参考。

表 7-12 美国大菊的分级标准

级别	一级	二级	三级	四级
最小花径/cm	15	12.5	10	—
最短花茎长/cm	75	75	60	60

表 7-13 标准菊切花产品质量分级标准

评价项目	等级			
	一级	二级	三级	四级
整体感	整体感、新鲜程度极好	整体感、新鲜程度极好	整体感一般,新鲜程度好	整体感、新鲜程度一般
花形	①花形完整,花朵饱满,外层花瓣整齐;②最小花直径 14 cm	①花形完整,花朵饱满,外层花瓣整齐;②最小花直径 12 cm	①花形完整,花朵饱满,外层花瓣有轻微损伤;②最小花直径 10 cm	①花形完整,花朵饱满,外层花瓣有轻微损伤;②最小花直径 10 cm
花色	鲜艳,纯正,带有光泽	鲜艳,纯正	鲜艳,不失水,略有焦边	花色稍差,略有退色,有焦边

续表 7-13

评价项目	等级			
	一级	二级	三级	四级
花枝	①坚硬、挺直，花颈长 5 cm 以内，花头端正；②长度 85 cm 以上	①坚硬、挺直，花颈长 6 cm 以内，花头端正；②长度 75 cm 以上	①挺直；②长度 65 cm 以上	①挺直；②长度 60 cm 以上
叶	①厚实，分布均匀；②叶色鲜绿有光泽	①厚实，分布均匀；②叶色鲜绿	①叶片厚实，分布稍欠匀称；②叶色绿	①叶片分布欠匀称；②叶片稍有退色
病虫害	无购入国家或地区检疫的病虫害症状	无购入国家或地区检疫的病虫害，有轻微病虫害症状	无购入国家或地区检疫的病虫害，有轻微病虫害症状	无购入国家或地区检疫的病虫害，有轻微病虫害症状
损伤	无药害、冷害、机械损伤等	基本无药害、冷害及机械损伤等	有轻微药害、冷害及机械损伤等	有轻微药害、冷害及机械损伤等
采切标准	适用开花指数 1～3	适用开花指数 1～3	适用开花指数 2～4	适用开花指数 2～4
采后处理	①冷藏，保鲜剂处理；②依品种每 12 枝捆成一扎，每扎中花茎长度最长与最短的差别不可超过 3 cm；③切口以上 10 cm 去叶	①冷藏，保鲜剂处理；②依品种每 12 枝捆成一扎，每扎中花茎长度最长与最短的差别不可超过 5 cm；③切口以上 10 cm 去叶	①依品种每 12 枝捆成一扎，每扎中花茎长度最长与最短的差别不可超过 10 cm；②切口以上 10 cm 去叶	①依品种每 12 枝捆成一扎，每扎基部切齐；②切口以上 10 cm 去叶

注：开花指数 1 为舌状花紧抱，其中有 1～2 个外层花瓣开始伸出，适合于远距离运输；开花指数 2 为舌状花外层开始松散，可以兼作远距离和近距离运输；开花指数 3 为舌状花最外两层都已开展，适合于就近批发出售；开花指数 4 为舌状花大部分开展，必须就近很快出售。

菊花分级后，一般 20 枝一束，将茎基浸于 1 000 $mg \cdot L^{-1}$ 的硝酸银中 1 min 消毒，防止微生物侵入。如果长途外运，还应将花束基部浸于水中，吸足水分，用报纸包裹，放置于包装箱中。为了降低箱内的呼吸热，可将装有冰块的塑料袋置于箱子中部降温。

7.3.4.2　贮藏与催花处理

菊花用 0.01 mm 厚的塑料薄膜包裹，于 0～1 ℃低温下可贮藏 1.5～2 个月；也可将花束茎基浸于保鲜液(2%蔗糖＋200 $mg \cdot L^{-1}$ 8-HQC)中湿藏，外罩塑料薄膜以减少水分蒸发。

进行催花处理时，把花放在 20～25 ℃的室温中，相对湿度 85%以上，1 000 lx 光照连续照射 24 h。菊花预处液为 1 000 $mg \cdot L^{-1}$ $AgNO_3$ 10 min。

催花液为：①2%蔗糖＋200 $mg \cdot L^{-1}$ 8-HQC；②2%～3%蔗糖＋25 $mg \cdot L^{-1}$ $AgNO_3$＋75 $mg \cdot L^{-1}$ 柠檬酸。8-HQC 浓度不可过高，尤其是白色菊花，浓度过高可在花瓣上产生黄斑。上述催花液也可作瓶插液用。

7.3.5　满天星

满天星(*Gypsophila paniculata* L.)，英文名 baby's-breath 和 gyp，为石竹科石头花属植物，花序上的分枝繁多而且纤细，众多的小花着生于纤细小枝上，犹如满天繁星，因此得名。又如烟霞云雾，故又有“霞草”之称。以白色重瓣小花品种最为常见，也有鲜红色、玫瑰红色小花，是重要的衬花材料，可使花束、花篮显得轻盈蓬松，更富立体感。

采切：花枝上有半数小花开放即可采切，一般 10 枝为一束，外用塑料薄膜包装上市。满天星切花商品质量分级标准见表7-14。

表7-14 满天星切花商品质量分级标准

评价项目	等级			
	一级	二级	三级	四级
整体感	极好，聚伞形圆锥花序，完整	好，聚伞形圆锥花序，完整	一般，聚伞形圆锥花序，较完整	一般，聚伞形圆锥花序，欠完整
花形	小花饱满，完整优美	小花完整，无明显黑粒与异常花	小花完整，有少量黑粒或异常花	小花完整，有少量黑粒与异常花
花色	纯正、明亮	好，小花黄化和萎蔫率低于5%	一般，小花黄化和萎蔫率低于10%	一般，小花黄化和萎蔫率低于15%
花枝	①茎秆鲜绿，坚挺，具韧性；②长度65 cm以上；③主枝明显，并有3个以上分枝；④花茎切口至第一大分枝处长度不超过15 cm	①茎秆鲜绿，挺直；②长度5 cm以上；③每个花茎都有3个以上分枝；④花茎切口至第一大分枝处长度不超过15 cm	①茎秆挺直；②长度45 cm以上；③每个花茎都有2个以上分枝；④花茎基部至第一大分枝处长度不超过15 cm	①茎秆稍有弯曲；②长度45 cm以上
叶	有极少量叶片，鲜绿明亮	有少量叶片，鲜绿明亮	有少量叶片与烧叶	有少量叶片与烧叶
病虫害	无购入国家或地区检疫的病虫害症状	无购入国家或地区检疫的病虫害，有轻微病虫害症状	无购入国家或地区检疫的病虫害，有轻微病虫害症状	无购入国家或地区检疫的病虫害，有轻微病虫害症状
损伤	无药害、冷害、机械损伤	基本无药害、冷害、机械损伤	有极轻度药害、冷害、机械损伤	有明显的药害、冷害、机械损伤
采切标准	适用开花指数1～3	适用开花指数1～3	适用开花指数2～4	适用开花指数3～4
采后处理	①保鲜剂处理；②依品种每330 g捆成一把，每把基部切齐，每把中花茎长度最长与最短的差别不可超过3 cm；③基部需用橡皮筋绑紧；④每把需套袋或用纸张包扎保护	①保鲜剂处理；②依品种每330 g捆成一把，每把基部切齐，每把中花茎长度最长与最短的差别不可超过5 cm；③基部需用橡皮筋绑紧；④每把需套袋或用纸张包扎保护	①依品种每250 g捆成一把，每把基部切齐，每把中花茎长度最长与最短的差别不可超过10 cm；②基部需用橡皮筋绑紧；③每把需套袋或用纸张包扎保护	①依品种每250 g捆成一把；②基部需用橡皮筋绑紧

注：开花指数1为小花盛开率10%～15%，适合于远距离运输；开花指数2为小花盛开率16%～25%，可适合于兼作远距离和近距离运输；开花指数3为小花盛开率26%～35%，适合于就近批发；开花指数4为小花盛开率35%～45%，必须就近很快出售。

催花：采切后的满天星水插，未开放的小花仍不能开放，需用满天星催花液5%～10%蔗糖+25 $mg \cdot L^{-1}$ $AgNO_3$处理1 d后再瓶插，可增加开花数；瓶插液为2%蔗糖+200 $mg \cdot L^{-1}$ 8-HQC。

7.3.6 小苍兰

小苍兰(*Fressia hybrida* Klatt.)，英文名freesia，别名香雪兰、洋晚香玉。香雪兰属，多年生草本植物。叶基生，长剑形，花着生于花枝顶端的一个侧面，开花5～10朵，芳香似兰，有红、黄、白、淡蓝等色，花色艳丽，花形美，又开于早春切花淡季，因而深受消费者欢迎。

7.3.6.1 采切及采后处理

用于就近销售的花，可于花序的第一朵小花开放时采切；如远销，可于第一朵小花显色时采切。第一次采切，可于花茎最上侧枝基部采切，下部侧枝的花可待进一步发育再进行第二次采切。切花按花多少及花梗长度分级，大花枝可 10 枝一束，小花枝可 20 枝一束。花枝长 55 cm 左右，花序用塑料薄膜或玻璃纸包装，装箱外运或上市销售。

切花采切后，按标准分级，中、小型花 20 枝一束，大花 10 枝一束，花朵用纸包扎。

7.3.6.2 贮藏

干藏温度 0～2 ℃，相对湿度 90%，贮藏期 7 d 左右，湿藏的贮藏期较干藏更长一些。贮运时切花垂直放置，以免造成向地性弯曲（即“弯颈”）。同时要远离水果和其他乙烯来源，注意灰霉病的预防。

保鲜小苍兰瓶插时约有 40%小花不能正常开放，由切花体内糖分积累不足所致，故宜在切花运输和瓶插前用 10%～30%蔗糖溶液处理。蕾期采切的用 20%蔗糖＋200 mg·L^{-1} 8-HQC＋0.2 mmol/LBA 溶液处理 24 h，然后插入蒸馏水中，开花率可提高 37.4%，花径增大，瓶插寿命延长 1 倍。此外，也可用 200 mg·L^{-1} 8-HQC＋20%蔗糖在温度 21 ℃、相对湿度 60%的条件下，脉冲处理 24 h，促进花蕾开放。温度 20 ℃小苍兰预处液（0.2 mmol·L^{-1} STS ＋50 mg·L^{-1}BA）处理切花 24 h，同样有着良好的保鲜效果。常用的瓶插液有：①3%蔗糖＋200 mg·L^{-1} 8-HQS＋70 mg·L^{-1}CCC＋50 mg·L^{-1}硝酸银；②5%蔗糖＋300 mg·L^{-1} HQC＋50 mg·L^{-1} KT（激动素）等；③40 g·L^{-1}蔗糖＋0.15 g·L^{-1} $Al_2(SO_4)_3$＋0.2 g·$L^{-1}$$MgSO_4$＋1 g·$L^{-1}$ K_2SO_4＋0.5 g·L^{-1}硫肼。

7.3.7 六出花

六出花（*Alstromeria aurantiaca*），英文名 alstroemeria，为六出花科六出花属植物，高 1 m 左右，叶披针形，聚伞形花序着生 6 朵以上喇叭形花。单花直径 8～10 cm，花瓣二轮，每轮 3 瓣，形似百合花。花色有红、橙、粉、黄、白、蓝、紫等色。一年四季除严冬酷夏之外都能开花，花期长，产花率高，为切花新秀。目前我国现仅有少数地区引种栽培。

7.3.7.1 采切

在六出花当花序上 4～5 朵小花开放，大部分花显色时采切。用于远距离运输的切花在基部花蕾膨大，即将开放时采切。如果就地销售可在开花前 1～2 d 采收，用于水插，花朵都可开放。如果外运，可在开花前 4～5 d 的蕾期采收，花蕾小，不易损伤花朵，但需瓶插液浸泡，以保证花朵正常开放。采收的花枝除去下部叶片，20 枝为一束捆扎包装。花枝经 2 mmol·L^{-1} STS 预处理 0.5 h，可延长开花时间。瓶插液为 2%～4%蔗糖＋300 mg·L^{-1} 8-HQC。

7.3.7.2 贮藏

六出花可湿藏于 4 ℃下 2～3 d，或干藏于 0.5～2 ℃下 1 周。切花瓶插寿命 10 d 左右，但叶丛开始变黄较早。它对乙烯非常敏感，因此用 STS 和其他保鲜剂可延长其采后寿命，减轻叶片黄化，并应注意叶片易折断。

大部分保鲜剂均能有效地增大花径，保持切花的水分平衡，维持膜结构的相对稳定性，延缓可溶性蛋白质含量的减少，提高切花观赏品质，延长六出花鲜切花的瓶插寿命，其中以 1%

蔗糖$+200$ mg·L^{-1} 8-HQS$+25$ mg·L^{-1} $AgNO_3+50$ mg·L^{-1} $Al_2(SO4)_3$ 的保鲜效果最佳,瓶插期达 22 d,比清水对照的瓶插期延长了 10 d,比可利鲜处理延长了 3 d。以 0.5 mmol·L^{-1} STS 脉冲处理 30 min,既能延长六出花的瓶插期,使其达到 17 d,比清水组和可利鲜组分别延长了 5 d 和 2 d;又能较好地保持其花瓣、叶片形态,色泽保鲜效果良好。

7.3.8 鹤望兰

鹤望兰(*Strelitzia reginae* Aiton),英文名 Bird-of-paradise,craneflower,为鹤望兰属多年生草本植物,又名天堂鸟花、极乐鸟花。花极美,绿色的佛焰苞苞片内着生 6~8 朵花,依次开放。外花被橙黄色,内花被天蓝色,整个花序好似仙鹤翘首远望,故得其美名。瓶插持久,为高档切花材料。

7.3.8.1 采切与采后处理

鹤望兰于第一朵花即将开放或开放时采切,喷杀菌剂后,花头用塑料薄膜或玻璃纸包好,装于包装箱内,位置固定好,以免互相挤碰造成机械损伤。外运包装箱内温度不应低于 8 ℃,以免发生冷害。

7.3.8.2 冷藏与瓶插液

鹤望兰为热带花卉,贮运前在 22 ℃下用 STS$+250$ mg·L^{-1} 8-HQC$+100$ g·L^{-1}蔗糖$+$150 mg·L^{-1}柠檬酸溶液水合处理 40~50 h,用纸包被切花并置于有塑料薄膜衬里的箱子中。冷藏温度不应低于 8 ℃,于包装箱内干藏,一般可贮存 1 个月。2 μL·L^{-1} 1-MCP 处理的鹤望兰在常温(25 ℃)和冷藏(12 ℃)条件下均适合其鲜切花贮运,但冷藏贮运(12 ℃)保鲜效果较好,常温(25 ℃)贮运更经济、有效、方便。2 种贮运温度下 6 h 熏蒸处理能极显著地抑制乙烯的释放,提高切花的保鲜率,促进次花的开放。鹤望兰切花不需要重复熏蒸处理。一般水养,可开花 2~3 朵,花期 15 d,置于 10%蔗糖$+250$ mg·L^{-1} 8-HQC$+150$ mg·L^{-1}柠檬酸的瓶插液中可得到更好的效果。

鹤望兰预处理液和催花液为 10%蔗糖$+250$ mg·L^{-1} 8-HQC$+150$ mg·L^{-1}柠檬酸。

7.3.9 郁金香

郁金香(*Tulipa gesneriana* L.),英文名 tulip,为百合科郁金香属植物。原产于伊朗、土耳其及我国新疆等地,16 世纪传入欧洲。郁金香为荷兰的国花,荷兰被誉为"郁金香王国",该国育出了多种花色的郁金香,并大量生产鳞茎外销,球茎产量约占世界郁金香总产量的 1/2,成为荷兰赚取外汇的重要花卉之一。郁金香花色优美,高贵华丽,很受消费者欢迎。

7.3.9.1 采切与采后处理

郁金香在花朵发育到半透色时即可采切。根据花梃长短及花朵大小分级,一般 10 枝为一束。带球茎的花枝更好,耐藏耐开。

7.3.9.2 贮藏

10 枝一束,外包塑料袋,1 ℃下可贮藏 2~3 周。花瓣质地厚的比花瓣质地薄的更耐贮藏。

郁金香经 2 mmol·L^{-1} STS 预处理 0.5 h 后放入以下瓶插液:①3%蔗糖$+100$ mg·L^{-1}硝酸银$+10$ mg·L^{-1}苄基腺嘌呤;②5%蔗糖$+300$ mg·L^{-1} 8-HQC$+50$ mg·L^{-1}矮壮素;

③10 $mg\cdot L^{-1}$ 杀藻铵+2.5%蔗糖+10 $mg\cdot L^{-1}$ $CaCO_3$，可增加其瓶插寿命。

7.3.9.3　衰老

从已有对切花的衰老研究表明，郁金香的衰老不仅与自由基的大量产生有关，也与呼吸跃变有关，而呼吸跃变是由乙烯的大量产生引起的。保鲜剂中的外源激素改变了切花内激素比例，所以抑制或延缓了郁金香切花的衰老。

7.3.10　非洲菊

非洲菊(*Gerbera jamesonii* Bolus)，又名扶郎花，为多年生草本植物，叶基生，从基部抽出花梃。花梃高出地面 30～40 cm，所以出售的非洲菊花没有叶片。非洲菊有单瓣与重瓣品种，色彩丰富，有红、紫红、粉、黄及复色多种，舌状花瓣，色彩艳丽，花盘直径 6 cm 左右，大者 10 cm。产花率高，可周年供应。非洲菊花在植株上开花通常 10 d 左右，瓶插时间在 6 d 左右。但要注意，非洲菊切花因水养期长，在水养过程中，其肉质花梗常因久插水中而发生折梗现象，由此缩短寿命和观赏价值。非洲菊切花衰老过程中活性氧代谢活跃，对外源活性氧的敏感性大于外源乙烯，采用可抑制活性氧的瓶插液能有效缓解切花衰老。

7.3.10.1　采收与贮运

鲜花采收宜在最外层花瓣与花梃垂直开放时从基部采切，一般 10 枝或 20 枝捆扎成一束供应市场。

7.3.10.2　贮藏

非洲菊在 0～4 ℃于水中湿藏，贮藏期可达 1～2 周。运输前用 25 $mg\cdot L^{-1}$ 蔗糖溶液水合处理切花 15～20 h，可延长切花寿命。非洲菊在水中湿藏运输时，温度要求 4～5 ℃。

非洲菊花梗质地较脆，机械组织不发达，主要靠水分维持花梃坚挺，所以运输时最好插于水中或花梃基部用湿脱脂棉包裹，外包塑料薄膜，可于 2 ℃下冷藏 0.5～1 个月。贮藏前用 1 000 $mg\cdot L^{-1}$ $AgNO_3$ 溶液预处理 5 min。

7.3.10.3　瓶插液

非洲菊预处理液：①1 000 $mg\cdot L^{-1}$ $AgNO_3$ 或 60 $mg\cdot L^{-1}$ 次氯酸钠；②7%蔗糖+200 $mg\cdot L^{-1}$ 8-HQC+25 $mg\cdot L^{-1}$ $AgNO_3$。

瓶插液：20 $mg\cdot L^{-1}$ $AgNO_3$+150 $mg\cdot L^{-1}$ 柠檬酸+50 $mg\cdot L^{-1}$ $NaH_2PO_4\cdot 2H_2O$。②2%蔗糖+50 $mg\cdot L^{-1}$ 水杨酸+20 $mg\cdot L^{-1}$ 6-BA。

7.3.11　兰花

兰花(*Cymbidium*)，英文名 orchid，为高档切花。兰花切花以热带兰为主，以石斛兰最为常见，其次是蝴蝶兰。兰花花形美观，色彩多样，花期长，深受人们青睐。常用作插花、胸花、新娘捧花。热带兰原产于热带，不耐低温，对乙烯敏感。

7.3.11.1　采切及采后处理

兰花花序上的小花开放 2/3～3/4 时方可采切。采后花枝茎基应立即插于水中或保鲜液中。石斛兰可在 5～7 ℃下湿藏 2 周；蝴蝶兰贮藏温度为 7～10 ℃。兰属兰花耐低温，可在 1～2 ℃ 条件下湿藏，一般也只能冷藏 0.5 个月。所有兰花对乙烯都敏感，运输中包装箱内应放乙烯吸收剂。每枝兰花花枝基部插于装保鲜液或水的塑料小瓶中，或外包湿脱脂棉。每 10 枝用塑料袋或玻璃纸包装。瓶插液：①2％蔗糖＋250 $mg \cdot L^{-1}$ 8-HQC；②1％蔗糖＋50 $mg \cdot L^{-1}$ 硝酸银＋100 $mg \cdot L^{-1}$ 柠檬酸。

7.3.11.2 贮藏

兰花鲜切花对乙烯非常敏感，应预防授粉后花朵衰老快。单花采摘后，花序轴或花茎应立即置于盛有水的玻璃瓶中，并用橡胶或塑料膜覆盖。花序基部的老花寿命比上部幼花短，仲春开放的品种瓶插寿命最长。

运输：切花插入盛水小瓶中，以 6 枝、8 枝或 12 枝为一组包装于外附玻璃纸的盒子中。切花一到达目的地，应立即剪截花序轴，并放置于水中或保鲜液中。

催花液和瓶插液：2％蔗糖＋200 $mg \cdot L^{-1}$ 8-HQC＋100 $mg \cdot L^{-1}$ 维生素 C＋250 $mg \cdot L^{-1}$ 阿司匹林。

瘤管兰催花液：4％蔗糖＋(100～1 000) $mg \cdot L^{-1}$ 阿司匹林。

7.3.12 其他切花

切花的种类和品种繁多，贮藏和保藏方法各异，在此不一一详述，其采切阶段和处理方法简述请见表 7-15。

表 7-15 其他切花的采切阶段和处理方法

名称	采切阶段	贮藏温度	处理方法
罂粟属（*Papaver* spp.）	花蕾显色	湿藏于水中，在 4 ℃下保存 3～5 d	火焰灼烧、浸沾、烫切口
尼润属（*Nerine* spp.）	第一朵花开放前	湿藏于水中，在 10 ℃下保存 23 d	
勿忘草（*Myosotis alpestris*）	花序上 1/2 小花开放	湿藏于水中，在 4 ℃下保存 1～2 d	
爱神木（*Myrtus communis*）	成熟的茎	包装于保湿箱内，干藏在 2～4 ℃下	
珍珠菜（*Lysimachia clethrodes*）	花序上 1/3～1/2 花朵开放	必要时贮藏在 2～5 ℃温度下	Flora-life 和 Rogard 保鲜液可延长其采后寿命至 12 d；STS 处理无效
羽扇豆属（*Lupinus* spp.）	花序上 1/2 小花开放	湿藏于水中，在 4 ℃下贮藏 3 d	切花对乙烯敏感
舞草[*Codariocalyx motorius* (Houtt.) Ohashi]	单花大部分开放和显色时采切	在 2～5 ℃下干藏 2～3 周。在水中 2～4 ℃下湿藏 3～4 周	
千穗谷（*Amaranthus hypochondriacus* L.）	花序上至少 3/4 小花开放	水中可贮藏 7～10 d，可贮藏于 2～5 ℃下，但勿超过 7 d	
兜兰属（*Paphipedilum* spp.）	花蕾开放后 3～4 d	湿藏于水中，在 −0.5～4 ℃温度下可贮藏 2～3 周	切花茎端插入盛水的玻璃瓶或塑料瓶中运输，鲜切花对乙烯非常敏感

续表 7-15

名称	采切阶段	贮藏温度	处理方法
水仙（*Narcissus tazetta* L. var. *chinensis* Roem.）	单瓣花在显色临界期或花蕾展开以前采切	0～1 ℃可存贮藏 10 d	用湿纸紧紧包裹切花并插入水中，在其上方直接光照防止“弯颈”，保鲜切花可直接保鲜在 30～70 g·L^{-1}蔗糖+(30～60) mg·L^{-1}银盐溶液或 60 g·L^{-1}蔗糖+250 mg·L^{-1}8-HQC+70 mg·L^{-1}CCC+50 mg·L^{-1}硝酸银溶液中
观赏葱(*Allium* spp.)	花序上 1/2 花朵开放	2～6 ℃冷室贮藏	开花之后，切花茎再剪截，插入 pH4.0 的保鲜液中
铁线蕨(*Adiantum* spp.)	成熟叶片	0～4 ℃置于水中湿藏	运输时置于水中，包装于塑料薄膜或保水性箱子中 花卉保鲜液：硝酸银溶液 25 mg·L^{-1}
肾蕨[(*Nephrolepis auriculata* (L.) Trimen]	叶片充分成熟后于叶柄基部采切	湿藏温度 4～5 ℃	用 20 g·L^{-1} 蔗糖+50 mg·L^{-1} 硝酸银+150 mg·L^{-1}维生素 C 或 20 g·L^{-1} 蔗糖+50 mg·L^{-1}硝酸银+150 mg·L^{-1}维生素 C+50 mg·L^{-1} LGA
桃花(*Prunus persica*)	花苞期		保鲜液：0.5 mg·L^{-1}三十烷醇
白兰(*Michelia alba* DC.)	花蕾初显色而未开放时		采后直接插入 2%蔗糖+140 mg·L^{-1}8-HQS+0.2 mmol·L^{-1}STS 等瓶插液中
蜡梅[*Chimonanthus praecox* (L.) Link]	花蕾显色时的始花阶段	在 0～2 ℃下可贮藏 40 余天	预处理液：5%蔗糖+15 mg·L^{-1} BA+100 mg·L^{-1} STS+0.5%硝酸钙+维生素 B_2 或 5%蔗糖+15 mg·L^{-1}BA+100 mg·L^{-1} 8-HQS+维生素 B_2 溶液等 瓶插液：用 4%蔗糖+50 mg·L^{-1} 8-HQS+10 mg·L^{-1} BA 溶液
仙客来属(*Cyclamen* L.)	花朵充分开放	1 ℃下可放置 1 周	花蕾开放液：50 g·L^{-1}蔗糖和 30 mg·L^{-1}硝酸银，处理温度 20 ℃ 预处液：150 g·L^{-1}蔗糖+30 mg·L^{-1}$AgNO_3$ 处理 20 h
晚香玉(*Polianthes tuberosa* L.)	花茎上 2～4 朵花开放	6～10 ℃	采后用 50～200 mg·L^{-1} 6-BA 喷施花序，可提高未经贮藏或经过 4～6 ℃贮藏 1 周的切花瓶插寿命，减少顶端小花蕾黄化
鸢尾(*Iris tectorum* Maxim.)	花蕾充分显色，花瓣伸出 3～5 cm 时	0～1 ℃贮藏期 1 周	采切后在 38 ℃热水中水合处理，运输前用 2 g·L^{-1} 柠檬酸+2 g·L^{-1}糖的溶液水合处理 12 h，温度 20 ℃，运输之后，将切花置于 40～50 ℃ 热水中热浸 3 h
百子莲[*Agapanthus afrieanus* (L.) Hoffmanns.]	小花将开放或刚开放时	1～2 ℃下贮藏	百子莲的花对乙烯敏感，采后应以 1～2 mmol·L^{-1} STS 预处理 1 h，再用 30 mg·L^{-1} 萘乙酸喷花序，可减少小花脱落 瓶插液：5%～10%蔗糖+300 mg·L^{-1}8-HQC+300 mg·L^{-1}柠檬酸
福禄考属(*Phlox drummondii* Hook)	花序上 1/2 小花开放时	湿藏于水中，在 4 ℃下贮藏 1～3 d	STS 不能明显延长采后寿命

续表 7-15

名称	采切阶段	贮藏温度	处理方法
翠菊[*Callistephus chinensis* (L.) Nees]	花序上有 1/4 小花开放而未达 70% 的程度时		采收后先用 1 000 mg·L^{-1} 硝酸银预处理 10 min,然后插于以下瓶插液中:2%蔗糖+300 mg·L^{-1} 8-HQC;或 2%蔗糖+25 mg·L^{-1} 硝酸银+75 mg·L^{-1} 柠檬酸;或 2%蔗糖+250 mg·L^{-1} 8-HQC+70 mg·L^{-1} 矮壮素 预处理液:2%~5%蔗糖+25 mg·L^{-1} $AgNO_3$+70 mg·L^{-1} 柠檬酸处理 17 h
百日草(*Zinnia elegans* Jacq.)	茎顶花朵盛开时		瓶插液:1%蔗糖+(200~300) mg·L^{-1} 8-HQC;或 20 mg·L^{-1}[0.08% $Al_2(SO_4)_3$+0.03% KCl+0.02%NaCl]+1.5%蔗糖
紫罗兰[*Matthiola incana* (L.) R. Br.]	花序上的小花开放 1/2 时	在 4 ℃下保存 3~5 d	冷藏过久会丧失香味。应贮于黑暗中,避免花茎伸长。瓶插液:1 mmol·L^{-1}STS,结合 2%蔗糖+300 mg·L^{-1} 8-HQC
大丽花(*Dahlia pinnata* Cav.)	花盛开或接近盛开时		瓶插液:5%蔗糖+50 mg·L^{-1} $AgNO_3$+200 mg·L^{-1} 8-HQC;预处理液:10%葡萄糖+0.2 mmol·L^{-1} $AgNO_3$+200 mg·L^{-1} 8-HQS
马蹄莲[*Zantedeschia aethiopica* (L.) Spreng.]	白色的佛焰苞充分展开时		瓶插液:2%蔗糖+250 mg·L^{-1} 8-HQC 或 2%蔗糖+30 mg·L^{-1} 硝酸银+100 mg·L^{-1} 柠檬酸
百合(*Lilium* spp.)	第一朵花将开时		经 0.3 mmol·L^{-1}STS+10%蔗糖预处理 1 d,在 1 ℃下可贮藏近 1 个月。湿藏用的保鲜液为 50 mg·L^{-1} 硝酸银。预处理液:①0.2 mmol·L^{-1}STS;②1 000 mg·L^{-1}GA。催花液、瓶插液:30 g·L^{-1} 蔗糖+200 mg·L^{-1}8-HQC
花烛(*Anthurium andraeanum*)	红色的佛焰苞花序充分发育	贮藏温度 13 ℃以上,相对湿度 90%以上,应置于保鲜液中湿藏	预处理液:4 mmol·L^{-1} $AgNO_3$。 瓶插液:①4%蔗糖+50 mg·L^{-1} $AgNO_3$+0.05 mmol·L^{-1} NaH_2PO_4;②2%蔗糖+200 mg·L^{-1} 8-HQC
金鱼草(*Antirrhinum majus*)	花序基部的花开放 1/4~1/3 时	含 0.2 mmol·L^{-1} STS 的 4%蔗糖+300 mg·L^{-1}8-HQC 在 5~10 ℃下预处理 1 d,包装干藏,在 1 ℃下冷藏 3 周仍能保持新鲜状态	预处理液:1 mmol·L^{-1}STS。 瓶插液:①2%蔗糖+300 mg·L^{-1} 8-HQC;②4%蔗糖+50 mg·L^{-1}8-HQS+1 000 mg·L^{-1} 异抗坏血酸;③1.5%蔗糖+300 mg·L^{-1} 8-HQC+(10~50) mg·L^{-1}比久
香豌豆(*Lathyrus odoratus*)	第一朵花充分显色或开放时		以 2~4 mmol·L^{-1}STS 液预处 10 min,然后用 2%蔗糖+300 mg·L^{-1} 8-HQC,或 5%蔗糖+300 mg·L^{-1} 8-HQC+50 mg·L^{-1} 矮壮素,或 50 g·L^{-1}蔗糖+0.3 g·L^{-1}8-HQS+0.05 g·L^{-1} CCC 处理可防花蕾脱落

续表 7-15

名称	采切阶段	贮藏温度	处理方法
牡丹(*Paeonia suffruticosa*)	花开前1～2 d		瓶插液:①3%蔗糖+200 mg·L^{-1} 8-HQC+50 mg·L^{-1} 氯化钴+20 mg·L^{-1}黄腐酸;②3%蔗糖+200 mg·L^{-1} 8-HQC+50 mg·L^{-1}比久
芍药(*Paeonia lactiflora*)	花半开时采切,先用0.1%的速克灵杀菌液浸2 min	贮前在2℃下插入水中2～3 h,然后置于保湿包装箱中,直立放置,相对湿度维持在75%～80%	催花:冷藏过的切花,剪去花枝基部2～3 cm,置于温度为20℃,相对湿度为60%～70%的室内,每天用2 000 lx光照16 h,再放入2%蔗糖+200 mg·L^{-1} 8-HQC+50 mg·L^{-1}硝酸银中,开花率可达100%。瓶插液:2%蔗糖+200 mg·L^{-1} 8-HQC+50 mg·L^{-1}硝酸银
茶花(*Camellia japonica*)	花微开时	在7～22℃温度下可贮藏10 d	先用8-HQC把整个花枝浸泡20～30 min,以消除花枝上的病菌,脱脂棉包于花枝茎基吸足保鲜液(2%蔗糖+400 mg·L^{-1} 8-HQC)

思考题

1. 简述主要蔬菜的贮藏技术和措施。
2. 简述苹果、葡萄、猕猴桃、哈密瓜贮藏保鲜的综合技术。
3. 常见的切花保鲜剂有哪些类型?
4. 鲜切花常用的贮藏方法有哪些?
5. 切花采后处理的理论基础是什么?
6. 切花采后的生理变化有何特点?
7. 简述月季、百合、菊花、唐菖蒲、满天星的贮藏方法和措施。

推荐参考书

[1] 陈俊愉. 中国农业大百科全书:观赏园艺卷. 北京:中国农业出版社,1996.

[2] 杜玉宽,杨德兴. 水果蔬菜花卉气调贮藏及采后技术. 北京:中国农业大学出版社,2000.

[3] 关佩聪. 瓜类生物学和栽培技术. 北京:中国农业出版社,1994.

[4] 胡绪兰. 切花保鲜新技术. 北京:中国农业出版社,1996.

[5] 华中农业大学. 蔬菜贮藏加工学. 2版. 北京:农业出版社,1991.

[6] 刘兴华,饶景萍. 果品蔬菜贮运学. 西安:陕西科学技术出版社,1998.

[7] 龙雅宜. 切花生产技术. 北京:金盾出版社,1994.

[8] 汪景彦,贾定贤,米文广. 苹果新品种及其栽培要点. 西安:陕西科学技术出版社,1993.

[9] 王仲田,王兰竹,张有平,等. 猕猴桃精品栽培、贮藏保鲜与营销. 西安:陕西科学技术出版社,1997.

[10] 周山涛. 果蔬贮运学. 北京:化学工业出版社,1998.

参考文献

[1] 曹彬彬，董明，赵晓佳，等. 不同浓度臭氧对皖翠猕猴桃冷藏过程中品质和生理的影响. 保鲜与加工，2012，12(2):5-8,13.

[2] 陈宝林. 板栗的采收贮藏. 花木盆景，2017，12:49-50.

[3] 陈丽璇，李金雨，陈菲，等. 1-MCP对鹤望兰切花贮运保鲜的适宜熏蒸模式. 热带生物学报，2010，1(4):357-361.

[4] 邓敏. 热处理对仔姜贮藏过程中衰老指标的影响. 四川农业与农机，2015(5):36.

[5] 邓义才，赵秀娟. 臭氧的保鲜机理及其在果蔬贮运中的应用. 广东农业科学，2005(2):67-69.

[6] 丁宝莲，孙伟，陶懿伟，等. 郁金香切花瓶插期间的衰老生理研究. 上海交通大学学报(农业科学版)，1999,14 (4):281-284.

[7] 范美华，王健鑫，石戈，等. 水杨酸和6-BA对非洲菊切花保鲜的研究. 北方园艺，2008(8):117-120.

[8] 高欣，郑华艳. 东北野生蘑菇的保鲜包装技术. 江西农业，2017(15):44.

[9] 郜海燕，余挺，邢建荣，等. 板栗贮藏保鲜技术研究进展. 浙江农业科学，1999(4):40-43.

[10] 桂林地区外贸局,广西鹧鸪江冷风库,广西植物研究所. 栗果贮藏试验. 广西植物，1975(1):17-26.

[11] 郭娟华，王菲，陈建华，等. 柑橘贮藏期病害及常用保鲜技术. 现代园艺，2016(23):150-151.

[12] 何仁华. 柑橘留树贮藏的技术要点. 果农之友，2008 (2):37.

[13] 贺永健，柳春红. 我国猕猴桃主栽品种及贮藏保鲜研究进展. 中国果树，2018(1):72-75.

[14] 胡中海，李杰，马亚琴，等. 哈密瓜贮藏保鲜技术的研究进展. 食品工业科技，2014，35(06):396-400.

[15] 黄海泉，冯博涛，肖晓. 不同保鲜剂对六出花切花的保鲜效果研究. 黑龙江农业科学，2009，37(3):80-82.

[16] 黄海泉，江婷，樊国盛，等. STS对六出花切花生理效应的影响. 江西农业大学学报，2014，36(2):295-299.

[17] 黄振东，陈国庆，浦占湑，等. 柑橘贮藏过程主要病害的发生规律及防治对策. 浙江柑橘，2006(3):20-23.

[18] 蒋侬辉，陈金印，徐小彪，等. 板栗贮藏技术及采后生理研究进展. 江西农业大学学报，2001(3):401-405.

[19] 李灿婴，葛永红. 蒜薹采后贮藏保鲜及病害控制研究进展. 北方园艺，2017(16):174-179.

[20] 李兰. 切花月季贮藏保鲜的研究进展. 宁夏农林科技，2013，54(4):17-18.

[21] 李明娟，游向荣，文仁德，等. 葡萄果实采后生理及贮藏保鲜方法研究进展. 北方

园艺，2013(20)：173-178.

[22] 李云云. 乙醇熏蒸处理对双孢蘑菇保鲜品质的影响：硕士论文. 重庆：西南大学，2017.

[23] 刘佳，刘音，黄钰铃. 山茱萸提取液保鲜水果的实验研究. 食品工业科技，2007(1)：96-98.

[24] 吕斌. 马铃薯的贮藏与加工. 新农村，2018(2)：35-36.

[25] 吕斌. 猕猴桃的贮藏保鲜与加工. 新农村，2017(10)：35-36.

[26] 吕昌文，修德仁，齐灵. 钙处理对桃子耐藏性及主要生理变化的影响. 天津农林科技，1993(3)：14-17.

[27] 马秋诗，饶景萍，李秀芳，等. 贮前热水处理对'红阳'猕猴桃果实冷害的影响. 食品科学，2014，35(14)：256-261.

[28] 孟世泽，唐浩国. 双孢蘑菇采后保鲜技术研究. 食品安全导刊，2017，(8)：73-74.

[29] 聂青玉，李翔，刘丹. 甘蓝贮藏保鲜技术规程. 长江蔬菜，2015(8)：42-43.

[30] 祁文彩，吴宁，张亮，等. 香蕉采后生理及贮藏保鲜研究进展. 河南师范大学学报(自然科学版)，2019，47(3)：99-105.

[31] 乔彩云. 苹果贮藏保鲜技术浅析. 宁夏林业，2016，2：62-64.

[32] 宋春华，郑学超，刘亚琼，等. 富士苹果硅窗气调贮藏保鲜研究. 河北农业大学学报，2018，41(1)：65-69.

[33] 唐先谱，李喜宏，张彪，等. 三种不同保鲜剂对四川仔姜贮藏保鲜效果的影响. 中国食品添加剂，2018(4)：134-140.

[34] 王登亮. 热激处理对椪柑果实采后耐贮性的影响：硕士论文. 浙江：浙江大学，2014.

[35] 王海宏，周慧娟，乔勇进，等. 桃贮藏保鲜技术研究现状与发展趋势. 保鲜与加工，2009(2)：10-14.

[36] 王欲翠，冯毅，吴德全，等. 荔枝气调保鲜研究进展. 食品工业科技，2017，38(23)：340-345.

[37] 吴岚芳，黄绵佳，蔡世英. 非洲菊切花活性氧代谢的研究. 园艺学报，2003，30(1)：69-73.

[38] 向桂福，唐效蓉. 非洲菊切花保鲜技术研究. 经济林研究，1998，16(1)：33-34.

[39] 熊亚波. 不同处理对桔、柚采后贮藏生理和品质的影响研究：硕士论文. 四川：四川农业大学，2014.

[40] 许淼，陈庆红，罗轩，等. 猕猴桃贮藏保鲜技术研究进展. 湖北农业科学，2017，56(5)：809-812.

[41] 薛玉华. 番茄的贮藏特性与贮藏方法. 乡村科技，2015(11)：27.

[42] 叶东琛，王丽萍. 红富士苹果贮藏保鲜技术研究进展. 保鲜与加工，2016，16(6)：135-138.

[43] 余健. 柑橘贮藏病害及防腐保鲜. 云南农业科技，2007(6)：50-52.

[44] 袁军伟，赵胜建，魏建梅，等. 葡萄采后生理及贮藏保鲜技术研究进展. 河北农业科学，2009，13(4):80-83.

[45] 袁云香. 苹果的贮藏与保鲜技术研究进展. 北方园艺，2015(4):189-191.

[46] 袁仲玉，周会玲，张晓晓，等. 芦荟粗提液对红富士苹果常温贮藏保鲜的影响. 中国食品学报，2014，14(11):104-110.

[47] 张颢，张常青，陆琳，等. 不同贮藏方法对香石竹切花贮藏保鲜的影响. 西南农业学报，2004(S1):201-203.

[48] 张鹏，赵桂青，张富，等. 苹果特性及其贮藏方法浅析. 农产品加工，2017，7:65-67.

[49] 张倩，张晶，白冬红，等. 肥桃采后生理变化及贮藏保鲜技术研究进展. 农产品加工，2017(12):69-72.

[50] 张立宁. 大姜在贮藏期间应预防病虫害. 农药市场信息，2015，547(28):62.

[51] 张美芳，何玲，张美丽，等. 猕猴桃鲜果贮藏保鲜研究进展. 食品科学，2014，35(11):343-347.

[52] 张小凤，郭雁君，郭丽英，等. 柑橘贮藏期病害及常用保鲜技术研究进展. 植物学研究，2018，7(2): 130-136.

[53] 张秀梅，杜丽清，谢江辉. 荔枝采后贮藏保鲜研究进展. 中国南方果树，2004(5): 53-55，57.

[54] 赵九洲. 切花衰老凋萎的生理机制研究//1997年中国农产品贮藏加工学术年报. 北京:中国农业大学出版社，1998.

[55] 赵九洲，刘庆华，孙太娟. 生物自由基与切花劣变衰老及保鲜的关系研究. 莱阳农学院学报，1997(2):37-40.

[56] 赵利军，燕党平，段眉会，等. 猕猴桃贮藏保鲜存在的问题及其对策. 西北园艺(果树)，2011(4):10-11.

[57] 郑雪虹，谢德芳，吕岱竹，等. 我国香蕉储藏的研究进展. 安徽农业科学，2012，40(3):1465-1466，1489.

[58] 钟巧玲，郜海燕，陈杭君，等. 鲜切莲藕保鲜技术研究进展. 浙江农业科学，2017，58(6):1024-1028.

[59] 朱丹实，刘仁斌，杜伟，等. 生姜成分差异及采后贮藏保鲜技术研究进展. 食品工业科技，2015，36(17):375-378，383.

[60] 宗会，徐照丽，胡文玉. 海藻酸钠涂膜对苹果的保鲜效果. 中国果菜，2000(1): 18-19.

[61] Dong T T, Meng W Q, Shi J Y, et al. Ethanol fumigation combined with and without nitrogen gas delays potato greening and inhibits glycoalkaloids generation under light. Postharvest Biology and Technology, 2017, 134: 31-37.

[62] Liu Y Q, Wisniewski M, F. Kennedy J, et al. Chitosan and oligochitosan enhance ginger (Zingiber officinale Roscoe) resistance to rhizome rot caused by Fusarium oxysporum in storage. Carbohydrate Polymers, 2016, 151:474-479.

[63] Mahshid N, Mohsen B, Mohammad A S, et al. Tragacanth gum containing Zataria multiflora Boiss. essential oil as a natural preservative for storage of button mushrooms (Agaricusbisporus). Food Hydrocolloids, 2017, 72 :202-209.

[64] Sun Y, Zhang W, Zeng T, et al. Hydrogen sulfide inhibits enzymatic browning of fresh-cut lotus root slices by regulating phenolic metabolism. Food Chemistry, 2015, 177: 376-381.

扩展资源

请登录中国农业大学出版社教学服务平台“中农 De 学堂”查看：

1. 细胞培养

2. 转基因作物的应用为全球农业人口和城市人口带来更大的可持续发展与社会经济机会

3. NY/T 945—2006 中华人民共和国农业行业标准　蒜薹等级规格

4. GB/T 10651—2008 中华人民共和国国家标准　鲜苹果

5. GB/T 12947—2008 中华人民共和国国家标准　鲜柑橘

6. GB/T 18247.1—2000 中华人民共和国国家标准　主要花卉产品等级　第 1 部分：鲜切花